Iris Geiger-Musik & Gunar Musik

Souveränitätstraining

Zehn Vorlesungen und eine Zitatmontage

Auf Einladung der Interstellaren Schule für Management vorgetragen in der Akademie des Geistes (ISfM) auf Atrides

Die Galerie der
Geistesblitze
Supplementband

Die Galerie der Geistesblitze:
Souveränitätstraining

1. Auflage 2013 © Iris Geiger-Musik & Gunar Musik
ISBN 978-1-291-58068-6

Weitere Informationen unter www.gpunkt-musik.de

Konjekturen der Souveränität:

1. => Beziehungsarbeit und Lustpolitik

2. => Bedürfnis- und Illusionslosigkeit

3. => Intellektuelles Jiu-jitsu und Humor

4. => Netze des Signifikanten: Die Gunst der Stunde und der rechte Augenblick

5. => Technik, Kunst und Magie: Die Praxis des Findens

1a

Für jede Stunde haben wir uns eine spezielle Perspektive auf das Mobile dieser fünf Bedeutungsfelder vorgenommen. Vorab und um zu vermeiden, dass Sie sich in einer falschen Sicherheit wiegen, möchte ich darauf hinweisen, dass die hier vorangestellten Stichworte niemals nur für sich bestehen. Sie entstehen erst aus der Wechselwirkung, fördern, stützen und durchdringen sich gegenseitig – sie stehen für Kontextwirkungen, die nur angemessen nachvollzogen werden, wenn sie in ähnlichen semiotischen Feldern darzustellen sind. Ich improvisiere über ein paar Einsichten und ziehe dabei Texte heran, die Sie aus meinen letzten Veröffentlichungen kennen könnten, aber in mancher Variation nicht unbedingt gleich wieder erkennen werden. Keines dieser Themen kann ohne die anderen bestehen, erst die Korrespondenzen und Zitatzusammenhänge werden deutlich machen, um was es tatsächlich geht. Die Qualitäten des Menschlichen sind in keiner Statistik unterzubringen: die Wirksamkeit eines Zauberspruchs, das Herzzerreißende eines Gesichtsausdrucks, die Überzeugungsgewalt eines Orgasmus und die Tödlichkeit einer Einsicht... sie alle entziehen sich dem Anspruch der Reproduzierbarkeit, der die Borniertheiten des wissenschaftlichen Denkens geprägt hat.

So wie keines dieser Themen ohne das andere gedacht werden oder wirksam sein kann, wird sich bei meinen Ausführungen erweisen, dass ich mich unter den verschiedenen Perspektiven tatsächlich ständig wiederhole. Dennoch dürfen Sie sich klar darüber sein, dass die wesentlichen Fragestellungen immer nur angerissen werden, mehr ist nicht zu erreichen. Das muss trotzdem nicht von Nachteil sein. Es gehört zur brauchbarsten Einsicht in die Verfasstheit des Menschen, dass er offen ist, dass sein Wesen in den unendlichen Variationen der Mühe um eine Lösung zu finden ist, nicht aber in der Lösung selbst, die ihn nur als Leiche oder Mythos zurücklässt. Diese Mühe um eine Lösung der Frage:

Was-bin-ich? beinhaltet für mich zugleich die Arbeitsanweisung für die unendliche Aufgabe der Annäherung an das Prinzip Souveränität. Das Wesentliche ist mit einem Nicken, mit einer Geste aufzuweisen. Manchmal macht es sich in einem Stutzen bemerkbar und frappiert, weil wir an einer Selbstverständlichkeit hängenbleiben. Die Erleuchtung liefert keine Erklärungen, sie löscht lediglich die Frage. Dagegen versuchen wir in unentwegten Versuchen, dieses Wesentliche einzukreisen und auf den Nenner zu bringen: Es braucht den Ballast ganzer Bibliotheken, es braucht eine lebenslange, geduldige Übung, um wieder an jenem Punkt anzugelangen, an dem die schlichte Präsentation einer Stimmigkeit und Passung zur Vergegenwärtigung der Essenz eines Augenblicks wird. Es spricht also nichts gegen die Wissenschaften, aber vieles gegen den verbohrten Glauben und den blindwütigen Dogmatismus – und wenn sich diese als inhaltsleerer Formalismus oder als statistischer Wahrheitsanspruch tarnen. Wir können gar nicht genug wissen, aber wir müssen in der Lage sein, das Wissen aus der dialektischen Abhängigkeit von der Macht zu entwenden und für die Lebendigkeiten freizusetzen. Bisher heißt es für die Theorie: Alle Bestimmung geschehe durch Negation. Wie wäre es mit einem Wissen, das sich der sympathetischen Annäherung verdankt, die einer umfassenden Selbstentäußerung gehorcht. Wo kämen wir mit Gesetzmäßigkeiten des Lebendigen hin, die auf einer umfassenden Bejahung beruhen?

Ein waches, aufmerksames und mutiges Individuum war schon immer die notwendige Voraussetzung, wenn es zu neuen Einsichten und brauchbareren Überlebensstrategien kommen sollte. Was nichts daran ändert, dass diese neuen Werte, wenn sie nicht mehr zu verbieten oder zu verleugnen waren, verbogen und pervertiert wurden, um die herrschenden Bedürfnissysteme am Laufen zu halten. Das Ich selbst dient als Agentur des Realitätsprinzips und erst wenn es den nötigen Selbstdistanzierungen ausgesetzt worden ist, werden bestimmte ureigene Wünsche und gewachsene Überzeugungen als Resultate von Programmierungen durchschaubar. Wir sind also erst dann auf dem Weg, wir selbst zu werden, wenn wir andere werden, wenn wir uns durch die Erfahrung der Fremdbestimmung verändern. Dabei kann bewusst werden, dass die Zwänge der Selbsterhaltung tatsächlich in einem System von Behinderungen verfangen sind, das, wenn wir es nur lassen, nichts von uns übrig lassen wird.

Sicher kann man erzählen, dass es der Frauentausch, die Erfindung des Geldes oder die Konzeption der Null waren, die in vergangenen Zeiten den Strudel der Selbstvernichtung in Gang gesetzt haben... dass die Kreuzzüge oder die Entdeckung Amerikas und die damit nach Europa fließenden Reichtümer für die nötige Beschleunigung sorgten... dass die Selbstermächtigung des Kapitals, schon zu Zeiten der hysterischen Selbstfindung des Nationalstaats dafür sorgte, dass keine Grenze mehr bestand und die Geld- und Informationsströme sich daran machten, den Erdball zu umspannen. Aber das ist nicht alles und immer nur die eine Seite der Medaille – ohne das entsprechende System der Bedürfnisse wäre das, was sich heute einfach über die Köpfe der Menschen hinweg durchsetzen möchte, gar nicht zu einer solchen Wirkungsmacht geworden. Also sollte auf die Ingredienzien einer geistesgegenwärtigen Intelligenz zurück gekommen werden, denn hier, in einer wachen und reaktionsfähigen Körperfundierung, sitzen jene Kompetenzen, mit denen das Spiel am Laufen gehalten wird. Wenn das Spiel der Zeichen und die Beschleunigung der Geldströme auf den Motor des menschlichen Begehrens angewiesen sind, müssen Sie auf genau diesem Feld auch veränderbar sein. Was ich Ihnen als Souveränitätstraining vorstellen möchte, ist also in erster Linie ein aufgefächertes Repertoire der Subversion, mit dem die Ansprüche der Macht zu unterlaufen sind, ohne dass wir gleich in die Falle laufen, uns aufgrund der Erfolge an der Modernisierung der Macht beteiligen zu müssen.

Der Mensch ist nicht das Zentrum der Welt und die nicht das Zentrum der Schöpfung – dieser narzisstische Bezug ist erst einmal das Einfallpförtchen aller Fremdbestimmung und in der Folge ein stabiles Ventil der Selbstzerstörung. Was an festen Orientierungen fehlt, muss durch langwierige Lernprozesse kompensiert werden – und häufig genug wird mehr Energie in die Techniken der Selbstzerstörung investiert, als in die Optimierung des Lernverhaltens. Mit dem nötigen Abstand vermittelt der zivilisatorische Fortschritt den Eindruck eines Behindertenkabaretts und das Ich macht in den wenigsten Fällen auch nur den Eindruck, als sei es Herr im eigenen Kopf – obwohl es tatsächlich Durchgangsstationen und im besten Fall Durchlauferhitzer für neue Entwicklungen bieten kann.

Auf der einen Seite haben wir Traditionen und Institutionen, auf der anderen die Angst, das Begehren und den Konformismus. Das Ich, dem es an den nötigen Techniken und Wissensweisen mangelt, wird von Imperativen und Widersprüchen erdrückt, bis ihm nur noch bleibt, die Affirmation der Fremdbestimmung durch die selbsttherapeutischen Simulationen, einen eigenen Stil ausgeprägt, ein eigenes Leben gefunden zu haben, zu ertragen. Nichts wird dann so notwendig sein wie die Selbstdarstellung, und die wichtigsten Antriebe werden notgedrungen von der Verleugnung geschluckt. Die einfachste Ausflucht mag dann lauten, das Ich sei so oder so nur eine Fiktion. Aber mit seinen Ängsten und Erwartungen, mit den Gefühlskernen, die den Fundus jeder Semantik ausmachen, ist diese synthetische Leistung noch ein wenig mehr. Die Fiktion ist überhaupt nur durchzuhalten, weil sie sich auf die Datenströme der Körpererfahrung und die Verarbeitungsgewohnheiten der Sinneseindrücke beziehen kann – und damit sind wir schon bei einer vorthetischen Einheit, die nicht einfach nur der Beliebigkeit untersteht. Die der Komplexitätsreduktion gehorchende Fiktion wird unterfüttert durch die Verwurzlung im Realen, der Körper und seine Sinne sind mindestens sosehr Weltbestandteil wie Sozialisationsprodukt. Wir sind fast nur Erinnerung und Erwartung, ein unendlich dicht vernetzter Verweisungszusammenhang zwischen den verschiedensten Archiven. Es sind die Intensitäten des Augenblicks: das Hier und Jetzt des sich beim Sprechen bezeichnenden Redenden und das Gefühl als verkürzte und extrem schematisierte Zusammenfassung früherer Erfahrungen – sie liefern die Rhythmen und die Differenzkriterien, mit denen der Verweisungszusammenhang strukturiert wird. Dieser wurzelt, wie die Psychoanalyse gezeigt hat, in einer Geschichte von Intensitäten, die an der Oberfläche immer drei Generationen umspannt, in der Tiefenstruktur aber Menschheitsgeschichte ist und in die älteste Vergangenheit zurückreicht. Ein Individuum, wenn es hin und wieder zur Erfahrung der Einzigartigkeit des eigenen Lebens kommt, ist die ureigene, unwiederholbare und auf den Augenblick der Erfahrbarkeit bezogene Ausprägung der Geschichte der Menschheit – und so werden eben diese spezifischen Fragestellungen der Entwicklungsstufen in ihrer jeweiligen Ausprägung in dieser Biographie nachzuvollziehen sein. Mit den nötigen Lernschritten ist irgendwann der Status erreicht, auf dem frau/man mit Recht davon ausgehen kann, das Zentrum ihrer Welt zu sein: Dies impliziert die Chance am Prozess der Vergöttlichung der Welt beteiligt zu sein, und es bringt die Gefahr mit sich, der psychotischen Entdifferenzierung zuzuarbeiten und die Vernichtung vorzuziehen, weil die Vorstellung einer unauslotbaren Potentialität von Entwicklungen nicht auszuhalten ist.

Wir leben nicht allein in unserer Welt und wenn über Selbständigkeit und Autonomie reflektiert wird, gelingt dies am leichtesten in Rückzugsgebieten, die die Einsicht vor dem Zusammenstoß mit den Mitmenschen schützen. Jenseits solcher Asyle des einsamen Intellektuellen und der Robinsonaden der Pädagogik heißt eine der entscheidenden Einsichten, dass jeder noch so kleine Schritt in die Unabhängigkeit sofort auf die Widerstände derer stößt, die sich einen vergleichbaren Schritt nicht zutrauen oder gestatten. Und darin sind sich alle einig, ob sie lügen oder verführen, ob sie drohen oder erpressen, ob sie gute Ratschläge geben oder einen vor lauter Wohlwollen in die Irre schicken: Es darf niemanden geben, der sich das traut, was sie sich nicht zutrauen. Wenn in solchen Zusammenhängen dann auf der eigenen Autonomie beharrt wird, bleibt nur, sich auszuschließen oder einzumauern – und stimmigerweise haben die Apologeten der Zukurzgekommenheit damit auf die Dauer Recht behalten. Denn das, was sie hätte infrage stellen können, der oder die, die ihnen hätten zeigen können, dass es auch anders geht, existieren für sie nicht mehr.

Wenn es am Mut oder der Kapazität zu einem eigenen Leben fehlt, zählt nur noch die Relation nach unten: Zu triumphieren über all jene, die es nicht geschafft haben und zugleich daran zu arbeiten, dass die hoffnungsvollsten Versuche im Sand verlaufen. Die Assoziation lässt sich weitertreiben bis zum Bild des biblischen Onan und dann verwundert es nicht, dass der Motor dieser Anstrengungen der Verleugnung der Sexualneid ist. Das ist der geheime Antrieb des schwanzlosen Elends – ich verwende diesen und andere schlagende Kennzeichnungen übrigens nicht als Schimpfworte, sondern als Termini technici einer komprimierten Psychologie: Eine leicht zugängliche und fast spielerische Ableitung finden Sie in den Analysen der Helden des Subliminalen, als Stichwort im *Dark Knight*. Informieren Sie sich über die verschiedenen Variationen des Penisneids, die komplementär zur kulturschwulen Dauerbeschäftigung des simulierten Schwanzlängenvergleichs sind: Dieses imaginäre Rivalitätssystem hat die symbolische Kastration als Grundlage aller Kulturarbeit durchgesetzt. Doch zurück zum Thema: Wer sich nach unten relativiert, will Recht behalten gegenüber all jenen, die mehr sein und über sich hinausgehen wollen. Es geht ihnen nicht mehr um den evolutionären Antrieb, zu optimieren, besser zu werden, weiter zu kommen, klüger zu sein – mit dem besten Partner, der besten Partnerin die Zukunft zu erobern! Es geht vor allem darum, zu gewährleisten, dass jeder, der das macht, was ihnen im eigenen Kopf verboten worden ist, gestraft werden muss. Unter diesen Voraussetzungen verwandelt sich die Welt für den, der nicht an diese Regieanweisungen glaubt, in ein Behindertenkabarett. Die Mehrheit soll die Traumatisierung ansteckend machen! Gegen den Zwang zur Nachahmung hilft in der Regel eine Praxis der Immunisierung durch tief verwurzelte Befriedigungen. Wenn mir die körperlichen Routinen vermitteln, auf was ich mich einlassen, auf was ich mich verlassen können werde, braucht es keine fehlerhaften Identifikationen mit irgendwelchen Fetischen der Selbstheit, keine Anähnelung und keinen Flirt aus Angstbewältigung mehr.

Frage: „Wie hoch ist die Ansteckungsgefahr durch solche bösen Energien, wenn man/frau sich im gleichen Raum befindet? Es finden doch Übertragungen statt, wenn der Arbeitsalltag, die Ausbildung, die Forschung usw. dafür sorgen, dass wir fast nur mit solchen Neidhammeln und Ausbremsern zu tun haben!"

Das wird von jedem selbst abhängen, also von den Kapazitäten, mit denen Sie ein Immunsystem unterfüttern. Die Mitläufer und Simulanten mögen versuchen, zu vereinnahmen oder die Libido mit irgendwelchen Wunschvorstellungen oder möglichen Sexualpartnern zu kodieren – die Statthalter des Wissens werden gewissen Prämien ausloben, die eine Beziehungsarbeit verhindern sollen – die Leute an der Macht werden Strategien bemühen, die einzuschüchtern und von der Ausgeliefertheit und Umzingeltheit zu überzeugen haben. Langbeinige Assistentinnen in ganz kurzen Röckchen wurden in meine Kurse geschickt, die wie nebenbei versuchten die Thematik in andere Richtungen diffundieren zu lassen: Sie versuchten, ein Scheitern zu provozieren, um sich dann als Trost anzubieten. Buchhändlerinnen oder Angestellte vom Funk und aus dem Rathaus durften sich frustrieren lassen, um dann das therapeutische Heil in privaten Belästigungen oder offiziellen Beschwerden zu suchen. Aus jener Zeit stammt die hinterhältige Behauptung, meine Bewunderinnen erkenne man am Frustrationsgrad.

Wenn das alles nichts bringt, wird die letzte und hinterhältigste der Manipulationen der Intriganten noch immer die sein, dass wir uns mit ihnen beschäftigen sollen. Durch ihre Störmanöver und Manipulationen, durch den moralischen Imperativ und die Verbote, mit denen unsere Intention erst scharf gemacht werden soll, werden wir letzten Endes genötigt, zu fragen, warum sie tun, was sie tun, was sie für Motive haben, um uns zu schädigen. Wir meinen erst einmal, es müsse an uns selbst liegen, wir müssten in irgendeiner Form einen Fehler gemacht haben – schon das räumt dem Ressentiment einen unnützen Kredit ein. Sie sind hässlich und doof, feige, verlogen und unfähig in den verschiedensten Mischungsverhältnissen oder alles zusammen, und weil sie in der Mehrheit sind, gibt es das unausgesprochene Bündnis zwischen Leuten, die eigentlich gar nicht vertragsfähig sind, die Behinderungssysteme mit allen perversen Energien der Zukurzgekommenheit aufzuladen. Wenn es darum geht, die eigene Lüge gesellschaftsfähig zu machen, sind sie jederzeit bereit, sich in den Selbstdarstellungsformen gegenseitig zu decken und zu unterstützen – jede/r weiß vom anderen, dass sie/er nur lügt und ist dennoch bereit, diese vorgegebenen Wahrheiten zu unterschreiben. Lange bevor Golemann die positiven Aspekte der emotionalen Intelligenz untersucht hat, hat er sich in der diametral entgegengesetzten Richtung mit *Lebenslügen* beschäftigt, vor allem aber mit den Techniken, die die Ängste und Ausgeliefertheiten durch Verleugnung und Selbstbetrug in den Griff bekommen sollen: Mit den Gesetzmäßigkeiten, warum wir uns immer wieder selbst täuschen sollen, um uns vor den schmerzlichen Wahrheiten einer unerträglichen Realität zu schützen. Und warum ist diese Realität unerträglich? Wenn nicht darum, weil sie auf das Schonungsbedürfnis zu kurz gekommener Krüppel keine Rücksicht nimmt. Wer nicht bereit ist oder sein darf, an der aktiven Veränderung der eigenen Zukurzgekommenheit zu arbeiten, braucht Gleichgesinnte, sprich: ähnlich Verstümmelte! Sie lügen sich ihre Probleme gegenseitig in die Tasche und haben damit einen Hebel, den anderen als Geisel des eigenen Wahrheitsanspruchs zu nehmen! Dabei wäre es auf Dauer leichter und mit einem wesentlich geringeren Aufwand verbunden, bestimmte Fraglichkeiten zu lösen und andere als irrelevant in die Vergangenheit zu verabschieden. Man/frau sollte nie unterschätzen welcher enorme Aufwand getrieben wird – bis in die feinsten Fühlfäden hinein, bis in die gerissene und bauernschlaue Verfälschung der Grundlagen jeglicher emotionaler Intelligenz!

Frage: „Hat ein Heranwachsender, ein Azubi oder Student überhaupt eine Chance, wenn er in so einem System landet? Was soll ein Arbeitnehmer machen, wenn er notgedrungen einem derart imprägnierten Arbeitsplatz entsprechen soll? Ist das eine Wirkung des Signifikantennetzes, dass der dort landet, der dort hin gehört – wer würde sonst gewählt? Damit wäre ein Wechsel, eine Kündigung, keine Lösung, weil nur die Gefahr besteht, dass der nächste Kontext noch psychotischer wird, vielleicht gerade, weil man ausgewichen und geflohen ist! Oder sind solche Systeme in der heutigen Arbeitswelt Gang und Gebe? Gibt es kein Ausweichen? Ist eine souveräne Haltung dann nicht an die Rolle als Chef, als Alphatier gebunden? Oder geht das nur unter Bedingungen, wo eine/r selbständig ist und auf niemanden Rücksicht nehmen muss. Ist die von Ihnen geforderte Souveränität im Berufsleben überhaupt möglich oder viel eher nur in irgendwelchen Rückzugsgebieten?"

Ich habe schon ein bisschen über das Wechselverhältnis von kreativer Eigenarbeit und Subversion angedeutet – aber es dürfte auch schon klar geworden sein, wie relativ jedes Souveränitätstraining ausfällt. Und ganz nebenbei darf ich Ihre Einschätzung des Selbständigen korrigieren: Wenn er am Markt mit Konkurrenten und Kunden zu tun hat, wird es die Kommunikationsfähigkeit sein, die wache und bewegliche Aufmerksamkeit in den verschiedenen Situationen, mit denen er seine Umsätze gewährleistet. Ein starrsinniges Behaupten der eigenen Position, ein rücksichtsloses Vorgehen, wird sich mehr oder weniger schnell gegen ihn selbst wenden – solche Verhaltensweisen gedeihen viel eher in subventionierten Abhängigkeitsverhältnissen.

Ich konnte als Hilfsarbeiter, als Packer im Buchhandel, als Bankbote, als Hausmeister die notwendigen Techniken entwickeln, an denen eine geisteswissenschaftliche Fakultät inklusive Minister auflief... Mit nichts, als der eigenen Arbeitskraft und den Einsichten aus ein paar tausend Büchern... danach konnte ich mich selbständig machen und am Markt bewähren – denn anderes war nicht übrig geblieben. Vielleicht muss man durch die entsprechende Familienstruktur imprägniert worden sein, dass sich die nötigen Immunisierungen wie von alleine einstellen.

Wer solche Verhältnisse nicht erwartet, vielleicht nicht erwarten kann, weil er/sie bisher das Glück hatte, in halbwegs funktionierenden Kommunikationsverhältnissen zu Hause zu sein – wer über kein sattes Repertoire im Körperwissen verfügt oder noch nicht am Wahrheitspol der reziproken Orgasmen angekommen ist, kann von so einer parapsychotischen Vereinigung gestörter Selbstbetrüger, die vielleicht noch von einem gerissenen Lügner angeführt und aufgestachelt werden, gewaltig in die Irre geführt werden. Vielleicht ist schon ein ganz einfaches Erkennungssignal zur Unterscheidung tauglich: Wer mit sich und seinem Leben einverstanden ist, wer zu einer brauchbaren Befriedigung fähig und zu einer sinnvollen Wahrheit geeignet ist, wird sich nicht in das Leben anderer einmischen müssen. Wer mit sich eins ist, wer mit einem Partner oder einer Partnerin einen Modus vivendi gefunden hat, der diese Einheit trägt und zur Gemeinsamkeit erweitert, wird keinem Zwang unterstehen, andere zu manipulieren oder sie zu Proselyten und Abhängigen zu machen. Am meisten wird also von denen zu lernen sein, die kein Bedürfnis haben, irgendjemand irgendetwas beizubringen, weil sie sich selbst genug sind!

Wenn wir meinen, die Gesetzmäßigkeiten finden zu müssen, wie diese Legierung der Lebenslüge mit der Verleugnung zu verstehen ist, sind wir ihr schon auf den Leim gegangen. Wissen zu wollen, wie die Mechanismen in diesen kranken Gehirnen aufzuschlüsseln sind, die Motivation verstehen zu wollen, um ihnen zuvor zu kommen – und wir beginnen ihnen ähnlich zu werden! Die Kunst wird also darin bestehen, nicht zu reagieren, sondern zu agieren und die Themen oder Interessen vorzugeben, denen diese Leute dann hinterher hecheln dürfen. Weil unsere Wahrnehmung vielschichtig und mehrdimensional strukturiert ist, können wir davon ausgehen, dass von deren Strategien wie nebenbei genug aufzuschnappen sein wird, um sie umspielen zu können und nicht weiter zu beachten. Ohne Resonanz beginnen sie sich sehr schnell zu verraten! Der Wind wehte uns manche Wahrheiten über den aktuellen Stand der Dinge auf Zeitungsfetzen vor die Füße; die gegen uns gerichtete Flüsterpropaganda war auf die Dauer ein sicherer Wahrheitsindex, als all die Wahrheiten, an denen wir uns festhalten sollten.

Wenn jemand versucht, einen zu manipulieren, ist der wichtigste Schritt, sich nicht manipulieren zu lassen: Wenn klar ist, wo die Bedürfnisstruktur liegt, ist es leicht, nicht zu reagieren, den Schwachsinn gewähren zu lassen und einen Schritt neben sich zu treten. Wir erfahren nichts über uns, wir erhalten nicht die Resonanz, die die für einen Säuger so notwendige Anerkennung bedeuten würde, wenn wir auf sie hören, weil wir meinen, über den Umweg des anderen zu erfahren, wer wir selbst sind.

Wenn es einem unterdurchbluteten Arschloch gelingt, unsere Intention derart zu fesseln, dass wir uns mit ihm beschäftigen müssen, bluten wir aus, bis nichts mehr von dem übrig bleibt, was einmal unseren Antrieb ausmachte. Als ich in einen Schüler verwandelt werden sollte, war auf die Dauer nicht zu übersehen, dass jede der so freundlichen Begegnungen Potenzstörungen im Gefolge hatte – ganz so positiv ist das vorgespielte Wohlwollen und das Kitzeln des Ehrgeizes also nicht, wenn man/frau erst einmal so weit ist, einen abpassen zu müssen! Wenn die Simulanten der Selbstheit Erfolg damit haben, uns zu einer Reaktion zu zwingen, beginnen wir den warmen Wind und die anmaßende Selbstdarstellung in einer Weise ernst zu nehmen, die das Fundament einer geistesgegenwärtigen, in der Körpererfahrung gewachsenen Wachheit erodiert.

Das Wort hat Macht, die Sprache kann Leben geben und Vertrauen stiften, sie kann töten und für nichtig erklären – aber sie kann auch in einer Weise pervertiert werden, dass das Große klein genannt werden muss, dass das Oben als unten gilt und rechts als links. Sie kann sogar dazu verwendet werden, wesentliche Einsichten und unumstößliche Wahrheiten derart zu zerren und der Inflation zu unterstellen, dass sich niemand mehr nach ihnen richten wird. Das ist der Ansatzpunkt meiner kleinen Psychologie für nachgemachte Menschen, die Ihnen bereits in den verschiedensten philosophischen Zusammenhängen der letzten fünfundzwanzig Jahre begegnen konnte.

Eine Theorie des kommunikativen Handels, für die vieles spricht, setzt die Reziprozität der Gefühle, Erwartungen und Deutungsmuster notwendigerweise voraus. Doch diese Reziprozität bleibt a priori aus, wenn strategische Sprachformen und manipulierende Verhaltensweisen unsere Entscheidungsfähigkeit unterlaufen. Sie versprechen uns etwas, das wir gar nicht haben wollen und drohen zudem noch mit dem Entzug ihres Wohlwollens, wenn wir uns nicht darum bemühen – wir sollen uns also gestraft fühlen, wenn wir nicht bekommen, was wir gar nicht haben wollen! Wo aufgrund der Manipulation ein fundamentales Misstrauen angesagt ist, hilft nur ein Maximum an Distanz, mit der die Strippenzieher zu umspielen sind, mit der man sie ins Leere laufen lassen kann und sich nicht mit ihnen beschäftigen muss. Das geht nur, wenn die psychische Besetzung von Wichtigerem oder Erfüllenderem zur Verfügung steht und es nicht notwendig ist, sich mit dem lancierten Schwachsinn, mit delegierten Negationen, zu beschäftigen.

Viele klinische Fallgeschichten machen nachvollziehbar, wie sehr Persönlichkeitsspaltungen das Resultat bedrohlicher Erfahrungen sind. Damit sind sie aber Kompensationsleistungen des Überlebens- und Gesundungswillens und längst kein Anlass für eine medikamentöse Stillstellung. Stillgestellt werden sollten vielmehr jene Lebensumstände und biographischen Überlastungsstrukturen, die individuelle Hoffnungsträger zu hoffnungslosem Schrott verarbeiten – stillgestellt werden müssten also jene Gesetzmäßigkeiten der Antriebsstörung, die die verwaltete Welt und die Reproduktion nachgemachter Menschen prämieren. Gerade vor diesem Hintergrund ist zu sehen, dass die multiple Persönlichkeit eine kulturelle Sonderleistung ersten Ranges sein könnte: Der Coach oder Kapellmeister dieses inneren Teams sollte die nötigen Ressourcen zur Verfügung gestellt bekommen, um aus diesen – dem Mythos und seiner Welt verwandten – Sinnstiftungsinstrumenten, weitere Zugänge zur Materialität der Welt zu schöpfen.

Frage: „Souverän wären wir dann, wenn wir über unser Leben, unsere Ziele, unser Begehren selbst verfügen könnten! Aber das kann doch keiner! Woran erkennen wir den richtigen Weg, die richtige Entscheidung – neben den unendlich vielen falschen? Muss man/frau nicht schon aus der Erfahrung gelernt haben, also so und so viel falsch gemacht haben, um zu lernen? Angeblich lernen wir ja nur aus dem Schmerz! Gibt es eine Altersgrenze für Ihr Souveränitätstraining – ab wann sollten die ersten Ahnungen da sein, ab wann sollten die Routinen sitzen? Gibt es hoffnungslose Fälle? Ist Souveränität erlernbar, wenn eine/r nur will? Gibt es überhaupt objektive Kriterien?"

Häufig genug ist zu sehen, dass schon der Versuch unter Strafe steht und seltsamerweise scheint der Versuch mehr zu sein, als wir uns selbst durchgehen lassen dürfen. Das ist ein Gradmesser für den Abstand zu jener Barriere, unter der wir hindurch graben, über die wir hinweg springen müssen. Egal wie, erst auf der anderen Seite stehen dann die eigenen Kräfte zur Verfügung, um ohne falsche Rücksichtnahmen oder verlogene Vorbehalte in Angriff zu nehmen, was uns tatsächlich angeht. Schon mit diesem Beginn ergibt sich also die Aufgabenstellung, zu entscheiden, was das Selbst, was das Begehren, was die Ziele sein sollen. Weil das Glück eben nicht von allein kommt, steht von Anfang an fest, dass wir, wenn die Ausweichbewegungen der Souveränität des

Rausches, der Selbstvernichtung und der Höllenfahrt Episoden bleiben sollen, das Ich in einer stabilen Triade lokalisieren müssen. Es braucht drei dazu, um wirklich mit sich eins sein zu können: Das Ich, das Du und den Eros – das Paar, zusammengehalten durch die Blitze der Geschlechterspannung!

Die Vergesellschaftung des Menschen wird weniger durch Arbeit, Sprache oder Geld fundamentiert, das sind Abstraktionsleistungen und parasitäre Strukturen. Tatsächlich liefert die erotische Beziehung der Geschlechter die grundsätzliche Matrix aller späteren Leistungen der Vergesellschaftung. Was bisher mit der Metapher Beziehungsarbeit gekennzeichnet werden wollte, ging von der in den letzten zwei Jahrtausenden eingeübten Abstraktion vom Verhältnis der Geschlechter aus – Ferdinand Fellmann hat gezeigt, dass das Begründungsverhältnis andersrum wesentlich besser und überzeugender passt!

Damit habe ich eigentlich schon alles gesagt, was zu diesem Thema gesagt werden kann. Gehen Sie nach Hause, beginnen Sie zu üben. Am leichtesten begegnet man der Weisheit zu zweit im Bett – ob das Bonmot *le poète travaille* wirklich stimmt, wenn er alleine schläft, wage ich zu bezweifeln. Die wesentlichen Einsichten muss jede/r für sich selbst finden – in der Version, die auf ihren/seinen biographischen Fundus zugeschnitten ist. Von mir werden sie also nicht mehr erfahren, als Sie selbst herauszubringen in der Lage sind!

Wer dieses Lernpensum bereits durchlaufen hat oder wer dazu gar nicht bereit sein sollte, sondern nur nach einer anspruchsvollen Unterhaltung verlangt, darf gerne wieder gehen. Zwischenrufe und spontane Einwände oder Fragen sind erwünscht, herzlich gern. Nur zu, sie beleben den Vortrag und sorgen dafür, dass die Leute wach bleiben. Nachdem ich aber die Erfahrung gemacht habe, dass sie meinen Assoziationsfluss derart anregen, dass ich vom hundertsten ins tausendste komme und dabei den Faden verliere, wollen wir immer erst am Ende der Stunde klären, was ad hoc geklärt werden kann oder die Fragestellung als Arbeitspensum aufnehmen und für die nächste Stunde zur Einleitung verwenden.

Frage: Sie sind doch sicher eingeladen worden, um klar aufzuführen, was wir von Ihnen lernen können. Muss es dann so schwer verständlich sein? Wir wollen wissen, welche Anregungen oder Aufgabenstellungen wir mitnehmen können. Warum beginnen Sie gleich damit, sich für diese Aufgabe den Dispens zu erteilen?

Frage: „Mich interessiert das Verhältnis von Souveränität und Macht. Gibt es das Gefühl von Souveränität? Fühlt es sich wie das Gefühl von Macht an?"

Auf die zweite Frage darf ich vielleicht gleich antworten. Nein, das kenne ich nicht. Das Gefühl von Macht ist mir als der Nachklang dümmster Ersatzbefriedigungen begegnet, aber die Souveränität erweist sich erst im Nachhinein, oft genug aus Situationen heraus, die unangenehm waren und anstrengten und ein enormes Maß an Disziplin und Distanzierung erforderten. Sie erweist sich an den Resultaten: Wenn einem die Botschaften zu flattern, dass eine Intrige in den Arsch ging, dass ein böser Antreiber auf der Strecke blieb, dass ein Verantwortlicher den Löffel abgegeben hat.

Und zur ersten Frage: Wenn eine Wahrheit in kleinen Dosen wie in Lebertrankapseln verabreicht werden kann, wird sie nicht geschätzt – überhaupt wenn ein kleines Missgeschick erweisen kann, wie ekelig sie schmeckt, wie wenig sie mit dem erpressten Konsens von Lebenslüge und Verleugnung in Einklang zu bringen ist. Sie kann noch so wichtig und entscheidend sein, das spielt keine Rolle mehr, wenn sie den Gesetzmäßigkeiten der Inflation sprich des Zerredens unterstellt worden ist. Der intellektuelle Erfolg der Jesuiten, der Hegelianer, der Lacanschüler usw. beruhte schließlich darauf, dass sie die Leute mit anspruchsvollen Unverständlichkeiten zu Interpretationsleistungen zwangen. Vor den Erfolg haben die Götter den Schweiß gesetzt – also gehen Sie davon aus, dass das Wesentliche Ihre Arbeit des Verstehens ist und nicht meine Reproduktion irgendwelcher Lernschritte, die sich gewissen persönlichen Zwängen verdankt haben.

Und für den Dispens habe ich einen ganz einfachen autobiographischen Grund: Nachdem beschlossen worden war, dass ich keine Möglichkeiten mehr haben sollte, irgendwelche Vorträge zu halten, nachdem alle Register gezogen worden waren, mir jeden Gelderwerb innerhalb der Geisteswissenschaften und der anhängenden Wissensverwertungsindustrie unmöglich zu machen, habe ich Anzeigen und Promotions verkauft. So, wie damit zu beweisen war, dass das Geld wirklich auf der Straße lag, man musste nur die Energie aufbringen, zur rechten Zeit am

richtigen Ort zu sein, man musste nur die Kraft aufbringen, sich gegen die Empfehlungen der Antriebsstörung zu bücken, war den Predigten der political Correctness der Wind aus den Segeln des Gutmenschentums zu nehmen. Ich bin nicht dazu da, Ihnen etwas beizubringen! Und vielleicht bin ich sogar deshalb eingeladen worden, weil meine Geschichte erweist, dass möglich ist, was unmöglich sein sollte!
In meiner Geschichte sorgte ein geisteswissenschaftliches Tabu dafür, dass ich nur auf den in den spärlichen Zeitfenstern entstandenen Welten der Imagination eingeladen wurde, von meinen Erfahrungen zu berichten oder konkrete Handlungsanweisungen vorzustellen. Allerdings unter der Voraussetzung, dass der Kontext und die Situation der Vermittlung meinen Erfahrungen entsprach. Wir können keine Weisheit lehren, da muss jeder seinen eigenen Weg finden. Aber wir können die Köpfe leeren, wir können das Bewusstsein vom Schwachsinn des Sotuns-doch-alle befreien. Mehr ist nicht zu erwarten. Die wichtigen Schritte müssen Sie selber machen – wenn der richtige Boden bereitet ist, laufen Sie immerhin keine Gefahr, ständig im Kreis zu gehen und irgendwelchem Schwachsinn nachzujagen.

Frage: Wie wollen Sie den Sprung von diesen Zynismen über die Normalität zu einer historischen Anthropologie schaffen?

Das haben schon andere in den letzten Jahrzehnten vorbereitet. Wichtig ist, dass die Zeit zur Verfügung steht, sich diese Ergebnisse einzuverleiben und sie so zu verdauen, dass das Potential eigener Lebenskunst freigesetzt wird.

Frage: Was bleibt vom Trieb, was bleibt von der Kunst, wenn Sie den Terrorismus der Ekstase ausgereizt haben? Gibt es jenseits des Schweigens noch etwas zu formen und mitzuteilen? Oder haben wir dann nichts mehr zu sagen, wenn kein Bedürfnis mehr besteht, über die Spielformen der Simulation zu lästern?

Das wird sich zeigen, sicher nicht die Antriebsstörung des Bildungsbeamten. Vermutlich kontinuierliche Übungen! – Die Körper sind wie Musikinstrumente, sie wollen zum Klingen gebracht werden und das geht nur mit geduldigen und ausdauernden Übungen. Der Überdruck, der eine schnelle Nummer zustande bringt, ist ein Armutszeugnis, aber noch längst kein Anlass, sich auf eine Erleuchtung einzulassen. Sie haben noch niemanden kennengelernt, der auch nur die einfachsten Akkorde in Bewegung setzen konnte, ohne sie davor geübt zu haben. Die Körper wollen erst einmal richtig gestimmt werden, sie brauchen die tägliche Übung, bis sich eines Tages in der Routine, die nicht mehr der Langeweile untersteht, das Göttliche realisiert. Aber das ist nicht selbstverständlich. Solange Sie vom Wahn des Habenwollens angetrieben werden, solange Sie dem Neid und der Subalternität gehorchen, solange die konfliktuelle Mimetik über Sie herrscht, wird festzustellen sein, dass sich die überzeugendsten Harmonien einfach verflüchtigen! Das zur Warnung, normalerweise ist das Prämiensystem der Lust aber derart überzeugend, dass man/frau auf keinen unnützen Schwachsinn mehr reinfallen wird. Die Evolution hat in unendlichen Trainingsläufen des Trial-and-Error überzeugendes ausgetüftelt – wenn nur wenige den Mut aufbringen, sich davon tragen zu lassen, sind die Lebensunfähigkeiten und die Antriebsstörungen der großen Masse, die Verleugnung und der Sexualneid, einfach zu vernachlässigen und ohne Bedeutung!

Als mir das Reden vergangen war und sich aufgrund extremer Anstrengungen der Status einer umfassenden inneren Leere einstellte, hatte ich einen Plan für die täglichen Aufgaben, – meine Frau sorgte dafür, dass ich die Termine einhielt und die Texte zum rechten Zeitpunkt vorlegte – und ein orgiastisches System positiver Rückkopplungen. Ich tat meine Pflicht und ich gab mich den Rhythmen gemeinsamer Körpererfahrung hin: Tag für Tag. Und die Kontinuität schwappte über, die energetische Woge brachte unerwartete Erfolge mit sich: Die Umsätze stiegen, Leute, die davor nur abgeblockt hatten, riefen plötzlich zurück, weil sie ein Portrait oder eine Produktbeschreibung haben wollten. Es gibt dafür keinen kausalen Zusammenhang, nur die Gesetzmäßigkeiten der Nachahmung: Die Bedürfnisstruktur, an einer Woge teilhaben zu wollen. Diese aus der Praxis gewonnene Routine wäre nur eine minimale Korrektur am herrschenden System der Bedürfnisse. Ich kann Ihnen garantieren, dass die Welt anders aussehen könnte, wenn die Mehrzahl kapieren würde, dass man/frau sich den Erfolg ervögeln kann, wenn dieser den Gesetzmäßigkeiten des Körpers und dem richtigen Verhältnis aus Nähe und Ferne gehorcht. Natürlich kann der Funktionär der Selbstentfremdung Milliarden um den Erdball jagen, aber er wird eher einer Krebserkrankung begegnen, als seinem Glück, ... wo es um die Gesetzmäßigkeiten der großen Zahl geht, herrscht ein extrem lebensfeindliches Klima. Grundsätzlich müssten sie es erst einmal versuchen, müssten die sozialisationsbedingten Verstümmelungen hinter sich lassen und vor allem den ständigen Ausweichbewegungen in Ersatzbefriedigung und Simulation den Kredit aufkündigen. Ich wiederhole mich!

Frage: Es gibt die Freiheit von etwas und die Freiheit für etwas. Der bisher umrissene Souveränitätsbegriff zielt die Freiheit von der Herrschaft des Triebs, von der Fremdbestimmung, von der Wechselwirkung von Macht und Geschichte an. Was bleibt denn übrig, wenn Sie sich den Freiheiten für etwas widmen wollen?

Das Kraftwerk der Liebe und die Intensitäten im Hier und Jetzt! Ich habe den Verdacht, dass Sie die beiden gegenläufigen Prozesses des Kampfes um Autonomie und der Lust an der Selbstverschwendung in eins setzen. Im Endeffekt werden sie einmal eins geworden sein – aber vorerst sind sie entgegengesetzte Strebungen, deren man sich in ihrer Beziehung bedienen muss, um nicht in einem Extrem verloren zu gehen. Wenn ich die Kraft aus einer Liebe beziehe, wird die Verführung, nur um den eigenen Nabel zu kreisen, keine Attraktivität ausüben. Ich muss nicht um die Autonomie meines Ichs kämpfen, muss die vorhandene Energie nicht ins Grübeln, in keine hochfliegenden Pläne investieren und keine Reserven für den Zweifel am Selbst anlegen – ich muss nur für die Bedingungen der Möglichkeit sorgen, dank derer wir uns an der eigenen Existenz erfreuen...
Der scheinbar unauflösliche Zusammenhang zwischen Macht und Sadismus, mit dem sich Bataille oder Pasolini in beeindruckender Weise beschäftigt haben, kann in gewissen Konstellationen aufgesprengt werden: Wenn der Negation und der Verstümmelung keine Energie mehr zugeführt wird und im Kraftwerk der Liebe eine Form der personellen Macht entsteht, die der kreativen Eigenarbeit gehorcht. Vor vielen Jahren habe ich für diesen Prozess den Begriff des Schnellen Brüters entwendet. Ein stillgestellter Melancholiker grübelt unterm Druck der Fraglichkeiten einer Lebensaufgabe, bis er dem Sog des Nichts nicht mehr widerstehen kann... während die Widersprüche im Kraftwerk der Liebe zu neuen Elementen zusammen gebacken werden: Die freigesetzte Kraft und Bedeutung steckte in den aufgesprengten Blockaden!

Ich danke für die erste Resonanz – in einer Stunde machen wir weiter. Wahrscheinlich werden sich konkrete Antworten auf die letzten Fragen im Laufe der Vorlesungen einstellen – außerdem die nötigen Beispiele, mit denen die Berechtigung der vorangegangenen Fragestellungen zu unterstreichen ist. Ich werde versuchen, sie aus dem biographischen Material zu entwickeln – aber ad hoc kann ich nur zurück fragen: Woher soll ich das wissen? Für mich stellen sich diese Fragen schon lange nicht mehr.

b

Vorab liefere ich drei grundsätzlich verschiedene Aspekte ein und desselben Geschehens. Was sich im Fortgang der Ausarbeitung dann nicht von alleine erledigt, sollte auf jeden Fall noch einmal angesprochen werden. Also kurz zusammen gefasst:

Unter dem Begriff Souveränität (frz. souveraineté, aus lat. Superanus: darüber befindlich, überlegen) versteht man in der Rechtswissenschaft die Fähigkeit einer natürlichen oder juristischen Person zu ausschließlicher rechtlicher Selbstbestimmung. Diese Selbstbestimmungsfähigkeit wird durch Eigenständigkeit und Unabhängigkeit des Rechtssubjektes gekennzeichnet und grenzt sich so vom Zustand der Fremdbestimmung ab. In der Politikwissenschaft versteht man darunter die Eigenschaft einer Institution, innerhalb eines politischen Ordnungsrahmens einziger Ausgangspunkt der gesamten Staatsgewalt zu sein. Geprägt wurde der Begriff im 16. Jahrhundert durch die Absolutismuslehre des französischen Staatsphilosophen Jean Bodin. =>Wikipedia.
Souverän ist, wer über die Macht verfügt, das Gesetz zu geben!

Mit den begriffsgeschichtlichen Analysen eines Sozialen Körpers, wie sie mit Kantorowicz *Die zwei Körper des Königs'* herausgearbeitet werden, bietet es sich an, den Königsmechanismus nicht als weltflüchtiges Ventil der Repräsentation und in der Folge als eines der Ersatzleistung, wie dies von Elias nahegelegt wird, zu begreifen. Der Soziale Körper entsteht im Durchlaufen einer zweiten Geburt – die vorbereitenden Einsichten finden sich bereits bei Paracelsus. Er kann damit der körperfeindlichen Tendenz des institutionalisierten Imaginären entgegen kommen – aber er kann auch dazu verhelfen, das familienzentrierte Imaginäre zu sprengen, um auf einem graduell anderen Signifikantenniveau die Problematik der Verhaftetheit in der Bedürfnisstruktur der Mütterwelt und die Folgeschäden der Sozialisation aufzulösen. Also über diesen kulturellen Umweg zurück zur Materialität der Welt! Die zwei Körper des Königs standen keiner adligen Lustpolitik im Wege, während der bürgerliche Charakterbegriff ein unmittelbares Resultat von innerweltlicher Askese und schlechtem Gewissen gewesen ist.

In den verschiedensten Zusammenhängen komme ich immer wieder auf Kamper zurück – der wie nebenbei darauf hinweist, dass sich Batailles Schlüsselsatz einer Religionskritik in einer Bestimmung der menschlichen Souveränität als Elend entfaltet: Erst der Mensch als Fragment, als fraktales Subjekt, das jede Totalität und jede Größenphantasie verabschiedet hat, lässt die Dialektik zwischen Herr und Knecht hinter sich. Die Freiheit als Autonomie mag sich im Wettrüsten der Emanzipationszwänge verfangen – die Freiheit als Souveränität ins Monströse übergehen. Die Zuordnung der Autonomie zur bürgerlichen Gesellschaft, als Selbstbestimmtheit und als Abstraktion von der Freiheit des Anderen, und die der Souveränität als unbeschränkter Verfügungsgewalt theatralischer Selbstinszenierungen zum Feudalismus, spielt mit einem Erklärungsanspruch, der eben nicht einlöst, was er verspricht. Für Kamper erweist sich der Riss zwischen rechtlicher Autonomie und singularer Souveränität, Authentizität, Individualität als der Grund-Riss der Subjektivität, in der das Fremde wuchert und das Eigene abnimmt. Für die Freiheit der Souveränität taucht der Feind oder Gegner nicht an der Grenze zum Anderen auf, sondern schon an dieser historischen Stelle, in der Zerrissenheit des Selbst. Autonomie und Souveränität als die beiden Arten der menschlichen Freiheit sind also nicht auf einen gemeinsamen Nenner zu bringen. Die Prozesse der Selbsterhaltung und der Selbstverschwendung dürfen nicht verwechselt werden – auch wenn sie im Fetisch der Macht eins zu werden scheinen. Es sind die immanenten Spaltungen und Verdopplungen der Souveränität, die jenes selbstabschließende Geschehen der Autonomieanstrengungen des Individuums in Gang gesetzt haben. Zur Lippes Kennzeichnung der bürgerlichen Zwänge, durch die Autonomie und Selbstzerstörung verklammert werden, findet in der historischen Verhaltensforschung manche Bestätigung. Die Entwicklung der letzten zweihundert Jahre zeigt zudem, dass es eben die Fröste und Einsamkeiten der Moderne sind, an denen dieses Modell der absolut gesetzten Autonomie zu Bruch geht. Durch Macht ist die Autonomie genauso wenig zu erhalten wie die Souveränität – und das geht in beiden Fällen gegen die Absolutsetzung der Verfügungsgewalt gegenüber anderen Menschen.

Wenn das Prinzip allerdings die Bejahung der Kräfte des Menschlichen ist und nicht die Betonung der Mauern des Ich, zeigt sich mit Bataille ein Weg ins Ungewordene, dessen Gesetzmäßigkeiten bisher immer nur geflohen worden sind: Die Bejahung des Lebens bis in den Tod hinein führt zu souveränen Formen der Verweigerung der Macht. Bataille hat den Souveränitätsbegriff mit der Subversion verklammert! Es kann also die Entscheidung für ein Überleben sein, die Technik, dem Opferkult ein Schnippchen zu schlagen, die Tricks, dem verordneten Tod und dem programmierten Untergang auszuweichen! Diese entgegengesetzten Tendenzen sind also miteinander zu verspannen und für die Qualitäten des Subjektiven stark zu machen – was ich in den verschiedensten bedrohlichen Lebenssituationen als die Gesetzmäßigkeiten eines Blankpolierten Spiegels erfahren habe, wurde mir in diesen Zusammenhängen zum ersten Mal auf einen halbwegs zusammenhängenden Nenner gebracht. Im Kontext der Arbeiten, aus denen die in Dresden vorgestellte Neukonzeption für das ehemalige Becher-Literaturinstitut entstanden ist, finden Sie schon den Schlüssel: Der Sparsamkeitstick der Autonomie und die Verschwendungssucht der Souveränität sollten einander in Schach halten, damit sich die Erfahrung von Geistesgegenwart als Körperbewusstsein einstellt. Eine Einheit, die Eins ist und zwar als Drittes! Ich gehe heute noch ein wenig weiter und habe dieses Wechselverhältnis überdehnt: Der Ich muss in einer Beziehung verloren gehen, um eben für diese Beziehung eine Autonomie zu erlangen, die gegenüber den Anforderungen einer wahnwitzigen Welt und den Verführungen zukurzgekommener Schwachsinniger einen neuen Status der Souveränität gegenüber allen Anpassungsimperativen ermöglicht.

Frage: „Ist Ihre Vorstellung von Souveränität nicht erst auf der Folie der Fehler der anderen möglich? Weil die so viele Fehler machen? Ist Souveränität vielleicht gar nicht die Sache von Stärke und Überlegenheit, sondern von Unbeirrbarkeit?"

Das möchte ich später noch genauer ausführen. Also kurz nur zusammengefasst: Es resultiert aus dem Nein gegenüber dem Nein der Verleugnung. Aus der Kraft, die Nichtanerkennung nicht anzuerkennen. Dank der Rückkehr zu den Wahrheiten des Körpers und damit dank der Unbeirrbarkeit gegenüber all den Fetischismen der Macht und den Selbstbefriedigungsriten der Subalternität.
Damit darf ich den ursprünglichen Faden wieder aufnehmen – es sieht fast so aus, als hätten Sie mit dieser Frage der Argumentation zugearbeitet. Kennzeichnend ist, dass Kantorowicz an einigen Stellen zeigt, wie die Entwicklung des sozialen Körpers spezifischen Gesetzmäßigkei-

ten folgt, die ein paar Jahrzehnte später von Bateson als die Gesetzmäßigkeiten einer parapsychotischen Familienstruktur heraus gearbeitet worden sind. Das System sorgt dafür, dass seine Mitglieder schwach und ohne wirkliche Sicherheit gehalten werden und in dauernden Rivalitätsstrukturen gegeneinander auszuspielen sind; es erfährt durch die in schöner Regelmäßigkeit fabrizierten Opfer eine Verewigung. Die Stabilität und Dauer des Systems, sei es politisch oder familiär oder finanztechnisch fundiert, beruht also auf den Gesetzmäßigkeiten, die Girard als die der konfliktuellen Mimetik gekennzeichnet hat. Damit wird nicht nur eine intime Beziehung zwischen der ersten und der zweiten Geburt angedeutet: Humor und Kreativität beruhen auf den gleichen Gesetzmäßigkeiten wie der paranoide oder schizoide Wahn, aber es ist ein fundamentaler Unterschied, ob man ihnen gehorcht oder mit ihnen zu spielen in der Lage ist. Zugleich wird also nachvollziehbar, wo die tatsächlichen Gefahren jeder wachen Lebendigkeit sitzen und welche Behinderungssysteme vor allem ausgehebelt werden müssen. Wir gehen also immer wieder auf ursprüngliche Gesetze des mythischen Denkens zurück: Entscheidend ist, dass gegen den kosmogonischen Ewigkeitsbedarf, der schließlich zur Übermacht der Institutionen geführt hat, das noch im Mythos entstandene eschatologische Prinzip gesetzt werden kann: Die Vollendung finden wir in keinem starren System der Vergangenheit, aber wir kommen ihr nahe in einer unendlichen Annäherung in einer offenen Zukunft.

Eine Zuspitzung, die gegen den Institutionstheoretiker – nicht nur gegen den der bürgerlichen Demokratie, sondern auch gegen den autoritärer Regime – verwendet wurde, entwende ich aus diesem Grund von Carl Schmitt: Souverän ist, wer über den Ausnahmezustand entscheidet. – In Situationen, in denen ich keine Wahl mehr hatte, in denen alle Sicherheiten weggeflogen waren, stellte sich wie von alleine jene energetische Struktur ein, die mir aus den subliminalen Wahrnehmungen auf einmal Wahrheiten zutragen konnte... Ich musste aber erst einmal akzeptieren, dass es jene Erfahrung der Ausgeliefertheit im Angesicht der psychischen Vernichtung war, die mich von den institutionalisierten und gewohnt gewordenen Wissensweisen abnabelte und damit in einen Status versetzte, der jenen energetischen Wirbel der Weltsetzung zugänglich machte. Ich musste selbst in die Bereitschaft einwilligen, über den Ausnahmezustand zu entscheiden, denn sonst wurde über mich entschieden: Und ich durfte dabei nicht vergessen, dass es eben jene schizoid-paranoiden Verfügungssysteme waren, mit denen Menschen ins Vergessen oder die Medikamentisierung gestoßen worden waren. In dem Augenblick, als ich Ja gesagt hatte, als dieses Ja die Verantwortung für das eigene Leben beinhaltet hatte, als mir klar war, dass ich der Vernichtung unterstellt wurde und es nun nur noch von meiner Findigkeit, meinem Überlebenswillen abhängen würde, ob wir durchkommen konnten, stand mir die Souveränität der Entscheidung zur Verfügung, rückhaltlos und ohne falsche Vorbehalte ins Überleben zu investieren. Ich musste das Lachen bewahren und die Freude an der Humorform des Chaos kultivieren. Auf Kafkas Galerie der Lebendigkeiten krümmte ich mich vor Lachen, als mir zu sehen gegeben wurde, wie einige kulturelle Größen die Regeln, die sie gelernt hatten, verwendeten, um alles mit Füßen zu treten, was dieses Lernen zur Voraussetzung hatte: Sie wollten sich an meinem Scheitern weiden, um dabei, von der Nichtung und dem Nein angetrieben, grandios zu scheitern.

Die Parallelen waren offensichtlich und sollten gerade deshalb besonders gründlich verleugnet werden – was ich verwenden lernte, hatte ich vor allem auf der Folie dieser Verleugnung gelernt! Es gibt einen Sog des Nichts, der sich all jener bemächtigt, die an den Ursprüngen der Lebendigkeit irre geworden sind: Das kann ein sexualgestörter österreichischer Maler sein oder ein sächsischer Dachdecker – die kleinsten Krüppel in den obersten Etagen der Weltgeschichte; das kann die Übermacht einer parapsychotischen und schizophrenogenen Mutter sein; das kann ein stillgestellter Bankdirektor sein, der seine Unterlegenheit gegenüber dem geisteswissenschaftlichen Vater zu therapieren sucht, indem er mit den Millionen anderer Leute würfelt und sich in primitiven Machtspielen übt, bis von der institutionell verbürgten Macht nichts mehr übrig ist; das kann ein impotenter und überangepasster Professor sein, der seine schmerzhaft erkaufte Überlegenheit bedroht sieht, wenn er auf einen Studenten trifft, der selbst denkt und in der Lage ist, den Verführungen zu Anpassung und Unterwerfung aus dem Weg zu gehen: Ihr Problem ist tatsächlich erst dann gelöst, wenn sie den Weltenbrand in Gang gesetzt haben oder der Delegierte als Amokläufer reüssiert!

Nachdem längst bekannt ist, dass diese Fraglichkeiten aus den Basisstörungen der ersten Lebensjahre resultieren, dürfte eines klar sein: Wir brauchen eine Art Führerschein für Mütter: Wer über die Bedingungen der ersten Geburt entscheidet, sollte über alle Privilegien verfügen und jegliche Unterstützung erhalten, damit weitgehend garantiert ist, dass die Bedingungen der Möglichkeit einer zweiten Geburt zustande gebracht werden. Den sozialen Abschaum, der zur Therapie der eigenen Halt- und Machtlosigkeit und mit dem Hintergrund einer Nötigung der Sozialsysteme Kinder in die Welt wirft, sollten dagegen ganz einfache Prämiensysteme von der Zeugung und Austragung abhalten. Vor diesem Hintergrund kann deutlich werden, dass sich in der Erfahrung des Paars die soziale Wiedergeburt realisiert: Es geht darum, eine gemeinsame Zukunft zu erarbeiten und sich nicht durch alle möglichen Schmarotzer daran hindern zu lassen, das rettende Ufer der zweiten Geburt zu erreichen.

Zeiten der Gefahr und der maximalen Ausgeliefertheit erweisen, welche Antriebe oder Einsichten die Persönlichkeitsbestandteile eines inneren Teams zur Einmannkooperative zusammenschweißen: Nur so zeigt sich, was in einer Person steckt, denn die Person ist immer nur die Maske. Wer sich an Ausnahmezuständen bewährt, erweist seine Souveränität und erreicht zugleich ein Niveau des Signifikantennetzes, auf dem die verschiedenen Möglichkeitsspielräume zu einer neuen Wirklichkeit zusammen schießen. Dieser Souveränitätsbegriff hat damit sehr viele Ähnlichkeiten mit der sprachtheoretischen Konzeption der Energeia, als Lebendigkeit und Kraft, die die Manifestationen und die inneren Gesetzmäßigkeiten jenes sozialen Körpers heraus treiben und der Bewährung unterstellen, bis sich eine ganz unverwechselbare, individuelle Gestalt ergibt. Es hilft nichts, zu blocken und zu mauern und den starken Charakter zu markieren – an den Heldenbildern sind schon viele Ideale zu Schrott gefahren worden. Wir müssen uns auf ein Geschehen einlassen, wach und aufmerksam, beweglich und lernfähig. Ob es die Sprache ist, die für uns denken, wahrnehmen und fühlen möchte und dies in vielen Fällen derart stimmig hinbekommt, dass wir unsere Perspektive mit der ihren verwechseln. Ob es das familienkodierte Gesellschaftssystem ist, das uns in Wiederholungszwänge verstrickt, die darauf hinauslaufen, dass wir als eigen rechtfertigen sollen, was längst vor uns ausgeheckt worden ist und nichts von uns zurücklassen wird, wenn wir nur willfährig genug gewesen sein werden. Wir müssen das in der Sprache steckende Unbewusste ausfalten und zum Sprechen bringen, die über drei Generationen verknüpften Familienromane rückwärts zu buchstabieren. Wenn die fundamentalen Kategorien der Antriebsstörung ausgehebelt worden sind, werden aus den eingefrorenen Kristallmustern wieder Rhythmen und Bewegungen. Die entsprechenden Gesetzmäßigkeiten geben dann die notwendigen Handlungsanweisungen vor, mit denen wir den Takt schlagen und die Rhythmen aufnehmen können, bis die bisher starren Verhältnisse zu tanzen beginnen.

Wenn ich Rita Bischof folge, beseitigt die Souveränität bei Carl Schmitt die Ausnahme, um das Gesetz zu stiften und das Recht zu setzen, während sie bei Bataille das Resultat der absoluten Ausnahme ist. In meiner Geschichte scheinen sich diese beiden Perspektiven derart ineinander verschränkt zu haben, dass ich die Ausnahme durchsetzte, um auf ein ursprüngliches Gesetz zurück zu kommen. Gegen Anpassungszwänge des Konformismus und Verschleierungstechniken verschiedener informeller Machtstrategien waren in der Biographie vormoderne Perspektiven und archaische Wirkungsmuster freizusetzen, bis die bedeutungsstiftende Kraft des Mythos zu wirken begann.
Folgerichtig bietet sich die Modifikation der Souveränitätstheorie eines Bataille an – und zwar in den Zusammenhängen, in denen er sich gegen die Subjektphilosophie wendet. Gegen die Akkumulation toter Werte kennzeichnet er die Ökonomie der Verausgabung, die der Bejahung des Lebendigen gewidmet ist und auf das Repertoire der personellen Macht verweist. Der Souveränität des Göttlichen ähnelt sich diese Macht an und sie spiegelt sich in der überwältigenden Schönheit – die Souveränität siedelt in der Ausnahme, im Jenseits von Durchschnitt und Statistik: Sie liefert damit neue und viel tiefer verwurzelte Ansätze für den Stellenwert der Qualitäten des Subjektiven. Die Verschwendung steht gegen die Akkumulation, gegen die Gesetzmäßigkeiten der großen Zahl und den Vorrang des Formalen, sie wird zu einer Kategorie des individuellen Allgemeinen und thematisiert den Stoffwechsel der persönlichen Kraft. Es ist also vor allem eine ökonomische Kategorie, auch wenn sich ihre Wirkungen am leichtesten in der Beziehungsarbeit nachweisen lassen. Nicht zu sparen und zu raffen, nicht zu übervorteilen und zu betrügen – sondern vorbehaltlos zu geben, in die Hoffnung auf Reziprozität zu investieren, ohne Sicherheiten, und dabei einen Zauber auszulösen. Die Gesetze dürfen nicht immer nur von Verstümmelten und Missgeburten geschrieben werden! Die Macht ist nicht dazu da, dass sich sexuell Antriebsgestörte und hoffnungslos Kommunikati-

onsbehinderte an ihr therapieren – die wirkliche Macht beginnt erst mit einem umfassenden Ja zu den Gesetzmäßigkeiten des transzendierenden Lernens und der richtigen Nutzung evolutionärer Entwicklungsmöglichkeiten... Das findet in der Beziehungsarbeit des Paars statt, im besten Fall also jenseits der Dialektik von Opfer und Henker, obwohl in meiner Erfahrung der Liebe als Duell immer das Risiko beinhaltet ist, in den Verdinglichungen einer solchen Dialektik hängen zu bleiben. Im Zusammenhang der erkenntnistheoretischen Fundierung der Erfahrung der Welt auf die Selbsterfahrung des Paars erweist sich die Souveränität in der Fähigkeit begründet, Wirklichkeiten umzugestalten und damit gewisse Systemsprünge im Signifikantennetz zu bewirken. Solange dies nicht gesehen werden kann, verlängern alle Auswege nur die Sackgassen der Subjekt-Objekt-Dichotomie. Schauen Sie sich einmal an, welche sprach- und erkenntnistheoretischen Exkurse Bischof benötigt, um Bataille gegen den Vorwurf des Irrationalismus zu verteidigen – und dabei sind gewisse Erkenntnisse eines Gotthard Günther zur transklassischen Logik oder der sprachphysiognomische Ansatz eines Benjamin, die der gleichen Zeit entstammen, völlig ausreichend, um die Haltlosigkeit solcher Unterstellungen zu erweisen: Statt an antiquierten Fraglichkeiten hängen zu bleiben, ist damit ein wirklich fruchtbares Gebiet aufgeschlossen.

Frage: „Wo beginnt denn das Ausweichen in die Surrogate? Oder ganz provokant gefragt: Gibt es irgendwas für den Menschen, das keins ist?"

Kraft und Bedeutung stehen in einem Wechselverhältnis, das von Ferne an die Beziehung von Sachvorstellungen oder Objektrepräsentanzen und Wortvorstellungen oder kodifizierten Bedeutungen erinnert. Wir brauchen Antriebe zum Leben, lustbesetzte Zielvorstellungen, die uns über das hinausführen, was bereits vor uns da war. Die Selbstbejahung des Lebendigen impliziert vor allem die Produktionslust, die Freude an der Kraft, an der Kapazität der Selbstverwirklichung. Leider richten sich die meisten Forderungen der Erzieher auf die Sozialisierung von Lebensäußerungen und unterstreichen die Vorgaben der bestehenden Verstümmelungen – die Vorbilder, die uns präsentiert werden, bereiten eine Schematik der Macht des Konformismus auf, die die eigenen Wahrnehmungen verbietet und das Denken aufs Reproduzieren reduziert. Die Modellierung des Antriebs durch Verbote und Tabus, die

Schulung von Ersatzleistungen und die Dressur durch Surrogate, werden leider viel zu selten als die Bremssysteme durchschaut, die sie tatsächlich sind. Kultur ist eine Kodifizierung von Umwegen, weil die direkte Umsetzung der Kraft mit einem Tabu belegt ist. In gewissen extremen Erfahrungen wird deutlich, dass der Antrieb selbst dem Verdacht untersteht, eine kriminelle Energie zu sein. Seltsamerweise aber kann eine Übersprungbildung bewirken, dass die Ersatzleistung auf einmal mehr Energie freisetzt – die Verbote können die Kraft in einer Weise bündeln und akkumulieren, wie es dem einfachen Vollzug nicht unbedingt gegeben ist. Die Simulanten der Selbstheit werden zu Gebrauchtintensitätenvermittlern. Auch diese Beobachtung lässt sich gegen den Imperativ der Krüppelzüchter verwenden. Man muss nur einmal um sein Leben gerannt sein, muss die Erfahrung gemacht haben, dass keine Anstrengung mehr zählt und alles Investment verfehlt und überflüssig ist – und der melancholische Impetus bleibt auf der Strecke. Ich muss mich nicht den höchsten Werten widmen, um ihre Dignität durch mein Scheitern erneut zu erweisen – die großen Selbstmörder unserer Kulturproduktion wurden immer doppelt ausgebeutet: Als Beweisfiguren der Anpassung und als Lebensspender für die Intensitäten aus zweiter Hand. Ich muss nicht mehr am Sinn dieses Lebens verzweifeln, weil ich keinen finde – wenn ich erst einmal kapiert habe, dass es von meiner Makellosigkeit abhängt, ob ich weiterleben werde. Ab da wird der Sinn mit jedem Atemzug neu gestiftet! Solange Sie also der Kunst huldigen, es nicht gewesen zu sein, ist alles nur Ersatz für das ungelebte Leben!

Wörter binden Kraft, das richtige Wort im rechten Augenblick kann Leben geben oder töten. Es ist die Kodifizierung, die den mehr oder weniger ambivalenten und frei flottierenden Energien ein Netz überwirft oder unterspannt, damit entweder ein Gängelband anlegt oder eine Gehhilfe bereit stellt. Erwartungen und Vorstellungen, Melodien und Rhythmen, Bilder und Begehrlichkeiten binden Kraft und können Kräfte freisetzen. Aus diesem Grund ist die Beherrschbarkeit des Menschen ganz einfach über die Genealogie der Unmoral, über die systematische Produktion von Gellheit durchzusetzen. Selbst Geld macht gell, die Ehrgeizprogramme und Selbstgefälligkeitsrituale der konfliktuellen Mimetik mögen noch so sublimiert und körperfremd sein – im Endeffekt gehorchen sie einer Mikrophysik der Macht, die uns zu unseren eigenen Ordnungsmächten bestellt hat. Wir selbst sind Geheimagenten gegen die Belange der Biographie und Selbstmordattentäter im Auftrag der Macht, wenn es erst einmal gelungen ist, mit den Geilheitsdressuren am Zentrum der persönlichen Krafterzeugung zu schalten. Ein dauerndes Fehlinvestment der psychischen Energien hat dafür zu sorgen, dass die Maschine läuft und die Protagonisten um ihre Kraft beschissen werden. In diesen Zusammenhängen wird recht deutlich, dass diese Logik des Verzichts durch die abendländische Theologie in einer Weise vorgegeben worden ist, die quer zu jeder Individualisierung steht. Die Geistesbewegung der Imitatio Christi mag wesentlich an der Entwicklung der Persönlichkeitsvorstellung beteiligt gewesen sein – aber sie funktionierte nur über den Umweg der Abstraktion vom körperlichen Geschehen, hat damit den Ausweg der körperfernen Repräsentation bereits vorgegeben: Dies ist mein Leib! Und daran hat der Egokult der letzten zwei Jahrhunderte nichts geändert. Das Zusammengehen von Medienpräsenz und Müttermacht war im Fortgang der Geschichte als Köder der besseren Konditionierbarkeit des Lebendigen zu verwenden. Kamper hat in den verschiedenen Zusammenhängen plausibel dargestellt, dass das tatsächliche Kreuz der abendländischen Geschichte die Abstraktion ist. Der Glaube, wie er anempfohlen wurde, ist bereits eine Absage an die Wahrheiten des Körpers, eine Einführung in die Abwesenheitsdressur, die der Schwäche und Ausgeliefertheit der verordneten Selbstdefinitionen der Mütter zu verdanken ist.

In der *Ästhetik der Abwesenheit* ist mir an verschiedenen Stellen aufgefallen, wie Kamper – dessen menschheitsgeschichtliche Analysen, die Kompensation der gattungsspezifischen Verstümmelungen und Narbenbildungen durch Imagination und Einbildungskraft, nur zu unterstreichen sind – die grundlegende Rivalitätsstruktur der weiblichen Lebenswelt verkennt. Er leitet den Bemächtigungswahn in der menschlichen Zivilisation, den Versuch, alles auf den Status des Objekts zu reduzieren, um darüber zu verfügen, auf den puerilen Größenwahn zurück und bedankt sich für die Erfahrungsformen, die er der weiblichen Welt verdankt und die ihm geholfen haben, die Besessenheiten der Männerwelt zu durchschauen und zu kritisieren. An der ursprünglichen Erfahrung, wie fließend der Übergang zwischen Mutter und Tochter ist, wie in bestimmten Fällen gar keine Möglichkeit der Abgrenzung besteht und die Mutter in einer Weise über die Selbstdefinition der Tochter verfügt, dass das Stichwort psychotische Entdifferenzierung noch immer die Position befördern kann, es habe einmal die Chance der Abgrenzung gegeben, ist aber eine viel größere Gefahr und damit eine ganz umfassende Infragestellung der Fundamente des Individuums festzumachen. Der puerile Größenwahn und all die selbstzerstörerischen Folgen einer technischen Zivilisation sind nur eine armselige Form der Verleugnung und damit ein selbstdestruktiver Versuch, gegen den Sog der Entdifferenzierung standzuhalten. Vielleicht sollte einmal unzensiert erfahrbar werden, welche wirkliche Allgewalt in der Verfügung einer Mutter über ihre Kinder besteht – sie hat nicht nur das Leben gegeben, sondern sie ist auch jederzeit in der Lage, über den Wahnsinn und die Selbstzerstörung zu verfügen, wenn kein Spezialist sein Veto einlegen darf. Hier sollte die zivilisationskritische Ansatzstelle sein – hier sollte angeknüpft werden, um zu verstehen, warum die Entmaterialisierung so einen Schub gewonnen hat, warum die Abstraktion und das formale Regelwerk schon immer ein Sicherungssystem gegen die Imperative der Mütterwelt herstellen musste. In diesem Sinne wirkt die angesprochene Dialektik der Rettung wesentlich stimmiger: Jede Rettungsaktion gegen die ursprüngliche Verstrickung wird den Anlass verstärken und das Leiden vermehren, das sie mindern wollte. Aus diesem Grund waren die Kämpfe der letzten zweihundert Jahre gegen die Verheerungen der Abstraktion nur eine andere Version der Abstraktion und die Flucht in die Technik, die Universalisierung der Prothese, gibt der Macht der Mutter in einem ganz anderen Maß Recht. Die Medien sind gigantische Übermütter geworden und das Medium, das alle Medien in sich enthalten kann, das Internet, impliziert die letzte Rettung, auf eine/n realen Partner/in, der/die den Bann der Mutter sprengen könnte, Verzicht zu leisten. Das Virtuelle ist eine Spielart der Absenz, die die selbsterzeugten Ungeheuer bereitstellt, mit denen wir vor der Wahrnehmung jener hoffnungslosen Tragödie ausweichen können, die uns in der Sehnsucht nach der mütterlichen Geborgenheit erwartet. Die Macht, nicht nur die von Kamper beklagten Omnipotenzphantasien, sondern die reale Macht, für die manche Menschen alles geben, ist am allerwenigsten eine knabenhafte Projektion: Es ist ein zum Scheitern verurteilter Rettungsversuch gegen die psychotische Entdifferenzierung, denn die Macht selbst sitzt im Motor der Psychose.

Frage: „Wenn Souveränität nur über das Paar möglich ist, bedeutet das, dass beide Partner souverän sein müssen?"

Sicher nicht! Ich habe nie behauptet, dass ein Mensch souverän sein kann – aber ich habe nahegelegt, dass sich in der Erfahrung des Paars, in der rückhaltlosen Verschwendung, Souveränität realisieren kann. Oft sogar hinter dem Rücken der Protagonisten, die erschrecken würden, wenn sie wüssten, welche Macht sich gerade in ihnen zu realisieren beginnt! In diesem Zusammenhang bietet sich eine Korrektur der Kritik des kulturschwulen Lebensversicherungsvereins an. Es ist nicht nur gezeigt worden, dass der Mann aufgrund der frühen Erfahrung einer übermächtigen Mutter dazu neigt, die Nähe zur anderen Frau durch das Männerrudel zu vermeiden. Dieser Fluchtversuch steht noch immer unter der Macht der Mutter, die ihr Produkt an keine andere Frau abgeben will. Es sind die psychotischen Spannungen, die aus der Erfahrung resultieren, ein Teil von ihr gewesen zu sein und noch auf die Ferne ihrem Imperativ zu unterstehen, die in masturbatorischen Exzessen abgefahren werden müssen und dann im geschützten Zusammenhang des Rudels die Frau auf die Wichsvorlage oder das Beuteobjekt zu reduzieren. Aus dieser Ausweichbewegung wurde dann die nötige Schuld destilliert, die zu der aberwitzigen Folgerung führen soll, der Mann müsse Abbitte tun, er müsse die Frau für das eigene Fehlverhalten in all ihren schwachsinnigen, einer geisteskranken Sozialisation verdankten Verhaltensformen und Denkbehinderungen entschuldigen. Dabei ist die geheime Komplizenschaft viel zu offensichtlich und nur dank dem ständig hergestellten schlechten Gewissen scheint es möglich, die Deppen noch als Schuldige dingfest zu machen.

Auf der Gegenseite gibt es eine spiegelsymmetrische Dressur zur Partnerverleugnung – wiederum ein Schaden, der sich der frühesten symbiotischen Einheit verdankt. Die Frau, die mit der durchschnittlichen Rollenanweisung einverstanden ist, auch wenn es bei Lacan heißt, die Frau als allgemeine gebe es nicht, will betrogen werden! So wie der Mann über den Umweg der Frau Kontakt mit dem anderen Mann aufnimmt – die Eifersucht, die den Motor des Begehrens befördert, siehe Proust *In Swanns Welt*, oder der zusätzliche Reiz der Prostituierten, dass kurz zuvor ein anderer Schwanz drin war, Tilmann Moser oder Klaus Theweleit haben dafür das Repertoire bereit gestellt. Die Frau, die sich vor dem Geschlecht ekelt, die den Vollzug verweigert und meint, sie sei nur wichtig, wenn sie ankitzelt und zappeln lässt, zu Machtzwecken scharf macht und dann hinhält, um bei der nächstbesten Gelegenheit eine Schwangerschaft als Erpressungsschema zu präsentieren – hat schließlich über den Umweg der Rivalin, zu der sie ihn durch ihre Verweigerungshaltung drängt, über die Imagination der Wege des Fremdgängers, teil am Vollzug. Die dem Mutterbezug verdankte Negation auf dem Körper – das ist ein ganz hinterhältiger Trick, um mit sich einverstanden zu sein – kann wie nebenbei im Hass auf die andere Frau abgefahren werden. Das ist das Ventil, das der Libido trotz Feigheit und Unfähigkeit immer zur Verfügung steht. Der wirkliche Frauenhass ist bei den Frauen selbst zu finden und er verdankt sich jener klebrigen und nicht erkannten Bindung an die Mutter, die einmal dafür gesorgt hatte, dass nicht mehr festzustellen war, wo ein Inselchen vom Ich verblieb, wenn sie in ihrem ‚wir' und ‚uns' jegliche Differenzierung eingeebnet hatte. Diese schmarotzende Form der Teilhabe ist unschwer an aller stellvertretenden, durch Medien vermittelten Lebendigkeit aus zweiter Hand wieder zu erkennen. Oder am Willen zu stören, am Versuch, die Zeiten und Bedürfnisse der anderen so genau abzupassen, dass sie beim Vollzug einer wachen Lebendigkeit stören. Hinter diesen weiblichen Machtstrategien kommt eine Schematik der Macht zum Vorschein, die sich der konfliktuellen Mimetik verdankt, die ursprünglich einmal das Mutter-Tochter-Verhältnis geprägt hat. Es gibt viele Frauen, die nur über den Umweg der Rivalin an der Sexualität teilhaben können! Es gibt sicher nicht weniger Frauen als kulturschwule Männer, für die der Zugang zum anderen Geschlecht nur vermittelt wird durch die fehlerhafte Identifikation mit dem/der Geschlechtsgleichen – die in Hass und Bemächtigungswillen abgefahren werden muss.

Und damit sind wir schon bei jener Anstrengung, alles körperliche Geschehen in Licht, in Information, zu verwandeln. Ohne den Wiederstand und die Beharrungskräfte des Körpers, ohne die Korrekturen, die ein leibliches Gegenüber bereitstellen kann, stellen wir fest, dass die unbefleckte Empfängnis und der Marienkult das kulturelle Schema vorgegeben haben, mit dem die Transformation ins körperlose Geschehen immaterieller Datenströme anempfohlen wird. Unsere Kultur ist beileibe kein Heilsweg und jede/r, die/der sich die Folgen der frühen Sauberkeitsdressur vergegenwärtigt, kann sich über den Grund für den Aufwand klar werden, den letzten anstößigen Rest des menschlichen Schmutzes aus der hergestellten Wirklichkeit zu vertreiben.

Frage: Man könnte meinen, dass Sie sich in manchen Ihrer Schlussfolgerungen von der Frauenbewegung haben anregen lassen. Konterkarieren ihre Überlegungen zu Macht und Souveränität nicht eben diesen historischen Fortschritt, den sich die Frauen mühsam erkämpft haben?

Auf keinen Fall. Mein Bezugspunkt ist eine Frau, für die ich mich bemühe, an deren biographischer Energie ich den Stahl meiner Argumente wetze. Mein Ausgangspunkt ist viel mehr, dass die, die die wirkliche Verantwortung haben, in die Lage versetzt werden müssen, ihrer Verantwortung gerecht zu werden. Aber im Kontext solcher Überlegungen war klar zu zeigen, dass die schizophrenogene Mutterrolle ein kulturelles Übel ersten Ranges ist. Wir können es uns nicht mehr allzu häufig erlauben, einem so minderbemittelten, unterlegenen und ausgelieferten Frauenmodell die Möglichkeit einzuräumen, kleine Hitlers in die Welt zu schicken. Irgendwann ist der rote Knopf so groß, dass er durch das Gewicht der Menschheit nicht mehr aufgewogen wird. Schon die Bankenkrise zeigt, dass die um den Antrieb reduzierten, verstümmelten Muttersöhne ihren Machttrieb in einer Form ausagiert haben, dass nur Schrott und Selbstzerstörung zustande kommen konnten. Sie flüchten vor den Möglichkeiten der körperlichen Erfahrung in die abstrakten Zahlenspielereien, Geld ist geil, sie spekulieren nicht mehr mit Gedanken, sondern mit Nahrungsmittelderivaten oder Schuldverschreibungen kleiner Hausbesitzer oder mit den Forschungsergebnissen der Gentechnologie. Ich habe ein Jahr meines Lebens mit der Psychologie einiger internationaler Banker zugebracht und kann Ihnen garantieren, dass diese vorpubertären Protzgebärden mit abstrakten Zahlen der Verstümmelung durch Mütter zu verdanken ist, die ihren Söhnen keine Möglichkeit eingeräumt haben, sich wirklich auf eine weibliche Partnerin einzulassen. Nur aus dem Grund hatten die Banker in diesem Jahr eine überproportionale Intelligenz entwickelt, um meine Beziehung zu stören. Sie wollten ihren Status rechtfertigen, indem sie bewiesen, dass das, was ich hinbekommen hatte, gar nicht bestehen konnte.

Ich sage nicht einmal, dass immer die Unredlichkeit einer psychotischen Frau hinter den Intrigen und Vernichtungswünschen stecken muss; manchmal spielt auch ein impotenter Simulant die Rolle dieser Drehpunktperson. Wenn ich also in einem vergleichbaren Weltausschnitt agieren will, muss ich ein Maximum an Distanz verbinden mit einer ganz geschmeidigen Mimesis – ich muss in der Lage sein, die unterschwelligen Wahrnehmungen auszuwerten, um nicht durch Simulanten der Großzügigkeit, des Wohlwollens oder der Toleranz gelinkt zu werden, und ich muss in der Lage sein, trotzdem die richtigen Sachen zu erkennen und zu ihnen zu stehen. Denn auch das passt noch ins Konzept, dass jemand in solchen Zusammenhängen so frustriert und irritiert wird, dass alles am Arsch vorbei geht und dann immer mehr Fehler und Nachlässigkeiten entstehen, an denen er wieder zu packen ist. Das Prinzip Delegation hebelt tatsächlich nicht nur die Möglichkeit einer psychischen Einheit aus, es arbeitet noch mit der Verschleierung, dass uns nahe gelegt wird, den fremden Wunsch für unseren eigenen zu halten. Die Sozialisation läuft heute immer mehr darauf hinaus, die Menschen mit einer Rundumversorgung dazu zu bringen, in ein gieriges und a priori unstillbares Konsumverhalten einzuwilligen. Und genau das ist eine Falle: Die multimediale Rundumversorgung sorgt über die Finessen der Stillstellung dafür, dass wir den Ansprüchen der modernisierten Macht nichts entgegensetzen können.

Bei Brecht konnte es noch heißen: Wer sich nicht in Gefahr begibt, kommt in ihr um! Für mich hatte sich während der Erfahrungen der Einkesselung eine Steigerung ergeben: In bestimmten Situationen konnte ich nur überleben, weil mir eine Quelle der Kraft zur Verfügung stand, mit der vorzuführen war, dass ich gar keinen Gedanken ans Überleben verschwendete. Wir müssen uns erst einmal als autonome Wesen erfahren, wir müssen in die Lage gekommen sein, diese Unterscheidung machen zu können – erst dann steht der Zynismus oder das Distanzverhalten zur Verfügung, in bestimmten Augenblicken der Entscheidung einfach von der Konsistenz der Persönlichkeit zu abstrahieren und so zu entscheiden, wie es der Situation angemessen ist. Erst dann wird es möglich, Freiheitsspielräume zu vergrößern, um die Möglichkeiten der Kommunikation auszubauen – wer in Gruppengesetzmäßigkeiten, in institutionalisierten Lebensversicherungen Friede, Freude, Eierkuchen sucht, landet auf der Rückseite des Prinzips des symbolischen Tauschs. Auch die zeigt die unerbittliche Wirksamkeit eines Gesetzes, das die Menschen durch Konventionen und Sanktionen versucht haben, im Laufe der Jahrtausende mehr und mehr auszudünnen: Immer wenn strategische Umgangsformen vorwiegen, ist das utopische Potential des kommunikativen Verhaltens in Gefahr. Seien es starre Hierarchien oder durch Manipulation durchgesetzte Abhängigkeitsverhältnisse, sei es der erzwungene Kriecher oder der modische Mitläufer – hier werden Selbstdefinitionen verengt und Spielräume der Erfahrung verkleinert. In einer informalisierten Welt halte ich es sogar für notwendig, den psychotischen Motor der pseudoprogressiven Selbstdarstellungen abzustellen – diese diffuse Mischung aus Selbstdementierung, Verleugnung und Machtstrategie wird uns sonst jene Freiheiten kosten, die in den letzten Jahrhunderten unter dem Signum der Humanität mühsam erobert werden konnten!

Die Macht, die sich nicht durch Wissen und Können legitimieren kann, ist nicht weniger illegitim, wie die, die sich der Lüge und Verleugnung verdankt. Noch dazu konnte in den verschiedensten Zusammenhängen gezeigt werden, dass diese vorgegebenen Rollenanweisungen für Mann und Frau in der Tiefenstruktur korrelieren. Sie prägen die Komplizenschaften zwischen Simulation und Verleugnung, mit denen ein befriedigendes Verhältnis der Geschlechter als inexistent gekennzeichnet werden darf. Damit kann vielleicht deutlich werden, wie wir uns eine Beziehung vorstellen, die nicht von der Macht geprägt ist. Ein Bündnis zweier Partner, die in der Lage sind, die Verantwortung für ihre Angelegenheiten jeweils selbst zu tragen. Die Beziehung wird für sie zu einer dauernde Übung, den eigenen Standpunkt durchzusetzen und doch zu akzeptieren, dass die Position des Gegenübers nicht weniger Anerkennung wert ist. Aus dieser Anerkennung der gegenseitigen Positionen geht dann hervor, was ich die Liebe als Duell genannt habe: Sie sind Sparringspartner, sie halten sich gegenseitig fit und wach! Das ist die notwendige Kehrseite, wenn man/frau nicht bereit ist, sich auf die täglichen kleinen Kriege in Institutionen einzulassen.

Frage: Damit deutet sich aber eine ganz andere Zeitvorstellung an. Ein ganz anderer Zugang zur Wirklichkeit, vielleicht sogar eine Modifikation des Kausalitätsmodells. Könnten Sie diese zum Abschluss noch skizzieren?

Das ist jetzt ein gewaltiger Sprung. Ich werde in späteren Zusammenhängen versuchen, nachvollziehbar zu machen, was ich Kaempfer/Kamper tatsächlich an Anregungen verdanke. Viel Zeit bleibt uns heute nicht mehr. Wir hätten vielleicht nicht so viel Raum mit den Formalitäten verplempern sollen... Irgendwie muss es doch sogar dem Dümmsten einleuchten, dass in einer Menschheitsgeschichte, die nach Jahrzehntausenden misst, irgendetwas nicht stimmen kann, wenn auf einmal für bestimmte Entscheidungen der Ressourcenpolitik oder für lange vor sich her geschobene Auswegslosigkeiten nur noch ein Spiel-

raum von wenigen Jahrzehnten bleibt. Das eine ist also, mit den Ressourcen und der Generativität anders umzugehen – das andere aber ist eine Änderung des Zeitbegriffs. Ich hatte Zeiten in meinem Leben, in denen keine Zeit mehr übrig war, in denen verfügt worden war, dass ich so gut wie tot sein sollte. Und wir überschritten diese Schwelle, weil wir in der Lage waren, uns der Intensität des Augenblicks zu widmen.
Wie oft habe ich mir überlegt, dass erst spätere Einsichten dafür sorgen konnten, um in meiner Gegenwart ein Wissen, eine Intuition einzuspeisen, wie ich zu reagieren hatte, wann ich mich zur richtigen Zeit am entscheidenden Ort einzufinden hatte – wir wissen tatsächlich in den entscheidenden Augenblicken immer viel mehr, als wir eigentlich wissen können. Ich habe es mir damit versucht zu erklären, dass unter Todesangst und barbarischen Schmerzen einige erst in der Zukunft erworbene Wissensweisen zur Verfügung stehen können. Ich hatte nicht mehr die Zeit, die in Umrissen ertasteten Regelhaftigkeiten auf den Nenner zu bringen, es fehlte an allen Ressourcen, um Gesetzmäßigkeiten auszuarbeiten, nach denen wir uns hätten richten können. Aber in der Not und vermittelt durch die Ausgeliefertheit stellten sich gewisse Einsichten ein, die mir aus der Zukunft zu Hilfe zu kommen schienen – aus den Zeiten, in denen ich die Zeit gehabt haben würde, auf den Nenner zu bringen, was uns geschehen war. In solchen Zusammenhängen bieten sich folgerichtig Verschränkungen von zeitlichen und semiotischen Verweisungszusammenhängen an – und wie nebenbei erwies sich, dass unter Geburtsschmerzen die Selbstdefinition des Individuellen in Erscheinung treten kann.
Aus dem besseren Verständnis, was wir gewesen sein werden; aus der nachträglichen Einschätzung, welchen Zwecken die Intrige gehorchte, wie Sexualneid, Antriebsstörung und Verleugnung eine Wirklichkeit verfertigen wollten, nach der sich die willfährigen Delegierten richteten; anhand solcher Gesetzmäßigkeiten erfuhren wir mit der Zeit wesentlich mehr über uns, über die Differenzkriterien, die uns von den unterdurchbluteten Mitläufern unterschieden und über die Gründe, warum wir ins Zentrum einer Vernichtungsstrategie geraten waren, die dem Machtanspruch einiger Geisteswissenschaftler gehorchte.
Ich musste alles ablegen, was mir einmal wichtig gewesen war und darauf vertrauen, dass in irgendeiner meiner fernen Zukunften genug Zeit und Einsicht bleiben würde, dass die entscheidenden Erkenntnisse dann zur Verfügung stehen würden, die ich nun so dingend brauchte:

Plötzlich waren sie da, ich hatte präsent, dass ich in den nächsten Jahrzehnten noch einigen Fleiß und viel Geduld aufbringen können würde, um jene Kapazität im 21. Jahrhundert zu erarbeiten, die uns den Sprung über die Schwelle der neunziger Jahre des 20. Jahrhunderts ermöglichen sollte. Das Prinzip Hoffnung ist etwas ganz Reales und wenn die Gegenwart durch die Verzweiflung und den Vernichtungswillen verseucht wird, müssen wir eben die Kapazität aufbringen, uns durch die Zukunft zu definieren, die unsere Widersacher zur Irrealität erklärt haben. Das funktioniert nur, wenn wir mit dem eigenen Selbstbild, mit den aktuellen Hoffnungen und Erwartungen mitleidlos distanziert umgehen. Denn wir sind am leichtesten verwundbar durch die Rücksicht auf irgendwelche großen Erwartungen und unsere Schwächen sind fast identisch mit unseren Idealen.

Dieses vergangene Geschehen kann nur im Rahmen eines übergeordneten Ganzen verstanden werden – als Kampf zweier Einzelner gegen die Übermacht einer Institution. An diesem Punkt wird deutlich, dass es die verschiedenen Institutionen sind, die den Weg der Einsicht und Erkenntnis verkürzen und oft genug derart pervertieren, dass nur genormte, an der Statistik modellierte Ergebnisse und damit nachgemachte Menschen zustande kommen. Dabei wäre es gerade die nicht vorhersagbare Abweichung, die nicht zu planende Ausnahme, die sorgfältig ausgeklammerte Unwahrscheinlichkeit, die mehr über die Wahrheiten des Menschen verrät, als alle normierenden Vorgaben.

Es sollte also nicht unterschätzt werden, dass Simulation und Rivalität in einem engen Wechselverhältnis stehen. Gerade weil der körperlich erfahrbare Maßstab für das Echte fehlt, entstehen immer ausgefeiltere Techniken der Selbstdarstellung, immer tiefer ansetzende Technologien des Selbst. Die Intensität entsteht dann nicht mehr aus der Hingabe und dem Gewährenlassen, sondern aus den berechnenden und kalten Machtstrategien, die dazu führen sollen, den anderen leiden zu lassen, sich an seiner Unsicherheit und seiner Qual zu weiden, sein Scheitern als Medium der Selbsterhöhung zu verwenden. Denn auf der Bühne der verwalteten Welt haben die Selbstdarsteller der Identität vor allem das Problem, dass es an Intensitäten mangelt – die Simulanten der Selbstheit sind fast zwanghaft an das Phänomen der kulturschwulen Rivalität gekoppelt, denn wo alle nur so tun als-ob, bleibt als letzter Rest der für ein Leben notwendigen Intensitäten nur jener Funke, der sich aus der fehlerhaften Identifikation und dem vermeintlichen Wettstreit schlagen lässt. Womit das kategoriale Grundgerüst gekennzeichnet ist, mit dem Bosheit und Befriedigungsunfähigkeit, Selbstdarstellung und Kommunikationsstörung, Ersatzbefriedung und Selbstbestrafung – also das Repertoire der Basisstörungen des animal symbolicum – derart ineinandergreifen, dass die Körperausschaltungsprinzipien eines evolutionären Geschehens in die falsche Richtung abdriften.

Frage: Wie können wir die wesentlichen Ansatzstellen in den Blick bekommen, an denen die Formen der Selbstverwirklichung aus dem Ruder laufen und zu Machtstrukturen gerinnen?

Beim Blick wäre ich immer erst einmal vorsichtig. Das ist ein Distanzsinn, der objektiviert, der die Perspektive auf ein Opfer einstellt, über das wir verfügen wollen. Außerdem wittere ich hier schon wieder die Versuchung, das, was Sie gerade erst als Böses erkannt haben, bekämpfen zu wollen. Und das ist der größtmögliche Fehler, je mehr Sie es bekämpfen, je mehr bestätigen Sie es – bis Sie schließlich ein Teil davon sind. Widmen Sie sich den richtigen, den guten Beziehungen, der Rest geht von allein! Es hilft nichts, zukünftige Möglichkeiten zu beschwören, wenn dabei vergessen wird, wie bisher jede Errungenschaft, die das Entwicklungspotential des Menschen hätte erweitern können, dazu verwendet wurde, um ihn dumm und klein zu halten.

Mittlerweile legen die verschiedensten Zusammenhänge nahe, dass die fundamentalen Lernbehinderungen des Menschen aus der Unfähigkeit entstehen, die grundlegenden Beziehungen im Sinne aller Beteiligten befriedigend zu regeln. Tatsächlich geht es also um zwei Basissetzungen: Es geht um die pädagogischen, psychologischen und identitätsstiftenden Grundlagen, mit denen die Gesetzmäßigkeiten eines elaborierten Verhältnisses der Geschlechter gewährleistet werden können, und es geht um eine Regelung des Verhältnisses der Generationen, das nicht auf Verdrängung und Verleugnung beruht, sondern auf Teilhabe und Gewaltenteilung.

Solange diese grundlegenden Beziehungen nicht geregelt sind, muss es nicht verwundern, dass der Prozess der Zivilisation von einem Motor angetrieben wird, der seine Kraft aus dem Selbsthass und der Askese bezieht.

Frage: „Ist jeder, der rivalisiert, schon psychotisch?"

Sicher nicht, aber mit Sicherheit mimetisch! Und immer, wenn die Mimesis zu galoppieren beginnt, ist die Entdifferenzierung nicht weit. Den verschiedensten Ausprägungen der Nichtanerkennung ist tatsächlich nur durch eine umfassende Befriedigung ein Riegel vorzuschieben.

Frage: „Der Mensch ist doch immer ein Selbstdarsteller, spielt doch immer irgendwelche Rollen. Wann ist er denn echt, wann simuliert er nicht mehr? Wo ist der Übergang zu reinen Simulation?"

Frage: „Lebenslange Beziehungen halten durch Freundschaft zusammen! Der Sex wird doch nur überbewertet!"

Jeder wie er's braucht, jede wie sie kann! Eine Beziehung, die zu dem Zeitpunkt, an dem die narzisstische Verliebtheit abebbt, durch Kinder gekittet werden soll, kann nicht viel taugen. Mal abgesehen davon, dass Kinder Beziehungskiller sind. Das ist der Zeitpunkt, an dem eine Beziehungsarbeit erst angestoßen werden kann – nämlich dann, wenn die Projektionsmaschine zu schwächeln beginnt. Außerdem hat die Evolution dies sehr weise geregelt, als sie den Sex als das wahre Bindungsmittel eingeführt hat und sogar dafür sorgte, dass ab einer gewissen Intensität der Orgasmen körpereigene Drogen oder Hormone ausgeschüttet werden, die sogar die Treue verbürgen.
Und zur ersten Frage: Wenn es einmal wirklich darum geht, dass wir unsere Endlichkeit erobern, sollte an genau jenem Dreh- und Angelpunkt anzusetzen sein, von dem alle Ersatzbefriedigungen, Fetischismen und Suchtkarrieren ihren Ausgang nehmen. Genauer noch: Wenn die wesentlichen Beziehungen nicht derart tragfähig geregelt werden, dass sie auf die Dauer zu einem befriedigenden Selbstbezug und zu einem erfüllenden Umweg über den Anderen führen, ist es kein Wunder, wenn sich die geheime Regieanweisung dieser Welt an ihren Resultaten als Aufforderung zur Selbstzerstörung erweist. Erst wenn ein Ich in der Lage ist, dank dem Kraftwerk der Liebe die nötigen Energien und Bedeutsamkeiten freizusetzen, mit denen es sich unbeschwert durch den Tag segeln lässt, muss den Universalprothesen und Waffensystemen keine Lebenszeit mehr gewidmet werden.
Die wirklich wichtigen Einsichten und Handlungsanweisungen muss jeder für sich immer wieder neu entdecken. Die institutionelle Vermittlung

führt in die Irre, denn oft sind es nuancierte Kleinigkeiten, scheinbar nebensächliche Details, an denen es sich entscheidet, ob jemand der Echtheit näher kommen darf oder sich für immer im Wirrwarr der Simulation verheddern wird. Aber vielleicht ist das die knappste Formel für den Sinn des Lebens: Dass jeder sich selbst bemühen muss, den für sich richtigen Weg zu finden – und dieser Weg ist der Sinn. Nicht irgendwelchen Vorbildern nachzueifern, um dank der Abwesenheitsdressur die wenigen Chancen für ein eigenes Leben zu verpassen. Nicht einfach das zu tun, was von einem erwartet wird, ... Wenn die Gier nach der Machtposition dem Grad der Lernbehinderung entspricht, verwundert es nicht, dass sie nur gelernt haben, was ihnen von anderen bereits vorgekaut worden war – die Gesetzmäßigkeiten des selbständigen Lernens zu lernen sollte einen in die Lage versetzen, die Anziehungskraft der Macht zu brechen. Wer auf der Suche nach dem relativen Sinn seines Lebens ist, wer schon einmal damit begonnen hat, jeden einzelnen Tag so anzugehen, dass er am Abend das Gefühl zurücklässt, das habe sich gelohnt, wer die Dinge um ihrer selbst willen tut und um der Freude am Tun, wer nicht ständig auf der Suche nach Ablenkung und Ersatzbefriedigung ist und damit den Abwesenheitsdressuren keine positive Verstärkung liefert – wird auch nicht auf die Manipulation anspringen, die von den Statthaltern der jeweiligen Macht und den Persönlichkeitsdarstellern inflationärer Überzeugungen ausgehen. Und das ist schon einmal das erste Lernpensum: Zu kapieren, dass sie nachgemachte Menschen sind, die für ihre relative Machtposition auf alles andere zu verzichten hatten. – Aber dazu müssen erst viel mehr Versuche gestartet werden, sich den Bedingungen eines eigenen Lebens zu stellen – auf dem Sofa vor dem Fernseher wird dies genauso wenig möglich sein, wie im Assessmentcenter der Bedenkenträger oder im Berufungsklüngel für die oberen Riegen der Verbrecher.

Frage: „Wird man als Produkt einer psychotischen Mutter im Leben nicht immer wieder von psychotischen Systemen angesaugt werden? Ist diese Gefährdung durch den biographischen Hintergrund nicht bei Frauen viel größer? Ist frau damit nicht automatisch in der Opferrolle? Ist das nicht vielleicht erst der Ausgangspunkt, warum dann die Verleugnung Halt verspricht, warum frau als Psychotikerin agiert, um sich zu retten oder vor einer diffusen Bedrohung zu schützen?"

Frage: „Wie ist das energetische Level: Gut geficktes Paar gegen Psychotikerin? Ab wann muss die Psychotikerin fliehen? Ist die Psychotikerin zwangsläufig frigid? Wie ist das Verhältnis zwischen psychotischen Frauen und psychotischen Männern? Ist das, was bei ihr noch als normal gilt, bei ihm schon eine Ausfallerscheinung?"

Das können Sie selbst ausprobieren! Allerdings erledigt sich die Frage von selbst. Wie dem menschlichen Auge der Anblick des Göttlichen verwehrt ist und in den verschiedenen Mythologien bis zur Hochreligion zum Erstarren und Versteinern führen muss, also von der Ganzkörpererektion zur Selbstauslöschung, so werden die machtgierigen Simulanten männlicher wie weiblicher Natur auf das Nachklingen der Präsenz des Göttlichen mit Panik, Ekel und Verleugnung reagieren. Damit ist schon klar auf das Machtgefälle verwiesen – es ist in keinster Weise sinnvoll, sich der Bekämpfung derart Verstümmelter zu widmen, denn wenn wir sie durch unsere Zuwendung nicht hochziehen, schreiben sie sich selbst das Urteil und stürzen in die eigene Negation.

Ich darf die Fraglichkeit aus einer ganz anderen Richtung noch einmal kennzeichnen: Echte Religiosität wäre in einer Wahrnehmungsoffenheit zu begründen, jenseits aller Beschränkungen. Ein Aufsprengen jener Verhaftetheiten in den Regeln der Erziehung und den Verkennungsanweisungen der Normalität. Wo wäre das leichter zu finden als in den aus der gegenseitigen Anerkennung und der Bejahung entstehenden Weltbezügen eines Paars. Ansonsten kann noch ein Haufen Scheiße gegenüber den Dogmen der Theologen eine Erleuchtung bewirken.

Für diese Doppelstunde darf ich mich für Ihre Aufmerksamkeit bedanken – für die folgenden Abende möchte ich aber noch einmal betonen, dass in dem Augenblick, in dem es klickt, in dem Sie kapiert haben, um was es tatsächlich in einem eigenen Leben geht, gar nicht mehr notwendig sein wird, die Zeit mit dem Besuch von Vorträgen zu verplempern. Es steht nicht so viel davon zur Verfügung, wie dies die Simulanten der Selbstheit suggerieren – denn tatsächlich wissen die mit ihrer Zeit nur nichts Brauchbares anzufangen!

2a

Einen schönen guten Abend!

Wie schon angedeutet, ist es noch zu früh, irgendwelche Fragen abschließend zu beantworten. Erwarten Sie also keine Antwort, die Sie nicht selbst geben könnten. Wenn die Ausführungen allerdings zu einer Denkbewegung führen können, in der alles fremd wird, was Sie bisher daran hindert, meine Antworten vorwegzunehmen, hätten Sie einen enormen Lernschritt gemacht.
Manche Gesichter erkenne ich wieder, in einigen Fällen bin ich mir aber fast sicher, dass ich Sie noch nicht gesehen habe. Das macht nichts und kommt für uns aufs Gleiche raus: Wenn ich Ihnen etwas vermitteln kann, wenn es jenen infinitesimalen Punkt erreicht, an dem es Klick macht, wird es für Sie keine Bedeutung mehr haben, in welchen Zusammenhängen das gewohnte System der abgesicherten Zusammenhänge einen Sprung bekommen hat. Wir haben uns das letzte Mal so lange im Kreis bewegt, bis die Erkenntnis nahe lag, dass es eben diese kreisförmige, auf sich zurücklaufende Bewegung ist, in der wir den Wahrheiten des Lebendigen begegnen können. Wir können alle ein wenig zaubern, wenn wir uns dieser Bewegung überlassen, aber jegliche natürliche Magie geht bankrott, wenn wir sie der Kausalität und den Regeln der modernen Personalführung unterstellen.
Das ist ein grundlegendes Paradoxon: Nur wenn wir uns so auf die Gesetzmäßigkeiten des Kontextes einlassen, die die gewohnten Ichgrenzen hinweg schwemmen und fast aller Bedeutsamkeit berauben, haben wir die Möglichkeit, uns in der Intensität der Lebendigkeit zu gewinnen. Der Ich, der durch das Nichts hindurchgegangen ist, beginnt an der Fülle des Augenblicks teilzuhaben – die Sie allerdings in den wenigsten Fällen in irgendwelchen Seminaren oder Vorträgen kennen lernen werden. Es wird die Rede davon sein, mehr ist in der Regel leider nicht zu erwarten: Psychologische Vampire werden mit der Zunge schnalzen

und literaturwissenschaftliche Leichenkrämer das Skalpell wetzen – aber außer den pornographischen Ersatzleistungen der Anatomie und den placebohaften Surrogaten des wahren Lebens werden sie von den medialen Sinnvermittlern nichts zu erwarten haben.

Ich darf also noch einmal zusammenfassen: Wir nähern uns der Souveränität, wenn wir so befriedigt sind, dass keine verführerischen Angebote mehr in der Lage sind, über unsere Selbstbestimmung zu verfügen. Man kann sie vielleicht sogar Revue passieren lassen – mit dem nötigen interesselosen Wohlgefallen, mit dem wir manche Werbung zu schätzen wissen, weil sie eine Anregung bewirkt; mit dem wir manche Unterhaltung ertragen, weil sie eine Müdigkeit oder Leere überbrückt; mit dem wir manche Pornographie konsumieren, um an die Tatsachen des Lebens erinnert zu werden. Es mag Zeiten des Zwangs und der Not gegeben haben, in denen die Souveränität daran erwiesen werden musste, welchen Schmerz man auszuhalten in der Lage war, welche Verzichtleistungen der psychischen Ökonomie man bringen konnte, ohne daran zu krepieren – in Zeiten der Informalisierung scheint dies fast vergessen. Wir verdanken diese Erfahrungen einer netzwerkfundierten Intrige, die uns die Wahrnehmung bescherte, dass es unter einem dünnen Firnis der Befriedung durch den Dauerkonsum brodelt und durch die Medien Not und Ausgeliefertheit zugleich virulent gehalten werden.
Das Kraftwerk der Liebe läuft nicht von allein, die Souveränität ist kein statischer Wert, sondern verdankt sich der rückhaltlosen Selbstverschwendung. Das ist die nächste Paradoxie der psychischen Systeme: Die Gefühle verdoppeln sich, indem man/frau sie teilt, die Qualitäten des Menschlichen multiplizieren sich, wenn mit ihnen nicht mehr auf Heller und Pfennig gerechnet wird. Wir werden makellos, wenn wir das machen, was wir für richtig halten und nicht, wenn wir ständig damit beschäftigt sind, uns alles Mögliche zu verbieten. Der Mantel des Heiligen wird nicht weniger, wenn er geteilt wird, sondern er vervielfältigt sich. Die Askese ist ein mühevoller und oft unnützer Umweg zur Wahrheit der Welt – der meist in einem Jenseits endet und zudem jene Neurosen befördert, die gerade dafür sorgen, dass wir vor lauter Tun-als-Ob gar nicht bis zur Welt vorgelassen werden. Sie müssen nur auf etwas verzichten und es nimmt an Bedeutsamkeit zu, und wenn es Ihnen gar verboten wird, beginnt es so wichtig zu werden, dass Sie damit zu steuern sind. Das ist das Erfolgsrezept aller Geilheitsdressuren. Erst muss das

Tabu gesetzt werden und dann liefern eine/n die Übertretungen aus: Prompt beginnen Sie dort nach Wahrheiten und Halt zu suchen, wo sie apriori nicht gefunden werden können! Dabei ist unsere ureigenste Wahrheit, das innerste Geheimnis unseres Wesens ganz weit außen zu finden: In den Gesetzmäßigkeiten der Welt selbst; wir sind, wenn wir von den Bildwelten und Hysterisierungen absehen können, ein Teil von ihr!

Frage: „Wer entscheidet das schließlich? Woran erkennen wir die richtige Entscheidung? Woran merken wir, dass die richtige Entscheidung gefällt wurde?"

Ex negativo am Stolpern und Nichtvorwärtskommen, am Zögern und der Desorientiertheit, am Frosch im Hals oder am Klumpen im Magen – oder bei den Leuten, die ihre Antriebshemmung durchsetzen wollten: An der Gehbehinderung, an der Potenzstörung, am Holpern und Stocken ihrer Sprechweise. Wenn ich meine Sachen richtig gemacht hatte, fühlte ich mich leicht, als könnte ich abheben, als liefe alles wie von Zauberhand: Das ergab wie von allein eine enorme Beschleunigung. Als ich dann unter den Zwängen und negativen Einflüssen beachten sollte, mit was für Schwachsinn ich mich arrangieren musste, war die Leichtigkeit weg und der Körper zeigte mit den diversen Störungen, welchen Ausbremsungen ich unterworfen worden war.

Wenn es nur um mich gegangen wäre, hätte ich sicher nicht durchgehalten! Das ist eine der Gesetzmäßigkeiten, die nicht zu unterschätzen sind. Wir können wesentlich mehr Kraft freisetzen, wenn wir jemand anderen retten wollen, wenn wir uns für ein übergeordnetes Ziel investieren. Ich hatte nicht für meine, sondern für unsere Zukunft zu kämpfen und ich sagte mir sogar, dass die richtige Dokumentation dafür sorgen müsste, solche Schweinespiele für die Zukunft durchschaubarer, ihre Gesetzmäßigkeiten artikulierbar zu machen. Was ausgesprochen werden kann, hat längst nicht mehr diese Wirkungsgewalt des sprachlosen dumpfen Drängens! Vor allen Dingen war zu beachten, dass bei jeder Veränderung der energetischen Besetzung, bei allen Schwankungen im sozialen Gefälle, bei allen Änderungen in der Gefühlskultur oder den Verhaltensstandards die Gefahr besteht, dass die psychotischen Entdifferenzierungen die Oberhand gewinnen – es sollten also immer mehrere Repertoires für die Selbstdefinition, die Interessen und die Verwirklichungsspielräume zur Verfügung stehen. Das Vorhaben der Leute, die es nötig hatten, meine Gegner sein zu wollen, ist nur deshalb nicht gelungen, weil mehrere Erzählstränge, mehrere Lebensentwürfe ineinander verwoben sind und ich immer darauf geachtet habe, nur konsistente Teilwahrheiten preiszugeben. Die für mich in solchen Zusammenhängen nicht zu lösende Fraglichkeit ergab sich daraus, dass einige der Gesetzmäßigkeiten, die durch das New-Age-Paradigma in die Wege geleitet worden sind, viel besser zu Manipulation und Vernichtung taugen, als zur Selbstermächtigung des Individuums oder der Gesetzmäßigkeiten des Paars: Wir konnten manchmal ein bisschen weiße Magie freisetzen, mussten aber feststellen, dass unsere Umgebung durch böse Wünsche und üble Nachreden, durch die Verfolgerkausalität der konfliktuellen Mimetik verhext wurde. Diese Einsicht deckte weitere Machtmechanismen auf und führte später auf die wesentliche Fragestellung: Was wäre, wenn jemand den Butterflyeffekt der Chaostheorie für die Daten der Koinzidenz auspähen und systematisch einsetzen würde – die Magie der Übertragung wurde für den schmutzigen Teil der modernen Personalführung in Dienst gestellt und es war dafür zu sorgen, dass sich die Leute, auf die man aus Kostengründen oder wegen schwerwiegender Vorbehalte verzichten wollte, selbst liquidierten. Das ist die postmoderne Aktualisierung der schwarzen Magie im Sinne der Erhaltung der bestehenden Machtverhältnisse! Eine zweite Aufklärung hätte genau hier anzusetzen, als Kritik der Bedürfnisse und Lüste... Ich habe systemische Gedankengänge schätzen gelernt, weil sie vorhandene Blockaden wesentlich leichter sprengen und die Muster der Entdeckerfreude verändern – aber sie funktionieren nur als Balanceakte zwischen unmittelbarer Nähe und konsequenter Nichtidentifikation. Nachdem es mit dem Scheitern der totalitären Systeme nicht mehr ganz so leicht ist, die Macht aus dem analfixierten Stadium des weiblichen Größenwahns abzuzweigen, geschieht dies heute an den medialen Schaltstellen der informalisierten Gesellschaft! Die Mächtigen machen sich den Sexualneid, das Ressentiment gegen alles Außergewöhnliche, die Zwangsinfantilisierung und die fehlerhafte Identifikation zu Nutze und lassen die kleinsten Arschlöcher für sich arbeiten.

Frage: „Die Frau, die nach Ihrer Vorstellung richtig tickt, wird also niemals Mutter!"

Meine Liebe, darüber habe ich nicht zu entscheiden – ich habe nur dafür gesorgt, niemals Vater zu werden! Bei Lacan gab es einmal das mengentheoretische Bonmot, der Mann suche in der Frau alle Frauen – die einzelne Frau sei aber immer nicht-alle. Die Frau suche dagegen im Mann den Vater, also den Erzeuger! So liegt es doch nahe, erst einmal die Mutter im eigenen Kopf zum Schweigen zu bringen und auf Kinder zu verzichten, wenn so etwas wie ein Verhältnis der Geschlechter wirklich werden soll. Es gibt ein paar ganz einfache Tricks, mit denen die verschiedenen Techniken, sich aus dem Weg zu gehen und die Abstände zu vergrößern, verabschiedet werden können. Spiegeln Sie das Nein auf die Abwesenheit zurück, erklären Sie Ihre Abwesenheit von der Abwesenheit, gehen Sie dem Aus-dem-Weg-gehen aus dem Weg...

Frage: „Was muss man/frau mit der eigenen Mutter machen, wenn sie sich auf den Weg des Souveränitätstrainings begeben? Sollte der Kontakt abgebrochen oder so weit wie möglich minimiert werden? Oder schont man/frau sie damit nicht vielleicht sogar? Sollte es vielleicht so weit zu bringen sein, dass die Mutter einen Kontakt minimieren muss, den sie zwar braucht, der ihr aber mit jedem Mal schmerzhafter vorkommt, weil es ihr nicht mehr möglich ist, die Negation eine Generation weiter zu reichen? Dann wäre jeder Kontakt ein Machtspiel, ein Kampf um Autonomie, das die Tochter oder der Sohn jedes Mal gewinnen sollte – aber wäre das souverän?"

Wenn ich über den Mutterbezug in unserer Kultur referieren sollte, würde das sicher nicht nur eine Vorlesung kosten – obwohl mir natürlich klar ist, warum es im Rahmen der Frauenbewegung geheißen hat, dass das Verhältnis der Frau zur Mutter die schwierigste Aufgabe in ihrer eigenen Identitätsfindung ausmache. Aber ich würde ganz gern an meinem Thema weiter kommen. Ihr Ansatz zeigt doch schon recht klar, dass diese tiefste Abhängigkeitsbeziehung nicht frontal angegangen werden kann – jeder Kampf würde sie nur bestätigen und verhärten. Erst eine nicht-konfliktuelle Vorgehensweise, ein Abziehen der Besetzungen bei einer parallel dazu vorangetriebenen Lustpolitik, wird die Listen und Finten zur Verfügung stellen, mit denen dieser Motor der Feigheit und Lebensunfähigkeit in der Bedeutungslosigkeit davon trudeln sollte, bis er in jenes Nichts abstürzt, von dem er seine Energie bezogen hat.

Frage: „Eine letzte Fragestellung möchte ich aber wenigstens genannt haben. Was heißt es, wenn ein Mann sich freiwillig und bereitwillig mit einer Psychotikerin abgibt. Natürlich werden Sie sagen, das sei niemals freiwillig, dann sage ich eben: Aus Angstbewältigung! Ist da nicht von einer heimlichen Komplizenschaft zu sprechen? Welche Rückschlüsse können wir dann auf sein Sexualleben ziehen? Kann so jemand noch von der Souveränität reden – und wenn es nur die ist, über andere Macht auszuüben, Delegierte zu produzieren, die von der gleichen Angst vor der Psychotikerin angetrieben werden. Denn genau das ist es doch, womit die Macht ausgeübt wird!"

Das liefert immerhin das eine oder andere Stichwort, mit denen ich an meinen Vorbereitungen anknüpfen kann. Ich überlasse Ihre Fragestellung also den anderen zur Anregung und ergänze vielleicht nur, dass diese Arbeitsteilung zwischen der Psychotikerin und dem Impotenten ein Motor der klassischen bürgerlichen Machtformation ist. Sie haben sich auf Formen des Verzichts und der Askese geeinigt und gerade, weil sich zwei Verstümmelte in den neurotischen Ersatzleistungen gegenseitig decken, wird es ihnen möglich, andere in die Irre zu führen, ihnen etwas vorzumachen, über sie zu verfügen. Tatsächlich verdanken wir viele Bilder der Wunscherfüllung gerade solchen Simulanten der Selbstheit. Wenn ich dann Ihren Gedanken weiterspinne, komme ich auf eine Gesetzmäßigkeit, die ins Unreine gesprochen lauten würde: Dies ist die vergiftete List der Geschichte der Herabwürdigung der Frau, mit der sich die Macht der Verstümmelung und Entwürdigung des Lebendigen über das zur Beziehungsarbeit unfähige Paar ins Verhältnis der Generationen gemogelt hat. Wenn der Impotente die Techniken der Verführung pervertiert, werden Wunscherfüllungen zur Nachahmung empfohlen, die das Unvermögen idealisieren und den Verzicht adeln. So wird die Verstümmelung immer weiter gegeben: Der ideale Mann und Erzeuger ist ein impotenter Simulant, der ihr die Kinder per Handarbeit bohrt und die ideale Frau ist eine bauernschlaue Erpresserin, die über ihn und seine Möglichkeiten verfügt und ihre Dummheit als Schwungmasse verwendet, um ihm die ganze Verantwortung aufzubürden. Das dürfte übrigens noch immer Evolutionsbiologie genannt werden... wenn sie nicht mit anderen Einsichten aufwarten könnte. Es gibt analoge Formen der Anerkennung in der vorgegebenen Hierarchie des Lehrer-Schüler-Verhältnisses, die so verlogen sind, dass unter ihrer Wirkung nur ausgesaugte, leere Hülsen zurück bleiben – denn die unterstellte Motivation soll ja in der manischen Verklammerung an die eigenen Verstümmelungen zu finden sein. Dann kann ein verständnisvolles Bedauern, ein Mitfühlen der erlittenen Verwundungen, dafür sorgen, dass sie wieder präsent werden und sich gleich noch tiefer einschreiben.

Also zurück zu meinem erkenntnistheoretischen Ansatz. Die Askese stellt in den wenigsten Fällen die Möglichkeit zur Verfügung, uns vom alten Adam der biologischen Gewordenheit zu verabschieden – außer wir nutzen die zur Verfügung stehenden technischen Möglichkeiten und bauen die biologische Basis in unendlich feinen Dünnschliffen derart ab, dass die Informationsdichte in eine virtuelle Welt übernommen werden kann. Glücklicherweise ist das nicht mein Thema! In den nächsten Tagen finden Sie genügend Anregungen dazu in den Vorträgen und Experimenten des Kollegen Mutzlacher. Auch die Sucht der vollständigen Ablösung von den Gesetzmäßigkeiten einer körperlichen Vergegenwärtigung der Welt kann eine Version der Souveränität zur Verfügung stellen – aber an jedem Junkie ist zu beobachten, wie schwer ihm seine Insel der Unerreichbarkeit mit Qualen und Selbstzerstörungen aufgewogen wird. Ich vermute, dass ein Status der technotronischen Kompensation des körperlichen Geschehens noch ganz andere Abschlagszahlungen fordern wird. Von mir erfahren Sie also im besten Fall, wie Sie Ihre eigenen Speichersysteme neu formatieren können.

Wir müssen makellos sein, um uns auf diese Gesetzmäßigkeiten einlassen zu können – aber die Makellosigkeit fällt nicht vom Himmel und sie ist sicher nicht durch Verzicht und Entsagung zu erpressen. Wir können uns nur den nötigen Aufgaben unterstellen, um Schritt für Schritt zu erweisen, dass wir an diesem Programm so wachsen, bis wir ihm gewachsen sein werden. Den notwendigerweise auftretenden Verführungen wird auf die Dauer keine/r standhalten, wenn dem Tabu zu gehorchen ist, denn die Gesetze, die dabei zu befolgen sind, sind schon identisch mit der Versuchung. Wir müssen also einen Status der Befriedigtheit erlangen, der die Auswahl, die freie Entscheidung ermöglicht. Erst wenn uns alles erlaubt ist, müssen wir uns nicht mehr an irgendwelchen Schwachsinn fixieren lassen, um beliebigen Ersatzbefriedigungen zu huldigen – erst dann ist es möglich, das für uns Entscheidende zu wählen und den Rest einfach beiseite zu lassen.

In all diesen Zusammenhängen stoßen wir auf eine Gesetzmäßigkeit, die die psychischen Gesetzmäßigkeiten mit einer Verschränkung von Vergangenheit und Zukunft vermittelt. Die Zeitstruktur des Bewusstseins war für Blumenberg die Bedingung der Möglichkeit von Intentionalität. Niemand ist er selbst, ohne ein anderer als der andere zu sein kraft einer Intentionalität, die in der Zeitform eine offene und unabschließbare Prozessform bleibt. Ich bin, der ich gewesen sein werde – ich lasse mich auf eine Liebe ein, weil sie eine Wette auf den Sinn der kommenden Jahrzehnte ist – ich bin nicht zu verführen, weil ich in den jeweiligen Situationen bereits befriedigt gewesen sein werde – ich kann mich auf einen Lebensplan einlassen, weil ich nicht mehr mit den Basisprogrammierungen meiner Mutter zu kämpfen habe!

Sie sehen die strukturelle Ähnlichkeit zum antiquierten Modell der Hermeneutik: Das Ganze besteht nur aus einer Menge unübersehbar vieler Teile, aber der einzelne Teil ist nur zu verstehen, wenn wir bereits die Gesetzmäßigkeiten des Ganzen wissen, die wir aus der unbegrenzten, vielfältigen Unübersehbarkeit ableiten müssten. Die ständigen Interpolationen des Kontextes kreisen jenes schwarze Loch ein, in dem das Wissen um die Gesetzmäßigkeiten des Menschlichen zu situieren ist – wie es aussieht, wird es hin und wieder zugänglich durch die zeitliche Verschränkung. An seinen Rändern, quasi an den erogenen Zonen zwischen Raum und Zeit, darf ich Ihnen eine formale Bedingung der Wahrheit etwas näher bringen, die jeden Formalismus sprengt: Dass am Beginn aller Semantik Angst und Ausgeliefertheit mit Entgrenzung und Ekstase vermittelt worden sind. Vermutlich ist dies schon die beste Erklärung, warum der Mensch nie bei sich zu Hause ist. Unter den Bedingungen der Abwesenheitsdressur – ich will, was ich nicht will, und was ich habe, will ich nicht – beinhaltet jedes Versprechen, uns von der Angst zu erlösen, das Misserfolgsgeheimnis, uns um die Entgrenzung zu betrügen.

Heutzutage hat das Ausschweifen in exotische Welten dafür zu sorgen, dass man die langweiligen Routinen eines öden Alltags aushält, wenn man ständig mit dem Kopf woanders sein kann. Und dagegen wäre nichts einzuwenden; jeder wie er's braucht, jede wie sie kann! Tatsächlich sind die Abwesenheitsdressuren aber nur multimedial vermittelte Verschleierungssysteme für ein schmerzhaft reales Unvermögen. Sozialisationsbedingt sind die meisten Menschen gar nicht bei sich selbst zu Hause. Die verschiedenen Formen der Abwesenheitsdressur wurzeln in unserem Verhältnis zum eigenen Körper und greifen auf alle wesentlichen Beziehungen über. Schon mit der Sozialisation wird ein System von Behinderungen geschaffen, das uns den Körper als Schmutz, als Belastung, als ungefüges Werkzeug erfahrbar macht. Und gerade, weil spezielle Nischen und Randbezirke zur Verfügung gestellt werden, in denen der Körper trainiert werden soll oder sich austoben darf, läuft alles darauf hinaus, dass die Antriebsstörung prämiert wird. Wenn in den verschiedensten Zusammenhängen immer wieder einmal vom Begriff der kriminellen Energie die Rede ist, müssen wir uns nur an die Systematik der schwarzen Pädagogik erinnern: Wenn es um die Macht geht, um die Herrschaft über den Menschen, ist auf einmal alle Energie kriminell!

Wenn wir die nötigen Techniken entwickeln, den Fetisch des Ich zu verabschieden, zeigt sich in den meisten Lebenssituationen, dass mehrere Variationen zur Verfügung stehen – das mindeste sind die Perspektiven als Protagonist und als Kommentator des Geschehens! In manchen kleinen alltäglichen Routinen ist bereits die notwendige Disziplin auszufalten, um die Distanz zu den Veranstaltungen der Selbstbespiegelung aufzubauen. Das selbstvergessene Aufgehen in einer Tätigkeit, in den Routinen eines Handwerks, in den Verweisungszusammenhängen eines Wissens, in den Faszinationen des Geschlechts, kann uns sehr weit über uns hinausführen. Und je weiter wir uns von dem entfernen, was die verschiedenen Machtstrategien als Selbstbild nahegelegt haben, je näher kommen wir den Wahrheiten. Es braucht die stetige Übung, mit den nötigen Routinen und Ritualen so nah an die Wirklichkeit heranzukommen, dass die Aufmerksamkeit im Hier und Jetzt zu einem Körperwissen umgegossen wird, dank dessen die Sicherheit eines Schlafwandlers zur Verfügung steht: die Zugänge zu den subliminalen Wissensweisen und die Techniken des gelenkten Träumens. So lässt sich manche Falle umspielen und wie zufällig auf Wahrheiten stoßen, die der Ich gar nicht hätte wissen dürfen. Wir lernen unter Schmerzen und die wesentlichen Einsichten sind immer einer Katastrophe abgerungen – die entscheidenden Gesetzmäßigkeiten eines Lernens des Lernens finden sich auf der Rückseite des Ich-Tods.

Als es drauf ankam, musste ich alles verabschieden, was mir einmal wichtig gewesen war, musste einfach geistesgegenwärtig und aufmerksam genug sein, um alle Linkheiten zu umspielen und die Verführungen zurückzuspiegeln. Ich agierte, wie ich einmal gelernt hatte, Tischtennis zu spielen: Ein mehr oder weniger erweiterter Fokus der Aufmerksamkeit parierte jeden Zug und jeden Schlag, indem das, was ich einmal Ich hatte nennen sollen, nun nur noch dieser Schläger war, der in die Hand überging und vom federnden Fließgleichgewicht der Reaktionsbereitschaft des ganzen Körpers gesteuert wurde. Wie ich damals an der Qualität meiner Gegenspieler gewachsen war und gelernt hatte, gab es zu diesem späteren Zeitpunkt noch die positive Erwartung, die direkt in Produktionslust überging: Wenn es die besten Namen waren und die größten Gegner, würde ich mich bewähren können und mein Repertoire erweitern, meine Techniken verbessern. Während andere an dem Gedanken erstarrt wären, dass sie um ihr Leben zu spielen hatten, spielte ich, durchaus mit sportlichem Ehrgeiz, auf dem Hintergrund, die Gesetzmäßigkeiten eines Blankpolierten Spiegels erkunden zu wollen: Ich kam nicht einmal auf die Idee, mich bedroht zu fühlen, ich dachte immer wieder in den verschiedensten Zusammenhängen, dass ich mich nur bewähren musste. Selbst wenn das von den Auftraggebern nicht so gedacht gewesen ist – sie hatten meinen Erkundungswillen, die Suche nach der Weltformel oder der perfekten Nummer, was für mich aufs gleiche raus kam, mit dem nötigen Drive versehen. Die Grundvoraussetzung ist eben jene Nähe zum Material, jene Selbstvergessenheit in den Vollzügen... man/frau hat so viel positive Erwartung und orgiastische Erfüllung mitzubringen, dass die bösen Verwünschungen und üblen Nachstellungen an der eigenen Negation irre werden und für die notwendige Unterstützung zu ihren Urhebern zurückstreben. Wer einmal diese Erfahrung durchlaufen hat, sieht die Machtstrategien und Kräftepfeile... bis auf einmal deutlich wird, dass die Art und Weise, wie das ursprüngliche Bild von unserem Ich hergestellt worden sein muss, ganz ähnlichen Verfügungen gehorcht hat.
Wenn wir uns finden wollen, ist es sinnlos, ins eigene Innere hinabzusteigen. Wir sind draußen zu finden, in den Rhythmen und Bewegungen, in unseren Begegnungen, den Reaktionsformen der anderen, in den kleinsten Details und materiellen Spuren. In einer Beziehung ist das Tiefste die Oberfläche, wir finden uns erst jenseits des Bildes, das uns die anderen vorhalten, um unsere Kräfte zu bannen. Die Kräfte sind vir-

tuell vorhanden, es wird nur alles Mögliche in Bewegung gesetzt, damit sie nicht in die Wirklichkeit entlassen werden dürfen – während das Paar die Chance kultivieren kann, ein Kraftwerk der Liebe anzuwerfen. So wundert es nicht, wie viele Instanzen in einem fort daran arbeiten, dass es gar nicht so weit kommen soll. Als ich die ersten für mich wichtigen Gesetzmäßigkeiten kapiert hatte und versuchte, mich nach ihnen zu richten, wurde mir von Freunden oder Bekannten vorgehalten: Aber das bist du doch gar nicht! Und als es soweit war, dass wir uns aufgrund der Beziehung von allen möglichen Abhängigkeiten verabschieden konnten, wurde zugleich deutlich, mit welcher Raffinesse und Tücke auf allen Ebenen daran gearbeitet wurde, diese Beziehung zu stören.
Was ist das Ich, wenn nicht ein Gerücht. Das Selbst dagegen erwacht in den Körperfunktionen und Muskelkontraktionen; es weht mit den Sinneseindrücken von außen heran, es flieht uns lange und beginnt sich nach und nach in den nichtigsten Nebensächlichkeiten niederzulassen. Was ist die Seele, wenn nicht ein buntes Gespinst von Verweisungszusammenhängen, die zu einem Stimmungsbild verdichtet worden sind. Das Wort Seele ist nur eine Metapher für Gefühle und Erwartungen, die einmal hier genistet haben und uns nun in den Schwärmen neuer Empfindungen als zurückkehrende Regungen bekannt sind. Diese Wiedererkennbarkeit heißt ja nicht einmal, dass diese noch einmal identisch dieselben sind – Seele und Selbst sind anfangs ein Hauch und doch mehr, nicht nur der Flatus vocis, sondern wie es einmal bei Huxley formuliert worden ist, ein Schwarm, in dem sich älteste Erwartungen und Ängste mit den neuesten Diagnosen und Statistiken paaren!

Frage: „Das klingt doch sehr nach Askese! Quasi ex negativo stehen noch Genüsse zur Verfügung, aber tatsächlich soll man sich alles verkneifen, weil man nie sicher sein kann, ob dahinter nicht nur eine Verführung, eine Manipulation, ein Verfügungsanspruch verborgen ist."

Alle Kultur ist als Technik der Umwege zu verstehen: zwischen Reiz und Reaktion, zwischen Begierde und Befriedigung. Das Prinzip Wiederholung garantiert, dass die mehr oder weniger zufällig gefundenen Errungenschaften kultiviert werden können, aber es unterstellt sie zugleich der Inflation und schleift die wirkliche Leistung oder Einsicht immer weiter zur einfachen Technik ab. Aus einem ein Menschenleben umfassenden Wissen wird eine Spruchweisheit, aus den Weisheiten Murmeln, aus den Perlen Rosenkränze... So ist es die Entgrenzung, die Abkürzung kultureller Umwege, die das Spiel jung erhält, die neue Wege zur Verfügung stellt, die die Welterfahrung verjüngt und der Veranderung unterstellt. Die Welt ist nämlich wesentlich mehr, als der Erwartungshorizont zulässt, als die Angst vor den anderen ertragen will. Das ist die Rückseite der Erklärung der geforderten Frustrationstoleranz, ohne die nur Subalternität und Selbstzerstörung zustande kommen würden – auch wenn sich die Leute immer wieder darüber wundern, warum ein Maximum an Macht ein entsprechendes Maß an Disziplin voraussetzt. Wer die Privilegien der Macht dazu nutzt, den Verführungen all dessen auf den Leim zu gehen, was er/sie sich verbieten musste, um an die Macht zu kommen, wird recht schnell keine mehr haben. Wobei von Anfang an klar sein sollte, dass die Macht, wenn sie etwas taugt, personelle Macht sein muss: Dass sie aus dem Wechselspiel von Disziplin und Befriedigtheit entsteht. Jede/r, die/der die Macht um ihrer selbst willen sucht, wird mehr oder weniger schnell feststellen, dass eine konfliktuelle Rivalität zu immer mehr Beschleunigung und Wettrüsten aufheizt und von den Privilegien des Genusses, mit denen die Macht einmal geworben und kodiert hatte, nichts mehr zurück bleibt.

Ihre Konstatierung des Verzichts stimmt und ist dennoch völlig verkehrt! Wenn ich etwas nicht haben will, weil ich es nicht brauche oder weil ich kapiert habe, dass es mir gar nichts bringt, darf man mir nicht unterstellen, ich verzichte auf etwas und das strenge mich an oder tue weh. Ich empfehle die Askese von den Strukturen und Programmen der Innerweltlichen Askese. Ich sage ja zum Nein und verweigere das Nein zum Ja. Ich muss mir nicht verbieten, was ich gar nicht brauche, aber ich muss sehr aufpassen, dass ich nicht durch fremde Verbote und lancierte Frustrationen an das gebunden werde, was ich gar nicht haben will. Wenn ich in der Lage bin am Richtigen mit der nötigen Befriedigung zu arbeiten, werde ich nicht durch die verstümmelten Lüste derer abzulenken sein, die mir ihren Ersatz mit dem verlogenen Grinsen des Versuches-doch-auch-mal unterjubeln wollen.

Das Richtige mit aller Lust am Tun zu tun, lässt nicht mehr viel Energie oder Aufmerksamkeit für das Falsche übrig, die Abwesenheitsdressuren erweisen sich als uninteressant. Ihr Einwand ist so wesentlich, dass ich niemandem dazu raten kann, die überall angebotene schnelle Befriedigung zu suchen – aber ich kann empfehlen, in den jungen Jahren so viel davon zu probieren, dass die Hohlheit und die falschen Versprechungen auf jeden Fall erahnbar werden – die Reue nach dem Kauf resultiert aus der Gutgläubigkeit gegenüber irgendwelchen falschen Versprechungen, aber eine postkoitale Frustration trifft nur jene, die es nicht gut genug hingebracht haben. Wenn Sie sich die Dummheiten so lange verbieten lassen, bis Sie richtig erwachsen geworden sind, werden Sie wahrscheinlich nur umso gründlicher beschissen und dingfest gemacht. Probieren Sie alles, powern Sie sich aus, gehen Sie an die Grenze dessen, was Sie auszuhalten im Stande sind. Wenn dann die infantilen Erwartungen ausgebrannt sind, investieren Sie sich richtig, setzen Sie auf die Wette einer großen Liebe und sorgen dafür, dass Sie in der Liebe als Duell vor die Hunde gehen. Es bringt nichts, sich wegzuschmeißen, dann bleibt nur Müll zurück. Sie müssen sich investieren, müssen alles geben, müssen das Höchste erwarten, um dabei festzustellen, wie Sie dabei zu Bruch gehen. Mir sind dabei sogar die Hunde, an die ich mich gewöhnt hatte, die immerhin dafür gesorgt hatten, uns fit zu halten, unter den Händen jämmerlich krepiert. Die Trümmer, die dabei übrig bleiben, können sich möglicherweise dazu eignen, für die kurze Zeitspanne eines verbleibenden Lebens am Lattenzaun des Paradieses zu zimmern.

Frage: „Muss man/frau Einzelkind sein, um sich für eine exklusive Paarbildung zu eignen? Oder zumindest Erstgeborener? Schon in der Familie exponiert, in den späteren Zusammenhängen Alphatier oder unerreichbare Schöne? Ist diese Paarbildung dann erst durch die Abgrenzung möglich, erklärt sie sich nicht daraus, dass zwei starke Individuen nirgends wirklich gelitten und in den notwendigen Zusammenhängen gerade mal ausgehalten werden und dass sie sich abgrenzen, füreinander da sein müssen, weil die restliche Welt eine Kampfstätte für sie ist? Wird so ein Paar nicht automatisch ungesellig und zieht sich immer mehr von den anderen zurück? Läuft das nicht darauf hinaus, dass es zwangsläufig bald gar keine privaten Kontakte mehr gibt?"

Wenn Sie den Scheiß lediglich für sich aushalten müssen, um Ihren Ehrgeiz zu stillen oder der eigenen Eitelkeit zu huldigen, kommt mit Sicherheit immer wieder mal ein schwacher Augenblick: Eine Situation, in der Sie sich sagen, dass es nicht drauf ankommt und zwischendurch eine Belohnung verdient ist. Genau darauf warten die Krüppelzüchter, denn eine Delegation zieht nur, wenn sie mit einem eigenen Antrieb verlötet werden kann und das beste Herrschaftsinstrument ist ein schlechtes Gewissen. Sie werden sich so festsaugen, dass die geballte Negation nahe legen soll: Gib auf, du bist allein; gib auf, denn alle sind gegen dich, wenn du nicht spurst und machst, was wir von dir erwarten. Deshalb die Betonung der Makellosigkeit, aus diesem Grund der Wert, den ich einem Blankpolierten Spiegel beilege, den kein Schatten trübt. Wenn Sie wirklich etwas durchsetzen wollen, wenn Ihnen aufgegangen ist, zu was Sie in diesem Leben da gewesen sein werden, sind Sie weitgehend auf sich selbst gestellt – also sollte irgendwann auch die Einsicht folgen, dass sie das Leben mit einem Partner oder einer Partnerin teilen wollen und ihre persönlichen Antriebe dem gemeinsamen Ziel unterstellen. Je weniger Sie dann bereit sind, dem Modus vivendi aus Lebenslüge, Verleugnung und Ersatzbefriedigung zu huldigen, je klarer werden die Fronten. Es ist kein Wunder, dass sich die Apologeten der Antriebsstörung ganz schnell darauf einschießen, diese Beziehung zu stören, denn nichts könnte ihren Machtanspruch mehr stören, als ein funktionsfähiges Paar, das einfach an der Welt weiter baut, auf die sie längst zugunsten der Macht Verzicht geleistet haben. Dann liegt es am Überlebenswillen, der sich vor allem aus dem Antrieb speist, eine gemeinsame Zeit und die nötigen Möglichkeiten zu erarbeiten, um zu zweit eine erfüllte Gegenwart zu erfahren.

Frage: „Und was gibt es zu gewinnen? Jenseits der Konventionen und Vertröstungen, die dafür sorgen sollen, dass wir nicht zu unserem eigenen Leben gekommen sein werden, bevor es zu Ende ist? Es bleibt doch gar nichts übrig, wenn Sie alles zur Ersatzbefriedigung erklären und die größten Erwartungen dem Selbstbetrug unterstellen!"

Hab ich das? Erzähl ich nicht ständig von den täglichen kleinen Zugängen zum Paradies, die Sie nicht unterschätzen sollten. Nur weil ich sage, dass vermutlich nicht mehr zu haben, dass nicht mehr zu erwarten ist, als wir in unseren inspirierten Augenblicken hinbekommen können, sage ich doch nicht, dass es sinnlos und hoffnungslos ist!
Was soll ich auf Ihre Frage antworten – wenn nicht, dass Sie selbst dahinter kommen müssen. Also immerhin so viel, dass es Augenblicke außerhalb der Zeit gibt, die in der Erfahrung des Paars greifbar werden: Ein Lob der höchsten Fülle der Präsenz. Wenn alles nur noch Lob ob dieser Grandiosität ist, an der wir teilhaben, die wir in unserem Span-

nungsvolumen herstellen und die uns zugleich mit dem Ganzen unserer Welt in unendlichen Verwobenheiten erfahrbar macht. Alles ist aufeinander bezogen, jede Kleinigkeit trägt zu einer enormen Potenzierung von Verweisungszusammenhängen bei, alles ist Eins und zugleich alles andere. In der Erfahrung des Paars werden maximale Unvereinbarkeiten organisiert und geben dem gewaltigen Klang eine Tiefe und Gegenwart, die eine unwiderlegbare Schönheit darstellt. Ein umfassendes Ja sättigt die Stille und Einsamkeit einer abgeschiedenen Existenz mit den dichten Wissensweisen und Befriedigungen, die erst mit dem Überschreiten der Barrieren, mit denen ein Ich eingemauert worden ist, erfahrbar werden. Was gibt es also zu gewinnen, wenn nicht die Erfahrbarkeit des Göttlichen in dieser Welt. Nicht im Jenseits, nicht auf der Rückseite des Todes und vermittelt durch den Verzicht – sondern im Vollzug des Paars und der Macht der Selbstüberschreitung, der körperlichen Erfahrung der Kraft zum und der Freude am Leben. Die Götter kommen nicht in Verkleidungen daher, wie es die ‚Arbeit am Mythos' immer wieder nahelegen wollte, damit wir ihnen unter einer kategorialen Perspektive gar nicht begegnen können. Tatsächlich sind wir es selbst, ihre jüngsten und noch unbelecktesten Verkörperungen, die die infinitesimalen Unendlichkeiten schaffen, in denen sich Götter verwirklichen – für eine mitreißende Geste, eine überraschende Begegnung, einen durchdringenden Geistesblitz. Das ist es – diese Aufgabe wartet jenseits der Fluchtversuche in die Verwaltungsbezüge und der Resignation in den Frösten der Moderne. Seit fast zwei Jahrhunderten laborieren wir an einem Weltzustand, in dem die ewigen Werte und die großen Traditionen nicht mehr weit tragen, wenn sie nur der Verwaltung gehorchen. Mittlerweile sollte klar sein, dass sie keinem Zustand des An-sich unterstehen. Sie müssen immer wieder verjüngt werden durch reale Begegnungen und durch Entscheidungen, die am Puls der eigenen Lebendigkeit modelliert werden. Sonst gibt es sie nicht! Es war ein Irrtum, eine falsche Perspektive, zu behaupten, wir hätten Gott getötet. Es hat ihn nie gegeben. Aber mit der Lebensversicherungsmentalität, die einige Geisteswissenschaftler für die größte Errungenschaft der Zivilisation halten und mit den entsprechenden Verwaltungsvollzügen, die noch die letzten Reste des brisanten Wissens, dass sie zu interpretieren haben, lahm legen, konnte dafür gesorgt werden, dass das Göttliche in uns selbst ausgetrocknet und verdorrt ist.

Frage: „Diese mythische Konzeption eines Blankpolierten Spiegels. Was wollen Sie uns damit eigentlich nahelegen? Und damit natürlich die Frage, die vorhin schon angeklungen ist: Brauchen Sie die Fehler der anderen, wachsen Sie an der Größe Ihrer Gegner – oder würde sich ein Souveränitätsstatus ohne Störfaktoren auf die Dauer nur wie eingeschlafene Füße anfühlen! Ist das Paar vielleicht nur deswegen mit sich zufrieden, weil sich die sogenannten Gegner permanent mit ihnen beschäftigen? Dass sie wichtig sind, selbst wenn man sie vernichten möchte, dass man sie wegwünscht und das nicht gelingt – ist das nicht der zusätzliche Kitzel, den Sie brauchen!"

Das ist gut beobachtet und im funktionellen Rahmen ganz richtig – aber im Sinne meiner Argumentation ist es nur die Spiegelung der Relation nach unten. Es geht komplett an unserer Erfahrung vorbei, die Krüppelzüchter, die sich bei uns angesaugt hatten, interessierten uns gar nicht. Der Kitzel, in einem Fokus zu stehen, mag manches unterstrichen haben, aber das Wesentliche war die Makellosigkeit! Der Blankpolierte Spiegel ist etwas, das meine Kapazität und auch meine Einsicht übersteigt – ich kann mich nur von gewissen Gesetzmäßigkeiten tragen lassen, weil ich davon ausgehe, dass extrem unwahrscheinliche Funktionen des Signifikantennetzes zur rechten Zeit am rechten Ort ihre Wirkungen entfalten, wie sie es in Situationen der höchsten Gefahr schon einmal getan haben. Als Metapher bietet sich vielleicht die Erfahrung eines göttlichen Dulders an, die nicht durch blöde Floskeln zerredet und durch Nachahmung verkleinert werden kann. Angst und Verzicht, Ekel und Askese haben einmal dazu beigetragen, die Macht mit dem Sadismus zu verkoppeln – aber die Wirkungen eines Blankpolierten Spiegels legen nahe, dass dieser unauflösliche Zusammenhang wieder verflüssigt werden kann, wenn so etwas wie eine personelle Macht erfahrbar wird. Ich bin so oft angeschossen oder für erledigt erklärt worden, dass in bestimmten Zusammenhängen die einfache Präsenz, die mühelose und desinteressierte Anwesenheit ausreichte und die Delegierten bekamen es mit der Angst zu tun! Irgendwas konnte nicht stimmen, wenn jemand, von dem es ständig hieß: Der ist ein toter Mann! unbeeindruckt und gutgelaunt mit seinen Hunden und einer schönen Frau spazieren ging.
Wir sind Spiegel, wir sind Masken – aber erst, wenn ein biographisch-biologisches System den Punkt erreicht hat, an dem man/frau sich nicht

mehr durch die Spiegelungen der Selbstdarstellung definiert, an dem keine Trübung der Erkenntnis durch irgendwelche Geilheitsdressuren mehr möglich ist, haben wir den Status erreicht, an dem die typischen biographischen Verhaftetheiten abgearbeitet werden können. Freud spricht von Durcharbeiten und es ergab sich wie von allein das System der unendlichen Analyse – wir gehen vom Abarbeiten aus und suchen jene Momente der Erleuchtung, jenes Gewahrwerden eines Geistesblitzes, in denen wir uns von diversen Geschichten verabschieden können, die sonst nur alle Lebenszeit okkupieren. Schon die Schreibe hatte ich einmal als Mortifikationstechnik gekennzeichnet: Biographische Dämonen auf den Nenner zu bringen, um sie gründlich in Text zu beerdigen! Wir können das Göttliche nicht durch Gebete für uns arbeiten lassen – um an Jim Morrison zu erinnern –, es stehen lediglich leere und abgenutzte Phrasen zur Verfügung. Aber wir können eine Woge in Bewegung setzen, die uns eins mit dem Göttlichen werden lässt.

Manchmal stoßen wir in ungewohnten Zusammenhängen auf Einsichten oder Formulierungen, die den Wahrheitsgehalt unseres Denkens streifen und in dieser Berührung hell aufleuchten lassen. – Dazu müssen wir einem Zerreißen begegnen, das niemand gesucht hat und das sicher keiner gefunden haben will. Das so dumpf und blind ist, wie die namenlose Vernichtung – und das im Nachhinein in jenen Schwellenerfahrungen der Qual greifbar ist, als wir unter einem fremden Blick als Kind einer Tragödie geboren wurden. Ein Sich-Gewahr-werden im grenzenlosen Schmerz, unter den Augen eines Zeugen – diese Stiftungsschmerzen der Individuation tauchen in den bitteren Erfahrungen der Vernichtung wieder auf. Der Ich, zusammengestückelt aus Lüge, Ausgeliefertheit und Verzweiflung, geflickt mit Fäden aus Schmerz, wird in seiner Falschheit nebensächlich und empfiehlt sich dem Vergessen, wenn Enttäuschungen ohne jedes Maß darüber gespült worden sind.

Das einzig Reale sind tatsächlich Schmerz und Lust – wobei es häufig genug gelingt, aus Ängsten und Frustrationen einen Schmerz herzustellen, der dafür sorgt, die dümmsten Formen der Selbstdarstellung zusammen zu kitten. Dann hilft nur der Schock, die Katastrophe, die Erfahrung, dass nichts, auf das man sich einmal verlassen wollte, wirklich tragfähig ist und die Fäden, die allen möglichen Scheiß zusammengehalten haben, werden endlich gezogen. Dann zählt auf einmal jeder einzelne Schritt: Vergangenheit und Zukunft schrumpfen auf die Intensität des Jetzt zusammen. Der Ich wird zum Augenblick der Wahrnehmung:

Horchposten, Riecher, Augenzeuge oder Taster... und ist im gleichen Atemzug eine dynamische Bibliothek von Verweisungszusammenhängen.

Frage: „In den verschiedensten Zusammenhängen deutet sich an, dass wirkliches Lernen nur im Durchgang durch die Katastrophe zu erwarten ist – ist es stimmig, wenn Ihre Konzeption des Blankpolierten Spiegels aus dieser Erfahrung resultiert? Oder haben Sie im Nachhinein erst zwei Welten aufeinander bezogen, die nichts miteinander zu tun haben?

Das stimmt schon, es ist nur viel umfassender anzusetzen. Oder andersrum: Im Durchlaufen der Katastrophe hat sich in den vergangenen Jahrtausenden wohl immer wieder einmal die Chance eingestellt, auf die Gesetzmäßigkeiten eines Blankpolierten Spiegels zu kommen – wenn aber der Bekehrungswahn und das Bedürfnis, Schüler und Abhängige zu generieren, daraus hervorgegangen waren, ist von der ursprünglichen Intuition einer Einsicht nichts mehr übrig geblieben.
Viel zu häufig ist die Komplexitätsreduktion das Resultat eines Mangels an Kreativität und Offenheit, aus Verkrampftheit suchen wir immer nur das wieder zu erkennen, was uns schon bekannt ist. Und noch ein weiterer Aspekt drängt sich auf: Wie oft war es so selbstverständlich, dass die Dinge wie am Schnürchen liefen und dann machte ich die Erfahrung, dass irgendjemand versuchte, über mich zu verfügen und mir einzureden, was ich anders machen musste – plötzlich kam ich völlig aus dem Takt. Dazu passt sogar die seltsame Erfahrung der Entfremdung durch die spezifische Erfahrung eines ungreifbaren Gegenübers. Die mythische Verfolgerkausalität personifizierte sich in den Protagonisten der Spielstätten, die wir aufsuchen mussten oder nicht vermeiden konnten – obwohl wir uns selbst genug waren, mussten wir hin und wieder Geld verdienen. Oft wussten die Delegierten nicht einmal voneinander, sie wurden aus ganz verschiedenen Richtungen aufgestachelt, weil die Auftraggeber ihre Gerüchte in den verschiedensten sozialen Kontexten streuen konnten.
Wie sich schnell zeigte, half es gar nichts, die vielen kleinen Quälgeister einen nach dem anderen abzustellen. Manche fühlten sich sogar gelupft, weil sie an einer Bedeutsamkeit teil hatten, die sie in dieser Intensität noch nicht kennengelernt hatten; manche fühlten sich persönlich betroffen und durchschaut, kamen mit einer Verstärkung wieder. Schnell

musste uns also klar sein, dass jeder Kampf, jede Notwendigkeit, sich wehren zu wollen, nur bestätigte, dass wir uns auf die Dauer von den subalternen kleinen Krüppeln nicht unterschieden, dass es also ganz gerechtfertigt war, wenn wir uns in ständigen Kleinkriegen aufreiben sollten, bis uns die Auftraggeber dann dem Vergessen überlassen konnten. In diesen Zusammenhängen entstand durch einige zufällige Funde die Konzeption eines Blankpolierten Spiegels! Nicht zu reagieren, nicht zu tun, das Ganze an sich vorbei rauschen zu lassen und sich den wesentlichen Verhältnissen zu widmen. Es waren nur Nadelstiche, mit denen uns nach und nach der Schneid abgekauft und die Lebenslust vergiftet werden sollte – und wir mussten eben lernen, dass wir viele Nadelstiche wegstecken konnten, ohne dabei den Humor und die gute Laune zu verlieren. Es war beeindruckend, was die Leute sich alles einfallen ließen und das intuitiv erworbene Schema war vor allem überzeugend, wenn sie begannen, in irgendwelche Selbstzerstörungen abzusausen, weil wir auf den ganzen Schwachsinn nicht reagierten. Es entbehrte nicht der Komik, wenn uns der Wind zutrug, dass Leute, die unsere Beziehung stören wollten, plötzlich wieder Single waren, dass Leute, die dafür gesorgt hatten, dass eine Überlastungsstruktur inszeniert wurde, von einem Tag auf den anderen tot umfielen, dass intellektuelle Cracks, die ausgegeben hatten, dass ich nur ein größenwahnsinniger Idiot sei, durch die angeleierten Intrigen ihr wissenschaftliches Renommee aufs Spiel gesetzt hatten.

Frage: Darf beim Blankpolierten Spiegel die Freude am Scheitern der anderen aufkommen? Wenn man erkennt, dass die für einen gebaute Falle zur Falle der anderen wurde? Oder ist das schon nicht mehr blankpoliert?

Wer wird sich an so einem Scheiß freuen! Mal abgesehen davon, dass wir zu dieser Zeit das Gefühl hatten, auf einer Rasierklinge zu balancieren und aus diesem Grund die Notwendigkeit einsehen mussten, die vorhandene Energie richtig zu investieren. Das Beste ist noch immer, Krüppelzüchter überhaupt nicht zur Kenntnis zu nehmen. Aber es spricht nichts dagegen, sich an den eigenen Fähigkeiten zu freuen, an den Trainingserfolgen, an den Routinen, die aus den ständigen Kleinkriegen erwuchsen, an den Techniken des Umspielens und Vereinnah-

mens, an den Tricks, die Bosheiten der Anderen für sich arbeiten zu lassen.
Ich habe gelernt, dass ich klüger sein musste, als die anderen und schneller und, wenn es sein musste, auch unbarmherziger und charakterloser – aber die erste und wichtigste Regel lautete, dass von mir keine Negation ausgehen durfte. Ich musste Strategien vorhersehen können, um in unerwarteten Kontexten aufzutauchen, aber ich durfte mich nicht durch Einflüsterungen und Zeichensetzungen hysterisieren lassen. Ich musste schneller sein, um die Leute dabei zu erwischen, wie sie versuchten, eine Falle für mich zu bauen und dann konnte ich mir sogar den Spaß erlauben, mit einer scheinbar nebensächlichen Bemerkung dafür zu sorgen, dass sie selbst hineinfielen.
Die eigentlich unlösbare Aufgabe lautete: Zu wissen und zu kapieren, was die anderen planten, ohne sich auf sie einzustellen; die eigenen Angelegenheiten zu klären und zu erledigen und zugleich so geistesgegenwärtig zu sein, einen Schritt beiseite oder neben sich zu treten, wenn die Gründungsmythen eines Ich einer geballten Negation ausgesetzt werden sollten. Das mag wie ein Widerspruch klingen: Die anderen zu durchschauen, weil sie einen nicht interessieren. Aber genau so funktioniert ein Blankpolierter Spiegel, denn diese Selbstdarsteller und Schmierenkomödianten investieren so viel Kraft in die Selbstdementierung, dass es meist schon reicht, nicht auf das reinzufallen, was sie einem suggerieren wollen – am besten, sich nicht vorzustellen, was kommen würde, sich nicht einzustellen auf das, was man erwartete oder erwarten sollte, sich so intensiv mit den eigenen Angelegenheiten zu beschäftigen, dass ein Optimum zustande kam. Vor allem war es tragfähig, in Lösungen zu investieren, die so befriedigend waren, dass keine Kraft und Aufmerksamkeit für die Hysterisierungen im Imaginären übrig blieb – eine Tragfähigkeit, die sich der Befriedigtheit und der inneren Leere verdankte. Eine der früheren Einsichten hatte schon gelautet: Die Leute, die es sich in den Kopf gesetzt haben, über dich zu verfügen, haben ein ungeheures Bedürfnis, dass du dich mit ihnen beschäftigst. Denn nur dann ist gewährleistet, dass die Delegation rüber kommt. Warum willst du ihnen also diesen Gefallen tun! Und das musste tatsächlich nur noch verallgemeinert werden.
Wer über Jahre unter Dauerbeschuss steht, beginnt sich irgendwann Gedanken darüber zu machen, warum die Leute anscheinend nicht in der Lage sind, richtig zu treffen. Die einfache Einsicht lautete, dass sie

sich an ein Ich wandten, das durch die konfliktuelle Rivalität zu definieren sein sollte! Ex negativo führte diese Einschätzung zur Chance einer Standortbestimmung jenseits des Vergleichs, die mir davor vielleicht immer wieder einmal spielerisch gelungen war, die ich jetzt unter solch destruktiven Einflüssen in einer Form auszuarbeiten hatte, die sich in ein Waffensystem verwandelte – selbst ein harmloses Späßchen, ein dem sprachlichen Material gehorchendes Wortspiel konnte tödlich sein! Die konfliktuelle Rivalität lief immer über den Umweg einer Forderung der Anerkennung durch den anderen, die zudem so verleugnet und verdreht werden musste, dass man in der Geistesbewegung der Identifikation versuchte, den anderen in eine Reziprozität zu verstricken. – Das ist tatsächlich der erstarrte Clinch, der unsere Parapsychotiker in ihren Institutionen zusammenzwingt; so funktioniert dieses Abhängigkeitssystem aus Lüge und Verleugnung.

Die als notwendig vorausgesetzte Angewiesenheit auf die Anerkennung durch diese Institutionsanhängsel ist von vornherein falsch. Warum überhaupt reagieren – ich agiere und bringe die Krüppelzüchter damit tatsächlich in die Verlegenheit, reagieren zu müssen. Dann ist es wichtig, im richtigen Augenblick am richtigen Ort zu sein, es gibt so etwas wie die Gunst der Stunde und den Genius des Ortes – und die unliebsamen Wahrheiten wurden mir wie Blätter vor die Füße geweht; ich musste sie nur noch lesen und die notwendigen Querbezüge herstellen. Das ist übrigens ein ganz einfaches und einleuchtendes Gesetz: Wer in irgendein System hinein gestolpert ist und nun die wesentlichen Wahrheiten wissen muss, wird alles andere eher präsentiert bekommen: Ein fein vernetztes Lügensystem, ein Gewebe aus Verleugnungen und Täuschungen, an dem sich alle beteiligen und wenn sie sonst noch so zerstritten sind – nur um den Zusammenhalt ihres Systems zu gewährleisten. Und du kannst noch so suchen und spekulieren, du wirst tatsächlich dafür sorgen, dass sich dieses Wahnsystem in deinem Kopf einzunisten beginnt. Ziehe deine Energien ab und geh raus, kümmere dich nicht mehr um dieses Konglomerat aus verbohrten Neurosen und schlauem Schwachsinn – diese so eifrig geschützte Wahrheit wird dich bereits an der nächsten Ecke anzuspringen versuchen: Das bestgehütete Geheimnis offenbart sich wie von alleine an den Bemühungen, den Zugang zu verstellen – allerdings erst, wenn du draußen bist.

Damit sind wir an bestimmten Wirkungsmechanismen eines Blankpolierten Spiegels, die früher der Magie und dem Teufel unterstellt worden sind: Das Geheimnis der Synchronizität, ihre Ungreifbarkeit und scheinbare Zufälligkeit erklärt sich damit, dass sie überall und nirgends zugleich ist: In den menschlichen Zusammenhängen gibt es keinen Zufall, sondern Resonanzräume und Übertragungsfelder, die noch immer an das vorgeschichtliche Gesetz Auge-um-Auge, Zahn-um-Zahn denken lassen. Bei Lacan hieß es über die Wechselbezüge auf der Couch: Les sentiments sont toujours reciproques! – auf anderen Schauplätzen und in anderen Zeiten gibt es in diesen Zusammenhängen kommunizierende Felder. Das ist die klare Schlussfolgerung aus der Erfahrung, dass wir in Geschichten verstrickt sind. Hier herrscht eine andere Form als die lineare Zeit. Es gibt nur ein paar Aufgaben, die wir richtig lösen müssen, aber unendlich viele Variationen des Ausweichens, des Fehlinvestments, der falschen Zielsetzungen. Und alle, die sich bereitwillig den Surrogaten gewidmet haben, werden sich in dem Willen, zu stören und zu zerstören, einig sein. Es gibt nur einige wenige, auf den ersten Blick vielleicht steinige und ermüdende Wege, die zum Richtigen hinführen – aber es gibt unendlich viele Abschweifungen und mit Prämien wie Ersatzbefriedigungen versehene Sackgassen, die nirgendwo hinführen. Wer dann abwägen könnte, was den höheren Einsatz kostet und den geringeren Gewinn bringt, müsste sich unwillkürlich und ohne groß zu überlegen, den wenigen Möglichkeiten der Selbstverwirklichung widmen. Da aber genau das einer maximalen Unwahrscheinlichkeit untersteht, sollte in den Blick geraten, welche gesellschaftlichen Interessen und was für verstümmelte Protagonisten daran arbeiten, dass es in den seltensten Fällen geschieht!

Frage: „Will ein Blankpolierter Spiegel beim Gegenüber nie von sich aus etwas bewirken? Ist er so frei von Manipulation? Oder wird er überhaupt erst aktiv, wenn übermächtige Gegner auftauchen, die eine absolute Makellosigkeit notwendig machen?"

Dann wäre er nicht mehr blankpoliert – außerdem ist die Manipulation immer nur eine Krücke für den Mangel an Wahrheit. Wer mit sich zufrieden ist und die nötige sinnvolle und befriedigende Beschäftigung hat, muss sich nicht nach den anderen richten. Er/Sie kann sogar kommunikativ sein und in den einzelnen Situationen dafür sorgen, dass keine unnützen Reibereien oder Missverständnisse entstehen – aber das heißt noch lange nicht, den mimetischen Imperativen zu gehorchen. Und auf die übermächtigen Gegner ist geschissen, dass muss niemandem zu wünschen sein. Sollten sich allerdings bei den kulturellen Drehpunktpersonen die entsprechenden Krüppelzüchter einstellen, kann es nur sinnvoll sein, über ein Repertoire von Routinen zu verfügen, das eine/n ungreifbar und unverführbar werden lässt. Wenn diese Leute dann auf die harte Tour des Tabus und des Vernichtungswillens umschwenken, haben sie schon längst alles in die Wege geleitet, was ihrem eigenen Scheitern zuarbeitet.

Der symbolische Tausch gilt noch heute, wenn nur ein bestimmtes Quantum an psychischer Energie in einen Prozess eingebracht wird. Ein Wunsch kann zur Wirklichkeit werden, mit der Einschränkung, dass diese Energien nicht persönlich zu adressieren sind, sondern aufgrund von Ähnlichkeiten überspringen – denn der beste Voodoozauber kann in die Hose gehen, wenn der Dämon das falsche Pferd bespringt. Wenn ich den Hass dieser Krüppelzüchter geteilt hätte, wäre eine Ähnlichkeit zur Verfügung gestanden und ihre Energie auf mich übergegangen. Glücklicherweise hatte ich viel zu viel Spaß an der Verwirklichung meiner Lebenslust, ich kam gar nicht auf die Idee, in einem Schlangennest leben zu müssen, und so suchten sich die Energien der bösen Wünsche eben Adressaten, die ihnen viel ähnlicher waren. Was ich als Blankpolierten Spiegel gekennzeichnet habe, ergab sich aus der Erfahrung, dass die Leute, die meine Gegner sein wollten, mit den übelsten Strategien dafür sorgten, eigene Verbündete zu eliminieren. Der Funke sprang über auf Leute, die ähnliche Strategien verwendet hatten, um in die entsprechende Machtposition zu kommen. Welche Absurdität, der Hass wuchs mit den Niederlagen, aber jeder hätte uns sofort für größenwahnsinnig erklärt, wenn wir nur angefangen hätten, aufzuzählen, wer sich alles auf der Seite unserer Gegner eingereiht hatte. Dann die heiligen Leichen, die unseren Weg säumten, die großen Namen, die auf einmal eine Zukunft hinter sich hatten, die Repräsentanten altgedienter Einflusssphären – und alles um den Preis, dass die Wirklichkeit des Paars wieder einmal nicht nur totgeschwiegen oder zerredet und verleugnet wird, sondern dass die beiden wirklich vernichtet werden sollten. Hinter Lacans Feststellung, es gebe kein Verhältnis der Geschlechter, versteckt sich ein Machtkonflikt, denn die Institutionen sind nur mächtig geworden, weil sie die notwendige Energie an der Beziehungsarbeit ab-

gezweigt haben – zudem sorgen sie als kulturschwule Vereinigungen dafür, dass die Kraft zerredet wird und die verbalerotischen Abfuhrphänomene im Resultat ohnmächtige Einzelne zurücklassen, denen nur die Ersatzbefriedigung bleibt.
Genau diese Gesetzmäßigkeiten sollten wir an den eigenen Körpern erfahren, genau hier hatten jene Todesweisheiten anzusetzen, mit denen es uns gelingen sollte, unseren Einsatz aus dem Spiel zu entfernen. Irgendwann konnte ich sogar sagen, dass ich den Leuten, die unsere Gegner sein wollten, dankbar sein musste – sie hatten mich nicht nur in Höhen und Einflusssphären katapultiert, die ich alleine nie erreicht hätte; sie hatten mir nicht nur die Möglichkeit gegeben, mich auf einem Energielevel bewähren zu dürfen, von dem es gewöhnlich hieß, dass es nur auf dem Weg der Belehnung mit Macht erreichbar sei; sie hatten sogar dafür gesorgt, dass die tief eingeschriebenen Tabus aus der Beamtenwelt zerfetzt und hinweg gefegt wurden, die über siebzehn Jahre dafür gesorgt hatten, dass wir uns nicht aneinander binden können sollten. Ich hatte also mittlerweile wirklich allen Grund, meine Feinde zu lieben!

Frage: „Wenn der Blankpolierte Spiegel ein derartiges Machtinstrument ist, warum haben wir bisher noch nicht davon gehört?"

Eben deshalb! Sie finden in den Mythen schon Einsichten und in den Hochreligionen oft ganz klar formulierte Regeln. Aber weil diese Gesetzmäßigkeiten im Sinne der Mächtigen und des herrschenden Verzichts auf die wirklichen Formen von Selbsterfahrung pervertiert worden sind, wird oft genug gerade das inbrünstig bekämpft, was wirklich zu einer Befriedung führen könnte, wird in der Regel das verleugnet, was den eigenen Verantwortungsspielraum erweitern würde. Im Endeffekt war das die menschheitsgeschichtliche Funktion der Großinstitution Kirche: Das Wissen, an dem sich die Kräfte des Subjektiven entzündeten, zu okkupieren und kaputt zu verwalten, durch Predigten zu zerreden und durch moralische Forderungen zu desavouieren!

Frage: „Dann müssen sich doch genaue Regeln der Wirkungsweisen dieses Schemas geben lassen? Sie können nicht einfach sagen, dass es unsere Kapazität übersteigt und wir nur im Glauben auf die Wirkung damit umgehen sollen!"

Die wirkliche Macht beginnt erst jenseits der Freude an der Unterlegenheit der anderen, jenseits des Verstümmlungswillens – sie ist die Freude daran, gegen die Bosheit durchgekommen zu sein, also die an der Selbstverwirklichung. Sie finden Andeutungen und Hinweise in den Spruchweisen des Volksmunds, in der Selbstvergottung der Mystiker und verstreut in allen Religionen. Vertrauen und Hingabe, innere Leere und Offenheit für das Andere, Liebe und Geduld, Freiheit von der Gier gehören dazu. Alle werden in einer einzigen Bedingung zusammenlaufen: Makellosigkeit – du darfst kein Begehren mit den Akteuren des Sexualneids und der Verleugnung teilen; oder noch allgemeiner, du musst dich von der konfliktuellen Mimesis verabschiedet haben. Makellosigkeit heißt: Du sollst nicht begehren des anderen Weib-Haus-Auto-Kind-Stelle-Vermögen-Einfluss – egal was sie/er ist oder hat. Und dazu brauchst du schon einmal einen Partner/eine Partnerin, mit der oder dem das Begehren so zu konditionieren und zu kultivieren ist, dass es von der fehlerhaften Identifikation und dem Neid geheilt wird. Ordentlich befriedigt, kann ich mir in aller Ruhe anschauen, wie die anderen manisch Zielen hinterher rennen, die gar keine echte Befriedigung bieten – und ich muss ihnen nicht folgen, muss ihrer Simulation des Heureka nicht glauben!

Zur Repertoireerweiterung gibt es die diversen Wahrnehmungsformen des Subliminalen. Ganz im Hier und Jetzt, unabhängig von den Hysterisierungen der Simulanten und nicht tangiert von irgendwelchen Vorstellungen, wer man/frau gerne wäre oder wenigstens vorführen wollte, stellt sich eine ganz andere Wahrnehmungsbreite ein. In bestimmten mit Geistesgegenwart geladenen Momenten sind die Verkettungen der Signifikanten nachzuziehen, vor dem inneren Auge stellen sich Kräftepfeile in verschiedenen Stärken und Farbintensitäten ein. Anhand weniger Indizien sind die Generationsmodi der Zeichenfolgen zu ahnen, eine Geometrie der Machtbalancen – die Wirklichkeit verwandelt sich wirklich in einen Text, dem ein vielfacher Schriftsinn unterlegt ist und wenn die Wahrnehmung erst einmal für das Subliminale sensibilisiert worden ist, stehen genauere Informationen zur Verfügung, als wenn die Lügen und Verleugnungen Zukurzgekommener ausgewertet werden müssen. Die Gefahr einer selbstlaufenden Paranoisierung wird durch die Nicht-Identifikation gebannt – und mit der Voraussetzung eines Status der Befriedigtheit gibt es keine Probleme mehr mit diesem Amalgam aus

Antriebsstörung, Verleugnung und Sexualneid, das der Fundus der Psychose ist.

Frage: Das hört sich so an, als liege alles nur an der Identifikation?

Richtig, an der fehlerhaften Identifikation. Die Untersuchungen zum Narzissmus haben ergeben, dass der neiderfüllte Selbstvergleich korrelativ zur eigenen Schwäche und Unsicherheit ist. Je weniger eine/r weiß wer er/sie selbst ist, je weniger Gewissheit im eigenen Tun gefunden wird, je kleinlicher und verbohrter wird den anderen alles geneidet, ganz egal, ob man/frau überhaupt etwas damit anfangen kann – am meisten werden die Objektbeziehungen, die kleinen Anerkennungen oder Reziprozitäten geneidet, weil es dazu am eigenen Vermögen fehlt!

Frage: Für mich ist die Fraglichkeit schon da gegeben, wo Sie von allen gesellschaftlichen Notwendigkeiten abstrahieren. Sie müssen Geld verdienen, Sie müssen Kompromisse machen, Sie werden unwillkürlich in übergeordnete Machtkonstellationen verstrickt... Ich darf ein Beckzitat variieren: Die Welt nicht, das Können nicht, die Wahrheit nicht – aber die Liebe als großer Klebstoff für all die Risse und Schadstellen!
Was hilft die Beziehungsarbeit, wenn sie nicht wenigstens eine Rückzugs- und Regenerationsbasis liefert? Ist die Geschlechtsmetaphysik nicht auch nur eine Utopie, und zwar eine von der schlechten Sorte, die uns tatsächlich auf uns selbst zurück wirft und uns mit der traurigen Wahrheit alleine lässt, dass wir einfach nur nicht gut genug waren?

Nur kurz zum zweiten, weil eigentlich der erste Punkt viel wichtiger ist: Das ist die gesellschaftliche Arbeitsteilung und wenn man/frau Pech hat, muss der Partner nicht nur mit dem Geschäft und den dortigen psychischen Ansprüchen geteilt werden, sondern bleibt irgendwann als Bauernopfer auf dem Weg, sei's der Karriere oder des eigenen Untergangs, zurück. Die traurige Wahrheit hält also bereits die gesellschaftliche Wirklichkeit für uns bereit: Es sind oft genug die überangepassten Braven, die dann mit einer unerbittlichen Brutalität miteinander umgehen!
Genau diese gesellschaftliche Delegation verweigere ich. Ich arbeite für Geld und um zu realisieren, was mir wichtig ist. Das muss mit dem Arbeitsprozess nichts zu tun haben. Wenn ich die Beobachtung mache, dass alles in die Nestwärme einer großen Familie getaucht werden soll

oder bemerke, dass die unerlöste Libido von Zukurzgekommenen, von Leuten, die zu feige waren, sich überhaupt auf das Risiko eines eigenen Lebens einzulassen, an den Wänden herunter läuft, ist das für mich ein absolutes Alarmzeichen. In solchen Zusammenhängen werden Leute verheizt, ohne dass sie bemerken dürfen, was mit ihnen geschieht. Komme mir niemand mit warmen Gefühlen, wenn die Wirklichkeit Ausgeliefertheit und Entfremdung heißt: Dann heißt es, durch die Entfremdung hindurch zu gehen und die Abstände zu erhöhen; dann heißt es, auf der Unhaltbarkeit der eigenen Position zu bestehen und im richtigen Augenblick zu funktionieren wie ein Automat – das Richtige ist, das zu tun, wofür man bezahlt wird und nicht, überall irgendwelche persönlichen Gefühle oder Bedürfnisse mit rein zu mixen. Ergo: Wer so befriedigt außer Haus geht, dass er/sie nicht zu kodieren ist, wird wesentlich weniger Probleme haben und sogar effektiver sein! – Und den Rest der Fraglichkeiten werden sie hoffentlich in den nächsten Stunden selbst erledigen können!

Sicher ist die Identifikation oder ihre Subversion nicht alles, aber sie liefert einige der wichtigsten Weichenstellungen. Unterscheiden Sie bitte zwischen einer Identität, die im Körpergedächtnis und der Muskelinnervation verankert ist und einer Identifikation, die vor allem im Imaginären stattfindet. Wenn ich an die Gesetze der Nachahmung erinnern darf, so resultiert der Zwang, sich anzuähneln, wie die Bedürfnisse zur Manipulation schon immer aus der Angstbewältigung. Die Identifikation ist also eine Form der Mimesis an die Bedrohung – und schon im niedersten Tierreich ist zu beobachten, dass diese Technik den Totstellreflex genauso in Dienst nehmen kann wie die Protzgebärde des übermächtigen Blicks.

Über den Blankpolierten Spiegel lässt sich spekulieren, aber irgendwie ist die Erfahrung so ungreifbar, dass sie mit dem Mysterium der Kräfte des Lebendigen eins zu sein scheint – übrigens finden Sie schon in der Lebensbeschreibung Taulers recht genaue Kennzeichnungen der Prozesse, die ich mit dieser Metapher umspiele. Die Gesetzmäßigkeiten artikulieren zu wollen, heißt schon, sie zu verpassen und dann im Nachhinein zu pervertieren. Es gibt kurze Augenblicke, darauf zu zeigen: Eine minimale Zeiterfahrung, die in jenem Maß mit Lebensenergie geladen ist, dass man/frau immer wieder meint, zu vibrieren, zu brennen, zu platzen. Ich glaubte in gewissen Situationen ein Geräusch in mir zu hören, ein fernes Knistern und Rauschen, als materialisiere sich eine elektrische Erregung, als sprängen Funken über und kündigten eine Feuersbrunst an – seltsamerweise brannten in dieser Zeit, in der mich meine Botengänge immer die gleichen Wege entlang führten, zwei Gebäude aus oder ab, um die sich meine Spur eingegraben hatte. Auch das könnte den energetischen Charakter eines solchen mystischen Nu kennzeichnen und es ist noch nicht einmal ausgemacht, ob die Evidenz nicht im Nachhinein erst synthetisiert wird. Ich darf an die mythische Zeiterfahrung erinnern, die auf der Voraussetzung beruht, dass etwas, das jetzt und hier ist, außerdem an tausend Orten und Zeiten zugleich stattfindet – so wird der Bezug der Allgegenwart des Göttlichen aufrecht erhalten. Es ist also nicht unbedingt so, dass wir nachsitzen müssen, weil die voran gegangenen Generationen ihre Aufgaben nicht gelöst haben. Sondern, wenn wir uns auf das Abenteuer des Lebens einlassen, müssen wir die wesentlichen Fragen wieder neu stellen und aus einer eigenen Perspektive angehen können. In der Welt des Mythos wird im Fest die Einheit mit dem Göttlichen gefeiert, und die Götter sind anwesend identisch mit den Teilnehmenden. Noch in den zwangsneurotischen Spielen von Familienkrüppeln wird eine Schwundstufe dieser Einheit mit dem Göttlichen als Wiederholung des Fluchs vergangener Generationen erfahrbar: Das macht die Gewalt des Wiederholungszwangs aus. Diese Gesetzmäßigkeiten werden mich in der humorlosen Ausgeliefertheit erdrücken und immer kleiner machen – aber mit der Freude an Entdeckungen, der Lust, den Dingen auf die Spur zu kommen, dem Witz, die Verhältnisse zu erschüttern und in Komik zu überführen, ist ihnen beizukommen. Wenn ich mich nicht damit identifiziere, kann mir klar werden, wie absurd jene Spiele sind, die die Menschen bis zum gegenseitigen Abwürgen spielen und wenn ich dann im rechten Augenblick die Pointe in kurze, knappe Worte zu fassen in der Lage bin, explodieren die erstarrten Abhängigkeitsbeziehungen. Ex negativo habe ich schon mit dieser kurzen Beschreibung der Wirkung der Nichtidentifikation gewisse Routinen abgeleitet, mit denen es in Ausnahmesituationen wieder möglich wird, einen Geistesblitz zu zünden. Nadelpikse tun eigentlich nicht weh, und weil das die Waffe der Psychotiker ist, mehr machen sie in der befriedeten Zone der Verwalteten Welt nicht, weil sie viel zu feige sind, selbst etwas zu tun – müssen Sie also nur genug von den Piksen aushalten. Das ist eine reine Übungssache, codieren Sie den Striez um und machen für sich eine Form von Akkupunktur daraus – stärken Sie sich an der Tatsache, dass Sie viel wichtiger zu sein scheinen, als in realistischen Augenblicken anzunehmen ist, wenn sich die Leute so viel Mühe geben, um Sie zu schwächen: Ziehen Sie Kraft daraus und die Krüppelzüchter werden schwächer! Der Motor des psychotischen Verhaltens ist die Angst und die Verleugnung der sexuellen Differenz – damit liegt nahe, welche einfachen Verhaltensweisen ausreichen, um eine Einsicht zu verkörpern, also in the long run die Wirkungsmechanismen der Entdifferenzierung auszuleuchten und zum Kollabieren zu bringen. Es dreht sich wirklich immer nur um das, was in der Bibel Erkennen genannt wurde – und wenn Sie wirklich erkennen, um was es in Ihrem Leben geht, haben Sie viele Probleme weniger.

Frage: Ihre Grundvoraussetzung ist eine Beziehung mit intakter Sexualität, also einer realen Beziehung der Geschlechter. So fraglich diese Voraussetzung schon ist, stellt sich mir die Frage, ob ein/e Einzelne/r also ein Single, das Prinzip Souveränität gleich vergessen müssen sollte? Und wie sieht es mit schwulen und lesbischen Lebensgemeinschaften aus? Postulieren Sie nicht eine Form von Schicksalsgemeinschaft, die es heute – und ich meine glücklicherweise – so gut wie nicht mehr gibt?

Die Fragen klären sich von alleine. Eins vielleicht zur Anregung: Wenn es nicht um die Macht geht, nicht darum, den oder die andere/n um den Finger zu wickeln oder zu unterwerfen oder auszubeuten oder zum Anhängsel zu verwandeln... werden sie sich vielleicht gegenseitig die Kraft geben können, gegenüber einem gesellschaftlichen und sozialen Umfeld einen eigenen Raum durchzusetzen, der vor den üblichen Machtspielen schützt. Aber das ist in jedem Einzelfall von ganz verschiedenen Bedingungen abhängig – und wenn ich an die Erotomanen, die Schwulen und Lesben vom Süddeutschen Rundfunk zurück denke, die für meine Sekundärsozialisation zuständig waren, kann ich mich nur mit einem Rest von Bedauern abwenden: Sie haben alle daran gearbeitet, sich gegenseitig in menschlichen Müll zu verwandeln.

Frage: Und wie sieht es mit der Elternschaft aus: Wie bringen Sie Ihr Souveränitätstraining zustande, wenn Sie dann Kinder haben?

Keine Ahnung! Nach den Erfahrungen in meiner Familie stand für mich fest, dass ich dem Schicksal keine Chance einräumen würde, in der nächsten Generation mit Varianten desselben tödlichen Schwachsinns wiederzukehren. Außerdem – wenn die größte Aufgabe einer Beziehung ist, eine exklusive Nähe herzustellen und selbst in schweren Zeiten zu gewährleisten – wurde in den verschiedensten Zusammenhängen schon oft genug gezeigt, dass Kinder vor allem dazu taugen, die Partner auf Distanz zu halten und zugleich durch ein Band der Pflicht zu knebeln. In meiner Geschichte haben die Kinder die Funktion gehabt, die Ehe als Erpressung durchzuhalten und auf Dauer zu stellen... Nebenbei gesagt, dürfte ihnen schon aufgefallen sein, dass ich jeden Konformismus ablehne: Kinder sind Geheimagenten des Konformismus – Sie werden vieles tun, wie und weil es nun einmal so üblich ist, wenn Sie erst einmal eingewilligt haben, die Verantwortung für den Nachwuchs zu übernehmen. Und der bringt dann aus dem Kindergarten und der Schule genau jene schwachsinnigen Normen mit, auf die Sie sich nun einlassen müssen, damit die armen Kleinen nicht zu Außenseitern und Sonderlingen werden... Und für was, zu welchem Zweck? Von der idealen Kleinfamilie mit Golden Retriever bleibt am Schluss die alleinerziehende Mutter mit einem gestörten Kind übrig, die nicht die Zeit hat dem verfetteten Hund auch nur ein Minimum an Auslauf zu gönnen...

Wir machen hier eine kurze Pause – ich wünsche Ihnen einen Moment der Inspiration an der Bar oder beim Grill. Denken Sie nicht darüber nach, versuchen Sie keine Antwort zu erzwingen, nutzen Sie die Gelegenheit, es sich gut gehen zu lassen. Wenn die psychischen Systeme richtig arbeiten und nicht invers formatiert worden sind, wird Ihnen wie nebenbei etwas ein- oder auffallen.

b

Hallo, es freut mich, wie viele den Weg zurück gefunden haben!

Beginnen will ich mit der Erinnerung an Überlegungen Hans Saners zu einer Religion der Unmittelbarkeit, in der Staunen und Ekstase ineinander übergehen müssten und die es ermöglichen sollte, den gegenwärtigen Augenblick in einer Intensität des Genusses zu erfahren, die ihn ununterscheidbar zur Dauer, vielleicht gar zur Ewigkeit machen würde. Das ist für jeden, der anhand der instrumentellen Vernunft geschult und in einer verwalteten Welt sozialisiert worden ist, nur die Spekulation einer heimatlos gewordenen Theologie. Tatsächlich verweisen diese sehr tiefen Einsichten auf die Ausführungen zur Intensität des Hier und Jetzt und den subliminalen Fähigkeiten auf ein uraltes psychisches Waffensystem. Noch heute können wir alle ein wenig zaubern – in der Regel allerdings nur, wenn es wie von alleine geht, wenn es den Gesetzmäßigkeiten der unwillkürlichen psychischen Bahnungen untersteht... Es klappt nicht, wenn es soll, es ist nicht zu erzwingen, es untersteht keinen Kausalgesetzen, sondern folgt der Analogie und der Übertragung, also den Gesetzen der Nachahmung.

Schamanen, Hexen, Asketen, weise Frauen und Schwarzkünstler... haben die jeweilig treffenden und für einen Außenstehenden völlig absurden Praktiken bemüht, die oft durch Zufälle zugängig geworden waren, um die geheimen Gesetzmäßigkeiten der Welt für sich arbeiten zu lassen – im Fortgang der Zivilisation wurde, soweit es ging, daran gearbeitet, diese psychischen Sonderbegabungen unmöglich zu machen und zu tabuisieren. Dabei stecken sie im Prinzip der Individuation: Jeder stößt in seinem Leben auf andere Tricks und Kochrezepte, um in den entscheidenden Augenblicken das richtige zu tun – wenn nicht, ist er weg vom Fenster und so sind die Traditionslinien einer mündlichen Überlieferung der jeweils eigenen Überlebenstricks sehr wertvoll, aber eben nicht eins-zu-eins übertragbar. Vielleicht muss man erst auf dem Zahnfleisch gehen oder so in die Enge getrieben worden sein, dass keine rational zugängliche Lösung mehr bleibt, um dann auf den Dreh zu kommen, diese Kräfte wieder freizusetzen.

Frage: „Braucht es den sozialen Tod, um in Ihrem Sinne an der Souveränität zu partizipieren? Sofern man/frau überlebt und nicht als leere Hülle zurückbleibt. Aber dann ist der Kreis der möglichen Adressaten Ihrer Ausführungen doch sehr begrenzt! Ich frage mich, was Sie jemanden erzählen wollen, der an der Macht teilhat, der mehr verdient, als die meisten sich auch nur vorstellen können, der alles mit einem Fingerschnippen umsetzen kann, wofür andere ihr Leben verkaufen!"

Nichts, warum sollte ich ihm etwas erzählen wollen – das Verhältnis ist umgekehrt. Wenn er oder sie zu mir kommt, dann haben alle Macht der Welt und alles Geld nicht ausgereicht, um jene innere Ruhe zu finden, die es braucht, damit man/frau mit sich zufrieden sein kann. Und jeder der in der Lage ist, in sich zu ruhen, wird darauf für Geld oder Macht nicht freiwillig verzichten.
Die Erfahrung der extremen Ausgeliefertheit wurde für einzelne zur Erleuchtung einer universalen Bejahung, eines Ja selbst zur eigenen Verstümmelung und Vernichtung – die dann seltsamerweise in ihr Gegenteil verkehrt wurden. Das Selbst wegzuwerfen, das Ich zu nichten, brachte sie auf einer höheren Ebene wieder heil zurück. Die Negation zu bejahen, das eigene Leben auch noch in seinen extremen Formen der Ausgeliefertheit und Entfremdung als Feld der Erfahrung der Überschreitung von Grenzen zu akzeptieren... Der Satz: ‚Liebet eure Feinde!' war keine Verzichterklärung, sondern eine universale Kampfansage an alle konfliktuelle Mimetik und damit zugleich eine Siegesformel, die auf der Unerbittlichkeit einer Lebensweisheit beruhte. – Der Liebende lacht über Neid und Habgier als Lebensantriebe, er lacht über die Lächerlichkeit aller mimetischen Imperative, die sich als Rennbremsen erweisen. Der Liebende hat immerhin eines schon erfahren: Lieben heißt erst einmal gewähren zu lassen, heißt den Eigengesetzlichkeiten des Gegenübers ihr Recht, das zu Kommunikation und Auseinandersetzung antreibt, zuzugestehen. Es ist sogar schon aufgefallen, dass die Liebe wie das Lernvermögen strukturiert ist – bei Bateson finden Sie einiges zu Lernen 3, das Lernen der Gesetzmäßigkeiten eines Kontextes und damit die Chance, ein Muster der täglichen Muster zu bilden, also den Sprung raus in den Kontext des Kontextes zu schaffen. Das heißt tatsächlich, dass der Selbstbezug des Homo faber für die Liebe auf der Strecke bleiben muss. Die Liebe hat nichts mit Friede-Freude-Eierkuchen zu tun! Sie wächst an den Schmerzen, die zwei einander

antun müssen, wenn sie zu Ende geboren werden wollen, wenn sie jenen Punkt erreichen wollen, ab dem sie wirklich für einander da sein können. Und wer hinter diesen Schmerzen angekommen ist, stimmt ein in ein Lachen, in dem sich der Geist der Gesetze zu erkennen gibt. Gebe, so wird dir gegeben, verschwende dich, und du leidest keinen Mangel. Ein Paradoxon, das sich schon an der Tatsache erweist, dass sich Gefühle verdoppeln, wenn sie geteilt werden! Das bis auf die Erfahrung des Heiligen zurückgehende Gesetz dieser Welt ist der symbolische Tausch, und es stellt immer wieder eine unerbittliche Wahrheit her: Es gibt nichts umsonst und nichts bleibt, das nicht vergolten wird.

Schon die Theologie ist ein Schritt auf dem Weg zur Säkularisierung und sie liefert vorab jene Techniken, mit denen die Erfahrung des Heiligen auf Distanz gehalten und in bestimmten Bereichen eingegrenzt wird. Also muss in bestimmten Momenten einfach vor diesen Punkt zurückgegangen werden. Dabei sind in den Bereichen einer wild wuchernden und noch nicht formalisierten Dialektik noch alle notwendigen Ansätze zu finden. Wir sind nicht nur Körper, die handeln und denken, wir sind Akkumulatoren für Wissensweisen und für energetische Wirksamkeiten, wobei in bestimmten Augenblicken ein fließender Übergang zwischen beiden, zwischen Kraft und Bedeutung, besteht. Wir sammeln Kraft und wir können sie in Routinen und in Wissen speichern – in gewissen Situationen ist es wieder möglich, aus einer Einsicht einen Geistesblitz zu zünden und das, was dann zündet und einschlägt, sind tatsächlich ganz reale Energien.

Frage: „Welche Funktion hat die Ehe, also eine symbolisch verbriefte Heirat, für ein Paar? Unterstreicht sie die Souveränität, macht sie diese erst möglich oder hat sie darauf gar keinen Einfluss? Kann die Geschichte genauso gut in ‚wilder Ehe' klappen?"

Wir haben die wesentlichen Weichenstellungen geschaffen, als wir nicht verheiratet waren! Geheiratet haben wir nach einer Probezeit von siebzehn Jahren, tatsächlich aber, weil die Mittel so knapp geworden waren, dass wir die Kosten für eine Krankenversicherung einsparen mussten. Ganz pragmatisch, aber wir haben danach feststellen können, dass es viele Störfaktoren und üble Nachreden, viele Verkupplungs- oder Verführungsversuche nur deshalb gegeben hat, weil die Leute sich der Illusion hingeben konnten, eine ‚wilde Ehe' gebe jedermann das Recht, da-

zwischen zu pfuschen. Vielleicht hätten wir es uns also leichter machen können, vielleicht haben wir uns so aber all die Fallen und Verwünschungen gespart, die der Konformismus dem Normalverbraucher vorbehält.
Wenn ich es richtig sehe, beziehen Sie sich auf den heiligen Stand der Ehe! Wenn wir alles abziehen, was die männlichen Episteme und die weiblichen Künste an Unterwerfung und Betrug zustande gebracht haben, gibt es für den, der zu hören versteht, in dieser Kennzeichnung sogar den Anklang, dass sich das Heilige oder Göttliche erst in gewissen Erfahrungen des Paars in der Welt realisiert. Aber eben deshalb hat die Kirche beansprucht, dazwischen zu reden – und wenn dann noch dazu bedacht wird, dass der Mensch durch Geilheitsdressuren beherrschbar wird, haben Sie den entscheidenden Angelpunkt. In der Entwicklung von Ehe und Familie in Europa taucht diese Schaltstelle recht früh auf: Als sich die Kirche zur Vertreterin der Witwen und Erben erklären konnte, hat sie die weibliche Welt okkupiert und seitdem arbeiteten gewisse weibliche Strategien automatisch über Jahrhunderte für die Kirche mit. Die entscheidende ist die Genealogie der Unmoral – und das ist die Geilheitsdressur in den verschiedensten Varianten. Führe jemanden in Versuchung und mache sie/ihn dadurch erpressbar... Es gibt eine Reihenbildung der Reduzierung der natürlichen Vollzüge, der Propagierung des Ersatzes und des Verzichts, die einher ging mit der Herstellung des Solipsismus und der autoerotischen Abfuhrphänomene, die bei der Entsexualisierung der Frauen beginnt. Über die Gesetzmäßigkeiten der Kleinfamilie ist der vorherrschende Einfluss von Schwulen und Kulturschwulen im Sinne der Institutionsverkrüppelung entstanden: Der Kleriker war der Vorläufer des Bildungsbeamten. Die wesentlichen Fragen eines Lebens sollen nicht gelöst werden, nur dann greifen Verfahrensordnungen, die ein Ausweichen in Simulation und Ersatzbefriedigung empfehlen. Die Partnervermeidungszwänge und der Mangel eines befriedigenden Verhältnisses der Geschlechter sind erst einmal an den Imperativen der Mütter festzumachen – sie haben sich als eine Notwendigkeit ergeben, um die Beherrschbarkeit zu gewährleisten. Als die Massenmedien dann den gesellschaftlichen Auftrag der Kirche übernahmen, wurde diese Machtstrategie vervielfältigt und totalisiert.
Mit einer ziemlichen Sicherheit ist davon auszugehen, dass die Großinstitutionen der Menschheit die Errungenschaften, die sich der Findigkeit und dem Glück Einzelner verdanken, immer derart pervertiert haben,

dass sie für den Bestand der Institution gegen die Entwicklung des Menschen verwendet werden konnten. Ich versuche also den Regeln zu folgen, die sich im Rahmen der Evolution herauskristallisiert haben und eine Sparbüchsen- und Beichtstuhlmoral gehört da sicher nicht dazu. Die ganze Konzeption des Menschen, der pädagogische Rahmen seiner Herstellung, der psychologische Kontext seiner Selbstdefinition und das soziologisch-politische Feld seiner Selbsterhaltung beziehen ihre Legitimation und den Anspruch ihrer Normen aus der Grundvoraussetzung, dass der Einzelne nicht in der Lage sein kann oder darf, die wesentlichen Fragestellungen seines Lebens selbst auf den Nenner zu bringen. Es dürfen keine Lösungsmöglichkeiten zur Verfügung stehen – und das genau impliziert die Einwilligung ins eigene Unvermögen und den Verzicht zugunsten der Verfahrensordnungen von Institutionen.

Frage: „So, wie Sie die Ambivalenzen dargestellt haben, scheint es eine enorme Anziehung zwischen psychotischen Systemen und funktionierenden Paaren zu geben. Sind es die größtmöglichen Gegensätze – oder erweist die Durchschnittserfahrung sich nicht als Variation der Entdifferenzierung und Verleugnung und wird aus dem Grund durch das Paar besonders herausgefordert? Heißt Souveränität für Sie dann Immunisierung? Eine psychische Schutzimpfung, die vor der Ansteckung durch zu kurz gekommenen Schwachsinnigen schützt! Die Kapazität zu entwickeln, dem Sog des So-tun's-doch-alle, standzuhalten?"

Unterschätzen Sie bitte nicht, wie lebensgefährlich psychotische Energien sein können, wenn eine/r in die nötigen Double-binds verstrickt wird und die Delegation des Nein den Druck immer weiter erhöht. Es gab einige Leute, die mir wohlgewogen waren, die mich fördern oder unterstützen wollten, an deren unvorbereitetem Abtreten ich sehen konnte, dass die verschiedenen Sandkastenspiele nicht nichts waren. Die psychotische Entdifferenzierung scheint für mein Gefühl die gefährlichste Falle – ein Maximum an Negation verbunden mit der Verleugnung der Möglichkeit wirklicher Vertrauensbeziehungen – so gesehen ist das Souveränitätstraining die dauernde und geduldige und aufmerksame Übung, sich nicht ängstigen, subalternisieren und psychotisieren zu lassen! All das wurde bei uns über Jahre hinweg versucht: Heute sieht es so aus, als sei dies die beste Übung gewesen, um aus tastenden Versuchen und wackligen Konstruktionen ein ausgewogenes, in sich gerundetes Mobile zu machen, das sich gegenüber der Immobilität und Lernbehinderung von parapsychotischen Vereinigungen durchsetzen konnte. Damals war es mit Spannungen, Ängsten und verzweifelten Anstrengungen verbunden und oft half nur, all die hysterische Energie wegzuficken, sie also durch eine befriedigende Körpererfahrung zu widerlegen.

Frage: „Erst einmal halte ich es überhaupt für fraglich, dass man/frau noch ficken kann, wenn die Bedrohungen so enorm sind. Ist die Voraussetzung nicht viel eher eine wohlige Gestimmtheit, ein ausgeglichenes Setting, eine gewisse innere Sicherheit, die erst ermöglichen, sich zu zweit in einer Form gehen zu lassen, dass eine energetische Welle zur Verfügung steht, um eine/n mitzunehmen?

Warum werden sich die Normalos, die den Halt an der Konvention finden und die Spannung aus der Rivalität ableiten, so schnell langweilig? Warum ist das, was sie in der Regel zustande bringen so erbärmlich wenig – dass es nach zwei Jahren entweder ein Kind als Kittmasse braucht oder die Beziehung schläft ein, weil der Sex abstirbt!

Frage: „Vorausgesetzt, ein Paar erfüllt die von Ihnen aufgeführten Kriterien. Dann ist es doch sehr wahrscheinlich, dass der Widerstand wächst, dass die Verstrickungen in psychotischen Systemen sich um ein Maximum steigern? Ist es nicht diese Konstituierung eines autarken Paars, die automatisch zum Entstehen von Feinden und Gegnern beiträgt? Ein Hohn für die Welt der Angepassten, eine Verarschung der Feigheit der Konformisten, eine Provokation für alle Apologeten der Antriebsstörung? Müssen Sie sich da nicht an die eigene Nase greifen – oder haben Sie sich deshalb stabilisiert, weil es genügend Mitläufer und Bewunderer gab, die etwas abbekommen wollten."

Das ist richtig! Was die Gegner angeht, wir haben es innerhalb weniger Jahre bis auf die Ranghöhe von Ordinarien und Kultusministern gebracht! Was die Mitläufer angeht, haben wir jenen angepassten Durchschnitt pseudoalternativer Beamtenkinder derart frustriert, dass die Bewunderung in böse Wünsche und üble Nachreden umschlug. Allerdings stellte sich wie nebenbei eine Randgruppe ein, die die kleinen Spießer, die uns scheitern sehen wollten, in Angst und Schrecken versetzten: Die

Szene in der Stuttgarter Innenstadt, die uns huldigte, die versuchte, etwas abzubekommen, die auf einer Woge mit schwimmen wollte, die durch die Schutzbrille der dämmenden Drogen noch immer wahrnahm, dass wir ein Prinzip Hoffnung verkörperten, für das es in ihrer Elternwelt keinen Raum gegeben hatte. Die Junkies und der Drogenstrich folgten uns, wie von alleine verwandelten sie sich in Delegierte und machten jenen schwäbischen Hausbesitzer das Leben zur Hölle, die es einmal nötig gehabt hatten, uns im Auftrag einiger Professoren drangsalieren zu wollen. Ich habe einmal wie nebenbei mit einem Heute-Nicht! einen frischgesetzten Schuss durchschlagen oder auf die verschiedenen Versuche kleiner Drogennutten, die sich für die Wahrheit ihrer Eltern in der Gosse beweisen mussten, gezeigt, dass Verführung und Missbrauch nicht das einzige Gesetz der Welt sein konnten. Als wir ganz alleine waren, als niemand mehr zu uns stand, hatten wir auf einmal hunderte von Gefolgsleuten, die eine Bedrohung für die Welt des Verzichts und der anempfohlenen Surrogate darstellten. Wir hatten sie nicht gesucht, nichts gesprochen, nichts dafür gemacht, es ergab sich von allein, weil wir täglich mit den Hunden spazieren gingen, um fit zu bleiben!

Es gab kommunizierende Felder, die wirklich am Umsatz und der Geschwindigkeit ausgerichtet waren: Anfangs, wenn die Arbeit am Telefon mit besonderen Erfolgen gekrönt war und ich Aufträge für zehn- oder fünfzehntausend Mark geschrieben hatte, begann die Szene zu brodeln und kleine Süchtige bekamen energetische Hüpfer, wenn sie uns über den Weg liefen. Sie mussten die Begegnung noch ein paar Mal wiederholen, um sich aufzutanken. Später kam es sogar vor, dass wir an der Szene ablesen konnten, dass ein Umsatz auf dem Weg war, von dem wir noch nicht wussten – die Junkies hatten die Witterung für künstliche Intensitäten und wenn danach ein Anruf von Porsche Design, von USM oder von Maserati reinkam, wussten wir, warum es um uns so vibriert hatte. Schon da war mir aufgefallen, dass es ab einem gewissen Level der Beschleunigung und Intensivierung ein Sensorium für die nahe Zukunft gab – es gab nicht den einen Vektor, der aus der Vergangenheit kam, sondern es gab Durchlässigkeiten in der Gegenwart, die einen unwillkürlichen Kontakt mit zukünftigen Ereignissen herstellten.

Bei einem Theologen habe ich einmal die Formulierung gefunden: Vom Ergebnis aus betrachtet, mit den Augen des Schützen! Hier haben Sie eine andere Variation der Verschränkung von Zukunft und Vergangenheit – eine, die auch ohne die Voraussetzung eines transzendenten

Gottes funktioniert. Wenn ich davon ausgehe, dass das Göttliche immanent ist, dass es unseren Antrieb ausmacht in seiner ganzen Ambivalenz, dann weiß ich, wie notwendig die geforderte Makellosigkeit ist. Und dann finde ich es gar nicht verwunderlich, dass das Signifikantennetz in den entscheidenden Momenten für uns gearbeitet, dass es Bedrohungen umgeleitet und aus dem Weg geräumt hat.

Frage: „Wird man/frau, falls die Intrigen und Fallen lebend zu überstehend sind, erst deshalb so gut – so trainiert und wach und lernfähig und geistig beweglich – weil man/frau sämtliche Schikanen durchlebt und erfahren hat? Bedingt das eine das andere? Und ist überhaupt irgendjemandem zu wünschen, dass er diese Erfahrung durchlaufen sollte?"

In jedem Leben zeigt sich in exemplarischer Form die Aufgabenstellung der vorangegangenen Generationen und da die nicht einfach vom Himmel gefallen sind, müssen große Fragen der Menschheitsgeschichte jeweils wieder neu gelöst werden! Wenn sich zeigt, dass bestimmte kulturelle Errungenschaften dafür gesorgt haben, dass wir in den Denkbehinderungen diverser Verwaltungen stillgestellt worden sind und uns die ureigenen Bedürfnisse als größte Bedrohungen gegenüber treten sollen, ist an die entsprechenden Schaltstellen der Geschichte zurückzugehen: Die Erfahrungsersparnis kann kein Gewinn sein! In verkürzter Form müssen wir gewisse Tunnelstiche oder Umwege finden, die bei den Entwicklungen der letzten dreitausend Jahre verpasst oder zugemauert worden waren.

Natürlich tauchen die großen Tragödien in jedem Leben wieder neu als Komödien auf – aber sie sind nicht weniger tödlich! In jeder Generation gibt es genügend Verkennungsanweisungen, die dafür sorgen, dass schon aus Prinzip den falschen Aufgaben hinterhergerannt wird. Die wenigen, die vielleicht den richtigen Weg eingeschlagen haben, die vielleicht sogar eine Lösung präsentieren könnten, werden aus dem Rennen ausgegrenzt, damit ihre Lösung erst dann zur Verfügung stehen darf, wenn die Zeit schon wieder eine andere Lösung fordert. Das ist der Trick der Entmündigung durch Experten, das Quietiv des Vorrangs der Institutionen: Und dann muss man nur einmal mitbekommen haben, wie wenig Kapazität den Verantwortlichen bleibt, wie viele Energien durch die Intrigen absorbiert und wie viel Kapazität und besseres Wissen durch Selbstdarstellung und Rivalität aufgefressen werden. Es verwundert dann nicht mehr, dass diese objektive Intelligenz wesentlich am Todeslauf der Menschheit und seiner Beschleunigung beteiligt ist. Sie sind zu feige, auch nur einen eigenen Furz zu lassen – aber genau das soll die Legitimation sein, die sie dazu befähigt, über unser aller Schicksal zu entscheiden.

Auf dieser Kontrastfolie ist es ein leichtes, die notwendigen Strategien zu empfehlen. Ich musste die richtigen Sachen richtig tun und noch dazu mit so viel Lust an der Sache, mit so viel Freude an den sich spielerisch entwickelnden Techniken und Fertigkeiten, dass damit die Negation entweder absorbiert oder zurückgespiegelt wurde. Ein Spiel der Geistesgegenwart, das immer wieder in die Erfahrung des Hier und Jetzt mündete: Dass etwas passte oder flutschte, dass es funkte oder schnackelte – dass jene Kleinformen des Körperwissens oder der handwerklichen Stimmigkeit so viel Freude am Tun freisetzen konnten und damit jene Präsenz des Wissens garantierten, die mir dann genau jene Botschaften zutrug, auf die ich nie gekommen wäre, wenn ich auf die Zeichensysteme derer geachtet hätte, die sich ein Monopol für die Herstellung der Wahrheit angemaßt hatten. Was ich gemacht habe, kann nicht funktionieren, wenn von einer absoluten Wahrheit ausgegangen wird: Wahrheiten sind nur solange lebendig, haben nur solange die Kraft, am Leben zu halten, wie es noch nicht gelungen ist, sie zu monotheisieren – danach sind es Todesweisheiten.

Mit meiner schwachsinnigen und geisteskranken Elternwelt im Gerüst hatte ich einen Ausweg in der Philosophie versucht. Ich wollte den Gesetzmäßigkeiten auf die Spur zu kommen, mit denen diese kleinen Arschlöcher alles ruiniert hatten, was ihnen an Möglichkeiten über den Weg gelaufen war. Ich wollte die Prämiensysteme finden, die uns davon abbringen konnten, unsere Zeit in Dumpfheit, Selbstbetrug und Ersatzbefriedigung zu vergeuden. Wozu gab es die Philosophie! Ich wollte wissen, ich hatte nicht zu suchen begonnen, um mich für eine Stelle als Bildungsbeamter hinten anzustellen. Zu meinem Lernpensum gehörte außerdem, dass ich erfahren musste, nichts ohne ein Du zu sein – und nicht das abstrakte Du der Religionsphilosophie oder der kategorische Imperativ der Kommunikationstheoretiker! Dabei zeigte sich als weiterer Irrweg, dass die Vertreter dieser Institution des Wissens in Konkurrenz zu einer vollen und befriedigenden, zu einer gültigen Beziehung standen – die Alma Mater erwies sich als eine eifersüchtige Übermutter. Also ergab eine genaue Programmierung der Weisheit, dass ich alles, was ich zustande bringen konnte, dem Kampf um diese Frau verdankte, mit der ich zugleich um unsere Liebe rang – oder noch besser, dass ich heute bin, was aus diesem Kampf auf Leben und Tod hervorgegangen ist. Diese Mühe konnte auf kein unverbindliches Geschwätz und auf keine Simulation der Selbstinszenierung reduziert werden, sondern sie gehorchte dem Programm kommunizierender Körper und war an der Erfüllung ausgerichtet, die metaphysischen Fragen zu stillen. Auch das ist eine Funktion des Blankpolierten Spiegels: Wer sich richtig investiert, hat keine Zeit, keine Kraft, keine Lust mehr für das Falsche übrig. Alles Wichtige müssen wir so oder so selbst finden, um es zu verstehen. Ich sage ja nicht, dass die Sachen nicht schon dagewesen, mir auf dem Weg nicht mehrfach präsentiert worden sind, vermutlich wurde sogar versucht, mich zum Richtigen zu zwingen. Allerdings konnten unterdurchblutete Arschlöcher keine Zeugen sein, weil sie immer nur mitgemacht und gelernt hatten, was von ihnen erwartet worden war... wir mussten unsere Wahrheiten selbst erkämpfen. Die ursprünglichen Fraglichkeiten verstecken sich im Ausweichen, in den Surrogaten, in den Simulationen zweiter und dritter Ordnung. Das sind Steigerungsformen der Vergeblichkeit, an denen die Lebensenergie ganzer Generationen absorbiert werden kann. Es gibt genügend Versuchsanordnungen, die nur dazu dienen, jede wache Lebendigkeit ausbluten zu lassen!

Frage: „Ich dachte, hinter einem großen Mann steht immer starke Frau?"

Das mag in den gewohnten Herrschaftsverhältnissen schon sein, mal abgesehen davon, dass ich kein großer Mann bin. Häufig genug wird dies der traditionellen Arbeitsteilung gehorchen und die ist gekennzeichnet durch die Abwesenheitsdressur und den Mangel eines Verhältnisses der Geschlechter. Ich hatte erst einmal zu akzeptieren, dass ein lächerlicher Größenwahn überhaupt nichts brachte, wenn ich nur für die Anerkennung durch einen anderen existierte und dann aus der Vergeblichkeit und dem Kampf gegen die Verleugnung zu immer größeren Leistungen angespornt wurde. Eine Art Wettrüsten, bei dem der Ich in Stücke zersprang und in dem Augenblick, als er gewonnen hatte, anerkennen musste, dass er in einem Fließgleichgewicht angekommen war, das sich längst von allem entfernt hatte, was zu Beginn einmal wichtig gewesen war. Diese Form von Gewissheit, fortwährend ein anderer zu werden, war die Quittung für einen Kampf, der sich ein Jahrzehnt hingezogen hatte. Die Verleugnung musste auf dem nächst höheren Niveau wieder ganz von vorne bekämpft werden, dieses Mal stand die Liebe selbst im Fadenkreuz der Vernichtung – die Frau, die ich gewonnen hatte, wurde nun als Geisel gegen mein besseres Wissen verwendet. Die Psychose hatte mit meiner Unterstützung auf dem nächsten Level der Bildungsbeamten eine neue Chance eingeräumt bekommen. Als es dann darum ging, zwischen meiner Liebe und dem Erfolg zu wählen, habe ich mich von den Statuszwängen der Intelligenz verabschiedet. Haben Sie sich einmal mit der Statistik beschäftigt, wie viele der Großen tatsächlich erst zu dem Rennen um einen großen Namen zugelassen worden sind, nachdem sie ihren Partner geopfert hatten und meist war es eine Partnerin. Heute weiß ich: Es gibt mich gar nicht – eigentlich verwirkliche ich mich immer wieder neu in dieser Erfahrung des Paars und das nur für Augenblicke; das Seil, auf dem dabei das Gleichgewicht zu halten ist, wurde auf der einen Seite am Imaginären festgemacht und auf der anderen an einer unwägbaren Zukunft. Betrachte ich die Fetische der Macht und des Besitzes, so sehe ich nichts, was mehr Halt im Leben geben kann! Aber gerade deshalb untersteht diese Erfahrung des Paars verschiedensten Bedrohungen und Ängsten, wir sollen sie als unwahrscheinlich und extrem unsicher empfinden. Wenn du in der Lage bist, relativ unabhängig von den Versprechungen und Bedürfnissen einer Welt der Anpassung zu werden, wird diese Welt etwas dagegen haben! Es gibt heute ganze Industriezweige, die sich nur der Kultivierung der Abwesenheitsdressur verdanken, es gibt in Milliarden zu messende Geldströme, die freigesetzt werden, weil die Leute im richtigen Augenblick eine Entschuldigung brauchen, nicht zu dem gekommen zu sein, was sie sich eigentlich vorgenommen hatten.

Frage: „Was hat das mit dem Sündenbockmechanismus zu tun? Ihre ganze Argumentation läuft doch darauf hinaus, dass die vielen Fehlverhaltensweisen entschuldigt werden wollen, indem man sie delegiert und stellvertretend abstrakt."

Das ist gar nicht so schwer zu verstehen. Ich bin als auserwählter Sündenbock in die Welt geschickt worden, um die Wunschträume einer Mutter zu erfüllen und zugleich eine Kompensation ihrer sozialen Zukurzgekommenheit zu gewährleisten. Ein Rechtsanwalt aus dem schwäbischen Honoratiorenadel hatte sie aufgrund der Heirats- und Vermögenspolitik seiner Familie nicht heiraten dürfen, aber immerhin für meine Zeugung zur Verfügung zu stehen – was bei Freud Familienroman heißt, war die Welt, in die ich geworfen worden bin. Auch hier, gleich am biographischen Beginn, ist also eine Variation der angesprochenen zeitlichen Verschränkung festzumachen: Meine Vergangenheit begann in der Zukunft und das spiegelte sich in allen späteren Bezügen. Ich hatte für die Hohlheit und den Schwachsinn, die Anmaßung und die Verlogenheit meines Familiensystems gerade zu stehen – hatte tatsächlich die Verantwortung zu tragen und damit als Kind in die Rolle eines Elters meiner Mutter zu treten. Es gibt in solchen Zusammenhängen die Motivation von hinten, quasi als Zeitsprung: Das Kind wird für alles verantwortlich gemacht, was als Misere schon längst vor seiner Existenz gegründet wurde. Als Kuckuckskind hatte ich teil an jener Welt der Reichen, zu der meine Mutter den Zugang über die Heiratspolitik nicht geschafft hatte, zu der ich später aber über den Umweg einer Verführung und als Lustknabe zugelassen wurde. Als Beweisfigur ihrer Besonderheit hatte ich stellvertretend zu büßen, dass sie etwas besseres sein wollte. Als Sündenbock hatte ich alles richtig gemacht, wenn ich in jeder Hinsicht anecke, wenn ich mich keinen Autoritäten unterordnete, wenn ich immer alles besser wusste und akzeptierte, dass ich im Gegenzug dafür bestraft wurde – nur um danach das Maul noch weiter aufzureißen. Irgendwann im Gefolge meiner Verführung muss es eine positive Verstärkung gegeben haben, mit der sich das Rechthabenwollen mit dem genauen Blick für die Macken und Defekte der Leute verband, die meinten, mir vorgeordnet zu sein. Und auf einmal war ich ihnen überlegen, weil ich sie verstand, weil ich nachzuvollziehen begann, wie es um sie bestellt war – weil ich Verständnis zeigte, mich einfühlen konnte und mich im Verzeihen übte. Mit der Einfühlung in diese kleinen Krüppel, dem Verständnis für ihre Zwangslage, wuchs ich und wurde stärker und klüger ... bis ich auf der Uni mit Leuten zu tun hatte, die die Kinder kleiner Nazibeamter gewesen waren und sich in den Sechzigern durch die Beschäftigung mit Marx und Freud die Absolution erteilt hatten – ich kam also mit dem Ansatz, an der Schuld der vorangegangenen Generation die Schwungkraft zu entwickeln, um selber die Bedingungen zu stellen, an genau jene Adressaten, die ein Interesse haben mussten, mein bisheriges Erfolgsschema auflaufen zu lassen. Hier gab es viele, die über den Status der Wirklichkeit befanden und die, wenn es sein musste, sogar in der Lage waren, die Psychotisierung ihrer eigenen Lebenswirklichkeit zu akzeptieren, wenn es damit gelang, meinen Wahrheitsanspruch auszuhebeln. Von vornherein war klar, dass ihre Macht, die Lüge zur Wirklichkeit zu erklären, viel besser abgesichert war, als mein armseliger Versuch, an die Wahrheit zu appellieren.

Frage: „Die Gewichtigkeit des Nein! Ich hätte gern gewusst, was es heißt, dass jene Leute, die Macht über uns gewinnen wollen, ständig versuchen, uns ein Nein aufzuzwingen. Wenigstens habe ich ihre bisherigen Ausführungen so verstanden: Die Falle ist, dass wir dazu genötigt werden, Nein zu sagen!"

Das stimmt, genauer wüsste ich es nicht zusammenzufassen. Was blieb also, bis es zu den wirklichen Lernsprüngen reichte: Immer wieder mit dem Kopf durch die Wand, immer wieder Situationen, von denen es heißt, das könne gar nicht gelingen, immer wieder vor Aufgaben, die gar nicht dazu gedacht sind, sich an ihnen zu bewähren. Und ich habe manche elegante und manchmal auch brutale Lösung gefunden – vor allem habe ich bewiesen, dass es ging. Dieser ganze kleinliche Sumpf der Anpassung und Selbstaufgabe zugunsten eines vorgegebenen Apparats, diese Angst vor der Zukunft und vor dem anderen Geschlecht, dieses dauernde Bedürfnis, aus zweiter Hand zu leben und sich auf das Risiko der Lebendigkeit gar nicht einlassen zu wollen. Ich habe zeigen können, dass es anders geht, weil ich davon ausgegangen bin, dass es mich noch gar nicht gibt.

Eine relationale und nicht-identifikatorische Identität macht es sinnlos, zwischen akzeptabel und tabu zu unterscheiden: Man kann alles verwenden, man darf nur nicht auf die Idee kommen, sich damit zu verwechseln. Auf einem falschen Register ins Leben gerutscht, hast du entweder die Möglichkeit, irgendwelchen Vorbildern und Klischees hinterher zu rennen – und das machen so ziemlich alle, deshalb habe ich die Kategorie nachgemachter Mensch geprägt – oder du unterstellst dich der Notwendigkeit und bist in der Lage, ein Wunder an Unvorstellbarkeiten, an Unerklärlichkeiten gewähren zu lassen. Tatsächlich werden unter dieser Perspektive alle Menschen auf einem falschen Register ins Leben entlassen! Die Unterschiede können nur graduell sein und in minimalen Abweichungen bestehen. Vermutlich ist der kleine, aber wichtige Unterschied, dass sich für mich die Entfremdung als Chance darstellen konnte. Die aus den verschiedensten Ecken kommenden Theoretiker haben in der Vergangenheit immer wieder über die Entfremdung des Menschen geklagt – und das hat etwa die gleiche Substanz, wie das Theorem der theologischen Entmündigung: Der Mensch sei zur Strafe aus dem Paradies verjagt worden. Aus der Perspektive einer philosophischen Anthropologie ist die Aussage sicher richtig, dass der Mensch aus der Schöpfung rausgefallen ist. – Aber das ist seine große, vielleicht sogar seine einzige Chance! Nur dann gibt es die Möglichkeit, selbst am Geschick zu arbeiten, nur dann entsteht ein Repertoire von Wissensweisen und Einsichten, nur dann ist so etwas wie Geschichte und Freiheit überhaupt vorstellbar. Ich predige also den Systemsprung. Ich meine nicht unbedingt, dass die Katastrophe eine wesentliche Voraussetzung des Lernvermögens ist – das wird sie erst, wenn Verstümmelte sich so an das klammern, was sie verstümmelt hat, wenn Überangepasste so auf Recht und Gesetz pochen..., dass sie nicht mehr bemerken, wie alles, was mit ihnen geschehen ist, die Gesetze der menschlichen Entwicklung mit Füßen treten musste. Den durchschnittlichen Zwangsneurotiker kann wirklich nur die Katastrophe retten!

Frage: „Dann wäre es doch wichtig, nachzuvollziehen, wie diese Katastrophenpädagogik auf den Sündenbockmechanismus zu beziehen ist?"

Ganz einfach, durch das Prinzip Delegation und das Ventil des Schiffbruchs mit Zuschauer! Dieser Bezug ist nicht unwichtig, denn er zeigt schon wieder eine Form, wie sich die Mehrheit das Lernen zu ersparen weiß. Sie partizipieren daran, wenn sie eine/n durch die Katastrophe gehen lassen, sie schmarotzen an seinem Schmerz, sie lassen sich den Lebensersparnismodus durch seine Verzweiflung bestätigen! Die Menschen neigen dazu, am Lernen sparen zu wollen und dank Gruppengesetzmäßigkeiten und Meinungsbildnern gelingt ihnen das häufig viel zu gut auf Kosten von Außenseitern und Feindbildern – bis sie dann irgendwann von den Gesetzmäßigkeiten einer rücksichtslosen Wirklichkeit plattgemacht werden.
Die Menschheitsgeschichte verdankt sich einer Reihe von Katastrophen. Es gibt keinen Grund für eine Weiterentwicklung, wenn alles stimmig und in sich gerundet ist und erst recht keinen, wenn die Angst

vor Veränderungen das Realitätsprinzip prägt, wenn jeder Sprung ins Neue und Ungewohnte dem Tabu untersteht. Wir müssen von der Homöostase des Elends der Wiederholung zu einem Fließgleichgewicht des Glückens des Unvorhergesehenen voran kommen.

Das Lernen, der Sprung von einem geringeren auf ein höheres Niveau der Entwicklung, ist in der Regel nur mittels der Katastrophe möglich – auch wenn eine Verliebtheit oder die nötigen Drogenerfahrungen schon vorbereiten können und eine erste Ahnung vermitteln. In den verschiedensten Zusammenhängen ist bei Ernst Jünger erstmals jenseits der Theologie der Gedanke kultiviert worden, dass die Katastrophe eine reinigende und erneuernde Funktion hat, dass sie die Chance für Lernverhalten und Neuorientierung darstellt – in den verschiedenen asketischen Variationen der Imitatio Christi wurde dieses psychohistorische Prägungsmuster schon immer durch die Zeiten transportiert.

Hier könnte sich vielleicht eine Abschweifung anbieten, wie dieser Gedanke, der aus der Betroffenheit geboren wurde, sich mit der Erfahrung, davon-gekommen-zu-sein, verbinden konnte. Ich erinnere an Canettis Kennzeichnung des Suchtverhaltens, ein Überlebender zu sein. Heute ist diese Einsicht in die Fundamente einer historischen Anthropologie eingegangen – obwohl niemand mehr daran denken will, dass sie sich den Materialschlachten des Ersten Weltkriegs verdankt und in den viel späteren Gesetzmäßigkeiten der multimedial abgefederten Massengesellschaft, im Gefolge von Studentenbewegung und Schülerprotest, von Informalisierung und Informatisierung, einen ganz anderen Stellenwert erreicht hat. Bei Dietmar Kamper wurde die Katastrophenpädagogik noch einmal mit den metaphysischen Fraglichkeiten einer eschatologischen Konsequenz verbunden. Interessant scheint mir die Aufnahme des Gedankens durch Sloterdijk, der die Alternativen als Kinder der Katastrophe beschreibt und für mich einen unterirdischen Gedankengang freilegt, mit dem sich zeigen lässt, wie der Sündenbockmechanismus in der Selbstdefinition der Alternativen renoviert werden konnte!

Auf einmal sind es die politischen Mitläufer, die modischen Nachahmer, die karrieregeilen Jasager, die der konfliktuellen Mimetik ganz neue Schauplätze zur Verfügung stellen. Schwätzer, Simulanten und Selbstdarsteller sind auf die Lebensersparnismodi von Institutionen angewiesen, um dann als Verdrängungskünstler im Rahmen der alltäglichen Belange der Selbstdefinition zu huldigen, sie hätten einen richtigen eigenen Lebensstil ausgeprägt. Ob es Geisteswissenschaftler oder Hilfsarbeiter waren, Banker oder Kleinkriminelle, Rechtsanwälte oder Anzeigenverkäufer – solange ich mich nicht dazu bereit erklärte, in die Autosuggestionen nachgemachter Menschen einzuwilligen, lief ich immer Gefahr, den Sündenbock für sie abzugeben. Die Katastrophe war meine unmittelbare Begleiterin und es brauchte das Geschick, die Negationen zurückzuspiegeln, ohne mich von ihnen imprägnieren zu lassen. Ich musste mich einfach nicht vergleichen, wenn ich der konfliktuellen Mimetik ein Schnippchen schlagen wollte, ich hatte darauf zu beharren, ein fremder Besucher in den jeweiligen Weltausschnitten zu sein. Ich wusste damals noch nicht, dass Tarde in den ‚*Gesetzmäßigkeiten der Nachahmung*' an verschiedenen Stellen darauf hingewiesen hat, dass die Angst vor dem Fremden in eine Form von Achtung umschlagen konnte, die manchen Herrscherthron besetzt hatte. Für mich hieß das: du mogelst dich in die verschiedensten Kontexte ein, um Geld zu verdienen; du eignest dir die Terminologie und die Sehweise an, um dich halbwegs verständigen zu können; du beginnst in den Gesetzmäßigkeiten des jeweiligen Kontextes zu denken, ohne je dabei zu vergessen, dass du ein Fremder bist!

Frage: „Damit ist erst recht die Fraglichkeit aufgeworfen, wo denn das Wissen und die Erfahrung herkamen, auf denen diese Institutionen errichtet worden sind?"

Der abendländische Selbstbezug verdankt sich den religiösen Bekenntnissen und der Beichte. Die Menschen haben unter diesen Vorgaben gelernt, das Ich zu einer konsistenten Einheit zusammen zu schließen – sie haben dabei akzeptieren müssen, dass es dauernd zu disziplinieren, zu formalisieren und schließlich zu überwachen sei. Solange dies ein außengeleitetes Unternehmen war, hatten Bußen, Strafen und Folterungen dafür zu sorgen, dass die Verstöße gegen die Regeln zugleich den Anlass bildeten, die Regeln immer weiter einzuschreiben. Als dann im Gefolge der innerweltlichen Askese die schöne Seele auf den Plan trat, wurden jene Techniken der Selbstbeobachtung und Zensur, der idealisierenden Modellierung eines durch Askese und Selbstbestrafung geformten Ichs, derart verinnerlicht, dass die schlimmsten Quälgeister und Folterknechte nicht mehr draußen in der Welt waren, sondern den eigenen Kopf besiedelten. Was einige wenige in der autobiographischen Literatur ausgebrütet haben, wird mit einer gewissen zeitlichen Verschiebung zur Vorgabe, nach der sich die nächsten Generationen zu modellieren begannen. Die Geistesbewegung der Imitatio wurde aus dem religiösen Bereich in das Bildungsgut Buch transponiert – nun durften die ersten medialen Stars idealisiert und nachgeahmt werden. Sie sollten nie vergessen, dass der Begriff der Natur parallel zu dieser Entwicklung ambivalent geworden ist. Solange das Bürgertum noch die Notwendigkeit sieht, sich gegen die Künstlichkeit der Kultur des Adels abzusetzen, bezieht es seine Maßstäbe und Rechtfertigungen von der Natur – aber im Gefolge der Entwicklung, während der es immer mehr Machtpositionen einnimmt, wird das, was unter Natur verstanden worden ist, zu einer Bedrohung und muss eingedämmt, stillgestellt und abkanalisiert werden. Das spätere Freudsche Unternehmen resultiert aus dieser Spannung der bürgerlichen Emanzipationsbestrebungen. Das verdinglichte Ich ist ihr Mahnmal – aber häufig genug auch der Turnierplatz auf dem sich die Subjekte der Rede solange abstrampeln dürfen, bis sie erschöpft und ausgezehrt bereit sind, die ihnen zugedachte Rolle zu übernehmen.

Nur wenn ich mir bereitwillig alles verbiete, was das Leben an kleinen Genüssen bietet, werde ich das Recht einfordern dürfen, mich dem großen Genuss des rigorosen Aburteilens und Verwerfens zu widmen. Aus meiner Sicht kommt das Böse erst mit der durch die Askese begründeten moralischen Forderung in die Welt. Es macht einen großen Unterschied, ob man sich dem Guten widmet und das Leben in den kleinen Vollzügen heiligt – oder ob man meint, das Böse bekämpfen zu müssen und schon durch diese dauernde Beschäftigung der Negation immer neue Nahrung zuführt. Noch dazu habe ich oft genug beobachten können, dass es der Mangel an Antrieb ist, die Angst sich zu blamieren, die erst dazu führen, sich jeden spielerischen Versuch zu versagen und dann die im Mangel an Kraft wurzelnde Feigheit im Deckmantel der moralischen Forderung zu verbergen. Also würde ich sogar noch weiter gehen: Wenn wir uns auf die Unterscheidung und Trennung von Gut und Böse einlassen, haben wir uns schon auf eine schiefe Bahn begeben, bei der das, was das Gute ist, zur Diskussion steht. Wenn es die nötigen graduellen Unterschiede gibt oder der Zweck die Mittel heiligt, gibt es den dialektischen Umschlag und das Gute ist das Schlechte. Warum haben die Institutionen des Glaubens so viel Unheil über die Menschheit gebracht: Weil sie so auf das bekämpfenswerte Übel bezogen waren, dass sie selbst den moralischen Wert nur als Negativfolie des Negativen setzen konnten. Wer das Gute begründen möchte, indem er es gegen das Böse abgrenzt, hat erst einmal einen notwendigen Bezug geschaffen, der in bestimmten Zusammenhängen sogar als Legitimation des Unheils taugen kann. Dabei liegt die gute Wirklichkeit tatsächlich vor dieser Unterscheidung: Es geht immer nur darum, im Hier und Jetzt das Richtige zu tun!

Frage: „Vorhin ist das Stichwort des Unvorhergesehenen gefallen. Wie setzen Sie diesen Schlüsselbegriff – und dies ist er ja offensichtlich – in Ihren Parcours der Souveränität?"

Wenn die nötigen Einsichten da sind, wenn die nötige Sättigung eines Mediums erreicht ist, wenn das richtige Gefälle vorbereitet ist, wenn sich gewisse Prozesse in Bewegung setzen... beginnt das Signifikantennetz für einen zu arbeiten. Und der entscheidende Punkt ist, dass nicht etwa nichts getan wird, sondern dass mit aller Kraft und Einsicht nicht getan wird: Nicht auf die Verführungen der Mimesis und der fehlerhaften Identifikation reinzufallen! Auf einmal stellen sich glückliche Lösungen ein, an die niemand gedacht hat; sogenannte Zufälle sorgen plötzlich für Entscheidungen, die so überraschend sind, dass kein Krüppelzüchter mehr mithalten kann.

Manchmal habe ich mir schon überlegt, ob dieser Begriff des Glückens des Unvorhergesehenen für meine Geschichte der korrelative Begriff zum Glück ist. Das Glück als Ganzes gibt es nicht und in dem Augenblick, in dem es als metaphysisches Versatzstück aufs Panier einer Massenbewegung geschrieben worden ist, sei es bei Erweckungsreligionen, sei es bei gesellschaftlichen Utopien, wurde in der Vergangenheit immer ein gegenwärtiges Elend mit Hilfe einer fernen Verheißung legitimiert und dann mit dem Sündenbockmechanismus und dem Opferkult ertragbar gemacht – je größer die geschürten Erwartungen sind, je schneller kippt die frohe Botschaft in totalitäres Verhalten um und wie von alleine mündet die in solchen Fällen auftretende Komplexitätsreduktion in den Krieg oder die Selbstzerstörung.

Und gerade unter der Vorrausetzung, dass alles so gut gemeint ist, dass alles nach bestem Wissen geplant und mit den vorhandenen Möglichkeiten umgesetzt worden ist, wird oft genug das Gegenteil erreicht. Eine wache Intelligenz will nicht verplant und programmiert sein, sonst geht häufig genug die Wachheit und die Eigeninitiative verloren. Die

Sinnensysteme wollen die Welt selbst erkunden und mit Geist anreichern, das heißt mit Vernetzungen – dagegen reduzieren alle vorgegebenen Programme die Welt. Ich habe einmal begründet, dass es in den Zusammenhängen der verwalteten Welt und der Stillstellung nur das Glück des Unvorhergesehenen geben kann. Diese Einsicht bot sich vielleicht an, weil ich aufgrund meiner Familienkonstellation nicht sehr fest in einer Ich-Konstitution haften konnte. Damals stand schnell fest, dass das alles nichts taugte, dass hier zwei dumme und verbohrte Krüppel nur daran arbeiten, sich gegenseitig kaputt zu machen – es war also sehr leicht zu sehen und zu kapieren, dass all die Regeln die mir beigebracht werden sollten, nur Scheiß waren, dass all die Wahrheiten, an denen sie sich festhalten mussten, mit daran beteiligt waren, ihre unhaltbare Lebenssituation im Status der Unhaltbarkeit zu halten! Weil also bestimmte Katastrophenerfahrungen es notwendig machten, einen relativen Abstand zu dem einzunehmen, was ich den Ich nennen sollte, habe ich lernen müssen, neben mich zu treten und aus einer Position der Distanz das Geschehen von außen zu erfassen und von dieser Position des Außenstehenden aus zu agieren. Wenn misshandelte und missbrauchte Kinder eine Technik der mehrdimensionalen Persönlichkeit ausbilden, ist das keine Degenerationserscheinung sondern eine Kulturleistung höchsten Ranges. Das, was die durchschnittlichen Krüppelzüchter nicht einmal in einer Version widerspruchsfrei hinbekommen, müssen ihre Opfer, wenn sie die Chance haben wollen, der Opferrolle zu entspringen, in vielfältigen Variationen zustande bringen. Ich habe schon recht früh die Technik einüben müssen, einfach neben mich zu treten und dann von Außen, als unbeteiligter Zuschauer oder Kommentator, das Geschehen zu beurteilen. Der Rest eines kleinen Musik spürte den Schmerz, aber er befand sich nicht mehr in der elenden Situation der extremen Angewiesenheit, als ihn ein nomineller Vater so prügelte, dass er nicht einmal mehr schreien konnte, damit es die Hausbewohner nicht mitbekamen – das Schlimme in dieser Welt war nicht die Auswegslosigkeit und das dauernde Fehlinvestment, sondern die Befürchtung, was denn die Leute von einem denken könnten. Neben dem geprügelten Kind entstand der Zeuge Musik und lernte noch dazu, dass darauf geschissen war, was die Leute dachten. Er schaute sich die jeweiligen Situationen an und vergaß nichts davon: Es gibt eine Mnemotechnik des Schmerzes, die mitleidlos dafür sorgen kann, die eigene Biographie

mit Freud, Benjamin und Lacan zu verrechnen – und allem was in der Folge zu dieser Sicht auf die Welt passte.
Das mag sicher keine Empfehlung für die Aufzucht junger Erdenbürger sein. Aber es gibt einige ganz einfache Tricks, mit denen die Nähe zum Material, das Aufgehen in einer Situation, die Begeisterung für ein Thema oder einen Gegenstand dafür sorgen können, den Abstand von den standardisierten Dressurleistungen zu vergrößern. Nachdem die Begegnung mit Pornographie für eine positive Besetzung auf den Umgang mit bedrucktem Papier gesorgt hatte – der Wille, zu wissen, war am Anfang das Bedürfnis zu sehen, und zwar das Geheimnis alles Lebendigen: Ich begann an genau jenem Punkt, an dem die griechischen Mythen ihre Götter hatten zwitschern und vögeln lassen – hatte ich meinen Bewusstseinsstrom mit ein paar tausend Büchern gefüttert und einen effektiven Durchlauferhitzer zustande gebracht. Je besser diese Strategie klappt, je einfacher ist es, sich mit anderen nicht mehr zu relativieren. In jener Zeit, als ich Tag für Tag so gut befriedigt war, dass all die konfliktuellen Verführungen und Zwiste einfach an mir vorbei gingen, weil ihnen der Resonanzraum fehlte, begann ich die Kategorie des Unvorhergesehenen für uns fruchtbar zu machen.

Frage: „Wirken diese Geheimnisse überhaupt noch, wenn man darüber spricht oder sogar darüber schreibt? Wird der Zauber nicht abgeschwächt, verliert sich die Magie nicht im Gerede?"

Das ist sicher so, wenn das Gerede der Eitelkeit und dem Verbalwichs untersteht. Dann werden die wichtigen Energien abgefahren, bevor es überhaupt zum rechten Spannungsvolumen kommen kann. Aber nur keine Sorge, der Zauber selbst ist nicht verkäuflich und was ich an Botschaften in die Welt setze, soll vor allem jenen helfen, die vielleicht in ähnliche Situationen kommen, wie sie für mich ausgeklügelt worden waren. Wenn man/frau wach und aufmerksam in Bewegung ist, kommt es nicht darauf an, sich mit irgendwelchem Gerede dicke zu tun. Was erzählt wird, dient viel eher der Tarnung, damit die Leute nicht bemerken, wie groß der Abstand und die Unterschiede sind. Andererseits sind in bestimmten Kontexten die richtigen Einsichten auch als Schutzschild und Waffe einzusetzen. Im richtigen Zusammenhang bringt es den warmen Wind der Simulanten zum Verstummen, und überführt die Anmachversuche des schwanzlosen Elends ihrer Saftlosigkeit. Das Reden darf nicht dem Vorlustprinzip unterstehen – es sollte schließlich nie vergessen werden, dass das einzelne Wort wie eine scharf geschliffene Waffe zu handhaben ist. Wer sich darüber im Klaren ist, wird feststellen, dass gewisse Einsichten nicht mehr zerredet werden können, selbst wenn das Gegenüber alles darauf setzt, über die Eitelkeit genau diese Sackgasse anzuempfehlen.

Natürlich war dafür die unabdingbare Voraussetzung, zu erfahren, wie die wirkliche Lust funktionierte – sie war kein Abfuhrphänomen, das dazu zu dienen hatte, die als Bedrohung oder Infragestellung erfahrenen Reize zu erledigen und ein unangenehmes Spannungslevel zugunsten einer erschöpften Entspannung aufzugeben. Sondern die Möglichkeit, ein positives Spannungslevel weiter hoch zu kitzeln und recht lang, auch après, von der energetischen Woge getragen zu werden. Aus dem Grund und dank dieser Erfahrung stellte sich recht schnell die überzeugende Einsicht ein, dass ich alleine Nichts war, aber in der Verwirklichung des Paars auf einmal über eine Kraft verfügte, die mir als ausgeflipptem Spinner niemals zur Verfügung gestanden hatte. Durch die gemeinsam erfahrenen Intensitäten konnte ein ganz anderer kategorialer Rahmen gehandhabt werden. Das pneumatische Modell eines Freud und die Notwendigkeit der postkoitalen Frustration sind direkt aufeinander bezogen: Ich habe die Erfahrung gemacht, dass die Befriedigung so umfassend ist, dass sie in kleinen Ewigkeiten nachklingt und der Sog der Erregungsabfuhr damit abgestellt wird. Es gibt einen Status der Erfülltheit, der durch einfache körperliche Routinen erreicht werden kann – wenn die Übungen nur lange genug durchgeführt, nur häufig genug wiederholt werden. Wie nebenbei – das war doch schon die Frage – wird der Kennerblick geschult. Ganz leicht ist zu kapieren, was wirklich zählt, wenn sich die Erfahrung einstellt, dass all die Leute, denen man/frau schon ansieht, dass sie es nie gebracht haben, alle möglichen Tricks und Verführungen entwickeln, um die erreichte positive Verstärkung wieder zu vernebeln: Was sie nicht können, darf keinem anderen zur Verfügung stehen. Das Versuch-es-doch-auch-mal prägt sogar den Gehstil, die Körperspannung, die Physiognomie derer, die ständig verleugnen, wie es tatsächlich um sie bestellt ist – aber das, was sie uns anempfehlen, sind nur Variationen der Ersatzbefriedigung, die auf den Verzicht und das Unvermögen folgen. Dann war es eine Frage der Zeit und ich habe die meisten Sachen einfach vergessen, die die Leute für so wichtig halten, dass sie ihre Selbstdefinition damit verbinden. Wenn

erst einmal der richtige Abstand hergestellt ist, zeigt sich, dass die Leute ihre Normalität durch Protzrituale und Neidbezüge, durch Geilheitsdressuren und Selbstbefriedigungsriten erreichen und sich damit bereitwillig und ständig in einer Position der Fremdbestimmung halten. Sie sind deshalb so leicht zu beherrschen, weil sie mit aller Macht daran arbeiten, ihre ersehnte Sicherheit in der Position der Beherrschten zu finden. Das kann man sich sparen.
Die Möglichkeit, einen einzigartigen Durchblick aufzuschließen, ergab sich vermutlich, weil meine Biographie den nötigen Resonanzboden lieferte. Ich musste mich immer wieder neu in fremde Sprachen und Systeme von Konventionen einschleichen, um die jeweiligen Fraglichkeiten als Repertoire für meine Antworten zu verwenden.

Frage: „Das ist aberwitzig! Zeigen Sie damit nicht, dass Sie auf den Irrsinn angewiesen sind, weil Sie ohne diese Möglichkeiten, sich am Falschen abzuarbeiten, gar nichts mehr zu sagen oder zu machen hätten? Also fragen wir doch einmal anders herum: Wie schnell erkennt das Paar seine Feinde? Haben Sie im Laufe der Zeit einen Kennerblick entwickelt?"

Das habe ich doch gerade schon beantwortet! Was sollte ich bei meiner Voraussetzung anderes tun? Diese Arschlöcher interessieren mich nicht, warum sollte ich mich also auf sie einstellen. Erst wenn mir im Nachhinein irgendeine Woge zutrug, wer wieder auf der Strecke geblieben war oder sich aufgrund der eigenen Bosheit blamiert hatte, habe ich so etwas mit Genugtuung zur Kenntnis genommen.

Frage: „Das klingt gegen den Wortlaut nach einer weiteren Steigerung der Askese – auch wenn Sie in einem anderen Zusammenhang einmal formuliert haben, Sie treiben nur eine Askese von den Produkten der innerweltlichen Askese?
Sie müssen doch gewisse Erkennungszeichen auswerten, die Frigidität im Gesicht einer Frau, die Impotenz in der Intonation eines Mannes – die Erkennungszeichen beim Lachen, bei den Bewegungen. In der Körpersprache haben Sie doch den Wahrheitsbezug! Gerade diejenigen, die etwas vorspielen, die Simulanten egal welcher Ordnung, haben doch eigentlich gar keine Chance, wenn man bei der ersten Begegnung schon sieht, wie es um sie bestellt ist: You never get a second chance

to make a first impression! Warum packen Sie da nicht zu, warum helfen Sie noch, das Deckmäntelchen zu halten – nur um mit Ihrem Nicht-Tun dafür zu sorgen, dass sie noch tiefer abstürzen?"

Das könnte ein respektabler Grund sein – aber es gab die ganz einfache Erfahrung, dass ich als Einzelgänger klug genug sein musste, mich nicht wegen irgendwelcher Nebensächlichkeiten als Sündenbock zu präsentieren und selbst die Argumente zu liefern, mit denen man mich platt machen konnte. Ab der Zeit, in der ich keine Seminaren mehr besuchte, hielt mich zurück, behielt mein besseres Wissen für mich, gab zu verstehen, dass ich nur meine Arbeit machte und für Geld arbeitete, weil ich es brauchte – warum sollte es überhaupt ein anderes Thema geben, bei dem den Leuten ein Mitspracherecht einzuräumen war. Ich habe mir keine Gedanken gemacht, als sich diese Verhaltensform nach und nach ergeben hat, es ging einfach nicht anders. Ich verabschiedete einige der konfliktuellen Verhaltensweisen und für manchen Normalverbraucher sah es dann so aus, als sei ich nicht richtig in seiner als wirklich vorausgesetzten Welt.

Zum ersten Punkt zurück, nur ein Ja – es gab schon Leute, die gemeint haben, ich mache den Eindruck eines Toten, wenn ich davon ausginge, dass mich niemand beobachtete. Das Statement einer Galeristin, die am Straßenstrich residierte, aber propagierte, dass große Kunst nur durch eine enorme Sublimation möglich sei. Das durfte Sie ja und vielleicht war es nur stimmig, dass vor ihren Fenstern die buntesten Spermafallen aufgestellt waren und sie an dem partizipieren konnte, was sie sich ängstlich selbst vorenthielt. Ich habe ihr geduldig zugehört, wenn sie vom urwüchsigen Eros des Kosmos sprach – nur als sie dann gemeint hat, ich müsse ihr für die anderthalbtausend Mark einer Anzeigenschaltung bestätigen, was für eine attraktive Frau sie sei, habe ich sie frustriert. Welches Unmaß an Widersprüchen: Weil mich die virulenten Ambivalenzen nicht zum Flirten brachten, sollte ich eben tot sein!

Zum zweiten vorhin monierten Punkt etwas ausführlicher: Das ist eine Basisentscheidung – die für mein Gefühl tief in der Theologie verwurzelt ist. Wie arrangieren wir uns mit dem Begehren: fördern wir es, um es zu kultivieren und laufen dabei Gefahr, dass es eintrocknet; oder zügeln wir es durch die Askese und geben damit auf die Dauer immer mehr Feuer unter den Kessel; oder sorgen wir einfach dafür, dass es keinen Grund mehr hat, sich zu regen – ganz nebenbei sind wir hier am Grund der

Identifikation angekommen. In jeder Identifikation finden Sie als Narbenschrift die Spur der Angstbewältigung. Ich darf kurz eine Stelle aus Konnersmanns ‚Lebendige Spiegel' paraphrasieren, die sich der Metapher des Subjekts widmet. Wie nebenbei wird offensichtlich, dass sich das Ich konstituiert und modelliert, indem es dem Bilde seiner Gottesvorstellungen gehorcht – und das ist mit Angst und Verzweiflung grundiert. Der Gläubige sieht im Spiegel der Schöpfung Gott als Gespiegelten. Der menschlichen Wahrnehmung soll der Anblick des Göttlichen, der Wahrheit, des Einen verwehrt und unerträglich sein, weil sie die Kapazität und das Leitungsvermögen einer organischen Physis überfordern – überhaupt dann, wenn es ein religiöses Arrangement ist, das seine Kraft auf dem von Klaus Heinrich charakterisierten Terrorismus der Angst bezieht. Dass der kleine Erdenwurm durch den Blick einfach eingebruzzelt wird oder zu Stein erstarrt, wurde von den verschiedenen Traditionen überliefert, die den Halt immer im Sehen, im Anblick suchten – gerade deshalb sollen wir das Leben nur im farbigen Abglanz haben. Der Spiegel der Schöpfung darf zeigen, was selbst nicht in Erscheinung tritt und dessen direkter Anblick unerträglich wäre... – mal abgesehen davon, dass wir uns neben einer Frühlingswiese das Zentrum eines Zyklons vergegenwärtigen könnten, den lavaspeienden Krater eines Vulkans, das unterirdische Konzert der Kontinentalplattendrift oder im größeren Maßstab, die tödlichen Strahlungen eines Radiosterns, den jedes Licht verschluckende Ereignishorizont eines schwarzen Lochs... im Realen sind die unbarmherzigsten Ungeheuerlichkeiten zu Hause.

Was aber, wenn ich diese Fraglichkeit der menschlichen Selbstvergewisserung, die in der platonischen Ideenlehre strapaziert worden ist, um im christlichen Mittelalter für die Modellierung der menschlichen Möglichkeiten wiederentdeckt zu werden, um den Bezug auf das Auge und den Fernsinn des Sehens erleichtere? Wenn ich mich auf die Nahsinne und den unmittelbaren Körperkontakt beziehe? Auf einmal werden die aufgeführten Möglichkeiten der Erfahrungen des Gottes zu Variationen der Erfahrung des gemeinsamen Orgasmus – und die Spiegelmetapher verliert an Bedeutsamkeit zugunsten der geteilten Rhythmen, der allmählichen Verfertigung von Symmetrien und der Erfahrung ineinander klingender Muster von Spannungslevels. Keine Konzeption eines lebendigen Spiegels kann so grandios sein, dass sie uns darüber hinweg hilft, wenn wir in unseren narzisstischen Projektionen hoffnungslos in der fensterlosen Monade eingemauert worden sind. Ein Blankpolierter, ein leerer Spiegel aber gibt uns frei für jene Wechselverhältnisse, ob Berührungen oder Überlappungen, Übertragungen oder Induktionen, mit denen vor den Armaturen der Subjekt-Objekt-Dichotomie anzukommen ist: Es sind die Gesetzmäßigkeiten der Evolution des Kommunikationsverhaltens, jenseits von strategischen Sprachspielen und monopolisierten Wahrheitsansprüchen, mit denen Freiheitsspielräume zu erarbeiten sind.

Während der Zeichensetzungen, mit denen die Krüppelzüchter versuchten, uns zu umzingeln, bin ich ans Ende der Erfahrbarkeit geraten und musste in den nächtlichen Träumen Kämpfe ausfechten, nur weil ich mich tagsüber auf der imaginären Ebene einer Übermacht gegenüber sehen sollte. Jene Erfahrung der Jenseitsreise des Schamanen war in entscheidenden Abschnitten meines Lebensgangs unabdingbar, nur aus diesem Grund bin ich auf eine Gesetzmäßigkeit gestoßen, die mit dem ursprünglichen Phänomen des Tragischen eine Vereinigungsmenge bildet: Akzeptieren zu müssen, dass der Lebenstrieb nur eine Erfüllungsgehilfe des Todestriebs ist, dass all unsere anerzogenen Erwartungen und Zielprogrammierungen der Müllkippe und dem Schindanger zuarbeiten – während das Ergreifen des Augenblicks einen Sprung aus der Zeit bewirken und dafür sorgen kann, an einem anderen Ort als dem der Selbstzerstörung ankommen. Vermutlich war es entscheidend, sich auf keine Vorbilder einzulassen, alles selbst noch einmal so zu probieren, als habe es noch keinen vor einem gegeben, der diesen Weg schon gehen musste! Mit Sicherheit war es die Erfahrung, ganz auf sich allein gestellt zu sein, in nichts und niemandem Unterstützung zu finden, um dann auf einmal vor der Notwendigkeit zu stehen, bestimmte Gesetzmäßigkeiten der Menschheitsgeschichte, mit minimalen Abweichungen von den bestehenden Regeln, noch einmal neu für sich zu erfinden. Ich musste vor dem Verhältnis von Opfer und Opferpriester ankommen, um die Tricks zu finden, mit denen es mir möglich sein sollte, nicht selbst zum auserwählten Sündenbock für marode Geisteswissenschaften zu taugen, um nicht der Verführung zu erliegen, mich mit dem Trost schlachten zu lassen, dass sie mich später heiligen würden! Vielleicht musste ich an den Punkt zurück finden, an dem jede noch so kleine Handlung bedeutungsschwer sein sollte! Es galt zu entdecken, dass es nur eine kleine Handlung war, fast nichts, um aufzuschlüsseln, welcher systematischen Paranoisierung und Geilheitsdressur der Ich ständig untersteht, um ihn domestizierbar und kontrollierbar zu halten.

Frage: Für einen, der seine Psyche mit Hilfe von Zitaten als Replikanten getarnt und, ohne an den Erfolg zu denken, durch dieses Wissen völlig umgebaut hat, muss der Gedanke doch verführerisch sein, mit solchen Einsichten eine ungeheure Macht auszuüben? Wie passt das aber zusammen mit jener Haltung, dass Sie sich nicht dingfest machen lassen wollen, dass Sie vor den Identifikationsversuchen ausweichen, dass es die verschiedenen Versionen ihrer Geschichte gibt, aber jede immer nur bestimmte Aspekte zeigt und diese Ausschnitte oft völlig inkompatibel sind?

Ich hatte die Möglichkeit, ins feinste Wurzelwerk einer persönlichen Wahrheit einzudringen – und das geht nur, wenn der Popanz der Macht verabschiedet ist. Das ganze hierarchische Brimborium mit Überich und Unbewusstem ist eine Spiegelung des abendländischen Weltsystems und wenn von irgendwelchen Deppen noch so ein metaphorischer Schwachsinn wie das Unterbewusste dazu gemixt wird, sind wir wirklich an der mittelalterlichen Hölle – das ist alles zu vergessen. Die Wahrheit ist ein Archiv, in dem die einzelnen Verweisungszusammenhänge derart eng mit einander verknüpft und verwoben sind, dass oft nicht mehr zu unterscheiden ist, was noch auf der subjektiven und was bereits auf der objektiven Seite angesiedelt ist. Deswegen dieses Wurzelwerk aus Wissensweisen. Wenn man schon mal fast tot war, ist einem klar, was im Leben zählt: Die Ersatzbefriedigung oder die Show-des-als-ob können es nicht sein und die Macht schon zweimal nicht; es gibt nichts mehr zu zerreden! Tatsächlich hat diese Basissetzung dafür gesorgt, dass ich vieles vergessen habe, was sonst dazu taugen muss, uns in biographischen Sackgassen zu fixieren. Manches ist nur auszuhalten, wenn man/frau in der Lage ist, es möglichst gründlich wieder zu vergessen – aber dazu muss es kapiert worden sein, müssen die Gesetzmäßigkeiten bekannt sein und die heilenden Einsichten kultiviert werden. Wenn nicht, rennt man die ganze Zeit mit einer offenen Wunde durch die Gegend und nach und nach beginnt der Kadaver nach Biographie zu stinken. Die Macht dient der Selbsttherapie, wenn den anderen derselbe Scheiß angetan wird, den man/frau angeblich ertragen musste, um an die Macht zu kommen. Aber das ist ein dummer Selbstbetrug und weil es nichts umsonst gibt, dient er nur dazu, jene Situation vorzubereiten, in der die Gier, über andere herrschen zu wollen, wieder abgestraft wird. Das muss ich mir nicht antun, für mich ist es völlig ausreichend, wenn das nötige Repertoire zur Verfügung steht, um von Situation zu Situation adäquat zu reagieren.

Um die üblichen Machtspiele und Subalternitätsdressuren auszuhalten, hatte ich nebenbei, ohne groß darauf zu achten, eine recht umfassende Frustrationstoleranz entwickelt: Oft bemerkte ich fast nicht mehr, wenn Leute mich kränken wollten und damit ergab sich die Technik, die Nichtanerkennung nicht anzuerkennen – denn die Arschlöcher, mit denen ich zu tun hatte, katzbuckelten vor jedem Herrn Doktor und meinten dann, weil ich die Schreibe und meine geistige Ernährung durch Hilfsarbeitern finanzierte, sich an mir zu therapieren. Der kulturelle Fetischismus war so ausgeprägt, dass sie nicht einmal auf die Idee kamen, welche Kräfte dahinter stecken mussten, um den Sohn eines Hilfsarbeiters in die Lage zu versetzen, eine philosophische Fakultät in Frage zu stellen – sie dachten nur so weit, dass sie keine Achtung vor jemandem haben mussten, der den Gang durch die üblichen Instanzenwege nicht in Einkommen ummünzen konnte. Ich hatte eine Form des naiven Nichtverstehens kultiviert, die es mir möglich machte, Kränkungs- oder Unterwerfungsversuche, denen ich bei meinen Botengängen in den verschiedenen Ministerien regelmäßig ausgesetzt war, als Missverständnisse zu interpretieren und Fiesheiten als Zuwendung zu behandeln. Ein Schema, das es mir erlaubte, in prägnanten Formeln klarzustellen, was die Leute auf keinen Fall hören wollten. Ich konnte auf eine drohende Einschüchterung mit dem Humor dessen zu reagieren, der gar nicht kapierte, dass es ihm an den Kragen gehen sollte und dann in meinen Späßchen kurze Anekdoten unterbringen, mit denen wie nebenbei angedeutet wurde, wie schlecht irgendwelchen Krüppeln ein ähnliches Verhalten bekommen war. Seltsamerweise reagierten die Leute auf meine so harmlose Hans-im-Glück-Haltung mit Schiss und klemmten den Schwanz ein. Die einfachste Erklärung mag sein, dass Leute, die einen einschüchtern wollen und bemerken, dass sie keine Angst auslösen, davon ausgehen, dass man noch irgendeine mächtige Reserve in der Hinterhand hat – das ist die Interpretation aus ihrer Warte, die Angst hat dann die Seite gewechselt. Aber das konnte nicht alles sein, sonst hätte es nicht derart reinschlagende Wirkungen gehabt. Nach und nach kam ich auf einige Gesetzmäßigkeiten, die auf einen viel tiefer sitzenden Grund verwiesen: Ich habe dafür die Metapher des Blankpolierten Spiegels bemüht. Häufig konnten minimale Kontaktassoziationen genügen, um den Kanal für einen Vernichtungswunsch zu liefern: Was mich anfangs noch verwundert hat, erwies sich als nichtkausale Wirkung der Mimesis. Es mochte eine zufällige Identifikation oder eine verbissene Rivalität sein, die Mimesis verwendete beides als Standleitung, um die Wolke an Negationen, die über mir dräute, an dieser Negation zu entladen – diese Wolke taucht in einigen Traumprotokollen auf! Ich war nicht dafür verantwortlich, die bösen Energien stammten nicht von mir, ich hatte nur die Kapazität, die Spannung auszuhalten und auf kein Identifikationsangebot reinzufallen. Die Energie sprang nicht auf mich über, weil sie nichts fand, das der Bosheit und Zukurzgekommenheit ähnlich war, denen sie sich verdankte – aber sie verwendete mich als Akkumulator und sprang den oder die Nächstbeste/n an, die meinten, sich mit mir relativieren zu müssen.

An die Krüppelzüchter selbst kam ich nicht mehr ran, seit ich mit einem Telefon einen Notausgang aus den Geisteswissenschaften gefunden hatte – aber als Auftraggeber hätten sie mich genau so wenig interessiert, wie ihre Delegierten – und die knickten zu meinem Glück in schöner Regelmäßigkeit weg. Wie mir später klar wurde, verbirgt sich hinter den Figuren Eulenspiegel oder Hans-im-Glück eine andere Form von Weltverständnis und Metaphysik – man/frau kann das Gute pflegen oder das Böse bekämpfen, aber es wird niemals möglich sein, das Gute nicht zu mindern, wenn man sich mit dem Bösen beschäftigt und alles Bekämpfen, jede Auseinandersetzung bereitet eine Nähe vor, die bis zur Verwechslungskomödie führt. Das jeweilige Weltzeitalter ist ein Thema, das erst in anderen Zusammenhängen wichtig werden wird.

Das, was den Leuten durch mein Nicht-Tun, meine Ungerührtheit begegnete, ist vor langer Zeit schon einmal in der griechischen Tragödie kultiviert worden. Die Katharsis, wenn der Schock, einer überwältigenden Macht zu begegnen, ins Gedärm schlägt! Und da nicht ich diese Macht war, entstand sie wohl durch den Mangel an Identifikation, durch den inneren Abstand, den ich zu den Leuten hatte, durch den Abgrund, der mich von ihrer Show des Als-Ob trennte. Die Simulanten begegnen ihrer schrecklichen Wahrheit, wenn sie auf jemanden stoßen, der nicht bloß so tut, als ob er sich inszenieren müsste. Und damit bin ich noch einmal auf den Fundus Ihrer ersten Frage zurück gekommen. Dieser Schrecken setzt den Bezug zu den frühen Erfahrungsformen des

Freudschen Unternehmens frei. In spielerischer Form wird dem Zuschauer jene Loge in einem Kontext der Kontexte angeboten, die menschheitsgeschichtlich als erster der Schamane besetzen durfte – wenn es einen überzeugenden Grund geben sollte, warum ich hier bin, dann dürfte er darin bestehen, dass ich aufgrund verschiedener Katastrophenerfahrungen immer wieder in die Lage kam, auf einen umfassenderen Kontext zur Neuorientierung zurück zu gehen. Es gibt einen klaren Bezug von diesem Kontextwissen zu den verschiedenen Stufen des Lernens, wie Bateson sie dargestellt hat
Tatsächlich entspricht dem eine uralte magische Praktik, die einmal vor Jahrtausenden zu einem Geheimrezept der Macht pervertiert werden konnte: Ich denke, dass an jener Schaltstelle der Sprung von der Findigkeit und dem Lernvermögen Einzelner zu den Systemimperativen von Institutionen auszumachen ist. Und das lässt sich in der entgegengesetzten Richtung nicht weniger verwenden! Man setze einen neuen Kontext und die gewohnten Bezüge beginnen sich zu wandeln, die längst bekannten Sachverhalte fangen an zu schillern und zeigen auf einmal, wie wenig man bisher an ihnen begriffen hat. Ein Nachklang findet sich sogar noch in den exakt genannten Wissenschaften, denn es gibt kein Experiment, das unabhängig vom Beobachter abläuft – die Beschreibung ist ein Teil des Resultats. Genauso durchgreifend fand es in unsrer nächtlichen Kammer der Erdbeben statt – wir machten die Erfahrung, dass sich Assoziationsmuster in Geistesblitze verwandelten, die reale Einschläge bewirkten, ohne dass wir über eine Zielvorrichtung verfügten und Intriganten erledigten, an die wir noch nicht einmal gedacht hatten. Menschheitsgeschichtlich wurden solche Erfahrungen in der griechischen Tragödie kultiviert und domestiziert.
Das höchste, was die Tragödie erreicht, ist die Befriedigung des individuellen Strebens nach einem übergeordneten Sinn, einer überzeitlichen Bedeutung, die sich in der Vernichtung des Individuums erweist. Das Gesetz, das uns die Einheit mit der kosmischen Ordnung als Trost oder Bekräftigung präsentiert, erweist sich in der Aufhebung des Individuellen – daher jener jubilatorische Effekt in der Vernichtung, der Todesjubel, den wir heute als Resultat einer narzisstischen Störung begreifen sollen: Tatsächlich geht es erst sehr spät um ein gestörtes Selbstbild, weil es dieser Gattung, die aus der Schöpfung herausgefallen ist, vor allem um den Sinn des ganzen Unternehmens gehen muss. Es ist die abgestrafte Provokation des göttlichen Gesetzes, die dieses Gesetz erst zu erwei-

sen und zu bekräftigen hat: Das Göttliche aus der Reserve zu locken, war noch der geheime Antrieb der tausenden von Seiten, die wir de Sade verdanken. So wie die Selbstzerstörung also einmal die Einwilligung in ein vorausgesetztes göttliches Wollen war, ist die Opferung des anderen schon ein erster Versuch der Blasphemie. Die ersten Gotteslästerer sind die Priester selbst!

Immer geht es vor allem darum, mit den notwendigen Surrogaten dafür zu sorgen, dass die Leute irgendwelchen Ersatzreligionen hinterher rennen. Sie sollen nur nicht auf die Idee kommen, die wenigen Parameter in ihrem Leben zu ändern, die geändert werden müssten, damit es zu ihrem Leben würde. Das ist tatsächlich ein gewaltiges Betrugsunternehmen – manchmal habe ich mir schon gesagt, dass der ganze Apparat, sei es der Theologen, sei es später der der Wissenschaften vom Menschen, von Falschmünzern am Laufen gehalten wird und dass die wirklichen Wahrheiten nur im Abfall, im anfallenden Schrott, zu finden sind. Vielleicht findet sich genau hier der Ansatz für die Techniken, wie das Wirkliche oder Echte aus den Abfällen zweiter Hand wieder herzustellen sei! Von biographischem Altpapier führt ein stimmiger Weg zum philosophischem Sperrmüll...

Je genauer ich die Bedingungen aufgearbeitet habe, die mich geprägt haben, je weiter habe ich mich davon entfernt. Schreiben heißt mortifizieren; je mehr ich wusste und objektiviert habe, je ferner wurde meine Geschichte für mich: Je genauer ich hinsah, je fremder sah das Geschehene zurück. Ich habe die Chance genutzt, mich nicht dingfest machen zu lassen, während die Machtwissenschaften vor allem daran arbeiten, die Leute nach Kästchen einzusortieren und beherrschbar zu machen – die Leistungsfähigkeit als Kriterium bleibt auf der Strecke.

Auf diesem Weg begegneten mir einschneidende Erlebnisse, die ich eigentlich nur protokollieren musste, um dann ein Repertoire aufzubauen, mit dem ich mich in der verbleibenden Lebenszeit sinnvoll beschäftigen kann. Das ist eine Variante der ästhetischen Distanz, ich entwickelte die Disziplin, den Schiffbruch aus- und die Luft anzuhalten – ich fand mich in Positionen des Protokollanten und Zuschauers der Vernichtungsversuche wieder, denen ich ausgesetzt war. Und damit entstand das einfache Problem der Darstellung. Wenn ich davon gesprochen hätte, was ich herausgebracht hatte, wäre eine lächerliche Mischung aus Paranoia und Selbstmitleid zustande gekommen. So blieb nur der Umweg, jede meiner Erfahrungen aus den Zitaten approbierter Spezialisten zusammenzubasteln. Wo es um meinen Kopf, um meine ureigene Erfahrung gegangen war, musste eine Montagetechnik objektivieren, welche verwerflichen Gesetzmäßigkeiten für meine Biographie dingfest gemacht werden konnten! Die Welt ist groß und sie besteht glücklicherweise aus vielen Welten – es gibt nie nur eine Wahrheit und wenn jemand auf die eine Wahrheit pocht, ist er ein Lügner oder Erpresser. Das heißt für mich, dass die vielen Wahrheiten in ihrer Vielheit sehr nützlich sein können. Tatsächlich darf man nur nie auf die Verführung reinfallen, sich mit dem zu identifizieren, was man gerade zu tun hat.

Frage: „Gerade, weil die Welt groß ist, sollten Sie doch daran denken, dass Ihre Machtschematik nur in einer befriedeten Welt, in weitgehend verwalteten Abhängigkeiten, funktioniert. Ist es nicht so, dass Sie die Leute mit dem Realitätsprinzip schlagen, das in sie eingetrichtert worden ist. Und zwar, weil die Leute immer wieder meinen, sie müssten sich nicht in allen Punkten dran halten.
Im Dschungel sind Sie damit aufgeschmissen ... und selbst, wenn Sie irgendein kleines Völkchen in einen paradiesischen Zustand geführt hätten, brauchte es nur ein paar Sklavenjäger oder Kolonisatoren und das Glück wäre ausradiert!"

Das stimmt – nur eines bedenken Sie nicht: Warum soll ich mich mit solchen Zusammenhängen beschäftigen. Es geht immer darum, sich auf das gegenwärtige Geschehen so einzulassen, um dann die Gesetzmäßigkeiten gegen all die zu verwenden, die sich nicht an die Regeln halten und dennoch davon profitieren wollen. Ansonsten sollte irgendein Systemsprung zu finden sei... Im Dschungel würde sich vielleicht zum rechten Zeitpunkt ein Erdbeben einstellen oder ein tropischer Wirbelsturm... Wenn der deus ex machina im Theater benötigt wird oder der ausgeklügelte Plot im Roman, das unverhoffte Happy End im Film, so folgen sie dem Bedürfnis, die Gerechtigkeit siegen zu sehen und die Gesetzmäßigkeiten des symbolischen Tauschs bestätigt zu wissen. Und weil dies all zu leicht zu durchschauen ist, stellt sich die Enttäuschung ein: Das ist ja nur ein Stück, nur ein Roman oder Film. Dabei sind die unvorhergesehenen und überraschenden Wendungen im wirklichen Leben noch viel phantastischer und unwahrscheinlicher – wobei wir eben damit leben müssen, dass sie den Kinderglauben der Gerechtigkeit Lügen strafen und dass der symbolische Tausch einer eigenwillig ambivalenten Dämonie gehorcht: Mein ausgespuckter Dattelkern hat das Kind eines übermächtigen Dschinns erschlagen und nun heißt es, mit dem Leben dafür zu bezahlen, wenn einen nicht retten wird, dass man die richtige Geschichte zu erzählen weiß. Mit den Erzählungen wurde die Pest auf Abstand gehalten oder der Zeitpunkt der Hinrichtung verzögert... Aber auch andersrum: Dass es keinen Notausgang mehr gibt, dass alle Türen zu und vernagelt worden sind, dass einem/r das Wasser schon bis zum Hals steht – und dann reicht eine nebensächliche Beobachtung, eine lächerlich einfache und plausible Bemerkung und die Wände sind weg, vielleicht steht noch die eine oder andere überflüssig gewordene Tür als absurde Mahnung im Leeren. Dass etwas geschieht, mit dem niemand gerechnet hat und die Mauern zerbrechen, die Fallen versagen – dass auf einmal die einfachsten Lebensvollzüge ihren ganz besonderen Sinn aufschließen, dass der Augenblick eine sinnliche Fülle und kräftigende Intensität erfährt: Wir müssen erst einmal kapiert haben, dass wir Davongekommene sind, um das Leben in seinen kleinsten Äußerungen schätzen zu lernen. Was ist das Glück anderes!

Frage: „Aber das kann doch nur Ihre persönliche Wahrheit sein! Vielleicht haben Sie nur Glück gehabt und ein paar Zufälle haben ineinander gespielt!"

Aber sicher! Das Glück ist kein metaphysischer Absolutheitsgrad sondern etwas so pragmatisches und relatives wie die erfüllte Lücke. Und es gibt viele Lücken, seit der Mensch aus der Schöpfung herausgefallen ist – schon in Goethes Faust finden Sie die tröstliche Behauptung: Es gibt für jedes Loch den richtigen Pfropf! Ausdrücklich möchte ich mich also gegen so etwas wie meine Wahrheit verwahren. Es gibt nie nur eine, es gibt immer ein ganzes Bündel von Feldern, auf denen die verschiedensten Wahrheiten zu Hause sind. Dass schon der Geist in seinen Ursprüngen nie nur einer sein kann, hat Leopold Ziegler sehr eindrucksvoll belegt – dessen Hinweis ernst zu nehmen ist, dass existieren heiße, sich aus der Gemeinschaft abzusondern, hervorzustechen, die Schuld der Andersheit auf sich zu nehmen. Und außerdem – das mag jetzt wie ein Widerspruch klingen – kann es so etwas wie eine persönliche Wahrheit gar nicht geben: Wir haben vielleicht eine persönliche Geschichte und noch lieber ist es mir, wenn dabei mitgedacht wird, dass es keine Geschichte gibt, die nicht aus Geschichten besteht. Aber immer, wenn von Wahrheit die Rede ist, handelt es sich um überindividuelle Prozesse, sei es intersubjektiv oder interobjektiv begründet, und selbst wenn ich mich auf die absolute Wahrheit der Philosophiegeschichte beziehen wöllte, als Totum aller einzelnen Wahrheitsfunktionen, als das Ganze, von dem ausgehend erst die Teile ihren Sinn erfahren, müsste ich darauf bestehen, dass es in einer ausschließenden Relation zu meiner Geschichte steht. Wenn es die eine Wahrheit, den einen Sinn geben soll, dann immer auf Kosten des Individuellen. Unser Wissenwollen hat sich in meinen Texten immer mehr in einen Witz verwandelt – tatsächlich ist diese Wahrheit zum Lachen! Der Traum, der Witz und die mit der Vorsilbe ‚Ver-' beginnenden Fehlleistungen haben Freud auf jene Felder der Gewissheit geführt, auf denen die Gesetzmäßigkeiten des Lebendigen vernommen werden können. Nur wenn die verschiedenen Wahrheiten in relativen Begründungszusammenhängen stehen, ist so etwas wie ein individuelles Allgemeines vorstellbar. Und dann geht es um keine tottraurige und beschissen abstrakte Wahrheit mehr, sondern um ein unendlich fein versponnenes System von Annäherungen und Interpolationen – also habe ich an dem Gesamt der Wahrheiten teil, gerade weil ich darauf verzichte, eine Wahrheit vertreten zu wollen! Nur damit kann ich, wenn ich zu den Erfahrungen meiner Geschichte stehe, einen Grad der Wahrhaftigkeit erreichen, an dem das Gerede aufhört. Ich muss dann nicht begründen und ableiten, ich muss keine Überzeugungen mehr bemühen – sondern durch schlichte Präsenz überzeugen!

Alle Wissenschaften stehen in der Pflicht, die Ströme des Lebendigen umzuleiten und einzudeichen: Alle Kulturarbeit ist Zähmung und Objektivierung! Im Endeffekt weiß der Mensch, dass er nur erkennt, was er selbst hergestellt hat, die wissenschaftlichen Methoden sind korrelativ der Angstbewältigung – und das macht diese Form der Weltverarbeitung zu einer Form des Flirts mit dem Numinosen: Noch in den harmlosesten Flirts ist diese Wahrheit erfahrbar, wenn es darum geht, den anderen um den Finger zu wickeln und um sein Eigenrecht zu berauben. Nach und nach versucht die Wissenschaft alles aus der Welt zu bringen, was an die ursprüngliche Schöpfung erinnert, denn die hat der Mensch nicht gemacht, die ist ihm vorausgegangen und ihre Gesetzmäßigkeiten werden erst erahnbar.

Die zunehmende Psychologisierung unserer Welt und die Informalisierung der Macht verliefen parallel zum Anwachsen der technischen Möglichkeiten – als müsste gewährleistet sein, dass niemand etwas mit der Eroberung der neuen Räume anfangen konnte. Die Macht wurde ungreifbar und die Leute bemerken gar nicht, wie sie dank der dauernden Beschäftigung mit ihrem Ich das Geschäft der Macht besorgen. Wie sie ein fein vernetztes System von Abhängigkeitsbeziehungen herstellen, in dessen Zentrum ihr eigenes Bedürfnis nach Bedeutsamkeit und Wichtigkeit den Motor abgibt. Außerdem sollte man nicht unterschätzen, dass die Massenmedien mit ihren umfassenden Geilheitsdressuren eine überkommene weibliche Machttechnik übernommen und totalisiert haben. Diese beiden Strebungen greifen wunderbar ineinander! Die dauernde Selbstinszenierung, was man vor anderen vorführen möchte und die fortgesetzte Unbefriedigtheit, die dafür sorgt, dass man ständig an der Nase herum geführt werden kann.

Damit sind wir bei jenem milliardenschweren Selbstbetrug, nach dem das jeweilige Ich notgedrungen funktionieren muss, um den Geldfluss mehr und mehr zu beschleunigen: Wir wissen nicht, wer wir sind, aber wir wollen immer mehr verdienen, um uns anhand der Produkte, die wir dann kaufen können, zu beweisen, wer wir sind. Ein unendlicher Umweg, der den Geldfluss beschleunigt und den Fetischismus befördert – von der ursprünglichen Aufgabe aber nichts mehr zurücklässt. Das Übermaß an aberwitziger Geschwindigkeit steht in direkter Beziehung zur absurden Lernunfähigkeit und zum durchgreifenden Mangel, sich überhaupt auf die eigenen Erfahrungen einzulassen. Was wir mit dem inhaltsleeren Wort ‚Ich' bezeichnen – besser, wir zeigen drauf und meinen: ich-hier-jetzt – ist eigentlich ein Spannungsfeld antagonistischer Wechselbezüge und Verweisungszusammenhänge, die divergente Motive und Wissensweisen zusammenzwingen. Gehen Sie von einem musikalischen Harmoniebegriff aus und es ist festzustellen, dass das jeweilige Ereignis umso überragender, überzeugender oder ergreifender ist, je mehr Antagonismen integriert werden können. Nun wurde für die menschliche Erfahrung leider über Jahrhunderte eine Integrationsstufe prämiert, in der Widersprüche ausgeblendet und Vielschichtigkeiten der Erfahrung verleugnet werden mussten.

Das ist längst antiquiert, viel wichtiger sind die Alternativen: Funktionalen Zusammenhänge, die eine ähnliche Synthese erfolgreicher bewirken, ohne dass dabei Scheuklappen vorausgesetzt werden müssen. Die Gestaltung von Biographie ist ein ununterbrochener Integrationsprozess divergenter und antagonistischer Erfahrungsformen, in denen oft genug die Familie, das Umfeld, die Gesellschaft mit aller Kraft daran arbeiten, dass die Abweichung minimal ausfällt und alle Entwicklungen darauf hinauslaufen, das vorgegebene System zu bestätigen – und wenn das Kind, der Schüler oder Gefolgsmann dafür auf der Strecke bleibt: Hauptsache die Erwartungsmuster werden bestätigt!

Frage: „Mit so einem Agnostizismus kann man doch zu gar keinen Ergebnissen kommen! Macht das nicht viel häufiger den Eindruck, als ducken Sie sich nur unter den Konsequenzen weg? Als predigen Sie eine Unverbindlichkeit, mit der alles erlaubt ist, um vergessen zu machen, dass Sie eben mit keinem konkreten Rezept für eine Lebensweisheit mehr aufwarten können!"

Das Gegenteil dürfte viel eher der Fall sein. Diese Kapazität, ein Maximum an Widersprüchen zu integrieren und extremste Ausprägungen einer Wahrheit zuzulassen führt zu den profanen Erleuchtungen... Es macht klick und gewisse Muster schießen zusammen zu einer Gestalt: Das scheint mir wesentlich wertvoller und weittragender, als alle Gebote, die Sie aus dem Religions- oder Ethikunterricht mit nach Haus genommen haben, um sie dort als Stachel oder Beruhigungspille wegzuschließen, weil Sie akzeptieren mussten, dass in Ihrer Alltagspraxis nichts damit anzufangen ist. Entscheidend bei meinen Erfahrungen war, dass genau das nicht der Fall ist. Außerdem kann keiner der einmal durchlaufenen Entwicklungsschritte zurück genommen werden, selbst eine Korrektur oder Verbesserung konserviert den Weg und wird wieder neue Rückwirkungen zeigen – so können selbst minimale Änderungen auf die Dauer einen Wandel bewirken, der beim besten Willen nicht vorherzusehen war.

Und ganz konkret: Ich bin zu sehr feinen Einsichten und schnellen Reaktionsweisen gekommen, weil ich mich auf die Wahrnehmungen meines Körpers verlassen musste – ich habe nicht die Techniken des Wissenserwerbs verweigert, sondern sie anders umgesetzt. Ich musste lernen, mit den Beinen zu denken, ich musste Linkheiten erschnuppern und den Braten riechen, ich musste schnell sein, wenn es in meiner Umgebung nach durchgebrannter Sicherung und Schwefel zu stinken begann. Ich konnte keinen Antrag stellen, nichts nachschlagen, wenn zu sehen war, dass sie einem ins Hirn geschissen hatten, sondern musste aus der Erfahrung des Augenblicks richtig reagieren, um einem Quälgeist die Luft rauszulassen. Es gab eine absolute Notwendigkeit, Routinen auszubilden, die es ermöglichten, zur richtigen Zeit am richtigen Ort zu sein, um die Informationen aufzuschnappen, die für unser Überleben notwendig waren – manchmal auch an zwei Orten gleichzeitig.

Wenn Sie das viele „Müssen" nehmen, ist klar, dass ich keine Wahl hatte: Entweder, ich fand einen eigenen Weg oder es war erwiesen, dass es für so jemand wie mich gar keinen Weg geben konnte. Ich kann mich an Situationen erinnern, in denen ich eine Antwort suchte und keine Ahnung hatte, wie die Frage lautete und wo ich dieses Wissen her nehmen sollte. Durch den Zwang, dem ich unterstand – die Zähne zusammengebissen, bis es knirschte und Füllungen zu bröckeln begannen, die Luft angehalten und den Druck erhöht, bis ich die Augen zukneifen und auf die Ohren drücken musste – gab es immer wieder einmal den frappierenden Augenblick einer Evidenz, eines unmittelbaren Wissens, das mich plötzlich in eine andere Perspektive katapultierte. Der berühmte Klick und auf einmal wusste ich, ganz einfach, was ich wissen musste. Irgendeine Schwelle war überschritten, ein Medium war gesättigt und schoss nun zu einem Kristallmuster zusammen, irgendein Punkt war erreicht und es kam nicht mehr darauf an, dass ein kleines Ich wissen wollte: Das Wollen war weg und das Wissen war da. Es wurde mir einfach zugeweht, durch die Schlagzeile auf einem verknüllten Titelblatt im Rinnstein, durch einen Dialogfetzen, den ich an einer Ampel von zwei Bankern aufschnappte, durch ein paar Bildfolgen der Abendschau, die ich beim Essen nebenbei mitbekam. Es brauchte irgendwelche kleinen Anstöße, damit das freigesetzt wurde, was ich schon an unverarbeiteter Information mit mir herumgetragen, was ich an den Intrigen der Leute, die mir schaden wollten, aufgeschnappt hatte und nun nur noch in Wissen verwandeln musste. Anfangs sagte ich mir noch, dass es eine irrwitzige Praktik war, vergleichbar der, mit der die Leute früher eine Stricknadel in die Bibel gesteckt und sich dann nach der Seite gerichtet hatten, die ihnen diese Fügung vermittelte. Ein Wahnwitz, nach dem ich mich nur richtete, weil nichts besseres zur Hand war, bis mir klar wurde, dass wir, wenn die Membran des Ich poröser wird, wesentlich mehr wissen, als wir wissen dürfen. Vielleicht brauchte es ein paar große Qualen oder ein Quantum Verzweiflung, bis jene Schranke zum Subliminalen niedergelegt worden war, aber dann wurden nach und nach die Tricks offenbar, die es ermöglichten, sich einfach nur zu bücken und die verschiedenen Hinweise einzusammeln.

Nicht zu erwarten war, dass mich diese wie zufälligen Funde trotz aller Erschwernisse zum Lachen brachten: Plötzlich konnte ich mir sagen, dass die Krüppelzüchter sich selbst das Urteil schrieben. Was ich bei ihnen gelernt hatte, wurde dadurch nicht entwertet, sondern doppelt wertvoll, wenn es gegen die Nachstellungen anmaßender Machtmenschen einzusetzen war. Eine Welt, in der die Potenzierung der Behinderungen, die durch die Mischungsverhältnisse aus Antriebsstörung und Anpassungsverhalten bedingt waren, prämiert wurde, noch dazu mit den Mitteln des Steuerstaates, beruhte insgesamt auf falschen Prämissen – das musste nun nicht mehr bewiesen werden. Damit blieb noch als Aufgabe, dass wir es uns gut gehen ließen! Mehr an Widerlegung war nicht in unserem Sinn, den Rest konnte man vergessen.

Frage: „Vorhin ist kurz das Stichwort musikalische Harmonie aufgetaucht und jetzt sieht es auf einmal so aus, als sei es das mathematische Verhältnis gewisser Relationssysteme, mit dem wir Ihr Prinzip des Blankpolierten Spiegels auf einen Nenner bringen können?"

Das hat Kittler nahegelegt, übrigens anhand der noch qualitativen Relationssysteme von Zählsteinen. Den damit dargestellten musikalischen Proportionen entsprechen reale Körperbeziehungen – das Zählen verweist auf ein Taktgeschehen, der einen derart stabilen Rahmen vorgeben kann, dass sich hier erst die nötigen Freiheitsspielräume ausformen können. Georg Steiner hat schon 1971 darauf hingewiesen, dass die Musik dem realen Bedürfnis nach menschlichen Kontakten, nach sinnlicher Intensität zu einer Zeit entgegenkommt, in der der klassische Egoismus gebrochen worden ist, nachdem ihn keine Zeremonien und Rituale mehr wirklich stützen können. Und er weist darauf hin, dass Musik brutal oder sentimental sein kann, bombastisch oder prahlerisch – aber dass ihr die Lüge fremd ist. Anders als Ideologie und warmer Wind, Selbstdarstellung und Selbstdementierung – die die Sprache, mit der erst die Möglichkeit der Lüge in die Welt gesetzt worden ist, in einer Form pervertieren, dass selbst noch mit der Wahrheit gelogen werden kann. Steiner zitiert Lévi-Strauss, für den das letzte Geheimnis des Menschen im Wesen der Melodie liege und deutet an, dass sich mit der Musik ein uralter Kreis schließen könne. Wenn wir dem Rätsel der melodischen Gesetzmäßigkeiten auf die Spur kommen, also den psychophysischen Voraussetzungen unseres Sinns für harmonische Akkorde, werden wir die Wurzeln menschlicher Bewusstheit berühren. Es ist naheliegend, dass nach der Bloßlegung aller Sprachverlogenheit durch Psychoanalyse und Massenmedien die Musik im Begriff steht, ihren uralten Boden wiederzugewinnen. Die Dominanz des Wortes und der Repräsentation hatte in der klassischen Ordnung jene Formen des Zeremoniells unterfüttert und kodifiziert, mit der die körperbezogenen Rhythmen zurückgedrängt worden waren und die energetische Sinngebung taub gemacht wurde. Es ist also kein Wunder, dass sich die Musik heute wieder erneut als eine universale Sprache außerhalb des Wortes etabliert – neben der Mathematik und der Digitalisierung unserer Welt ein Hauptträger von Energie und Sinngebung!

In solchen Zusammenhängen ist es unschwer nachvollziehbar, warum eine Konzeptualisierung der Erotik den Mythos und die moderne Personalführung übergreift, warum Kräfte freigesetzt werden konnten, die normalerweise nicht zugänglich sind und warum diese Wirksamkeit mit der Frustrationstoleranz zu begründen ist. Ich muss mich nicht auf die Suche nach dem Anderen der Vernunft begeben, ich muss nicht auf das Raunen und Rauschen regredieren, um die schamanistischen Erfahrung des Parmenides zu beschwören – es gibt einfachere Zugänge zum Sinn von Sein und Sex! „And gods made love!" Diese Repertoireerweiterung durch Kittlers ‚Musik und Mathematik' ist seit den surrealistischen Sprachspielen in der hohen Kultur präsent und begann sich in den Sechzigern in der Popmusik auszufalten. Seine zur Dialektik der Aufklärung quer stehende Lektüre der Odyssee legt eine Form von Lustpolitik nahe, die das Entstehen des Vokalalphabets aus dem actus purus erklärt – wie schon bei manchen sprachphilosophischen Spekulationen der Frühromantiker die Sprache aus dem Vögeln entspringt, aus der Reproduktion jener lustvollen Laute, die das Geschehen eingeleitet und begleitet haben und die nun dazu dienen können, eine gemeinsame Zielvorstellung zu artikulieren. Und nicht vergessen, dass hier Selbsterhaltung und Lustpolitik ineinander greifen können, um mit den Früchten, in den Kindern mit denen Italien oder Großgriechenland beschenkt wurde, ohne dadurch einer Kolonisierung zu unterstehen, eine erste Form der ästhetischen Einigung zu stiften. Es muss nicht, wie bei Adorno/Horkheimer vorausgesetzt, ein ausschließendes Verhältnis zwischen Selbsterhaltung und Lustpolitik vorliegen.

Das Verhältnis zwischen Musik und Erotik ist auf einen Nenner zu bringen – in beiden Fällen wird eine Möglichkeit freigesetzt, das Verlöschen des Ichs nicht mehr zu fürchten, sondern herbeizusehnen. Das Hier und Jetzt beginnt punktuell zu werden, in gewissen Momenten bekommt der Augenblick einen Ewigkeitscharakter, es findet ein Sprung aus der Zeit heraus statt – wie das sonst nur Techniken der Trance bewerkstelligen können. Diese arbeiten übrigens mit klar erfahrenen Rhythmen, ob das Tänze sind oder Atemübungen, rituelle Gebete, tantrische Gymnastik oder ein den Blick bannendes Objekt, das sich in regelmäßigen Halbschwingungen vor dem Auge bewegt. An einer schmalen Grenze zwischen Feuer und Eis, am Punkt des Umschlags der Gegensätze, in der Atemlosigkeit der Erfahrung, gelingt es manchmal, ein Teil des Göttlichen zu sein.

Die Bezüge zur schamanistischen Reise ins Zentrum der Welt und an den Quellpunkt ihres Geheimnisses haben dafür gesorgt, dass ein langweiliges und unästhetisches Geschehen über die Zeitdiagnose hinaus auf menschheitsgeschichtliche Lernschritte und metaphysische Fragestellungen verwies. Nicht als Bildungsgüter, sondern als Hormonausschüttungen, nicht als tote Schrift, sondern als brennende Begierde – Kräfte, die noch zehn Jahre später im Untergrund weitergearbeitet hatten, während versucht worden war, uns unsere Grenzen zu zeigen und wir eine Bahn durchlaufen mussten, die nur den Trost anempfehlen wollte, dass wir nach der Vernichtung in einen Mythos verwandelt werden würden.

Das ist eine seltsame Verschränkung. Ich hatte Geld immer für nebensächlich empfunden und war davon ausgegangen, dass die wichtigen Sachen für Geld so oder so nicht zu haben waren. Dabei lässt sich das aus dem Zen-Buddhismus lernen: Selbst ein Haufen Scheiße kann eine Erleuchtung bewirken! Erst als es nicht mehr möglich war, durch irgendwelche Hilfsarbeiten dafür zu sorgen, dass wir halbwegs über die Monate kamen, um die Schreibe zu finanzieren, musste ich irgendetwas anderes zu machen. Ich sollte nicht einmal mehr weggehen können, denn egal wo ich mich vorstellte, sei es auf dem Arbeitsamt, sei es für irgendwelche Aushilfsvertretungen, immer begegnete mir die Botschaft, dass die Leute, die unsere Gegner sein wollten, auch in jener Bank, in jenem Buchhandel, bei jenen Rechtsanwälten, in jenem Verlag, bei jener Zeitung, in jenem Werbebüro die Möglichkeit hatten, ihre Einflüsse spielen zu lassen. Die Welt war so vernagelt, dass es nur einen Notausgang gab: Das Telefon aus der Matrix, mit dem bisher immer nur versucht worden war, uns zu paranoisieren. Die Leute, die sich anmaßen wollten, über unsere Lebenszeit zu entscheiden, hatten dafür gesorgt, dass ich die Techniken entwickelte, mit denen es möglich war, über die Selbstdementierung des Bildungsbeamten und das Stadium der dauernden Subalternalisierungen durch einen Behördenapparat hinauszugehen. Ich telefonierte die Gelben Seiten hoch und runter: Im ersten Monat kam eine Telefonrechnung von über 900 Mark zustande; ich verließ mich auf die Statistik der großen Zahl und telefonierte wie ein Besessener bis zur Erschöpfung, bis abends die Ohren klingelten und die Fingerspitzen von der altmodischen Wählscheibe wund waren... und verdiente sogar genug, dass wir nach Abzug der Kosten ein bisschen mehr in der Haushaltskasse hatten, also bei den früheren Aushilfsjobs. Beim Üben schaffte ich in den ersten sieben Monaten einen Umsatz von 72.000 Mark, im nächsten Jahr beschleunigte ich dann die neuen Routinen und brachte etwa 400.000 Mark Umsatz zustande – 18 Prozent waren für uns und mittlerweile war die Telefonrechnung wieder auf rund 300 Mark im Monat geschrumpft – außerdem verfügte ich nun über ein Tastentelefon, das in der Lage war, die letzten zwanzig Nummern für Wahlwiederholungen zu speichern. So wie es gelang, erfolgreich am Telefon Anzeigen und Promotions zu verkaufen, kam ich wieder in der Zone der magischen Selbstinduktion an, die ich bisher nur beim Malen und Schreiben kennengelernt hatte. Jetzt waren mit dem Draht zur Welt auf einmal Intensitäten zu entfesseln, mit psychischer Kraft, die ja als spirituelles Phänomen entwirklicht und zur Ader gelassen werden musste, wenn man/frau eine Planstelle ergattern wollte, konnte ich in meiner Telefonhöhle nach Umsätzen jagen, wenn ich die konkreten Beutetiere an den Wänden meiner Imagination nur genau genug portraitiert und gekennzeichnet hatte.

Die Kunst der Schlussfolgerung, das psychologische Geschick, die gesellschaftskritischen Einsichten und die hermeneutischen Routinen: Alles, was ich den Geisteswissenschaften verdankte, war als Rhetorik und Überredungskunst in Umsatz umzumünzen – dazu kam die Kenntnis der Verflochtenheit der verschiedenen Geschäfte, die speziellen Angebote am Markt, die Form der Selbstdarstellung in der Werbung, die mir meine Partnerin aus den verschiedenen Medien zusammensuchte, außerdem manch anderes Insiderwissen, das ich den vielen Jahren als Packer und Bote verdankte, als ich fast alle wichtigen Geschäfte in der Innenstadt mit juristischer Fachliteratur belieferte und dabei Informationen aufgesaugt hatte, ohne zu wissen, dass sie bares Geld werden konnten; ich kannte sogar die Hintereingänge, wusste in vielen Fällen den kürzesten Weg zum jeweiligen Chefsekretariat, oft sogar den Namen der Sekretärin oder des Assistenten, manchmal auch den alten Schwabensäckel selber. Ich war also bestens ausgerüstet und es hatte nur den notwendigen Anstoß gebraucht, ins Nichts zu springen und auf jene kleinen Kompromisse zu verzichten, mit denen wir uns bis dahin über Wasser gehalten hatten. Wir waren ja so bescheiden gewesen, weil davon auszugehen sein sollte, dass mit den Techniken des Geistes nur die Legitimation des Geldnehmers oder Kostgängers zu erwerben war – das war eine der in dieser Gesellschaft notwendigen Lebenslügen, mit der dafür gesorgt wurde, dass die Technologien des Wissens entschärft werden konnten, bevor sie überhaupt in die Nähe brisanter Einsichten kamen.

Nicht aufzugeben, weiter zu machen, Schritt für Schritt ohne festen Boden unter den Füßen, galt es alle vorhandenen Techniken und Wissensweisen zu verwenden – einige Jahre war ich dafür verspottet worden, warum ich den PC nicht nur als luxuriöse und arbeitssparende Schreibmaschine verwendete, sondern meine Zeit damit verschwendete, mir einfache Programmiertechniken anzueignen, später noch, warum ich für meine Texte das aufwendige Latex mit Metafont verwendet hatte. Anfangs war ich bei Bedarf in der Lage, einen Druckertreiber umzuschreiben, dass er mittels Druck-in-eine-Datei zum Datenkonvertierer taugte und Texte von einem System auf das andere übertragen konnte – ich hatte mit einem CPM-System begonnen und musste meine ersten Texte ins TOS-System konvertieren, um sie für die MS-Dos- und die MAC-Welt lesbar zu machen; mit Knuths TEX-System war ich endlich in der Lage, linotypefähige DVI-Files zu produzieren – jetzt zeigte sich, dass ich optimal ausgestattet war, um als Ästhetik- und Textberater mit den Werbebüros meiner Anzeigenkunden zu kommunizieren und bei Bedarf ersetzte ich sogar den Texter... Wir hatten alles mitgebracht, um die notwendige Kraft freizusetzen, die sich einem produktiven Umgang mit der Geschlechterspannung verdankte. Diese Verwobenheit des Animalischen mit der Technik setzte Power frei, die Profanisierung des Ewigen, einhergehend mit der Spiritualisierung des Geschlechts, wurde für uns entscheidend. Nach und nach wurde mir wieder bewusst, dass ich einst ein junger und noch unvollkommener Gott gewesen war, dass mir manche Schöpfung aus dem Nichts gelungen sein musste, als ich mich auf das Abenteuer des Lebens eingelassen hatte: Dass ich diesen

Ursprung unter der Masse anstürmender Bilder und profaner Vorstellungen nicht ganz vergessen hatte und zumindest in den täglichen Ekstasen an diese grandiose Herkunft erinnert wurde.
Der Schein, die Fassade, die verschiedenen Grade der Simulation stehen gegen die Substanz des Triebs: Eine Substanz, die auf der Relationsmetaphysik beruht, die sich aus unendlich fein verwobenen Beziehungssystemen ergibt, die in einem biochemischen und energetisch-magnetischen Geschehen gründet, das die Synapsen untereinander und mit den Sternen verbindet. – Wer sich mit der Wissenschaft des Bewusstseins auseinandersetzt, begegnet mittlerweile der Frage, wie jenes extrem abstrahierende Geschehen, mit dem wir uns um die sinnliche Welt betrügen, um sie durch ein paar dürre Generalisierungen zu ersetzen, in kleinen Schritten wieder rückgängig zu machen ist. Jede Erfahrung mit LSD oder Meskalin hat diese Schlussfolgerung schon vor Jahrzehnten nahe gelegt! Die Entsublimierung soll der augenblickliche Tod sein und die Sublimierung ist der hinausgezögerte Tod: Es bleibt nach diesen Vorgaben nur der Bereich des Dazwischen, den heute die Bildungsbeamten besetzen und zum Lob ihrer Stillstellung pervertieren! Nebenbei darf ich darauf hinweisen, dass es doch auffällig ist, wie mit der Hypertrophierung des Willens die Orgasmusprobleme auftreten. Viel wahrer und echter als der Wille wäre die Freude an der eigenen Kraft – dies beweisen die heute auf Institutionen angewiesenen Machtmenschen zu Genüge. Ich bin Anarchist, weil es gar nicht anders geht, die Überzeugung ist da zweitrangig: Es zählt die Erfahrung der energetischen Woge und der Glaube an eine von aller Technologie niemals auslotbaren Wunderwelt.
Wie nebenbei hat sich erwiesen, dass Henry Miller richtig lag, als er die Musik als das Gegengift gegen das namenlose Elend gekennzeichnet hat, gegen die Erfahrung, keine Stimme mehr zu haben und in einer Statistik der großen Zahl unterzugehen. Dass es zwei Arten gab, Musik zu hören: man konnte sich bis zur Selbstvergessenheit von ihr führen lassen oder man konnte sie als Anlass nehmen, den inneren Monolog auf Trab zu bringen und in ungeahnte Assoziationszusammenhänge vorzustoßen. Die Unermesslichkeit des großen Nichts außerhalb des Selbst zu entdecken oder der Unendlichkeit der Verweisungen gewahr zu werden, die das Selbst darstellte. In beiden Fällen war Musik der Einspruch gegen das den Einzelnen auswischende Schicksal – und damit, wie die Erfahrung der Musik immer mit dem Geschlechtlichen

vermischt ist, kennzeichnete er sie als Tafelschrift der Götter. Höre die heiligen Schwingungen, fließe mit dem Strom. Gehe über dich hinaus, wenn du dich finden willst, aber gehe nie davon aus, dass du schon fertig bist. Verschwende dich, investiere alle Kraft, alles was dir an Möglichkeiten zur Verfügung steht, um so weit wie möglich von dir weg zu kommen und du wirst einem göttlichen Geheimnis begegnen: Das Ich, wenn es kein Zwangsmechanismus mehr ist, wird zum Mikrokosmos. Nichts ist fertig, alles in Bewegung und wenn du an nichts haftest, wenn du deine Gewohnheiten gesprengt hast, lassen sie dich an der Schöpfung der Welt mitarbeiten. Wenn du dann noch lachen kannst, wirst du bemerken, dass du ein Teil von ihnen bist. Du bist nicht etwa ein Geschöpf der Götter, sondern die Götter sind ein Resultat deiner Reinheit und Kraft. Der Selbstvergottung mancher Mystiker und Mystikerinnen ist vielleicht die größte Wahrheit abzulauschen, die Wesen aus Fleisch und Blut auszuhalten im Stande sind. Und die Sterblichkeit ist kein Argument: Es mag sein, dass es vor uns Götter gegeben hat, weil es schon Leidenschaften gab – und wenn es die der Säbelzahntiger waren. Allerdings sind die Hormone noch keine Auszeichnung – mag jeder Mangel ihrer Wirksamkeit auch als böser Fluch erfahren werden.

Die Götter mögen ewige Objekte im Sinne Whiteheads sein – also Relationssysteme! Für die Realisierung von Aphrodite, Eros oder Hermes sind mit Sicherheit immer die jeweils Lebenden zuständig und ihre Wirksamkeit beruht auf den Ausflüssen der Leidenschaften. Im Schweigen, das die Musik transportiert, entsteht jener Raum im Kleinen noch einmal, in dem die Leidenschaften dem Namenlosen die Ingredienzien einer Semantik abringen. Eros als Kind der Armut des Triebs und des Reichtums des Begehrens, der Spross eines Beischlafraubs, ist Vermittler, Bote, Dieb, Lügner und Ausleger. Er steht für alle Erscheinungsformen eines Verhältnisses der Geschlechter: Eros ist die sich selbst auslegende Interpretation der Leidenschaft.

Es gibt ein Bild aus dem Jahr 1974, Öl auf Bettlaken, gespannt auf ein Abfallstück Pressspahn, grundiert mit einfacher Dispersionsfarbe, auf dem sich das Thema Orpheus zu ersten Mal für mich artikuliert hatte. Zu einer Zeit, in der ich noch so wenig wusste, dass ich immer wieder staunte, welche unerbittlichen Wahrheiten mir aus meinen Bilder entgegen starrten: Es zeigte die Musik auf dem Weg in die Unterwelt!

Wir haben heute Abend etwas länger gebraucht! Ich darf mich für Ihre Geduld und Aufmerksamkeit bedanken!

3a

Einen schönen guten Abend. Manche Gesichter kenne ich mittlerweile schon und es wundert mich nicht, dass einige weggeblieben sind. Wenn Sie das wissen oder kapieren, was ich Ihnen anbieten kann, müssen Sie keine Zeit damit verlieren, mir zuzuhören. Falls Sie es nicht wissen wollen, ist die Mühe so oder so falsch investiert: Es dürfte bekannt sein, dass ich keine Zugeständnisse an den bildungsbürgerlichen Schlafschutz mache. Für die Neuankömmlinge kann ich nur den Sprung ins kalte Wasser anbieten. Die Zeit, die vorangegangen Abende zu rekapitulieren, haben wir nicht – aber das ist nicht weiter bedenklich, ich wiederhole mich ständig.

Es würde mich interessieren, warum Sie hier sind. Es hat sich vermutlich schon herumgesprochen, dass ich nicht dazu da bin, Sie zu unterhalten. Das Zeug ist anspruchsvoll und demaskierend, es setzt voraus, dass Sie mitdenken und bereit sind, auf lieb gewordene Wahrheiten zu verzichten. Ich bin übrigens nicht freiwillig hier, habe mir aber ausbedungen, dass ich nur über das zu reden brauche, was zu meinen Lernerfolgen beigetragen hat. Ich muss also nichts erzählen, was Sie in einem durchschnittlichen Volkshochschulkurs zu hören bekommen und von den Selbstbeweihräucherungsveranstaltungen konzerneigener Akademien werde ich Sie verschonen.

Rufe aus der Hörerschaft:

„Wir sind auch nicht freiwillig hier! Wir werden abgeordnet!"

„Tatsächlich hat es sich herumgesprochen, dass die Einladung zu diesen Vorlesungen heißt, man gelte als hoffnungsloser Fall!"

„Mein Therapeut hat mir geraten, wenn ich noch mal richtig lachen will, soll ich Ihnen eine Weile zuhören."

„Ich trage die Verantwortung für so viele Menschen und weiß mittlerweile nicht mehr, wie ich die für mein eigenes Leben übernehmen soll."

„Wir werden für den Besuch dieser Veranstaltungen bezahlt!"

„Als Süchtiger und Melancholiker muss ich keine Rechenschaft ablegen – aber ich habe die Komplexitätsreduktion satt!"

„Es heißt, dass an Ihrer Geschichte zu lernen ist, wie man sich das Leben erleichtern kann."

Danke schön, die Situation kommt mir bekannt vor. Ich hatte anfangs erwartet, als exotischer Clown vor Wirtschaftbossen auftreten zu müssen. Das macht doch schon einen ganz anderen Eindruck – wir gehen also von ähnlichen Voraussetzungen aus.

„Unterschätzen Sie bitte nicht, dass wir alle aus den Vorstandsetagen großer Unternehmen kommen!"

Ok! – Ich lege sehr großen Wert auf Einsichten und Erkenntnisse: Ich bin wie Grendel aus einem üblen psychotischen Sumpf gekrochen. Meine Mutter war eine Todesmaschine, die über die Kräfte von E. T. A. Hoffmanns Klein Zaches genannt Zinnober verfügte: Die wesentlichen Gesetzmäßigkeiten wurden im Roman ‚Altpapier' aufgeschlüsselt. Ich konnte nur ein Interesse daran haben, mich durch genaues Wissen und immer feinere Differenzierungen vor dieser Verhaftetheit an die Unredlichkeit oder Unentschiedenheit in Sicherheit zu bringen. Für mich stand sehr schnell fest: Du kannst gar nicht genug wissen, solange du die Emanzipation aufs Panier geschrieben hast, gerade weil es für lange Zeit so aussehen soll, als stehe die Mutterwelt für eine Emanzipation von allen verdinglichenden Macht- und Instanzenwegen. Aus diesem Grund ist mir stimmigerweise irgendwann die Aufgabe zugewachsen, die Erkenntnisorientierung gegen die mimetischen Abhängigkeiten zu verwenden, mit denen eine Mutter dafür sorgt, die Konkurrenz einer möglichen Lebensgefährtin auszuschalten und jede mögliche Beziehung zu einem Ventil der Selbstzerstörung zu pervertieren. Ich verkürze in extremer Form: Der Notausgang aus diesem mythischen Labyrinth entsprach dem notwendigen Zusammenspiel zwischen Speichersystemen und der Vergegenwärtigung der eigenen Rolle, aus dem sich die verschiedenen Reflexionsfiguren des Bewusstseins bilden – ohne Verkörperung oder Vergegenwärtigung kann der Verweisungszusammenhang zwischen den Speichern kein Türchen in die Wirklichkeit finden. Das Ich als Funktion ist in einem kontinuierlichen Wandel begriffen, zum einen versucht es, die ständigen neuen Erfahrungen nach den in der Vergangenheit erworbenen Gesetzmäßigkeiten zu strukturieren und zu verstehen – zum anderen muss es frühere Gewordenheiten durchbrechen und damit Gewohnheiten wieder annullieren, wenn es der gegenwärtigen Erfahrung gerecht werden will. Wir sind ein Fließgleichgewicht und die wichtigste unserer Aufgaben besteht darin, die sich rekonstruierende Homöostase eines vergangenen familiären Elends zu verhindern.

Wenn Sie wissen wollen, warum die Weltgeschichte die eigentliche Katastrophe ist, warum es immer wieder genauso beschissen weiter geht, müssen Sie nur darauf achten, wie die gesellschaftliche Arbeitsteilung über die Erfahrungsersparnis und den Umweg des Sexualneids ins politisch korrekte Denken hinein gewandert ist! Noch klarer können die Entwicklungsstrukturen von Verhaltensstandards, die aus dem Verzicht und der Feigheit resultieren, die auf der Verleugnung der Angst vor Frustrationen beruhen, nicht gekennzeichnet werden. In den verschiedensten Zusammenhängen könnte man auf die Idee kommen, dass es um die Vernichtung von persönlichen Kapazitäten geht, um die Reduzierung kultureller Errungenschaften, um die Inflationierung sprachlicher Kompetenzen. Als hätten die Errungenschaften und Einsichten, die wenige Einzelne, oft unter Qualen, in einem Leben erarbeiten, nicht nur für das Fundament von Institutionen zu sorgen, sondern als müssten sie verstümmelt und unkenntlich gemacht werden, um dafür zu sorgen, dass schon in den nächsten Generationen die einmal gefundenen Wege nicht mehr für ein Emanzipationswissen zur Verfügung stehen, sondern der Verdumpfung und Knechtung zuarbeiten sollen. Das macht den illusionären Charakter der Behauptung aus, früher sei alles besser gewesen. Der jeweilige Sinn, die Brauchbarkeit des Wissens, hat eine Halbwertszeit, die sich mit zunehmender Beschleunigung immer mehr verringert. Das impliziert natürlich die Chance, neu zu lernen und Neues zu entdecken, aber es bringt die Fraglichkeit mit sich, auf schwindende gewordene Sicherheiten zurückgreifen zu können. Vergessen wird bei diesem Prozess in schöner Regelmäßigkeit, dass alle Einsichten und Findigkeiten erst einmal die glücklichen Funde und eingeschliffenen Gewohnheitsmuster Einzelner waren, die in einem nächsten Durchgang dazu dienen mussten, von der Notwendigkeit des Findens und Entdeckens zu entlasten.

Gerade weil Sie gewohnt sind, Menschen als MAKs zu rechnen, weil Sie in den Statistiken von aller individuellen Bedeutsamkeit abstrahieren, weil bei Ihren Gesetzmäßigkeiten der großen Zahl ausgeblendet wird, was die eigentlichen Qualitäten des Menschlichen in Bewegung setzen, sollten wir uns anschauen, wie bestimmte Erfahrungsformen ausgesehen haben, in denen die Handlung direkt an die Erkenntnis gekoppelt war, in denen aus Erfahrungen Weisheit gefiltert werden konnte. Dazu würde ich Ihnen ganz gern ein paar Einsichten aus den verschiedenen philosophischen Nischen der ersten Hälfte des 20. Jahrhunderts vorstellen, um sie in einem Rahmen esoterischer Sprachtheorien zu präsentieren und den daraus resultierenden Symbolbegriff für uns fruchtbar zu machen. Dessen Wirkungsmacht ist nicht verschwunden, die ursprünglichen Gewalten wurden nicht gelöscht, sie sind lediglich in andere Medien umgefüllt worden. Aber keine Sorge, ich komprimiere und halte mich nicht damit auf, die Herkunft der einzelnen Denkansätze im Einzelnen zu belegen – das können Sie bei Bedarf in den letzten Büchern nachschlagen.

Seit Jahrzehnten werden Milliardenumsätze mit metaphysischen Versatzstücken in Bewegung gesetzt, Markenphilosophie und Cooperate Design arbeiten wieder am zerstückelten Körper der Götter – was über Jahrtausende hinweg der Krieg als Überdruckventil in Bewegung halten musste, haben längst die Medien der Unterhaltung und Zerstreuung übernommen. In der Pornographie ist der Werdegang des Heiligen aufbewahrt, im Krimi die theologische Raffinesse, die alten Mythen kehren in der Fantasy wieder, die Warenästhetik liefert uns heute die Sinnstiftungen der Selbstdefinition... Um Benjamins These, das Ewige sei eher die Rüsche am Kleid, als die immaterielle Idee, zu aktualisieren, gehe ich davon aus, dass in der Pornographie mehr Wahrheit zu finden ist, als in der seriösen Theorie – solange es noch richtig flutscht und die Engel zwitschern, schließe ich mich Graham Greene an, der einmal schrieb, in einer Frau sei man Gott näher als in der Kirche. Und andersrum, wer erst einmal kapiert hat, wie obszön die große Theorie in ihren wesentlichen Voraussetzungen ist, wird nicht mehr von der Hand weisen können, dass die zynischsten Witze am meisten Wahrheit transportieren, dass das Lachen oft genau dort ansetzt, wo uns aufgrund der nötigen Denkverbote entgehen soll, dass hier tatsächlich die wirklichen Einsichten beginnen.

Nachdem der Bezug auf das Heil und auf die Erfüllung der Menschheit längst aberzogen worden ist, zwinkert uns das Paradies aus rostigem Schrott entgegen und im verworfenen Schund leuchtet für einen Augenblick die Erlösung auf. All das könnte in der verwalteten Welt gar nicht mehr funktionieren, wenn die Statthalter des Wissens und ihres Selbstverständnisses Recht behalten würden. Vermutlich sind sie gerade aus diesem Grund noch an den Schalthebeln der Macht, weil sie von den falschen Voraussetzungen ausgehen, weil sie tatsächlich auf jene Unbotmäßigkeiten angewiesen sind, an denen sich der Wille zur Lebensversicherung entzündet. Wenn Not und Bedürfnis nicht ihre eigenen Medien schüfen, um ursprüngliche Einsichten durch die verschiedensten Metamorphosen am Leben und Wirken zu halten, müsste es einem längst vergehen – selbst wenn klar ist, dass jeder Hoffnungsschimmer für das falsche Ganze mehr Licht abwirft, als für ein Fragment des richtigen Lebens. Wir haben nur eine Wahl, nicht mitzuspielen – aber genau von der haben wir nichts. Also spielten wir mit, mag es einem manchmal speiübel dabei werden, spielten nach den Regeln und sorgten dafür, dass so viel Lust und Erkenntnis dabei freigesetzt wurden, dass auf den versprochenen Gewinn, der eine Falle ist und der Abwesenheitsdressur dient, geschissen ist. Die Störmanöver waren dagegen von so langer Hand vorbereitet worden, dass die Delegierten unter dieser Prämisse nicht schnell genug umzuschalten waren. Mit der nötigen Beweglichkeit stand fest: Wir können gar nicht verlieren! Wir müssen uns nur auf jene Qualitäten besinnen, die die Maschine aus Selbstbetrug und Verleugnung am Laufen halten und sind damit an den Wahrheiten dran, mit denen sich tatsächlich ein Leben gestalten lässt.

Ich greife also voraus und fasse zusammen, dass zu zeigen sein wird, wie eine Prozessmetaphysik rational einholbar macht, was für die Magie und den Glauben zugänglich war, was später die nötigen Asyle in der Kunst fand. Mir geht es um jene welt- und wertschöpfende Potenz, der wir uns nur hingeben, über die wir aber niemals verfügen können. Ich habe diesen relationalen Ansatz nicht nur in hedonistischen und materialistischen Zusammenhängen, sondern sogar in der jüngeren Theologie gefunden, was für mich nahelegt, dass der Weg der Mystiker heute, eben mit allen technischen Möglichkeiten und dem erkenntnis- und wissenschaftstheoretischen Rüstzeug des 21. Jahrhunderts, erneut beschritten werden sollte. Mittlerweile beginnt die Politik immer mehr zur Religionsgeschichte zu werden – die Ansprüche der Religion, einen Sinn zu stiften, verwandeln sich sogar wieder in Politik und bevor wir die Erfahrung machen, dass der Kampf der Kulturen unsere hoffnungslose Borniertheit erweist, sollten wir also etwas genauer wissen, wie Religionen in den Köpfen entstehen. Natürlich habe ich die Folgerung der Biochemie, *Gott ist ein Peptid,* begrüßt – schon deswegen habe ich mich nicht von der Erzeugung eines Regelsystems für junge Götter abbringen lassen. Aber es sollte nicht vergessen werden, dass die jeweiligen Gesetzmäßigkeiten nur auf den entsprechenden Schichtensystemen der Wirklichkeit gültig sind. Ein Buch besteht aus mehr oder weniger gebleichtem Papier und mehr oder weniger dichten Farbpartikeln: Der Statistiker, der uns das Verhältnis aus weißen und schwarzen Anteilen vorrechnet, wird nicht in der Lage sein, eine vernünftige Aussage über die Bedeutungen zu machen – das ist kein Erkenntnisniveau, über das ihn seine Wissenschaft verfügen lässt. Wir können mit einer anspruchsvollen Mustererkennung soweit kommen, Gehirnströme in Bedeutungen zu übersetzen, wie früher gesprochene Sprache in Schrift überführt wurde – aber es braucht noch immer das Hinzutreten eines Dritten, der die Hermeneutik mitbringt. Und nicht anders sieht es mit der Biochemie der Liebe aus, dabei wurde längst eingeholt, dass die Liebe als relationales Geschehen – eben nicht als hormonelles Zwangssystem – die sozialen und kommunikativen Kompetenzen verbürgt. Wenn Sie also Ihre MAKs verrechnen, sollte Ihnen gelegentlich klar werden, dass eine/r, die/der richtig motiviert ist und um der Sache selbst arbeitet – was in meinem Sinne heißt, dass sie/er arbeitet, um sich damit sinnvollere Tätigkeiten im Leben zu ermöglichen –, zehnmal mehr bringen kann, als die Leute, die nicht wissen, wo sie mit ihrer Libido hin sollen und sich aus diesem Grund für jede Simulationsveranstaltung der Firma zur Verfügung stellen. Unvorstellbare Ressourcen für Eigenlob und Selbstdarstellung werden vergeudet – auf der personellen wie auf der Ebene der Körperschaften – eben weil vergessen wurde, dass eine Grundvoraussetzung der Lebendigkeit ist, dass man/frau die vorhandenen Energien richtig investieren können sollte.

Im folgenden beziehe ich mich auf Spranger oder Cassirer oder Max Scheler, um später den Bogen zu Kamper, Kittler, zur Lippe und Sloterdijk zu schlagen – wir haben hier eine einmal tabuisierte Traditionslinie, die vom kritischen Aufbruch der 68er-Bewegung gleich noch einmal verdrängt wurde. Wenn ich also davon ausgehe, dass es Zeiten gibt, in denen das Denken zur maximalen Entfaltung kommt, weil eine Ich-Du-Beziehung im Zentrum dieses Denkens steht und zugleich der Logik des Herzens oder den Gesetzmäßigkeiten des Glaubens nahe gekommen wird, so frage ich mich nicht mehr, was der heute gängige, am Experiment orientierte Erfahrungsbegriff damit anfangen kann! Die exakten Wissenschaften beschreiben die Welt der exakten Wissenschaften, alles was außerhalb der von ihnen festgelegten Demarkationslinien zu finden ist, darf für sie gar nicht relevant sein – wobei es schon fast sinnlos ist, jetzt zu unterstreichen, dass all das, was für die Lebendigkeit des Menschen von irgendeinem Interesse ist, was jenseits der Statistik und dafür in der Nähe des gelebten Augenblicks zu finden ist, ausgegrenzt wird. Das ist nicht mehr als ein Rückzugsgefecht der exakten Wissenschaften. Dank der technischen Entwicklung stehen mittlerweile ganz andere Möglichkeiten zur Verfügung, die Subjekt-Objekt-Dichotomie zusammen mit der klassischen Wahrheitslogik als Nischenprodukt zu kennzeichnen: Sie funktionieren innerhalb eines streng abgezirkelten Bereichs, der voraussetzt, dass ein überwiegender Teil der Welt gar nicht zur Kenntnis genommen werden darf. Schon mit dem Internet haben wir eine Spielwiese jenseits der überkommenen Dichotomien zur Verfügung gestellt bekommen!

Bei Schadewaldt heißt es einmal, die Realität der Symbole und den Symbolcharakter der Realität zu erkennen, sei ein anderes Wort für Religion. Das Kultische beruhe auf der Religion, und so liegt es nahe, dass die antike Tragödie in ihrer symbolischen Realität als das kultische Spiel von der Wirklichkeit des Göttlichen erscheint. Dieser auf den ersten Blick altertümelnde Ansatz, der im Denken Hölderlins und Hegels wurzelt, hat bei genauerem Hinsehen verdächtige Ähnlichkeiten mit der Propagierung einer Notwendigkeit des sozialen Todes. Die Leidenschaften bewirken die Gegenwart des Göttlichen in der Welt, wie schon die Gefühle zur Schmiede der Bedeutungen taugten. Es gibt aus diesem

Grund auch keinen Anlass, auf irgendwelche transzendentalen Wesen zu setzen und die eigene Verantwortung zu delegieren: Das, was es an Göttlichem in der Welt gibt, wird durch unsere Energie und Leidensfähigkeit, durch unsere Makellosigkeit realisiert! Diese Erfahrung von den Wirkungsmächten der Bedeutsamkeit wird durch das Resultat einer Katastrophe potenziert und im besten Fall auf eine Ebene der Selbstverschwendung und Produktivität befördert. Wie die Tragödie den von Lebenszwecken und Konventionen gefesselten Menschen an die Wahrheit des Wirklichen heranführt, wie sie erschüttert und die sichernden Gewohnheiten aushebelt, setzt sie die Möglichkeit eines heilenden Lernprozesses frei. Von hier aus ist es gar nicht weit zu Sloterdijks Fragestellung: Wie viel Katastrophe braucht der Mensch? Die Tragödie führte mit der Faszination des Schrecklichen, das ein Gorgonenhaupt jener geflohenen und verleugneten Wahrheit ist und der Lust an der Klage, die sich an der erleichternden Kraft des Geständniszwangs nährt, schließlich auf die kathartische Erschütterung. Die bewirkte Befreiung heißt, wie dies Freud für die therapeutische Arbeit wiederentdeckte, vor allem eine Stärkung des Individuums gegenüber den Forderungen der konventionellen Lebenslüge und den Zwängen der Verleugnung all dessen, was ein aufmerksames Lebewesen eigentlich wahrnehmen müsste, wenn es nur dürfte. Die Katharsis führt die Möglichkeit mit sich, dann und wann mit ihren Erschütterungen den Kern eines Menschen zu treffen, der aus diesem Zusammenstoß mit der Wahrheit des Wirklichen verändert hervorgeht.

In diesem Zusammenhang möchte ich einen Bezug zwischen Wahrheit und Schönheit in Erinnerung rufen. Georg Picht hat sich in den verschiedenen Zusammenhängen darum bemüht, dem auf die Spur zu kommen, was man in jüngerer Zeit ökologische Weisheit nennt. Er stellte fest, dass es nur einen unverbildeten Blick braucht, um zu sehen, dass alles, was unsere Umwelt schädigt, tatsächlich hässlich ist. Und das scheint mir ein sehr umfassender Gedanke. Picht zeigt in den verschiedenen Zusammenhängen, dass der Sinn für Schönheit ein Vermögen ist, das uns darüber belehren kann, was zulässig und richtig ist und was nicht – und das betrifft nicht nur unser Verhältnis zur Natur oder die Organisation unserer Städte! Das betrifft alle grundlegenden Beziehungsverhältnisse – das Verhältnis der Generationen, das der Geschlechter, das zu den Mitmenschen und das zur Natur. Er unterstreicht immer wieder, dass wir in unserer ästhetischen Kompetenz ein sensibles Instrument besitzen, um Wechselverhältnisse und Systemstrukturen zu erfassen, die für die plumpen Mechanismen eines rationalistischen Denkens viel zu komplex sind. Frühere Kulturen wurden bei der Gestaltung der künstlichen Umwelten des Menschen von ihren ästhetischen Organen geleitet. Das Schöne hatte den Vorrang vor dem Nützlichen, es diente der Erhaltung, es sorgte für den Ausgleich der energetischen Spannungen, es garantierte die Steigerung der kreativen Kräfte der Menschen – das ist ein Ansatz, mit dem Bataille weiter zu denken ist. Es ist nicht die Schönheit, die die herrschenden Machtverhältnisse dekoriert – sondern die, die sie überschreitet und in bestimmten Augenblicken sogar sprengt! Es ist die Schönheit, die das Nützlichkeitsprinzip widerlegt – Karl Philipp Moritz hat das, was ohne Interesse und ohne Zweck gefallen soll, in einer Form gefasst, an die Kant sicher nicht gedacht hat: Es ist die Schönheit, die die sozialen Barrieren niederreißt, die eine Ahnung für die Wahrheit jenseits der Konvention vermittelt. Eine darwinistische Ableitung des Entwicklungszusammenhangs, der nebenbei zu dem luxurierten Phänomen führen kann, das ich das weibliche Behinderungssystem nenne – und in solchen Fällen hat das schwanzlose Elend nichts anderes als die Bestätigung der bestehenden Herrschaftsverhältnisse bewirkt –, ist in Menninghaus' Arbeit über *Das Versprechen der Schönheit* nachgezeichnet worden: Der Hang zu Luxus und Großzügigkeit, zur Souveränität und Selbstentfaltung gehorcht einem Prämiensystem für den sexuellen Erfolg: Wie nebenbei kann die Schönheit zu Stendals Promesse du Bonheur führen, also dazu, dass die üblichen Simulationen und Konventionen nichts mehr versprechen können. Die Schönheit ist der Glanz der Verausgabung und damit eine Korrektur jenes pestilenzischen Glanzes der Werke von Geld und Macht, in denen die Ausdünstungen der in ihnen verscharrten Leichen fluoreszieren.

Frage: „Was ist dann ein Breitschwanzmantel? Wie wollen Sie die höchste Verfeinerung aus der Verstümmelung des Lebendigen rechtfertigen – bis zur Pervertierung der Gesetzmäßigkeiten einer biologischen Geburt!"

Das ist nicht mein Problem, diese Fragestellung dürfen Sie gern selbst in Ihrem Lebenszusammenhang lösen! Dass das Versprechen der Schönheit in der Regel nicht einzulösen ist, dass es vielleicht gar nicht eingelöst werden kann, weil die Stillung des Bedürfnisses auf einem anderen kategorialen Register zu finden ist, spricht nicht gegen sie. Dies macht tatsächlich erst ihre prospektive Potenz deutlich, sie treibt uns zur Erfüllung, sie setzt neue Möglichkeiten frei: Die Freude an der Vorwegnahme kann die Techniken und Sensorien zur Verfügung stellen, an der Erfüllung zu arbeiten. Ihr Versprechen ist immer eine Verführung, neue Wege zu probieren, sich nicht mit den Zwangsveranstaltungen und Ersatzbefriedigungen der Fetischisten abspeisen zu lassen, es noch einmal neu zu probieren, auch wenn alle behauptet haben, dass so etwas gar nicht funktionieren kann.

Alles wirklich Lebende hat Versuchscharakter und muss die wenigen Chancen ergreifen, um zu optimieren: Jede ausgeschlagene Gelegenheit, sich zu bewähren, verringert das Repertoire, jede ergriffene Chance führt zu weiteren Versuchsanordnungen. Wer nicht zu feige zum Leben ist, muss es wagen, Risiken auf sich zu nehmen, weil die Seinsmächtigkeit des Lebendigen verborgen bleibt, wenn sie nicht in der Aktualität von Begegnungen aufgedeckt wird. Und das ist ein brauchbares Stichwort, Tillichs Begriff der Seinsmächtigkeit muss nur in die richtigen Zusammenhänge gestellt werden. Schon das Sein selbst steht für die Macht zu sein, ist damit Seinsmächtigkeit. Damit sind wir an den Wurzeln des Begriffs der Macht und zwar jenseits der Simulationsveranstaltungen. Macht ist nach diesem Verständnis die Möglichkeit der Selbstbejahung, trotz innerer und äußerer Verneinung. So wird der Lebensprozess umso mächtiger, je mehr Nichtsein er in seine Selbstbejahung mit einschließen kann, ohne dadurch zerstört zu werden. Deshalb hieß es oben, wie notwendig es ist, die Negation auszuhalten oder sogar zu absorbieren, die Kräfte der Gegner für sich arbeiten zu lassen, die Antagonismen auszuheben, indem man dafür sorgt, dass die Negation sich selber lahm legt. Ich habe diese Regeln intuitiv gefunden und wäre vielleicht nie darauf gekommen, wenn ich nicht durch eine ganze Reihe von Zitaten präpariert worden wäre! Ein schönes Beispiel sind *Die Regeln des Krieges* von Sun Tsu: Wer wahrhaft siegt, kämpft nicht. Ich hatte sie als Kiffer zur Kenntnis genommen und wieder vergessen. Die asiatischen Techniken der Verstellung und des Bluffs, die notwendige Psychologie, um in den Köpfen der Gegner zu denken; dazu die ungebundene Leichtigkeit, die Fähigkeit, seine Gewohnheiten ändern zu können, die Anpassungsgabe an die Gegebenheiten, alle drei zusammen werden hier als Voraussetzungen gekennzeichnet, wenn es darum geht, die Kräfte eines Gegners für sich arbeiten zu lassen! Aus irgendwelchen Gründen wusste ich zwanzig Jahre später wieder davon, als es darum ging, einer Übermacht von Bildungsbeamten standzuhalten.

Frage: „Wenn es heißt, keine Gelegenheit auszulassen, plädieren Sie doch für eine Form des fremdbestimmten Hedonismus. Ich kann mir kaum vorstellen, dass jemand zu sich selbst findet, wenn er von Chance zu Chance jagt?"

Reduzieren wir Ihre Frage auf die Basis des Begehrens! Ohne die Tabuisierung und mit den entsprechenden Möglichkeiten muss der Zwang des Triebs nicht in dauernder Selbstsubalternisierung münden. Alles was mir verboten wird, ist begehrenswert... Wenn ich mir also alles erlaubt sein lasse, werde ich sehr schnell auf den Dreh kommen, mich richtig zu investieren. Ich hatte im gesellschaftlichen Sinne die optimale Voraussetzung: Eine attraktive Partnerin, dank der frau schon aus der fehlerhaften Identifikation und dem Versuch, sie auszustechen, zu allen möglichen Avancen bereit sein wollte – war also in der komfortablen Lage, nicht suchen zu müssen, wählen zu können, mich zurückziehen zu dürfen, weil ich schon die bessere Wahl getroffen hatte. Unter solchen Voraussetzungen bietet sich wie von alleine an, nur noch das anzuzielen, was meine Möglichkeiten erweitert und das Vermögen der Wahl stabilisiert. Dummheiten habe ich früher genug gemacht, aber jeder Fehler implizierte die Chance, durch Lernen über ihn hinaus zu gehen und vielleicht habe ich ein paar mehr ausgereizt, als das die Normalsozialisation zulässt... heute gibt es sogar die nötigen Zusammenhänge, um von einer Fehlerkultur zu sprechen. Irgendwann verselbständigt sich das Lernvermögen in einer Weise, dank der wir sogar aus den Fehlern der anderen lernen können. Je größer meine Freiheit ist, je größer wird schließlich meine Verantwortung, mit den Dingen, mit den Menschen, mit den Gesetzmäßigkeiten richtig umzugehen!

Frage: „Attraktiv! – was heißt das denn? Das heißt doch nichts und ist vom Grad der Unbefriedigtheit abhängig."

Das ist sicher richtig und auch wieder völlig verkehrt – je nach Perspektive. Was an der Oberfläche Reiz und Begehren ausmachen kann, hängt immer vom Grad der Befriedigtheit ab – was aber in der Tiefenstruktur jenen Motor der Sinnstiftung ankurbelt, der in der Begegnung zweier Biographien Welten stiften oder zerstören kann, hat sein Fundament in unserer Sterblichkeit und dem insgeheimen Wissen um jene kurze Zeit, die uns vergönnt sein wird und wenn sie ein ganzes Leben dauert. Es ist eine Anziehung von Familienromanen, als würden Himmelskörper in eine Konstellation treten und Gravitationsfelder in einem tieferen Sinn für schicksalsträchtige Attraktivitäten sorgen: Hier geht es, wenn das Spiel nicht sehr schnell zu Ende sein soll, um die Einübung des richtigen Verhältnisses aus Nähe und Ferne! Wir können vor lauter Angst vor der Enttäuschung im leeren Raum verloren gehen oder aus dumpfer Begierde im Anderen einschlagen und verglühen... Der Moment der Attraktivität ist also in meinem Sinne erst einmal das Startsignal für die Tragödie; die Mythen der Griechen waren wesentlich realistischer als die Offenbarung des Christentums, wenn sie alles Begehren mit den Qualen der Vernichtung amalgamiert und die höchste Erfüllung an die unerbittlichsten Strafen der Götter gebunden haben. Prall und feucht, fett und wollüstig, flutschig und zwitschernd können wir an den Gewalten des Göttlichen teilhaben...

Das Christentum hat das Begehren dagegen mit lauter kleinlichen Verboten auf die lächerlichsten Lappalien fixiert! Du sollst nicht ehebrechen... Als sollte ein höchster der Genüsse darin bestehen, eine Ehe einzugehen, um dann die Freiheiten des Seitensprungs zu genießen... Wir bekommen durch solche Verbote eine Zielprogrammierung eingepflanzt, die als umfassende Komplexitätsreduktion dafür sorgt, dass wir uns gar nicht auf die kleinen Schritte des aneinander Lernens einlassen können.

Nachdem ich die Grundstruktur dieses Betrugsunternehmens durchschaut hatte, wurde die Voraussetzung für die Bedingungen ihrer Überwindung wie von alleine deutlich: Es sollte dafür gesorgt sein, dass unser Blick, unser Interesse, durch keine Bedürfnisstruktur kodiert werden können. Später habe ich in den entsprechenden Situationen, als versucht wurde, über mich zu verfügen, indem das Begehren angekitzelt wurde, nur bewusst nachfragen müssen, ob ich einen hoch kriegen würde – und das hat die biologische Basis verneint: Es gibt tatsächlich ein Nein vor der Sprache, auch wenn Ihnen immer wieder eingeredet wird, die Unterscheidung ja/nein sei erst mit der Sprache möglich. Knipsen Sie den Strom an oder aus... betrachten Sie die vielen Rituale, mit denen jemand, der sich bestimmte Entscheidungen nicht eingestehen will oder darf, vorführen muss, dass er es nicht hinbekommen kann. Was Bateson zu einem systemischen Blick auf Zwänge und Süchte befähigt hat, sollte vielleicht auf alle Ritualisierungen angewendet werden. Das Ritual will nicht nur einem abwesenden Gott oder einer übermächtigen Natur vorahmen, was der Mensch von ihnen erwartet – es ist immer schon die Einübung in eine Inkompetenzkompensationskompetenz. Ich meine also, dass wir einen ganz einfachen und ursprünglichen Prüfstein für das Schöne, das das Wahre und das Gute ist, haben – jenseits der Show des Als-Ob, jenseits der formalen Selbstinszenierung, jenseits der Simulation! Gerade gegenüber einer Übermacht ist jedes Fehlinvestment in beschränkte Selbstdarstellungen zu vermeiden: Hier zählt nur noch, dass man/frau sich dem Wesentlichen widmet und ohne Fehl oder Falschheit zu dem gestanden wird, was unseren tatsächlichen Antrieb ausmacht.

Für die Welt außerhalb der Liebe als Duell erwies es sich als notwendig, dass ich mich auf die Gesetzmäßigkeiten meines jeweiligen Gegenübers einlassen musste – und das gelang um so besser, um so mehr ich mich in der Beziehungsarbeit erschöpft hatte. Ich durfte nicht nein sagen, um einen sichernden Abstand zu gewinnen, sondern hatte nahe genug an den Entwicklungen dran zu sein, um die richtige Welle zu erwischen, die uns für einige Zeit tragen konnte. Das waren Gesetzmäßigkeiten, die ursprünglich der Ästhetik abgelauscht wurden, die uns aber über den Umweg der Schönheit und in der Erfahrung der Liebe befähigten, ins Neue vorzudringen und den Bann der Wiederholung zu brechen. Wir können nicht erzeugen, keine Kraft und keine Materie – wir sind lediglich in der Lage, umzuwandeln und mehr oder weniger geschickt zu verwenden. Die eigentliche Schöpfung hatte schon stattgefunden, als wir noch nicht einmal zu erahnen waren. Wenn ich diese Erfahrungen so verallgemeinern sollte, dass sie wirklich nachvollziehbar wären, brauchte es dazu eine Schule der Liebe, die nicht auf induzierte Übertragungen und durchgesetzte Abhängigkeiten fundiert wäre, sondern auf konkreten Übungen und stetigen Wiederholungen – vielleicht wird hier oben nach und nach wirklich ein tragfähiges Fundament dafür entwickelt. Das werden wir abzuwarten haben!

Wer diesen Parcours durchläuft, muss das Wunder vollbringen, durch eine inszenierte Psychose zu wandern, ohne dabei verschluckt zu werden – oder, wie es Benjamin formulierte, er sollte auf der Rückseite des Wahns wieder auftauchen. Die Gesetzmäßigkeiten, unter denen so etwas gelingen kann, sollten präzise heraus zu arbeiten sein – wenn ich in der Geschwindigkeit der letzten Jahre weitermache, werde ich noch ein paar Jahrhunderte brauchen. Für singuläre Errungenschaften, die immer wieder in Situationen extremer Bedrängtheit und Ausgeliefertheit neu entdeckt werden, ist der Aufwand leider zu groß und der produzierte Ausschuss zu hoch. In manchen Biographien sind eben solche Schemata des Systemsprungs nachzuvollziehen – wenn Sie allerdings daran denken, wie viel menschlicher Schrott in jeder Generation produziert wird, über den nie irgendeine Lebensgeschichte erscheint, sollten sie sich nicht an jenen medialen Zeugnissen ergötzen, die nur dazu geschaffen werden, damit alles so schwachsinnig und selbstdestruktiv weiterläuft, wie es die Gesetzmäßigkeiten der Geschichte vorgegeben haben. Aus diesem Grund habe ich versucht, ein operationales Erfolgsmuster aus Ausnahmen und Extremwerten zu montieren.

Frage: „Warum inszeniert?"

Weil immer wieder irgendwelche Krüppelzüchter versuchen, einen von den ganz selbstverständlichen Bahnungen abzubringen. Ich habe Bildungsbeamte erlebt, die das, was ihnen die Literatur über die Geheimnisse der menschlichen Verführbarkeit gelehrt hat, dazu verwenden mussten, ein künstliches Wahnsystem aufzubauen. Es widersprach allen ethischen Formeln, die sie lehrten, unterstand aber der Notwendigkeit, mich als Infragestellung auszuradieren.
Ich versuche kurz noch einmal eine Zusammenfassung der theoriegeschichtlichen Voraussetzungen der ersten Hälfte des 20. Jahrhunderts, die in dem Adornozitat münden: Geliebt wirst du einzig da, wo du schwach dich zeigen kannst, ohne Stärke zu provozieren. – Ich zweifle gerade, ob ich richtig zitiere, aber das können Sie selbst ergoogeln. Der Wahnwitz dieses Jahrhunderts war es schließlich, dass manche Lösungsmöglichkeiten für die großen Menschheitsfragen endlich zur Verfügung gestellt werden konnten – der Hunger, die großen Seuchen, das Bevölkerungswachstum oder die Energieressourcen –, die Anlässe für Kriege fielen damit weg. Aber leider fand dies zu einem Zeitpunkt statt, als fast niemand mehr in der Lage war, adäquat auf die Antworten zu reagieren, weil die Qualitäten des Menschlichen durch die Reduzierung auf Letztmaterie einfach keine Rolle mehr spielten. Mit den aberwitzigen Kosten, die die Megainstitutionen schlucken, von der Kriegsmaschinerie

bis zu den Religionsbesessenheiten, wäre ein auf lange Sicht geplanter Therapieansatz für den blauen Planeten zu finanzieren – aber schauen Sie sich um! Die Menschheit neigt eher dazu, kunstvolle Blasen in Unterwasserwelten zu besiedeln, als die Lösung für die naheliegenden Fraglichkeiten auch nur ins Auge zu fassen!

Frage: „Und Sie meinen, wenn die Menschen lernen würden, sich einer wirklichen Befriedigung zu widmen, wären diese Probleme aus der Welt geschafft?

Oh ja, mit Sicherheit! Wenn die vielen selbstbefriedigenden Formen der Beschäftigungstherapie, vom sinnlosen Autofahren bis zu den Kriegsspielen, von den exzessiven Verdumpfungen bis zu den Geißlerbewegungen des schlechten Gewissens, wegfielen, würde weniger Abfall, Negation oder Destruktion produziert, und es ständen keine Strammsteher und Mitläufer für psychotische Strafexpeditionen zur Verfügung. Verstümmelte sind die besten Krüppelzüchter – also sollte den Heranwachsenden die Möglichkeit gegeben werden, sich in einer Weise am eigenen Körper und am anderen Geschlecht zu erfreuen: Diese selbstverständlich gewordenen Entlastungen von einer gesellschaftlich hervorgebrachten Unfähigkeit könnten ihnen dann keinen Gewinn mehr versprechen.

Die wirkliche Grundlage des symbolischen Tauschs beruht auf einer gegenseitigen Anerkennung der jeweiligen Einzigartigkeit, auf einer kategorialen Ebenbürtigkeit und auf der Erfahrung der Reziprozität. Damit sind in der Erfahrung des Paars die Fundamente des Menschlichen festzustellen – nicht in der Idee, nicht im Geld, nicht in der Arbeit, sondern in den ursprünglichen symbolischen Gaben einer persönlichen Gemeinschaft. Ich greife immer wieder auf gewisse Einsichten der Fundamentalontologie oder der existentialistischen Theologie zurück, um sie durch den Bezug auf die libidinöse Basis um den Schwulst ihrer Begriffsdichtungen zu erleichtern: Die gemeinsamen Orgasmen sind die erste und unhintergehbare Voraussetzung, an Intensitäten teilzuhaben, die das Echte verbürgen. Intensitäten, die für einen allein uneinholbar sind, die also auf der Erfahrung beruhen, dass ich sie nur über den Umweg des oder der Anderen gewinne, indem ich mich hingebe und ein Geschehen gewähren lasse, das die Erfahrung direkt im Hier und Jetzt verankert. Damit bin ich jenseits von Simulation und Rivalität! Gerade weil dieser Maßstab für das Echte fehlt, meinen die Simulanten der Selbstheit, mit Hilfe von angekitzelten Rivalitäten die Intensität noch aus dem Nichts und der Abwesenheit heraus zu kitzeln.

Aus diesem Grund darf ich wieder einmal Tillich komprimieren: Auf der Basis einer Ontologie der Liebe ist es offensichtlich, dass die Liebe das Prinzip der Gerechtigkeit ist – und die Gerechtigkeit nur in Begriffen des symbolischen Tauschs definiert werden kann. Wenn, wie es bei Tillich heißt, die Gerechtigkeit die Form der Wiedervereinigung des Getrennten ist, so muss sie sowohl die Trennung umfassen, ohne die es keine Liebe gäbe, als auch die Wiedervereinigung, in der die Liebe verwirklicht wird. Und damit sehen wir in einer spielerischen Form noch einmal die Aufhebung des Negativen. Gerechtigkeit wurde definiert als die Form, in der sich die Macht des Seins in der Begegnung von mindestens zwei inkommensurablen Mächten oder Dialogpartnern verwirklicht. Die Gerechtigkeit ist der Macht immanent, da es keine Seinsmächtigkeit ohne angemessene Form gibt – die machtgierigen Großmasturbatoren verschiedenster Institutionen pervertieren genau jene Kräfte, deren Wirksamkeit sie mit einem Spielfeld für ihren Machtanspruch versorgt. Jeder Zwang, der den inneren Anspruch eines Seienden missachtet, verletzt die Gerechtigkeit, also den Anspruch, als das, was es innerhalb des Zusammenhangs alles Seienden ist, anerkannt zu werden. Bei Tillich ist also nicht nur zu sehen, dass die Wahrheit im kommunikativen Prozess fundamentiert wird, sondern außerdem, dass es die Gesetzmäßigkeiten der Anerkennung zwischen einem Ich und einem Du sind, die zu einer fundamentalen Reziprozität führen. Das scheint mir der wohl beste Zugang zu jenen Gesetzmäßigkeiten, die unter der Metapher eines Blankpolierten Spiegels dargestellt worden sind. Genau wie der Macht ist auch der Gerechtigkeit die Liebe immanent. Die Liebe jeden Typs ist, falls sie keine Gerechtigkeit in sich fasst, chaotische Selbstpreisgabe und zerstört sowohl den, der liebt, wie den, der diese Liebe annimmt. Liebe ist der Drang nach Wiedervereinigung des Getrennten. Sie setzt voraus, dass es etwas gibt, das wiedervereinigt werden kann, etwas, das relativ unabhängig ist und für sich stehen kann. Gerecht sein bedeutet, der Andersheit des Anderen gerecht zu werden und möglichst viele Potentialitäten zu verwirklichen, ohne sich in Chaos und Zerrissenheit zu verlieren.

Adorno hätte gesagt, dass die Grenze für den Menschen, die absolut ist, und vor der er immer wieder steht, der andere Mensch ist. Das Du ist wie eine Mauer, die nicht entfernt und nicht durchbrochen, nicht für eigene Zwecke benutzt werden kann. Auf diese Weise ist für Tillich das absolut gültige formale Prinzip der Gerechtigkeit in jeder Begegnung von Person zu Person gefunden, nämlich die Anerkennung des Anderen als Person. Mit dieser Grundlegung bietet sich die Schlussfolgerung an: Wenn Gerechtigkeit die Form ist, in der die Macht des Seins sich verwirklicht, hätte das Sein der Menschheit keinen Augenblick Bestand ohne die Strukturen der Gerechtigkeit in der Begegnung von Mensch zu Mensch. Damit bin ich wieder bei meiner Schlussfolgerung – und wenn das für manchen Meinungsbildner und Bedenkenträger den Anlass gab, in die Imperative für meine Vernichtung einzuwilligen und brav bei einer Intrige mitzuspielen –, dass der Fortbestand dieser aberwitzigen Gattung nicht an der selbstzerstörerischen Dummheit der Vielen, dem Mitläufertum von Verstümmelten und dem Machtanspruch von Psychotikern festzumachen ist. Alles andere eher als das, sondern an der Lust und Entdeckerfreude jener jeweils Zwei, denen es für Momente der Ewigkeit gelingt, die Grenze zu durchbrechen und ins Nichts zu überführen.

Frage: „Was den Fortbestand der Gattung angeht, wird Ihnen jede Mutter das Wort entziehen können – dazu hat sie nachweislich beigetragen, während Sie doch viel eher kontraproduktiv sind und aufgrund der eigenen Einsichten ausgeschlossen werden sollten!"

Das stimmt, ist aber unter den Bedingungen eines unter der Überbevölkerung ächzenden Planeten kein Argument mehr. Und wenn ich erfahren habe, dass der Machtanspruch der Mütter, wenn sie nicht gehindert oder durch glückliche Zufälle ausgehebelt werden, daran ausgerichtet ist, die Kinder gar nicht für einen möglichen Partner frei zu geben, werde ich zeigen können, dass es ihnen an jeder wirklichen Achtung des Eigenrechts fehlt. Das ist ihr Produkt, Fleisch von ihrem Fleisch, lieber verstümmeln sie es, als dass sie die Möglichkeit der freien Entfaltung zugestehen, und bevor der Einfluss eines Partners oder einer Partnerin größer wird, als ihrer, werden sie alles dran setzen, es hinterrücks zu zerstören. Süchtige und Spieler, Melancholiker und Sexmaniaks beiderlei Geschlechts zeichnen sich vor allem dadurch aus, dass sie noch nicht ins Leben entlassen worden sind, sondern in den Schlingen einer imaginären Nabelschnur hängen.

Es gibt ein ganz einfaches Gesetz, das ich einmal auf den Nenner gebracht habe: Die Gefühle sind der ursprüngliche Fundus der Semantik! Es braucht den Funken, es braucht den Reiz des anderen: Eine Liebe wird umso mächtiger, umso mehr sie uns zwingt, über uns hinauszuwachsen. Wenn es eine Wette ist, in der wir unser Leben setzen, haben wir für kurze Augenblicke die Chance, das Göttliche zu verwirklichen. – Oder eine Abschweifung, die aus der biblischen Tradition begründet werden kann: Es hieß einmal, die Erkenntnis, die die Schlange vermittle, mache gottähnlich. Dabei ist es eine Erkenntnis, die dazu führt, dass das Paar sich als nackt erfährt und Scham empfindet, wobei nicht übersehen werden sollte, dass die Metapher des Erkennens für den Geschlechtsverkehr steht – in der griechischen Philosophie finden sie dann noch die Kennzeichnung, dass sich in der liebenden Vereinigung das Göttliche realisiert. Der kulturelle Kontext mag variieren, er kann extremen Wandlungen unterstehen, die eigentliche Wahrheit scheint aber in den Ursprüngen die gleiche gewesen zu sein – so wie die Menschheit die Götter nach dem eigenen Bilde geschaffen hat, werden die jeweils frei zu setzenden Energien für das Maß an Gutem und Glück verantwortlich sein, das einem Paar zugewogen wird: Sie schaffen eine Welt, wenn sie es schaffen.

Tillichs Frage nach dem Inhalt der Gerechtigkeit führt wie von allein zu den Prinzipien von Liebe und Macht. Die Liebe zeigt, was in der konkreten Situation gerecht ist, während die Macht, wenn sie der Gerechtigkeit gehorcht, garantiert, dass die Reziprozität stattfinden kann. Damit verhält sich die Liebe zur Gerechtigkeit wie die Offenbarung zur Vernunft. Womit der Theologe Tillich den Bogen schließt und für meine Reproduktion diese Stelle eine – wie sicher wieder einmal behauptet wird – obszöne Deutung zulässt: Liebe ist Gerechtigkeit in Ekstase, wie Offenbarung als Vernunft in Ekstase bezeichnet werden kann.

Also andersherum: Wenn ich in der Lage bin, dem oder der Anderen eine Autonomie zuzubilligen, muss ich vor allem erst einmal auf Machtspiele verzichten – Machtspiele sind schon immer etwas für Machtlose, die noch an der Nabelschnur hängen und die Tatsache verleugnen wollen, dass sie an einer Leine geführt werden. Akzeptiere ich aber die Eigengesetzmäßigkeiten, dann wird jede Unterhaltung zu einem Erkundungsgang, zur Entdeckungsreise auf dem Feld der Rede. Das kann klappen, das kann in ganz andere Welten führen, wenn es reziprok wird, wenn der oder die andere in ähnlicher Weise akzeptieren kann, dass ich autonom bin, dass ich eigenen Gesetzmäßigkeiten gehorche. In the long run kann diese gegenseitige Anerkennung der Einzigartigkeit zur Konstruktion einer eigenen Welt führen. Tatsächlich beginnen schon zu diesem Zeitpunkt die Gesetzmäßigkeiten eines Blankpolierten Spiegels zu wirken: Wenn ich nicht mehr darauf anzuspringen muss, dass die anderen mir etwas versprechen, was ich gar nicht haben will. Wenn ich mich nicht mehr nötigen lasse, weil sie, um meine Willfährigkeit zu motivieren, drohen, sie würden mir vorenthalten, was ich gar nicht haben will! Wenn ich noch dazu weiß, was ich will und was gut für mich oder uns ist! Mit dieser interesselosen Distanz kann ich mir in aller Ruhe ansehen, was sie ständig für einen Zinnober veranstalten, um dabei in Identitätskrisen abzustürzen und den Glauben an die eigene Überlegenheit zu verlieren: Eben weil ich überhaupt nicht auf ihr Gestrampel reagiere, weil es mir Wurst ist. Das ist nicht nichts, wir müssen nur die nötige Distanz einhalten, um viel über die Bedürfnisse und Ängste derer zu erfahren, die uns beherrschen wollen und wir können ihnen einen heiligen Schrecken einjagen, wenn wir auf einmal nicht mehr nach dem Sinn fragen!

Mit diesem Ansatz ergeben sich die Routinen, richtig zu üben, was Makellosigkeit heißt, Tag für Tag – und dann nach und nach die nötigen Begründungen für das Funktionieren in den Geisteswissenschaften einzusammeln. Ich habe nie den Ehrgeiz gehabt, für andere das Vorbild oder den Lehrer abzugeben und immer wieder sogar die Schuld auf mir abladen lassen, dass ich vergleichbare Ansinnen zurückgewiesen habe. Aber ich darf mit Tillich an das antagonistische Grundgesetz unserer Wirklichkeit erinnern: Jede Begegnung in der alltäglichen Welt, sei sie freundlich oder feindselig, wohlwollend oder gleichgültig, ist unbewusst oder bewusst ein Kampf von Macht zu Macht. In diesem Kampf vollziehen sich ständig Entscheidungen über die relative Seinsmächtigkeit. In ähnlicher Weise ist bei Picht immer wieder einmal darauf hingewiesen worden, dass die Leute, die die Macht verteufeln, tatsächlich zu feige sind, sich der Verantwortung zu stellen. Die Macht im allerkleinsten ist jener Impuls an Lebenskraft, der uns antreibt durchzukommen – und in den größeren Zusammenhängen der Wille, das Richtige zu tun, das Falsche zu verhindern – die Macht umfasst also wesentlich mehr, als die institutionalisierten Verfügungsweisen: Aus diesem Grund spreche ich lieber von der Freude an der Kraft! Aber damit ist klar unterstrichen, dass es keinerlei Grund gibt, sich mit einer schlechten Wirklichkeit zufrieden zu geben, wenn wir mehr als einen Anlass haben, an der Verbesserung unserer persönlichen Umgebung zu arbeiten. Das muss noch lange nicht heißen, dass wir uns in Abwesenheitsdressuren zu verlieren haben, bis alle wichtigen Einsatzstellen im eigenen Leben verpasst worden sind.

Mittlerweile sollten Sie also akzeptieren, dass ich das leibliche Fundament als Erklärung aller religiösen Phänomenologie ansetze – dass folglich die einzelnen Ausdrucksformen nicht mehr als Masken oder Metaphern bedeuten. Und damit könnten Sie vielleicht auf einer höheren Ebene meinen Anspruch akzeptieren, ein religiöser Mensch zu sein – eben auf der Ebene der Schaltsysteme. Für mich wurde die Frage nach dem Atheismus verabschiedet, als ich die Erfahrung gemacht habe, dass wir Gott nicht begegnen, aber dass wir das Göttliche verwirklichen können: Gehen Sie einfach davon aus, dass die gesamte Schöpfung – wir eingeschlossen – als Ganze das Unvorstellbare ist, das unter den verschiedensten Namen und Bildern der verschiedensten Götter begreifbar gemacht werden wollte. Ich darf noch einmal an Moritz erinnern, für den das Schöne unter den philosophischen Kategorien nicht der Erkennbarkeit unterstellt ist: Es kann nur um seiner selbst willen realisiert und empfunden werden. Das Schöne kann kein Gegenstand der Erkenntnis sein, sondern es setzt eine eigenständige Empfindungsfähigkeit für das Wahre und Stimmige voraus, weil die Natur der Schönheit eben darin begründet ist, die Mittel-Zweck-Relation zu überschreiten, sie ist erst jenseits der Subjekt-Objekt-Dichotomie wirklich nachvollziehbar. Das Schöne regt unsere Erfahrbarkeiten von Ganzheiten an, es setzt jene Potentialität frei, in der wir, ohne zu wissen warum und zu welchem Zweck, in gewissen Augenblicken eins mit der Schöpfung sind!

Was sind die Gene, was ist ein String, was ist eine irrationale Zahl usw. – wir haben nur mit Metaphern zu tun und versuchen ständig, irgendwelche Unvorstellbarkeiten zu übersetzen, um sie anschaulich zu machen. Alles wesentliche, was wir zustande bringen können, sind reproduzierbare Übersetzbarkeiten – das ist nicht sehr viel, im Angesicht einer unermesslichen Wunderwelt! Wenn es heißt, dass der Mensch in seiner Begegnung mit dem Universum fähig ist, jede nur denkbare Grenze zu übersteigen, bin ich wieder beim Ansatz der allmählichen Erschaffung junger Götter. Selbst wenn wir dies nicht begreifen können oder wollen, wir sind ein Teil des Wunders, wir kommen aus dem Un-

endlichen und sind für einen Augenblick die Schöpfung selbst, bis wir wieder im Nichts verklingen. Von Spinoza zu Goethe gibt es eine Linie, die sich über Baader und den alten Schelling bis in die moderne Naturphilosophie schmuggelt: Wir könnten Gott nicht erkennen, wenn nicht Gott in uns wäre, wir könnten die Welt nicht erkennen, wenn wir nicht ein Teil der Welt wären und damit einen Anteil an jenem Unerklärlichen hätten, das auf die Metapher Gott getauft wurde! – Damit liegt es für mich nahe, dass eine brauchbare Pädagogik nicht zu züchten, zu verstümmeln und zu demütigen hätte, sondern diesem Göttlichen in jedem Heranwachsenden den Raum und die Kraft einräumen müsste. Von der schwarzen Pädagogik des 19. Jahrhunderts führt ein direkter Weg in die Konzentrationslager des vergangenen Jahrhunderts – und die durch die pseudoalternative politische Korrektheit bedingte Tabuisierung der Notwendigkeit eines pädagogischen Eros und der Einführung ins Register der Sexualität hat Teil an jener Vernichtung der Möglichkeiten des menschlichen Lernens. Ich wurde von einem ehemaligen Heimkind und Hilfsarbeiter sozialisiert oder ziemlich kaputt geschlagen; meine Mutter hatte unter den täglichen Nöten und Zwängen alles andere eher im Sinn, als mich los- und in die Welt zu entlassen: Der kleine Musik war ihre Universalprothese und zugleich das Register für die Erpressung eines Prinzips Hoffnung. Also eine hoffnungslos zugemauerte Welt, in der ich mich als Heranwachsender nur zudröhnen konnte, in der ich mir die Birne dumpf saufen musste, in der alles Explorieren erst einmal durch die Selbstzerstörung kodiert war. Doch reichten die Verführung durch einen Päderasten, die sich anschließenden Möglichkeiten, in den verschiedensten Gesellschaftsschichten zu lernen und Anregungen zu erfahren, um in das kreative Universum eines ganz anderen Lebenszusammenhangs zu wechseln. Die Wege des Herrn sind vielfältig und führen notgedrungen auch immer wieder in den Bereich des Verworfenen: Nicht der nachgemachte Mensch zählt, der zu feige, zu unfähig war, um selbst zu leben – die Ausgestoßenen, die Hoffnungslosen, die Verruchten haben dagegen die Möglichkeit, an den Reibungen und Zusammenstößen zu lernen, was mit ihnen geschehen ist, was über sie verfügt wurde. Vergessen Sie bitte nie diese bereits in der Bibel strapazierte Gesetzmäßigkeit, wenn Ihnen jemand zu verstehen gibt, die nächste Generation müsse geformt, für gewisse Aufgaben fit gemacht werden!
Ich kann mit Disziplin und Makellosigkeit daran arbeiten, dass das Grundmuster stimmt und die Gesetze eingehalten werden – den Rest

überlasse ich dem Signifikantennetz. Aber aus genau diesem Grund muss ich mich nicht drum kümmern, ich habe nur das Richtige zu tun, den Rest machen andere Mächte für mich. Und eine nicht unwichtige Ergänzung zu den vorangegangenen Erklärungen sollte nicht vergessen werden: Wer sich ohne Rückendeckung, ohne Netz und doppelten Boden, auf das Wechselverhältnis von Erotik und Beziehungsarbeit einlässt, wird notgedrungen die Distanz zum eigenen Ich erhöhen. Von der Paranoia eines Descartes über die Asexualität Kants prägt sich für unser Denken und Erfahren eine immer stärkere Subjekt-Objekt-Dichotomie aus – und das hat etwas mit dem Mangel an Gelassenheit zu tun, mit der Unfähigkeit Verstümmelter, ein erotisches Spiel der Nähe und der Ferne der/s Andere/n gewähren zu lassen. Die Grenze zwischen Subjekt und Objekt ist ein Reflex der Grenze zwischen Sinneswahrnehmung und nichtsinnlicher Erkenntnis. Für dieses Scheinproblem der Vernunft haben schon Lösungsmöglichkeiten bei Leibniz vorgelegen, später haben Nietzsche und Peirce erarbeitet, dass die Dichotomie verkennt, wie die Vernunft immer an ein Subjekt gebunden ist, das durch die Prozesse der Evolution zu einem größeren Anteil den Gesetzmäßigkeiten der objektiven Welt untersteht, die Trennung zwischen Ich und Welt also scheinhaft ist und in einer Konzeption wechselseitiger Zeichenprozesse aufgefangen wird. Wenn Sie dann noch präsent haben, dass die Wissenschaft des Bewusstseins zeigen kann, wie alle Wahrnehmung, Erfahrung, Erwartung und Hoffnung auf der Komplexitätsreduktion beruhen, wird vielleicht deutlich, warum ich immer wieder darauf hingewiesen habe, wie wichtig die Erfahrung des Subliminalen für viele unserer Entscheidungen war. Es wird auch Bauchgefühl genannt, aber das ist mir ein wenig zu unkonkret, Pascals Logik des Herzens scheint mir durch die heute vorliegenden Untersuchungsergebnisse einholbar zu sein. Wenn ich nur das zu sehen in der Lage bin, was mir beigebracht worden ist, habe ich nicht nur das Leben verpasst, ich werde viel zu bereitwillig einwilligen, wenn über mich verfügt wird. Und das kann tödlich sein. Wenn ich dagegen ein offenes System habe, wenn ich selbst suche und mich nicht darauf verlasse, dass schon alles richtig sein wird, was mir vorgebetet und vorgeahmt wird, werde ich einen Riecher entwickeln, werden mir Rhythmen und Funde etwas vermitteln, was ich sonst nie gefunden hätte. Und die beste Übung, mehr im anderen zu sein, als im Kerker des eigenen Familienromans, ist die Erotik. Man muss sich durch die Topographie der Lust in den energetischen

Feldern zu orientieren beginnen; erschnuppern auf welcher Ebene die Körper kommunizieren, erahnen und vorhersehen, welche Richtung, welche Geschwindigkeit, welche Intensität die Reise nehmen wird. Und das ist ein Schulungsgang für die Qualitäten des Subliminalen.

So schick und einleuchtend bestimmte Schlussfolgerungen des Konstruktivismus sein mögen, ich ziehe doch die Fundierung in der Körpererfahrung vor, in der Atemtechnik, in den Routinen des Gehens, in den Regeln des wechselseitigen Austauschs – in der Tiefenstruktur sind die Gesetzmäßigkeiten des animal symbolicum durch den reziproken Tausch bestimmt worden: Das begann schon mit der Verdünnung oder der Ablösung von den genetischen Vorgaben und es zählt noch heute. Ich bin nicht damit einverstanden, dass gesagt werden konnte, Foucault habe das Fundament der philosophischen Anthropologie ausgehebelt. Er hat eher dafür gesorgt, dass die Grundlagen einer anarchischen Subjektivität wieder in den Blick geraten – und in manchen Zusammenhängen sieht es so aus, als habe er Bataille weiter gedacht, um bei einer souveränen Subversion anzugelangen. Für diesen von Bischof angeregten Schlenker spricht, dass er feststellte, einige seiner weiten Umwege hätte er sich sparen können, wenn ihm die Arbeiten der frühen Kritischen Theorie bekannt gewesen wären. So schließt sich der Kreis: Benjamin und Adorno haben Anregungen vom Collège de Sociologie aufgenommen, weil sie sich bruchlos in die eigenen Fragestellungen integrieren ließen.

Frage: „Was soll uns das? Sublimation und Formalisierung gehen bruchlos ineinander über. Wie können Sie auf einmal dem Aufschub des Triebs, dem kulturellen Umweg, der Sublimierung usw. jedes Recht absprechen?"

Nicht jedes Recht – aber das, über die Entwicklung der Heranwachsenden zu bestimmen! Jene Formalisierung, die zu beklagen oder zu kritisieren ist, wird eben mit der Metapher des Blankpolierten Spiegels auszuheben sein. Wir hatten einen Umweg von mehreren Jahren gehen müssen und einen fast unendlichen Aufschub gebraucht, um jene numinose Macht zu gewinnen, die heute nicht offiziell zur Sprache gebracht werden darf: Im Gang der Geschichte ist sie von den Priestern okkupiert worden! Und das heißt: Verleugnet und pervertiert wurde zugunsten einer Megamaschine – während die ursprünglichen Einsichten in irgendwelchen obskuren Winkeln beschworen und mehr schlecht als recht gepflegt werden konnten! Ich plädiere nicht für die Abkürzung der kulturellen Umwege durch die Ersatzbefriedigung. Das erscheint mir ähnlich heillos und verloren wie die zwanghaften Rituale der Simulation. Aber ich halte die ausschließende Entgegensetzung von kreativem Prozess und Beziehungsarbeit für falsch – eher verweist dieser Gegensatz auf jenes Übermaß an Kraftentzug durch die Instanzenwege: Kraft, die dank Simulation, Verbalwichs und Selbstdarstellung dann nicht mehr für die Beziehung zur Verfügung stehen kann. Also habe ich für mich einmal die Schlussfolgerung gezogen, dass die konfliktuelle Mimetik schon immer den Motor der Simulation ausmacht: Die aus dem imaginären Größenselbst abfließende Rivalität beruht doch wesentlich darauf, dass jemand nicht mehr weiß, wo er aufhört und der andere anfängt; sie knüpft damit an die frühe Mutter-Kind-Dyade an, in der die Mutter sogar noch die Definitionsgewalt über die Gefühle des Kindes hat, weil sie ständig dafür sorgt, dass die Grenzen verwischt werden. Es ist die Mutter, die ihr eigenes System der Bedürfnisse zusammenhalten will, wenn sie von Anfang an am Ausschlussverfahren möglicher Konkurrentinnen arbeitet und schon die Beschäftigung mit Ersatzbefriedigungen anempfiehlt. Damit wundert es mich nicht, dass später der Maßstab für das Echte fehlt und die Simulanten meinen, die Intensitäten aus der Rivalität und den Machtspielen zu kitzeln. Verständlicherweise werden ihre Produkte manisch reagieren, wenn sie auf jemanden stoßen, der offenbar andere Intensitäten kennt und nicht auf die Verführungen der Rivalität anspringt.

Von Descartes bis zum Konstruktivismus, vom erkenntnistheoretischen Solipsismus bis zu den Sprachspielen des späten Wittgenstein oder der religiösen Unmusikalität eines Freud – der Prozess der Zivilisation scheint es nahegelegt zu haben, dass die Erfahrung des Anderen nach und nach auf null reduziert werden muss! Von der realen Welt und dem lebenden Gegenüber einfach abzusehen, um dann künstliche Welten und statistische Charaktere erschaffen zu müssen, denn nur was man selbst erschaffen hat, untersteht der eigenen Macht. Das ist der geheime Motor der kulturschwulen Vereinigung – und dazu passt natürlich das propagierte Männermodell: Ein Mann ist kein Naturprodukt, sondern er wird durch Zwang, Askese und Verzicht erst zum Mann gemacht! Ich habe ganz bewusst die übliche Rollendefinition umgestellt, als ich formuliert habe: Männer, die sich nicht hingeben können und Frauen, die es nicht bringen, werden sich auf die gemeinsame Wahrheit einer Surrogatwelt einigen und alles in Bewegung setzen, um die verdächtigen Reste einer Erfahrung des Anderen aus der Welt zu verweisen. Ich gehe von einer unendlich dicht vernetzten Wirklichkeit aus, in der gar keine Substanzen vorgesehen sind, nur Wirkungsfelder und Einflusssphären, biomagnetische Übertragungen und Interferenzen, die so etwas wie einen sozialen Körper oder die Erscheinungsformen eines ‚Objektiven' Geistes prägen – wie es Bateson einmal auf den Nenner brachte: Die Muster der charakteristischen Muster: Das Metamuster! Ich meine, dass das grundlegende Organisationsprinzip, obwohl jeder Krüppel ohne Mühe oder große Schmerzen täglich dagegen verstoßen kann, der symbolische Tausch ist – und damit müssen die tatsächlich zugrunde liegenden Gesetzmäßigkeiten die der Wirklichkeit des Paares sein, selbst wenn wir sie in den meisten Fällen nur ex negativo aus der Verleugnung erschließen können. Die Metapher der Seele steht für nichts anderes als für ein Medium des unzerstückelten, des ganzen Körpers. Aus diesem Grund wächst sie mit den positiv kodierten Erfahrungen, die sich der Routine eines umfassenden Ja verdanken, einer Intensität der Selbstverschwendung, die sich aus der Notwendigkeit ergab, den Imperativen der Vernichtung standzuhalten. Dieses in der Beziehungsarbeit entstehende Medium ist jenes Feld der Präsenz einer durchdringenden, von den Haarwurzeln bis zu den Zehenspitzen reichenden Geistesgegenwart. Wer hätte gedacht, dass ich diesen Krüppelzüchtern Erfahrungen und Bewährungsproben verdankte, für die manch anderer sehr viel gegeben hätte.

Ich darf hier unterbrechen! Wenn Sie wieder kommen wollen, versuchen Sie sich mit einigen dieser Gedanken vertraut zu machen. In einer Stunde machen wir weiter – ich habe mich gerade etwas verausgabt und werde eine Weile spazieren gehen!

b

Es ist schön, dass ein Großteil meine Ermutigung beherzigt hat! Ich würde also vorschlagen, wir gehen jetzt ein Bierchen trinken. Wenn Sie Fragen haben, ist dies im kleinen Kreis zu viert viel leichter zu klären. Und wenn nicht, können wir uns über irgendeinen Film unterhalten oder ein aktuelles Konzert. Ich kenne nicht viel von dem, was gerade aktuell ist, es muss irgendwie in den Rahmen passen, der mich interessiert, sonst habe ich nicht die Zeit, mich damit zu beschäftigen. Sie dürfen mich gern mit den nötigen Informationen versehen.

Frage: „So hatten wir nicht gewettet! Wie viele sexuelle Erfahrungen sollten zwei Leute haben, bevor sie sich zusammentun? Wenn Sie von Souveränität sprechen, meinen Sie doch tatsächlich das souveräne Paar! Ist also deren Vergangenheit wichtig, sollte bereits ein sexuelles Repertoire vorliegen, um sich dann nur noch auf einen Partner einzulassen? Wäre sonst die Verführung nicht zu groß, es mit anderen zu probieren?"

Was sind solche Erfahrungen! Ich hatte mich ausgetobt, weil ich es gar nicht richtig hinbrachte und immer mit der Hand nachhelfen musste, ich hatte die Intensitäten mit den verschiedenen Stimulanzien immer weiter heraus gekitzelt und längst nicht mehr erwartet, dass eine Partnerin mehr in Bewegung setzen konnte. Und dann war es auf einmal das erste Mal, dass ein Blitz gezündet wurde – ich hätte mir den ganzen Schwachsinn, der manchmal an die Grenzen dessen ging, was ein junger Körper aushielt, sparen können...

Frage: „Aber es muss doch irgendwelche Richtlinien geben, Erkennungszeichen, Vorgehensweisen usw.

Das wird in jedem Einzelfall wieder anders sein – wir rasen so lange alleine durch eine Nichtigkeit, bis wir in der Gravitation einer Geschichte hängenbleiben: Nicht der oder die andere ist die Anziehungskraft an sich, sondern es ist das Dazwischen, das Feld, das sich zwischen beiden aufbaut. Das kann man nicht planen und nicht erpressen – das steht in den Sternen der vergangenen Geschichten. Also ist die Vergangenheit sehr wohl wichtig, weniger die kurze Zeitspanne, über die junge Leute verfügen, sondern mindestens die der letzten drei Generationen und das impliziert die Durée des kulturellen Kontextes.

Frage: „Und doch ist es eine Relation zu vergangenen Erfahrungen?"

Frage: „Das Plädoyer für die unbegrenzte Kraft ist doch ganz typisch, wenn die Hormonproduktion einen Höhepunkt erreicht, die Leistungsfähigkeit in den Routinen aber noch hinterher hinkt. Was wollen Sie denen erzählen, die schon abgeklärt sind, für die das Drängen des Triebs so gut wie keine Rolle mehr spielt?"

Nichts! – Wenn es so wäre, wäre das Problem gelöst und ein Status der Souveränität erreicht. Seltsamerweise finde ich hinter dem Zauber der Impotenz und den Verrätselungen der Frigidität einen unerbittlichen Machtwillen, der die ganze Welt nach dem Bild der eigenen Unfähigkeit umgestalten möchte. Ex negativo ist dieser Wille zur Macht nur das Resultat eines Mangels an Freude an der eigenen Kraft. Sie haben sich nicht getraut – also sorgen die wuchernden Vorstellungen nun für die Wut der Verhinderung: Die anderen sollen es auch nicht hinbekommen! Das ist weder weise, noch hat es etwas mit Souveränität zu tun. Die Verbissenheit, mit der Sexualgestörte in ihren Zwängen hängen, der Kontrollwahn, der Perfektionismus, die Paranoia, sorgt häufig genug für ein derartiges Anschwellen von Hass und Vernichtungswille, dass diese Beobachtung nur unterstreichen kann, wie wichtig die Übung des Vollzugs im richtigen Alter gewesen wäre. Die Ersatzleistungen und Surrogate werfen immer den Schatten des Unvermögens. Die Weisheit kommt nicht aus dem Verzicht, auch wenn dies die Krüppelzüchter ständig lehren – nein, sie kommt aus der Fülle, aus der überfließenden Intensität des Lebendigen!

Frage: „Was meint der Zauber, was meint das Rätsel?"

Ich habe Lacan variiert – in beiden Fällen werden die aufgestauten Energien, eben weil sie nicht im Vollzug einer befriedigenden Verwendung zugeführt werden, in Machtwille und Verführungskraft sublimiert. So, wie der Impotente eine gewaltige Anziehungskraft auf jene ausüben wird, die die Verwirbelungen des Vorlustprinzips für die Sache selbst halten, wird die frigide Frau zur Bildungsaufgabe für jene Protagonisten der kulturschwulen Vereinigung, die dank der von ihr freigesetzten Virulenzen miteinander wetteifern können – immerhin ist schon gewährleistet, dass sie die Energie nicht binden wird.

Frage: „Ist die Sexualität, bzw. ihr Scheitern immer ein Gradmesser der Psychose? Vielleicht sogar der genaueste? Und kann dann ein Wichser noch erkennen, wo die Bedrohung herkommt? Er stellt ja immerhin durch Betätigung in Frage, aber er bestätigt das System der verpassten Beziehung im gleichen Atemzug wieder."

Frage: „Wie viel Wissen setzen Sie voraus, um diese Problematik zu erkennen. Braucht es ein Philosophiestudium oder ist nicht vielleicht die Erfahrung einer Verführung oder die Abrichtung zum Lustknaben eine Voraussetzung? Ab welcher Bildungsebene ist für Sie Souveränität möglich und zu erarbeiten? Braucht es dazu diverse Privilegien und einen geschützten Raum, der von den fiesen Erfahrungen der Ausbeutung verschont? Oder kann sie auch oder gerade aus dem Mangel an allem entstehen? Meist ist die Unterprivilegiertheit, die Verleugnung von Qualitäten, der dauernde Neid usw. schon immer der beste Motor der Psychose? Damit stellt sich aber eine Frage, die einige der großen politischen Verbrecher schon für uns gelöst haben: In ihren extremen Erscheinungsformen sind Souveränität und Psychose keine Gegensätze mehr. Wenn eine/r nur die eigenen Ziele vor Augen hat und sie ohne Rücksicht auf Verluste durchsetzt... Was ist dann der richtige Ansatz, das extremste Gegenstück? In unserer Welt werden die Differenzkriterien immer fraglicher, ist so etwas wie Souveränität in einer Massengesellschaft überhaupt noch denkbar?"

Warum nicht! Nur weil die ureigensten Erkennungszeichen massenweise produziert werden und der Ausdruck die letzten Illusionen vermittelt, überhaupt ein eigenes Leben zu führen, ist das nicht nichts. Noch nie gab es so viele Nischen der alternativen Selbstdefinition, so viele Spielfelder der Selbsterfahrung wie heute. Die Leute müssten nur lernen, das entsprechende Potential für sich frei zu setzen. Natürlich wird der Konformismus multimedial gefedert, aber damit dies nicht so auffällt, werden die Repertoires immer größer und das Erfahrungsspektrum immer weiter.

Frage: „Wie soll denn das gehen? Die Leute werden immer asozialer und schränken die Kommunikationsmöglichkeiten mehr und mehr ein.

Je größer das Repertoire, je abgezirkelter die Rückzugsgebiete. Bei Shakespeare hieß es einmal, niemand sei eine Insel. Doch vernetzt ist heute nur die Technik, während die Einzelnen zu multimedial abgeschlossenen Monaden zu werden drohen."

Durch die Reziprozität des symbolischen Tauschs! Die Einsicht, dass es nichts umsonst gibt und dass ein Sieg, der auf Kosten aller errungen wird, mit Gewalt oder Lüge und Betrug, im Endeffekt mehr kosten wird, als man/frau selbst ins Spiel einbringen konnte. Die Subalternität wird hergestellt und funktioniert nur, solange die nötigen Prämien und Ängste dafür sorgen, dass man/frau sich nicht nach den eigenen Erfahrungen richtet. Das Ressentiment wird damit nicht weniger – alles was gedemütigt und ausgebremst wird, wartet nur auf die Gelegenheit, sich an all jenen zu rächen, die tatsächlich eine eigene Leistung zustande bringen. Die alte Weisheit: Mögen sie hassen, Hauptsache sie kuschen! hat heute jeden Kredit verspielt. Wir haben ein paar Antworten im ‚Altpapier' versucht, dann die Absicherungen im Philosophischen Sperrmüll hinterher geschoben – und alles, was seitdem entstanden ist, widmet sich tatsächlich den Fraglichkeiten, ob und wie eine nichtrepressive Form von Kultur möglich ist.

Frage: „Wie wichtig ist die Fickfrequenz, wie häufig sollten die beiden es tun?"

Wie häufig sollten wir essen oder trinken? Ich glaube nicht, dass es sinnvoll ist, alles auf die Sexualität zu reduzieren. Es geht viel eher darum, so mit ihr umzugehen, dass sie das Kraftwerk für ganz andere Unternehmungen zur Verfügung stellen kann. Wenn Sie den ganzen Tag ans Essen denken, werden Sie nichts Brauchbares zustande bringen – Sie essen nicht, um zu essen, es sei denn, Sie hängen in irgendwelchen stillgestellten Verwaltungszusammenhängen, in denen das Essen als einzige Aktivität zugelassen ist: Und damit wird dann der Auftrag eines sozialverträglichen Ablebens erfüllt. Der Ansatz, der sich tatsächlich als tragend erwiesen hat, lautet: Du sollst dich nicht vergleichen! Du sollst nicht begehren deines Anderen >X<! Und das geht am leichtesten, wenn man/frau befriedigt ist. Man/frau wird besser und besser – und zwar, wenn man/frau nicht geil ist. Wenn es einfache tägliche Übungen gibt, an denen alle Sinne beteiligt sind, sich nicht über den Umweg der Bedürfnisstruktur fernsteuern zu lassen. Damit entwickelt

sich eine ganz andere Form von Körperkommunikation, als wenn der Stress und der Überdruck einer langen Woche abgefahren werden müssen. Es wird besser, eben auch bei den Erfahrungen im Bett, weil all die psychotischen Spannungen wegfallen, die aus den dauernden Entdifferenzierungen der fehlerhaften Identifikation, der Gier, dem Neid, den Ängsten und Bosheiten resultieren. Es ist so leicht daher gesagt: Wenn die Leute ordentlich ficken könnten, würden sie nicht so viel Negation in die Welt setzen. Aber vielleicht ist eine inverse Lesart viel naheliegender: Wenn die Leute nicht so viel Energie in Neid und Bosheit und Unbefriedigtheit investieren würden, dann könnten sie ordentlich ficken... Aus diesem Grund erscheint mir die Konzeption einer Schule der Liebe so einleuchtend: Solange noch Bahnungen möglich sind, solange noch keine harten Programmierungen vorliegen, kann der Rahmen zur Verfügung gestellt werden, innerhalb dessen Heranwachsende lernen, sich den wesentlichen Beziehungen zu widmen. Wenn du jemanden beibringen willst, wie er sich nicht zu vergleichen habe, wie und mit welchen Tricks es möglich sein soll, die konfliktuelle Mimetik zu sprengen und inkommensurabel zu werden, erreichst du nur das Gegenteil. Also unterstreiche den Lernhunger und das Explorationsverhalten, erhöhe die Frustrationstoleranz durch das körperliche Feedback der Lust um das tausendfache, damit das Lernen des Lernens nicht durch kleine Enttäuschungen beschädigt wird. Bestätige jeden Treffer, jedes positive Lernverhalten durch Repertoireerweiterungen der Lust – und halte dich ansonsten raus: Der richtige Weg ist der in eine offene Welt, durch Erproben und Experimentieren, durch die Gewissheit, etwas zu entdecken oder zu schaffen, das davor noch nicht dagewesen ist. Auf diesem Weg ist jeder ganz allein und jeder muss für sich die Tricks und Techniken finden, mit denen es möglich ist, sich nicht mehr zu relativieren.

Natürlich wollte ich wissen! Ein Leben lang bin ich bereits damit beschäftigt, dahinter zu kommen, wer ich bin. Und ich habe einige sehr bittere Wahrheiten herausgefunden – aber weil ich Geld verdienen musste, konnte ich mich nicht damit aufhalten, darüber zu verzweifeln, aus welchem Sumpf ich gekrochen bin, mit was für Schwachsinn ich täglich zu tun hatte, warum ich immer wieder alles beiseitelegen musste, was ich für richtig hielt.

Das energetische Feld einer Institution kann nicht so beschaffen sein, wie das, das sich dem Lernhunger und dem Explorationsverhalten verdankt – es beruht tatsächlich auf einer asketischen Machtakkumulation, während wir für uns eine rückhaltlose Form der Verausgabung gefunden haben. Das wird einfach eine andere Kurve geben, eine abweichende Form der Häufigkeit der Besetzungen – denn wir haben nur verschwendet! Ich habe einiges an Möglichkeiten erarbeitet, habe ein Feld des gesellschaftlichen Erfolgs aufbereitet – um dann dafür zu sorgen, dass wir die Energien bis zur Erschöpfung abgestrahlt haben, schon weil dies die einfachste Form war, die Angst und den inneren Monolog abzustellen. Eben das scheinen die notwendigen Schritte auf dem Weg zum Souveränitätstraining gewesen zu sein. An einigen biographischen Punkten haben wir das Geheimnis des Motors jeglicher Kreativität gestreift: Das heißt natürlich, dass die Schulungsgänge in Sachen Nicht-Identifikation besonders ins Auge gefasst werden sollten.

Adorno kritisierte Erfahrungsweisen, die er nicht nur durch die eigene ästhetische Praxis gut genug kannte, sondern die vor allem in den Verwaltungsvollzügen präsent waren – und das ist seltsamerweise kein Widerspruch. Vielleicht waren sie nicht stringent genug durchgehalten, vielleicht implizierten sie eine Kritik an der Selbstaufgabe oder ein Festhalten am Emanzipationsgedanken, aber nichtsdestotrotz waren die Kritik an einem Weltzustand und seine Erfahrung auf derselben Ranghöhe anzusetzen. In solchen Zusammenhängen musste ich lernen, dass die Wahrheiten, die ich von Leuten vorgeführt bekam, die falsch waren, trotzdem Wahrheiten blieben – auch hier zeigte sich wieder ein Blankpolierter Spiegel: Ich wendete das, was ich an ihnen erfuhr, auf sie selbst an! Und ich kapierte, dass es darauf ankam, ob man Wahrheiten prostituierte und als Deckmantel für eine Beamtenkarriere verwendete oder ob man sie beherzigte und dafür dann auf manches Privileg der verwalteten Welt verzichtete.

Meine psychedelisch gefederten Synapsen sprangen auf die Anweisungen einer multimedialen Postmoderne an, in der vieles wie selbstverständlich verarbeitet und gemixt wurde, was jene erste Postmoderne in der Zeit zwischen den Weltkriegen in die Wege geleitet hatte. Ich wollte wieder den Rausch und die klingenden Sternlein, wollte das Summen im Bauch spüren und mit einem leichten Heliumballon im Solar Plexus abheben. Jede verkrampfte Anstrengung, die an das Unternehmen des Bildungsbürgers erinnerte, schien mir von vornherein verfehlt. Nachdem es einmal geheißen hatte, dass das Ich für die Theorie nicht zu retten sein werde, waren die ehemals damit verbundenen metaphysischen

Ansprüche in den Begriff des Kunstwerks ausgewandert, es sind die Exile des bürgerlichen Charakters, die Adorno und Benjamin in den Werken aufschlüsselten.

Musik konnte, nachdem ihn der Tod gestreift hatte, auf die Idee kommen, die Erleuchtung, die bisher den Drogen vorbehalten war, im Studium der Philosophie zu suchen – allerdings war das nicht der einzige und vor allem nicht der wirkliche Grund! Es gab tatsächlich noch die klare Aufgabenstellung, die Genüsse, die eine Zuckermöse vermitteln konnte, durch die notwendigen nüchternen Basisleistungen für einen gemeinsamen Haushalt, wiederholbar zu machen: Dass ich meinen Rucksack verschenkte und den fast unbenutzten Armyschlafsack im Keller vergammeln ließ, dass ich den Plan einer Weltreise beiseitelegte... mein Kompromiss lautete eben, dass ich so etwas abseitiges und unnützes studierte, wie die Philosophie. Indien konnte warten, noch dazu war zu bemerken, dass die Körper aneinander zu lernen begannen, dass die Intensitäten wuchsen, wenn nur die nötige Gelassenheit wirken durfte, während jeder künstliche chemische Kitzel diesen Sog des Gleichklangs unterband – die Körper wurden zu derart fein registrierenden Resonanzkörpern, dass während des Actus purus sogar die Musik eine Minderung darstellte, weil sie in den Rhythmus und die Stimmigkeit eingriff und sich auf einmal in der Emanation der Präsenz kleine Felder von Abwesenheit breitmachten. Manchmal hatte ich mir gedacht, dass diese aus der Intensität der Körpererfahrung stammenden instantanen Ewigkeiten alles waren, was wir erreichen konnten. Hätte ich eine Metapher für dieses Geschehen gebraucht, wäre ihm der Name des Selbst zu geben gewesen, gerade weil es dem Geschehen des Dazwischen gehorchte, weil es eine Wirkungsmacht zwischen Zweien war. Der Rest war Abwarten, Übergangsphase, Regeneration, bis es wieder so weit war – die Zeit war voll und so intensiv, dass ich sie fast nicht bemerkte.

Frage: „Wie sieht es mit den Fantasien während des Fickens aus? Laut Statistik denken die meisten an eine/n andere/n Partner/in, um sich weiter aufzugeilen – also typischerweise nicht an die/den Vorhandene/n! Das zeigt doch viel eher, dass die von Ihnen beklagte Abwesenheitsdressur bis in die intimsten Zonen vorgedrungen ist. Ist das noch im Hier und Jetzt? Oder wuchern hier nicht schon ganz andere, viel tiefer wurzelnde Anlässe der Rivalität?"

Kein Einwand! Erst mal sind mindestens noch vier weitere Leute dabei, wenn zwei zusammen sind. Und dann schleifen wir so oder so die gesamte Menschheitsgeschichte in verkürzter Form in der Biographie hinter uns her. Für mich ist es entscheidend, dass es Möglichkeiten gibt, die Fremdbestimmung zu verabschieden. Natürlich arbeiten sich erst einmal Biographien und damit ganze Mythensysteme aneinander ab – vielleicht habe ich schon deshalb keinen Grund zur Verzweiflung gesehen, als mir nach und nach klar wurde, dass die Liebe im ersten Anlauf als Duell konzipiert ist. Jede Mama schickt im göttlichen Größenwahn erst einmal einen Erlöser oder ein heiliges Opfer in die Welt, womit die Geburtsschmerzen einer Religionsgründung im psychischen Fundament konserviert werden – die späteren Religionskriege lösen mögliche Konkurrent(in)en der Mutter aus. Was dann an Sendungsbewusstsein und infantiler Abhängigkeit in eine spätere Beziehung importiert werden kann, liefert den Motor der dümmsten Missverständnisse, der hinterhältigsten Fallen, der gemeinsten Verrätereien...

Frage: „Das ist keine befriedigende Antwort! Halten Sie es überhaupt für möglich, dass ein Paar derart nah und intensiv an die gemeinsame Geschichte heran kommt, dass diese Problematik zu lösen ist?"

Beim Paar bin ich mir manchmal wirklich nicht sicher – und das nach 38 Jahren Routine. Aber bei den sexuellen Übungen würde ich ohne Einschränkung bejahen. Es gibt die verschiedensten Anlässe, sich anzuregen, es mögen harmlose Fantasien sein, an denen eine Beziehung zerbricht oder nur die Langeweile; es können die Umwege über den Dritten und die Eifersucht sein, die sie kittet und ein Paar gegen die offensichtlichen Hypotheken aus der Vergangenheit zusammenschweißt... Ich habe im Altpapier beschrieben, wie ich im Bett resozialisiert worden bin und aufgrund der dort erfahrenen Intensitäten von mehreren chemischen und visuellen Abhängigkeiten befreit wurde. Das war schon ein wesentlicher Schritt, auch wenn es erst einmal die beschissene Frustration im Gefolge hatte, dass ich gelernt hatte, zu spuren – und meine Freundin sich dann anderweitig vergnügen wollte. Wie nebenbei wurde ich also wieder auf die Regression auf pornographische Intensitäten verwiesen – und das wäre nicht nur die Einwilligung in einen erbärmlichen Selbstbetrug, sondern auch die familienromanbedingte Verzichterklärung auf eine wirkliche Beziehung gewesen. Ich suchte nach den entsprechenden Wahrheiten und las wie ein Besessener – was ich damit erreichte, war immerhin, dass die Jahre ohne größere Beschädigungen vorbei gingen und wir dann den nächsten Anlauf nehmen konnten. Der Pornographie war die Wirkungsmacht abzugraben, als wir der Routine folgten, sie gemeinsam zur Anregung zu benutzen, bis nach und nach Intensitäten erreicht waren, bei denen der immaterielle Blick nicht mehr mithalten konnte. Wenn es klingelt, wenn die erogenen Zonen erst einmal aufeinander eingestimmt sind und gemeinsam zu schwingen beginnen, kommen keine Bildwelten mehr mit! Es ist also gar nichts dagegen einzuwenden, wenn mit den nötigen Fantasien Feuer gemacht wird, entscheidend ist schließlich, dass es im gemeinsamen Kamin abbrennt. Und damit habe ich noch einmal aus einer anderen Richtung unterstrichen, wir notwendig es ist, den Kontakt zu unseren vorpersonellen Systemen zu halten. Die Partialobjekte sind einfach nur gierig und brauchen Futter, aber keines ist allein überhaupt zu einer brauchbaren Befriedigung fähig. Oder noch zurück in der Philosophiegeschichte: Schon bei Platon ist zu lesen, dass die Träume unverbindlich sind und keiner dafür verantwortlich gemacht werden muss – warum sollte also den Fantasien und Sehnsüchten, den Projektionen und Erwartungsmustern eine Störqualität für die Beziehung eingeräumt werden! Entscheidend ist, dass die Zwei erst einmal in die Lage kommen, die nötigen Routinen aufzubauen, um das körperliche Geschehen als verstärkenden Resonanzraum zu erfahren.

Frage: „Da haben wir doch verschiedene Traumkonzeptionen! Normalerweise vertreten Sie doch die Position, dass in den entscheidenden Träumen eine Vernetzung mit den großen menschheitsgeschichtlichen Fragen vorliegt. So ein Traum kann nicht unverbindlich sein!"

Den Einwand habe ich erwartet, das ist immer eine Frage der Intensitäten: Fährt der Traum ein paar Tagesreste ab und entlastet von Spannungen – oder führt er uns auf eine Bedeutungsschicht, auf eine Ebene der Bedeutsamkeit, auf denen über den Sinn unseres Lebens entschieden wird und nicht über eine kurzschlüssige Ersatzbefriedigung! Wenn Freud bei seinen Traumanalysen auf eine nebelige Stelle stieß, von der die Verweisungszusammenhänge vom hundertsten ins tausende wucherten, sprach er von einem Nabel des Traums, der selbst nicht mehr analysierbar sei. Ich meine, dass genau in diesem Nabel die Existenzentscheidungen des Einzelnen in die großen Mythen der Menschheit übergehen oder von diesen gesättigt werden, bis ein treffendes und ganz spezifisches Gestaltbild ausgefällt wird. Ich kann mich an vielleicht eine Handvoll Träume erinnern, nach denen ich erwachte, als habe mich die Hand eines Riesen durchgeschüttelt oder als sei ich gerade einem Botschafter meiner persönlichen Weisheit begegnet und die Bedingungen, die er an das Verständnis geknüpft hatte, derart hart gewesen waren, dass ich in die Knie gegangen war. Seitdem gehe ich davon aus, dass es wirklich Träume gibt, die uns mit den Gesetzmäßigkeiten der Menschheitsgeschichte verbinden – wenn die Erklärung, sie seien immer eine Wunscherfüllung, stimmt, muss ich in den entsprechenden Fällen eben dahinter kommen, um wessen Wunscherfüllung es sich handelt. Wir tragen auch den Wunsch mit uns herum, dem Geheimnis des Lebens oder der Welt zu begegnen. Und selbst die mythischen Initiationsträume passen noch zu dieser Erklärung, wenn ich nur die Frage nach dem Sender stelle: Wer träumt denn da, wenn wir auf einer essentiellen Sphäre der Träume angekommen sind? Das sind nicht mehr wir, der Ich hat sich in einen Empfänger verwandelt und ist porös für Botschaften geworden, die seit Jahrtausenden auf dem Weg sind. Mit Hofmannsthal, können wir sagen, dass Träume Taten sind, nicht nur unverbindliche Bildwelten, die an der Gewissheit eines sprachlich verbürgten Wissens zerschellen sollen – denken Sie an die Analogie zur Sprechakttheorie. In diesem schrankenlosen Schein steckt eine ganz andere Gewissheit, die tief im Wurzelgrund des Lebens verankert ist. Hier wird mit Bildern geschaltet, die ihre Energie aus den Restbeständen der täglichen Erfahrung beziehen und gleichzeitig mit den Gesetzmäßigkeiten eines ganzen Lebens arbeiten. Es ist ein Schalten und Walten mit Welten und Existenzen. Und es ist der ganze Mensch, der hier zu klingen beginnt, es gibt keinen Traum, dessen Verknüpfungen sich nicht bis auf die Träume der frühen Kindheit zurück verfolgen lassen und damit, mit den Gesetzmäßigkeiten der Traumarbeit, mehr über seinen Affekthaushalt und seine Wunschökonomie verraten, als die Gewohnheiten seines Alltags. Hofmannsthal versucht aus solchen Zusammenhängen die Wirkungsmacht des Films abzuleiten, seine bannende Wirkung zu erklären. – Viel wichtiger scheint mir der Aspekt, dass er auf einen Zugang zur materiellen Verwurzelung hinweist, die Freud nicht zu bedenken wusste, weil ihm die Sackgassen der Subjekt-Objekt-Dichotomie nicht gegenwärtig waren. Das ist ein semimaterialer Zugang zu den Besessenheiten und Antriebsmustern eines Individuums, also zu jener vorindividuellen Region, in der alle Modi des individuellen Allgemeinen ausgebrütet werden. Vielleicht ist das, was Freud den Nabel des Traums genannt hat, eine energetische Übertragung der Leibnizschen Monade? Im Kitsch und in der Massenunterhaltung sind genau die Mechanismen wirksam, die uns die Traumarbeit zur Verfügung stellen kann. Wenn dieser Wurzelgrund des Lebens in Schwingungen gerät, werden wieder jene Gewalten virulent, in denen sich Mythen bilden oder das Symbol entsteht. Also sinnlich erfahrbare Entitäten für geistige Wahrheiten, die der Ratio nicht unmittelbar zugänglich sind, die wir nur in der Vermittlung vergegenwärtigen und dann bedauern müssen, wie wenig wir in den Händen halten. Waren die verschiedenen Darstellungen der Kreuzigung etwas anderes als Kitsch? Vielleicht komme ich mit den Erleuchtungen des Pop sogar weiter, als mit den bombastischen Messen in katholischen Kathedralen. Wir leben in einer Welt des massenhaften Recyclings. War die griechische Tragödie zu ihrer Zeit und bezogen auf die ursprüngliche Erfahrung des Göttlichen mehr als nur Kitsch? Im Schund, im Verworfenen, in der Pornographie habe ich die Regeln gefunden, mit denen es möglich war, das Maß an Überblick und Souveränität zu erarbeiten, um den aktuellen Notwendigkeiten gerecht zu werden. Die Fraglichkeiten, erst einmal auf den Nenner gebracht, sind bereits ein wesentlicher Teil der Lösung – wenn man nicht an alten Abhängigkeiten kleben bleibt, sondern so offen und hellhörig wird, dass genau die Wahrheiten einen anspringen, die die anderen nicht hören wollen.

Aber zurück zu dem, was zwischen zwei Körpern stattfindet und den Fantasien, die dazu notwendig sein sollen, das Feuer anzufachen. Die Vorstellungen tragen zu den Schwierigkeiten des Beginnens bei, wenn das imaginierte Bild eine unendliche Befriedigung verspricht und am Schluss nicht mehr als ein bisschen Wichsen-zu-Zweit zustande gekommen ist: Ernüchternde Handarbeit oder ein desillusionierender Blowjob. Die Blicke sind gierig, weil ihr Hunger nicht zu stillen ist, die Vorstellungen haben einen Unendlichkeitsbedarf, weil ihnen die Reibungsenergie der materiellen Nähe fehlt. Wenn sich aber mit der Zeit die erfüllte Lücke, das Glück, realisiert, werden die Routinen dafür sorgen, dass zwei sich ohne den narzisstischen Selbstbezug und die Kodierung unendlicher Spiegelungen auf das körperliche Geschehen einlassen, als l'art pour l'art! Ohne aufgestaute Geilheit werden Sie feststellen, wie die Sinnensysteme zum Leben erwachen und in den Intensitäten Unendlichkeiten zu vibrieren beginnen.

Dagegen ist das angekitzelte Begehren ein einfaches Machtmittel: Solange wir spitz auf irgendetwas sind, sind wir zu delegieren und verwechseln unseren eigenen Wunsch mit den fremden Zielen. Die Leute nennen etwas geil, um zu unterstreichen, wie toll oder erstrebenswert es sein soll und schon das ist eine sprachliche Irreführung, an der deutlich wird, wie falsch ein Leben ist, das nur dem Ersatz huldigt. Tatsächlich schreit die Geilheit danach, abgefahren zu werden – also nicht mehr zu sein! Sie überfällt einen, sie sitzt einem im Genick und drückt auf die Augen, der Speichel läuft einem im Mund zusammen und man bekommt einen heißen Kopf, es juckt in den Fingern und zwischen den Beinen: Auf allen Kanälen wird einem tatsächlich klar gemacht, dass über einen verfügt wird, dass man nicht Herr im eigenen Haus ist!

Geilheit ist nichts Erstrebenswertes. Der naheliegende Ausweg war menschheitsgeschichtlich die Askese, der Verzicht auf die Befriedigung des Bedürfnisses – aber dieses Programm erfordert einen enormen Aufwand und frisst wertvollste Energien weg; außerdem ist es extrem unzuverlässig. Setze die Asketen in Machtpositionen und oft genug holen sie sich über Umwege und Abkürzungen dann in einem Übermaß, was sie sich laut Statuten eigentlich verbieten müssten. Der andere Weg ist wesentlich unwahrscheinlicher und erfordert einen gewaltigen kommunikativen und emotionalen Aufwand – aber er läuft auf die diametral entgegengesetzte Praxis hinaus. Tatsächlich handelt es sich also darum, die Kunst zu entwickeln, das Begehren derart zu stillen, dass es sich nicht mehr rühren muss. Von da ab findet die Liebe als l'art pour l'art statt, als Lobpreis der Schöpfung, als umfassende Bejahung. Sie wird dann zu dem acte graduit, der sie im Grunde immer schon ist, wenn grazile Willkür und rückhaltlose Schönheit zu einer profanen Offenbarung verschmelzen. Wenn du dann fragen möchtest, wann jemand das letzte Mal geil gewesen sei, wirst du vermutlich die desinteressierte Antwort hören, dass sie oder er sich nicht genau daran erinnern könne. Das ist der Motor, der wesentlich weiter trägt und immer neue Energien freisetzt – man/frau muss es nur tun, in schöner Regelmäßigkeit und mit einem Partner/einer Partnerin, die füreinander die Geduld aufbringen, es so lange zu üben, bis die Körper sich einzustellen beginnen. Was ich in anderen Zusammenhängen einmal das Kraftwerk der Liebe genannt habe, um dafür die Metapher eines Schnellen Brüters zu verfremden, ist tatsächlich dieser Prozess: Die Liebe als acte graduit!

Frage: „Vielleicht haben Sie es vorgezogen, übermenschliche Anstrengungen auf sich zu nehmen, weil Sie nicht in der Lage waren, so alltägliche Nebensächlichkeiten wie ein Gespräch übers Wetter oder über den nächsten Urlaub glaubwürdig hinzubekommen? Vielleicht haben Sie gemeint, besonders echt und authentisch sein zu müssen, weil Sie insgeheim davon überzeugt waren, dass alles so oder so nur nachgemacht war?"

Und noch dazu schlecht nachgemacht! Beides ist richtig beobachtet: Ich hatte bei den verschiedensten Jobs immer wieder das Gefühl, dass ich sie nur deshalb ordentlich und pünktlich ausführen konnte, weil ich eine Aushilfe war. Wenn ich dann noch mitbekam, über was die Leute sich unterhielten, mit was sie versuchten, ihr Leben zu füllen, welche Besessenheiten sie antrieben, wäre ich verzweifelt oder in eine abgrundtiefe Depression gefallen, wenn ich nicht gewusst hätte, dass ich damit nie etwas zu tun hatte oder zu tun haben wollte. Außerdem hat es viel zu lange gedauert, bis ich kapiert habe, dass es in den alltäglichen Belangen nur um Glaubwürdigkeiten ging, aber um keine Echtheit. Die Simulanten einigten sich darauf, die jeweilige Lebenslüge unangetastet zu lassen, denn sie hatten die gleichen Feinde, die Wahrheit und das Realitätsprinzip. Sie deckten sich gegenseitig und wussten sich einig, wenn es darum ging, die eigenen Fraglichkeiten an einem Sündenbock abzustrafen. Ich habe erfahren, was es heißt, wenn ein Einzelner eine Großinstitution in Schach halten kann, aber ich war mir nicht sicher, ob ich in der Lage war, über Jahre hinweg jeden Tag zur gleichen Zeit am gleichen Arbeitsplatz zu sitzen, der sich in nichts von anderen Arbeitsplätzen unterschied und dort Routinen abzuspulen, die so nebensächlich waren, dass es fast egal schien, ob etwas getan wurde oder auch nicht. Ein Heroismus der Bedeutungslosigkeit, nach dessen Vorgaben Millionen Lebensläufe versandeten, als hätte es nie den kreativen Impuls gegeben, die Welt in Teilen neu zu machen und damit zu verjüngen...
Vielleicht musste ich erst soweit gebracht werden, um mein Leben zu kämpfen, vielleicht musste man mich erst in eine völlig aussichtslose Ecke gedrängt haben, bis mir das kleinere Übel, mich unter nachgemachten Menschen zu bewegen, zuzumuten war, ohne dass ich ständig an der Stimmigkeit meiner Selbstdarstellung, an der Richtigkeit meiner Aussagen zu zweifeln hatte. Tatsächlich war das von Anfang an eine einfache Delegationsleistung: Mir war immer wieder neu nahe gelegt

worden, dass ich ein Fremder sei, dass ich nicht dazu gehörte, dass ich kein Recht und keine Sicherheit in den durchschnittlichen Ritualen der Selbstvergewisserung finden können sollte. Das war wohl der Ursprung dieser inneren Leere, dieses Mangels an Identifikationslinien, die mich immer mehr beschleunigten und immer wieder neu auf die Suche schickten. Bei Pasolini oder Ariès, bei zur Lippe, Sloterdijk oder Kamper, oder viel früher, bei den synkretistischen und noch nicht systematischen Ansätzen einer Kritischen Theorie, war schon einmal an den minimalen Weisheiten der Sinne und der Fingerfertigkeit angesetzt worden. Schon damals lautete eine ganz wichtige Feststellung, dass der Gang der Zivilisation in einer Zunahme der Mechanisierung bestand, in einem Ausschalten der scheinbar unmittelbaren Wahrnehmbarkeiten, in einer Reduzierung jener kleinen Wahrheiten der Erfahrung des Selbst, die zu Formen der Autonomie befähigen konnten, die sich nicht an der Selbstzerstörung beweisen mussten. In den subliminalen Wahrnehmungen, in den auf sie aufbauenden Routinen, steckte ein enormes Lernpotential und genügend Widerstandswille gegen alle Formen der Manipulation – es war kein Wunder, dass die politischen und sozialen Bewegungen der Moderne erst möglich geworden waren, nachdem es gelungen war, diese Kräfte für nichtig zu erklären oder ihre nicht aus der Welt zu schaffenden Antriebe in Asyle zu verbannen. Noch die Pädagogisierung der Kindheit, die Kolonialisierung der Lebenswelt durch die Massenmedien, die Entmündigung durch Experten, folgen diesem Prozess der Austrocknung und Stillstellung. Und die Abhängigkeiten bei einem akademischen Studium, die für das weitere Fortkommen notwendigen Speichelleckereien und Selbstsubalternisierungen, die im Sinne lobender Gutachten und erfolgreicher Abschlüsse vorauseilende Selbstzensur, tun ein übriges dazu, dass aus den Möglichkeiten eines besseren Wissens nicht mehr als Resignation und Zynismus resultieren dürfen.

In der Regel setzen sich die Gesetzmäßigkeiten eines Systems durch, indem sie sich der verschiedenen subjektiven Antriebe bedienen: Die Institution des Rechts verdankt der Abweichung, der Perversion und der Übertretung viel mehr, als dem Moralgefühl. In ähnlicher Weise sind die Geisteswissenschaften – obwohl in ihnen die Wissensweisen latent vorliegen, mit denen Echtheit, Intensität und Sinn erarbeitet werden könnten – auf den Fundamenten des Partnervermeidungszwangs aufgerichtet worden. Die Durchsetzung der den erfüllten Trieb verleugnenden

Verzichterklärung ist ihr eigentlicher Antrieb geworden – den unterdurchblutete Arschlöcher, ehrgeizige Impotente und akribische Perverse durchsetzen dürfen.
Die entsprechenden Gesetzmäßigkeiten habe ich schon mehrfach angedeutet. Ein Organisationsprinzip der kulturschwulen Vereinigung war die Simulation der weiblichen Welt: Nachdem die Erfahrung der Frau aus dem Wahrheitsdiskurs ausgegrenzt worden war, begannen sich Männer an der Erschaffung seelenvoller Frauengestalten zu profilieren und simulierten eine zurechtgestutzte, für sie ertragbare Weiblichkeit – diese Frauengestalten sind dann über den Umweg der Literatur von den braven Töchtern nachgeahmt und mit Leben erfüllt worden. Das Stichwort kulturschwule Vereinigung impliziert also bereits die Analyse der mütterlichen Psychose und geht einher mit einer vernichtenden Kritik an jenem Modus vivendi der Männerwelt, der für die meisten Männer ein notwendiges Schutzschild gegen die Sogwirkung des Weiblichen darstellt. In diesen Zusammenhang sollte hervorgehoben werden, dass ich nie das Gefühl gehabt habe, die Fraglichkeiten könnten gelöst werden, wenn die Machtbalance der Männerwelt nun von emanzipierten Frauen beerbt wird. Das ist nur eine Fortschreibung, die häufig genug funktioniert, weil sie von Frauen angestrebt wird, die sich als asexuelle Maschinen definieren – damit bin ich bei der Erfahrung meiner Mutter, die für mich beweist, dass mit dieser Kombination aus Sexualverleugnung und Machtstreben tatsächlich sehr effektiv verlängert wird, was die kulturschwule Vereinigung in die Welt gesetzt hatte: Ein Absehen von den realen körperlichen und biographischen Bedingungen und eine Hypostasierung der Strategien der Macht. Ich musste also recht früh kapieren, dass es darum geht, die institutionalisierten Formen der Macht zu umspielen oder auszuhebeln. Es ist durchaus möglich, dass ich Lebensdienliches in die Welt setze und Werte schaffe, gerade durch meine Weigerung, mitzuspielen. Aber ich werde dann verständlicherweise nicht mehr viel Zeit und keine Gemeinsamkeiten mit jenen teilen, die ein Interesse daran haben, dass alles so bleibt, wie sie dies gewohnt sind. Es reicht, wenn wir für unsere Lebenszeit die Chance ausgearbeitet haben – wenn dann jemand in die Lage kommt, davon zu profitieren, sei es ihm gegönnt. Das hat sehr viel mit der Frage nach der Möglichkeit eines Verhältnisses der Geschlechter zu tun oder mit der Behauptung, dass es, wie die abendländische Tradition des Wissens es nahelegt, gar kein solches Verhältnis geben soll. Ich habe alles riskiert, was man

überhaupt aufs Spiel setzen kann – und ich kann garantieren: Es gibt eines! Im schlechtesten Fall erschließen wir es aus den dauernden Anstrengungen der Verleugnung und Missachtung; im besten Fall entsteht und wächst es bei der allmählichen Verfertigung der Erfahrung des Göttlichen in der Welt.

Frage: „Wenn Sie sich bis in die feinsten Fasern und Erfahrungen am anderen anzuschmiegen wussten, haben Sie sich doch erst in dieser Selbstaufgabe wirklich zu erfahren? Ist das kein Widerspruch, macht das nicht verständlich, warum die institutionellen Bindungsenergien eben aus der Flucht vor so einer Erfahrung, selbst aus ihrer Verleugnung, zu erklären sind! Das können Sie doch niemandem übel nehmen!"

Wenn sie es für sich behalten würden, wenn es ihr armseliges Beruhigungsmittel bliebe, wäre gar nichts dagegen einzuwenden. Vergessen Sie bitte nicht den kolonisatorischen Eifer der Krüppelzüchter, sich alles in der Welt und jede und jeden ähnlich zu machen. Ich habe mir immer wieder einmal gesagt, dass unser über Jahre hingezogenes Duell, das mit gleichem Recht Liebe genannt werden kann, nur deshalb auf eine solche Ranghöhe der Macht hochgeschaukelt werden konnte, weil einige der Statthalter des Wissens die menschheits- oder entwicklungsgeschichtlichen Fallen bemüht haben, um uns zu stören und weil das nicht den nötigen Erfolg hatte, um uns zu vernichten. So ergab sich wie von alleine, dass wir bestimmte Fragestellungen, die in den Mythen aufbewahrt worden sind, erneut aufzunehmen hatten und dieses Mal einen Lösungsansatz jenseits der konfliktuellen Rivalität finden mussten, der die kulturschwule Lösung auszuhebeln hatte, der die Partnervermeidungszwänge auszutricksen wusste. Die Polarität der Geschlechter erst ergibt das Zusammenklingen in einer Harmonie! Natürlich kulminierte die entsprechende Frauenrolle nicht in der Gebärmaschine, sondern in einer umwerfenden, unwiderstehlichen Schönheit; nicht anders die Rolle des Mannes, der sich von der des Erzeugers verabschiedet und die kulturellen Drecksarbeiten des Heros auf sich zu nehmen hat. Als Aufgabenstellung der Beziehungsarbeit erweist sich damit, Schritt für Schritt einen kleinen Bereich in der Welt zu schaffen, aus dem die Psychotisierung zurück gedrängt worden ist, in dem der Sexualneid als Motor von Lüge und Verleugnung keine Kraft mehr hat, in dem die strategischen

Verfügungsweisen über das menschliche Leben ausgehebelt worden sind. Ein langer Weg der Erfahrung, der bei beiden zu dem gleichen Ergebnis führt, obwohl sie sich währenddessen immer wieder gegenseitig dafür verantwortlich machten, dass sich dieser Lernprozess so scheiße anfühlte. Die Schöne, die ihre Wahrheit als Anerkennung nur über den Umweg des anderen erfährt, unterscheidet sich dann in keinster Weise von dem Guten, der zu seiner Wahrheit nur kommt, wenn er all die Kennzeichnungen seiner durch eine Mutter geprägten Identität auf dem Weg zurücklässt. Beide müssen erst einmal die Hypotheken der vergangenen Generationen ablösen, um dann in die Lage zu kommen, sich auf diese Beziehung einzulassen. Für beide heißt das dann, dass die Beziehungsarbeit nur als Gang durch die Extreme der Negation verstanden werden kann. Ein seltsames Geschäft, an dessen Schaltstellen einige der großen Befriedungs- und Ernüchterungsaufgaben warten – und wenn das Glück mitspielt, ist ab einem gewissen Stadium der Beschleunigung zu sehen, wie und mit welchem Interesse alle Arten Krüppelzüchter an der Ausbremsung arbeiten und die Vernichtung anempfehlen. Ab dieser Einsicht ist es nicht mehr nötig, daran zu verzweifeln, dass es hoffnungslos sei, miteinander auszukommen: Wenn sich so viele Leute zusammen tun, um etwas zu verleugnen und zu bekämpfen, kann es nicht nichts sein. Ohne diese Leute, die dem eigenen Zwang gehorchten, beweisen zu wollen, dass ihr Verzicht gottgewollt und die Resignation in der Beziehungsunfähigkeit notwendig sei, wären wir jeder für sich und auf immer alleine an der verbitterten Erkenntnis gestrandet, dass die Größe einer Liebe am gegenseitigen Vernichtungswillen zu ermessen sein muss. So notwendig ist es, auf einander angewiesen zu sein – ohne Erbe oder Ausweichmöglichkeiten, ohne die Illusion, man habe noch ein-zwei Welten für weitere Versuche in petto. Es gibt nur ganz wenige kleine Chancen und mit jeder, die wir verspielen, ist nicht nur eine weg, sondern die verbliebenen werden kleiner und weniger wert. Aber mit jeder Chance, die wir ergreifen und mit jeder Anstrengung, die gemeinsam durchgehalten wird, wächst das Repertoire und die möglichen Treffer machen mächtiger. Dazu ist es allerdings notwendig, hinter den gepriesenen Prämien des Fetischismus und der Ersatzbefriedigung am Erklärungsmodus der Liebe als Duell anzukommen: Die Geschlechterspannung ist nicht zu verleugnen und nicht zu begraben, sondern sie ist zu verwenden. Das ist das menschheitsgeschichtliche Fundament, auf dem erst Korrekturen möglich sind. Das biographische Konzept ist mit der philosophischen Tradition vermittelt, durch sie geworden und an ihr modifiziert: An den Fraglichkeiten, an den entscheidenden Weichenstellungen der Entwicklung werden immer wieder die mythischen Fragestellungen zu bemühen sein.

In den ersten Jahren konnte ich gar nicht wissen, wie wichtig dieses Pensum für mich sein würde; ich verfluchte es und flüchtete mich in Leseriten. Wer hätte gedacht, dass es ein Trainingslauf war, der in einer genealogischen Kette wurzelte. Die Frustration eines Hilfsarbeiters, der die Nichtanerkennung seiner Arbeitskraft für sich erträgbar machte, indem er alles, was mit mir zu tun hatte, ignorierte oder wütend abstrafte. Einem Kuckuckskind verpasste er schon in den Anfängen jene Frustrationstoleranz, die weit über dem angesiedelt war, was durchschnittlich verkrüppelte Bildungsbeamte später nach den eigenen Ängsten zusammenbasteln wollten. Und dann eine große Liebe, die dazu angelegt worden schien, mich ausreizen, bis schließlich eine ausgebrannte Ruine zurück bleiben sollte. Viele Jahre später fand ich die Botschaft: Du lebst, weil du geliebt wirst! im Film ‚Matrix' wieder – und kapierte wie nahe ich dem Verlöschen gekommen war, als ich mich von allen früheren Bekannten abgeseilt hatte, nur um die Zuwendung eines einzigen Menschen zu erkämpfen. Nicht das ich-denke-also-bin-ich war der Angelpunkt der Welt! Dank der auferlegten Zwänge musste ich die Routinen ausbilden, wie in einem Kontext der Verwünschung und Ausbremsung, gegen dauernde Lügen und Verleugnungen, der Kurs zu halten war. In abgewandelter und zugleich verallgemeinerter Form tauchten die aneinander gewonnenen Energien als Geistesgegenwart und Körperbeherrschung wieder auf. Nicht das Ich-denke konnte all meine Vorstellungen begleiten, sondern das Ich-liebe!

So viel erst einmal zur Geschichte des Paars, zur Notwendigkeit der Beziehungsarbeit oder der behaupteten Unmöglichkeit einer Beziehung. Das ist die Notwendigkeit, sich bis in die feinsten Fasern und Erfahrungen anzuschmiegen, am anderen zu lernen, sich selbst erst in dieser Selbstaufhebung zu erfahren! Der Schmerz darüber, dass es gerade das authentische Gefühl ist, der Einsatz ohne Vorbehalt, die rückhaltlose Verausgabung, die einen besonders verletzbar machen! Die bedrohliche Erfahrung, dass es jene Offenheit und Entdeckerfreude ist, die dafür sorgen kann, dass man nur umso gründlicher verstümmelt wird. – Weil die Liebe eine Form des Duells ist, weil sich die Familienromane aneinander abarbeiten müssen, bis es zu einem Krieg der Welten kommt, bis einmal innerhalb vieler Generationen die Chance erwächst, dass die Protagonisten durch den Ich-Tod hindurchgehen, um die Kräfte des Subjektiven für sich zu gewinnen, um aus der Beziehungsarbeit eine Höllenmaschine zu machen, mit der es gelingt, die Instanzen der Antriebshemmung an die Wand zu spielen. Die Liebe ist nicht das Paradies auf Erden, so wird nur der Köder präsentiert, mit dem wir uns auf Spielregeln einlassen sollen, die dafür sorgen, dass alles so hoffnungslos bleibt, wie es war. Die Liebe ist die Chance, in der Gefahr der Vernichtung – und das ist der musikalische Bezug aufs Verklingen – an den ursprünglichen Kraftfeldern der symbiotischen Dyade, auf der Rückseite des Wahns, jene Korrekturen anzubringen, mit denen ein Spiel der Verkennung und des Verpassens ausgetrickst wird. Die Liebe ist die Kraft, die in den Extremen so stark sein kann wie der Tod. Damit ist nichts gewonnen außer einem Aufschub, denn die Liebe ist niemals stärker als der Tod. Aber in diesem Zwischenbereich wird es möglich, den Tod zu bejahen und ihn für einen wesentlichen Moment in Dienst zu nehmen. Mit dem makellosen Mut, der sich der Bejahung widmet, mit der Voraussetzung, dass jede noch so schwere Prüfung eine Möglichkeit der Bewährung beinhaltet, mit dem Vertrauen darauf, dass in den tiefsten Schichten der Wirklichkeit noch immer das Gesetz des symbolischen Tauschs gilt. Das ist die Wahrheit am Gegensinn der Urworte, die geheime Bedienungsanleitung aller sozialisierten Erwartungsformen und Gefühlswelten. Wir müssen noch einmal in die Musikalität der präverbalen Bezüge eintauchen, um die subliminalen Weisheiten für uns nutzbar zu machen – selbst wenn das nur um den Preis der Verzweiflung und des höchsten Schmerzes gelingt.

Apropos Bedürfnisbefriedigung, wir könnten bei einem kühlen Bier auf der Terrasse weiter machen, dann sind keine Mikrophone oder Kameras mehr zugeschaltet!

4a

Einen schönen guten Abend! Ich finde es erstaunlich, dass wieder so viele von Ihnen gekommen sind. Nachdem ich aufgefordert worden bin, mich innerhalb eines verständlichen Rahmens zu bewegen, verspreche ich Ihnen, dass ich nichts erzählen werde, was nicht ohne große Mühe nachvollzogen werden kann. Die Menschen sind nicht in der Lage, irgendetwas Sinnfreies abzusondern: Alles, was sie von sich geben, ist a priori einer Deutung unterstellbar – weil sie selbst eine Bedeutung haben wollen, produzieren sie fortwährend Sinn. Und das ist nicht nichts – das Unverständnis oder der Mangel an Einsicht beruhen häufig genug auf einer Basisentscheidung, die gewissen Wahrheiten gar kein Stimmrecht im eigenen Leben einräumen möchte.

Ich nehme es niemandem übel, wenn er mit den Füßen abstimmt und wegbleibt. Aber ich werde mich nach keinen Intriganten richten, die meinen, mit einer unliebsamen Wahrheit fertig zu werden, indem sie für Beschwerden sorgen, die mit der Sache selbst nichts zu tun haben. Ich bin nicht dazu da, für die reiche Gattin den Hausfrauentröster zu figurieren und es liegt mir fern, für unerweckte Verwaltungsangestellte den Don Juan zu spielen: Damit dürfte zu den Beschwerden genug gesagt sein. Sie können davon ausgehen, dass ich ein paar Wahrheiten so darstelle, dass sie nicht allzu leicht zu verstellen sind und damit erfordern sie eben einen gewissen Aufwand an Verständnis. Außerdem bin ich hier hoch gekommen, um PR-Texte zu erstellen und mir damit einige Anzeigenschaltungen zu sichern. Dass ich aufgefordert worden bin, ein paar Abende über das Thema Souveränitätstraining zu sprechen, gehörte nicht zu meinen Aufgaben. Ich habe unter der Bedingung zugesagt, dass ich keine Zugeständnisse an die jüngsten Ableger des gesunden Menschenverstands machen muss – die Forderungen der political Correctness haben in meinen Augen die Krankheiten der Erfahrungsersparnis und der Denkbehinderung renoviert. Und das gemeine daran ist, dass sich unter dem Deckmantel ehemals liberaler Tugenden mit den Forderungen der Toleranz gegenüber Minderheiten ganz alte totalitäre Denkweisen reproduzieren!

Frage: „Wir haben uns gestern über Ihre an übersinnliche Fähigkeiten erinnernde Geistesgegenwart unterhalten: Sie haben immer wieder Sachen gewusst, die Sie eigentlich gar nicht hätten wissen können; Sie haben Intrigen schon dadurch durchkreuzt, dass Sie zur richtigen Zeit am rechten Ort aufgetaucht sind... Beruhen diese scheinbaren Zufälle auf einer Schulung der Erregungsabfuhr des Körpers? Auf dem, was sich dann auf der Offenheit für subliminale Wahrnehmungen ergibt? Wenn ich mir manche Anekdoten vergegenwärtige, die Sie erzählt haben, überlege ich mir, ob mediale Fähigkeiten nicht immer dann bedeutsam werden, wenn jemand durch den Lügenteppich seiner Sozialisation gefallen ist."

Dazu sollte die eine oder andere Erfahrung mit den Techniken eines Blankpolierten Spiegels referiert werden: Wie sprengt man einen verhexten Kontext, wie entgiftet man eine verseuchte Welt. Es wäre sicher nicht unwichtig, die in meiner Geschichte steckenden Wahrheiten für andere zugänglich zu machen. Jeder, der in einem verhärteten Clinch steckt, jeder der Delegationen untersteht, die tatsächlich antagonistischen Impulsen gehorchen, jeder der damit haushalten muss, dass er sich mit einer Lüge zu arrangieren hat, obwohl er die unbequeme Wahrheit kennt, wird irgendwo in einer vergleichbaren Situation stecken. Ich habe nur die Fähigkeit gehabt, sie derart auszureizen, dass ich um mein Leben laufen musste – wer kommt schon in die Lage, dass ein Wissenschaftsminister unter Spannungen schreit: Hau bloß ab du Hund! – und das zu einer Zeit, als es ein totales Tabu auf jeder Fortbewegung gab.
Ich habe die unabdingbare Notwendigkeit erfahren, dazu lernen zu dürfen, nicht um den Ich zu überhöhen, nicht um der Eitelkeit der eigenen Macht und Einsicht zu huldigen – sondern nur, weil es mit aller verbliebenen Kraft darum ging, das Paar vor der Vernichtung zu retten. Das ist eine Erfahrung, die schon mehrfach angesprochen wurde: Für uns selbst können wir alle vorhandenen Kräfte mobilisieren und aus Gründen des Selbstbezugs besteht immer die Gefahr, dass sie nicht ausreichen werden. Aus diesem Grund ist der Vorwurf sinnlos, ich hätte in

meinen Erfahrungen nur die romantische Todessehnsucht renoviert – das Gegenteil ist eher der Fall: Ich habe die Erfahrung des Ich-Tods als Überlebensstrategie und Zauberarmatur entdeckt. Erst wenn wir uns rückhaltlos für eine/n Schutzbefohlene/n, eine/n Partner/in oder ein gemeinsames Ziel, ein Prinzip Hoffnung oder andere Projektionen des Glaubens investieren, wenn wir bereit sind, unser Leben zu geben, wenn wir nicht mehr daran denken, was wir gewinnen oder davon haben können, wachsen im Nu, in jenem Augenblick des Findens oder der Entscheidung, ungeahnte Kräfte hinzu.

Eine der grundlegenden Voraussetzungen des deutschen Idealismus finden Sie sowohl bei der revolutionären Frühromantik wie bei Hegel wie bei Hölderlin. Sie hatte gelautet, dass der mit einer göttlichen Kraft begnadete Mensch seine Sendung, sein Charisma durch ein heiliges Opfer, durch den geraden Weg in den Tod erkaufen muss. Auch das ist eine Hohlform für den späteren, in der Kleinfamilie ausgebrüteten Narzissmus. Es sind die großen Ziele, denen wir uns zum Opfer bringen sollen: Häufig genug wird in diesen Imperativ eingewilligt, weil er mit der Prämie einer späteren Berühmtheit ködert. Es soll das Leid sein, der Schmerz der Verzweiflung, die Widersprüche, die uns fast zerreißen, die als Beweisfiguren der Auserwähltheit fungieren. Das Leiden soll die Form sein, in der die Götter den Menschen tiefer und nachhaltiger als im Glück ergreifen, die Depression der bürgerlichen Prosa hat sich erübrigt, wenn das Göttliche in der Erfahrung des Todes gegenwärtig wird. Der Glanz in den Werken dieser Zeit beruht auf sublimierten Opferritualen – oft realisiert sich die Vernichtung im erzwungenen Ende einer Beziehung, im Tod eines der Liebenden. Was liegt also näher, als auf das Werk zu verzichten und zur Beziehung zu stehen, die Gewohnheitsmuster des Ich auf dem Altar einer Liebe zu verbrennen und in ihrer körperlichen Vergegenwärtigung neu geboren zu werden...

Die einmal in Gang gesetzte Souveränität hätte nicht dafür gesorgt, dass sich so viele Fachleute bedroht gefühlt haben, wenn an ihr nichts dran gewesen wäre. Ich gehe heute von einer Wirkungsmacht aus, die mit einer disziplinierten Lustpolitik und Techniken der Nichtidentifikation noch andere Behinderungssysteme in Schach halten kann – nicht nur die akademischen, die lediglich Ableger des Familienterrorismus sind. Immer dann, wenn über die Wirklichkeit entschieden wird, die auf uns zukommen soll, ist eine Schaltstelle auszumachen, an der den Krüppelzüchtern der Wind aus den Segeln zu nehmen ist. Die Welt würde heute schon anders aussehen, wenn das, was ich vor zwanzig Jahren intuitiv angewendet habe, für jedermann zur Verfügung stände. Wobei ganz klar einzuschränken ist: Ich trage genau so viel Verantwortung, wie ich im Bedarfsfall auf die andere Seite des Lattenzauns der Kultur werfen kann, kein Gramm mehr. Wenn du für irgendwas gerade stehen willst, wenn du dich für irgendwas einsetzt – darf es nie mehr sein, als du auf deinen Schultern tragen kannst, nie weiter, als die Beine durchhalten, nie schwerer, als es deiner Kraft zuzumuten ist. Immer wenn du auf die institutionalisierte Form der Souveränität, auf Delegierte und Apparaturen angewiesen bist, werden Sachzwänge und notwendige Rücksichtnahmen dafür sorgen, dass deine Ziele hinter den Opportunitäten zurückstecken müssen – die Erfahrung hat mich zu einem überzeugten Anarchisten gemacht. Was ich hinbekomme, ist am Ende wirklich nur das, was ich hinbekommen kann – und seltsamerweise wundern sich die Institutionskrüppel darüber, dass ich viel effektiver und zehnmal schneller als sie bin.

Frage: „Zum Stichwort Souveränitätstraining: In akademischen Zusammenhängen gilt doch für ausgemacht, dass ein Mensch nicht souverän sein kann. Tatsächlich ist Souveränität eine Regel der Stellvertretung, die nur im Imaginären funktioniert: Dass nur der Souverän sei, der in seinen Delegierten präsent wird und durch diese als Stellvertreter Ansprüche erhebt oder durchsetzt, wie Sloterdijk dies prägnant zusammen gefasst hat."

Das stimmt und ist doch zu wenig. Der zweite Körper des Königs ist begründet in der Gesamtheit derer, die an ihn glauben – so wie ich in der Vergangenheit anhand eines Mythos aufgeschnappt hatte, dass ein Gott so lange noch nicht tot ist, wie irgendjemand an ihn glaubt. Über Umwege ist dies eine der Einsichten, die ich als Ursprung des Schamanen im Bücherregal festmachen kann – das, was für uns wirklich ist, beruht auf den energetischen Besetzungen gewisser Existenzbehauptungen! Eine relative Souveränität stellt sich ein, wenn wir nicht dran denken, während wir tun, was wir tun, was andere von uns denken; wenn wir unser Wollen und Erwarten nicht ständig an dem modellieren, was wir an Erwartungen erwarten; wenn es also weder einen vorauseilenden Gehorsam, noch einen nachträglichen Ungehorsam nötig hat, mit dem

sich konservative oder progressive Zeitgenossen um ihren Anteil an der Jetztzeit betrügen.
Also noch einmal zurück an den Beginn der Genealogie des alltäglichen Schwachsinns! Ich las früher, um weg zu sein, ich sprang auf eine Woge auf und ließ mich mittragen, bis ich unterbrochen und in die traurige Wirklichkeit zurück beordert wurde. Es machte keinen Unterschied, ob ich einen Schmöker das erste oder das fünfte Mal las, was mangels Lesestoff immer wieder vorkam. Ich wollte vor den ungerechten und überfordernden Rollenzuweisungen meiner geisteskranken Elternwelt ausweichen! Ich las, weil es in dieser Welt für mich als Kind keinen Platz hatte, weil mir von Anfang an die Verantwortung für die ganze Familie untergejubelt worden war und an meiner Rolle die Bedeutsamkeit der Mutter wie die Rachefeldzüge des Vaters hingen. Ich galt als altklug, als vorlaut und frech und wusste keinen anderen Weg, als den, mich zu exponieren, um den Kränkungen und Demütigungen auszuweichen, die mit dieser Rollenzuweisung verbunden waren. Und natürlich bin ich später, auf einer anderen Ebene des Signifikantennetzes, den gleichen Gesetzmäßigkeiten noch einmal begegnet. Weil ich fremd war und besser als die anderen, vor allem weil ich von der Fremdheit nicht lassen wollte! Als Kind bin ich halbtot geprügelt worden, weil ich ein Kuckuckskind war – auf der Uni wollten sie mich dann ganz tot quälen, weil ich nicht bereit war, auf jenen Standpunkt außerhalb der Lebenslüge zu verzichten, der so lange einen Reiz dargestellt hatte, wie noch gehofft werden durfte, mich in einen Proselyten zu verwandeln.
Für die Erkenntnis jener Verantwortung, die in der psychischen Ökonomie meiner Mutter für mich reserviert worden war, habe ich den Kontakt vor 35 Jahren abgebrochen – ich habe keine Mutter mehr: Das war mein Dankeschön für die Rollenanweisung des göttlichen Kindes und geheiligten Sündenbocks. So wenig, wie ich noch das Bedürfnis habe, mich einer dank Lüge und Erpressung zusammen gehaltenen Welt auszusetzen, werde ich auf irgendein Angebot anspringen, in dem ich tatsächlich Gefahr laufe, ein neuer auserwählter Sündenbock zu werden. Die von Kierkegaard gekennzeichnete Wiederholung bringt es mit sich, wie Lacan gezeigt hat, dass in schöner Regelmäßigkeit ursprüngliche Versionen des Familienromans in den späteren Lebenszusammenhängen als Regieanweisung fungieren.
Diese Gesetzmäßigkeit erklärt meine Technik des Blankpolierten Spiegels noch ein bisschen genauer. Ich wäre vermutlich selbst nicht darauf

gekommen, denn damit mussten bestimmte frühkindliche Erfahrungen aktualisiert werden – wenn es für einen keinen Platz in der Welt mehr hat, bleiben mit Sicherheit keine Anlässe übrig, sich mit irgendjemand oder irgendetwas zu identifizieren. Du musst nur noch die aktuellen Qualen aushalten, und das fällt leicht, wenn du weißt, warum wer gerade zu welcher Kränkung, zu welchem bösen Gerücht, zu welcher ungerechten Zurückweisung gegriffen hat. Du vergisst den Schmerz, wenn du dir dabei überlegst, dass sie sich immer das ausgedacht haben, was ihnen selbst am meisten weh getan hätte und erfährst so auf einer nichtidentifikatorischen Basis wesentlich mehr über die Leute, als wenn du dich mit ihnen angelegt oder dich über sie geärgert hättest. Das wichtigste bei diesem Spiel ist natürlich, dass von dir keine Negation ausgehen darf, dass du keine bösen Wünsche entwickelst, dass du nicht link und verlogen wirst, dass du keine Zeit darauf verschwendest, diese Leute oder die hinter ihnen stehenden gesellschaftlichen Mächte bekämpfen zu wollen. Auch das war eine Entscheidung – es war ursprünglich nur eine Einsicht, auf die ich nicht von selbst hätte kommen können – die völlig absurd ausgesehen hätte, wenn ich irgendwelche Möglichkeiten gehabt hätte, wenn ich auf irgendeine Unterstützung hätte rechnen können. Es gab sicher schon manchen, der über sprudelnde Ressourcen verfügte und danach nur als verstümmelter Krüppel zurück blieb, eben weil er sich auf den Kampf mit den Gesetzmäßigkeiten eines Unrechtssystems einlassen musste. Ich hatte das absolute Plus, dass ich nichts hatte und niemand war, dass ich mich auf die Geschichte einließ, wie sich ein Mann auf die Wüste einlassen muss, wenn er sich ohne Reserven in ihr ausgesetzt wiederfindet.

Ich befand mich gegenüber dieser fremden und feindseligen Welt in der frühgeschichtlichen Rolle des Schamanen, der aus seinen Krämpfen, aus seiner Ausgeliefertheit, aus den Blitzen auf der Netzhaut und dem Donnerhall im Gedärm die ersten Gesetzmäßigkeiten eines kosmischen Geschehens zu erahnen beginnt. In diesem leeren und unwirtlichen psychischen Raum war klar und unwiderlegbar eingeschrieben, dass ich nicht die Zeit und nicht die Kraft hatte, mich um jene Leute zu kümmern, die einmal beschlossen hatten, meine Gegner sein zu wollen. Ich konnte alle vorhandene Kraft darauf verwenden, irgendwie an den Behinderungen vorbei, unter den Kränkungen hindurch und über die bösen Gerüchte hinweg zu kommen – unter Krämpfen und einem revoltierenden Gedärm, wie es die ursprüngliche Konzeption der Katharsis gekennzeichnet hatte. Ich habe kapiert, dass ich mein eigenes Gärtchen bestellen musste – die Energie, diesen Schwachsinn durchzuhalten, verdanke ich der Mitleidlosigkeit gegenüber der eigenen Biographie. Die Kraft kommt aus der Lust und nicht aus den Regieanweisungen der Person; sie hat die Gleichgültigkeit gegenüber biographischen Konsequenzen im Gefolge: Wenn nicht mehr dafür zu sorgen ist, ein konsistentes Ich zusammen zu halten, spart man viel Kraft, die sonst nur dazu dienen muss, ein Phantasma mit künstlichem Leben zu erfüllen. Der Ich hat sich nicht im Verzeihen zu üben, denn es gibt nichts, was so wichtig wäre, dass irgendein Hass oder Schmerz daran kleben bleiben müsste. Wir sollten die Gesetzmäßigkeiten kennen, das Signifikantennetz hinter den Protagonisten, die uns geprägt haben, weil sie selbst Getriebene waren, um dafür zu sorgen, dass der Wiederholungszwang gesprengt wird – manchmal ist es nötig, auf die ältesten Mythen der Menschheit zurück zu greifen. Aber wir brauchen keinen Krüppelzüchter irgendeinen Einfluss mehr einräumen.

Die wirkliche Alternative zu den Gesetzen des Ausschlussverfahrens ist die Freude an der eigenen Kraft: Die Tätigkeits- oder Funktionslust. Folglich war darauf zu achten, die in den letzten Jahrhunderten gängigen Verführungen zu umspielen. Als Trick, mit dem jemand zum Schweigen gebracht werden kann, hat sich erwiesen, ihm einzureden, er sei wie alle Genies ein Außenseiter. Wer darauf reinfällt, beginnt immer mehr Energie in den Prozess zu investieren, sich aus der durchschnittlichen Welt auszugrenzen und damit für Nullachtfünfzehn-Begegnungen unfähig zu machen. Sie übernehmen das Geschäft des Zurechtstutzens gleich mit und sorgen selbst für die Handhabe, mit der ihre Ideen und Einsichten zum Scheitern verdammt werden – und dass sie dann nach dem Tod als Beweisfiguren ausgegraben werden, zeigt nur, wie dieser Fluch der Stillstellung und Entlebendigung an die nachwachsenden Generationen weiter gegeben werden muss. Es ist viel zu leicht zu dekretieren, dass der Wahnsinn das abwesende Werk sei, denn häufig genug ist das Werk nur der Grabstein auf einem verpassten Leben – und beides zusammen scheint mir übereinzukommen mit dem orthopädischen Imperativ, an der Legitimation der Stillstellung zu arbeiten: Es gibt zu viele Leute, die der Zugangsvoraussetzung gehorcht haben, sich das Kreuz brechen zu lassen.

Ich hatte für solche kulturellen Umwege keine Zeit mehr, weil daran gearbeitet worden war, dass mir das Geld ausgehen sollte: Ich habe die

Intelligenz und die Findigkeit nicht für die Schreibe, sondern für meinen Überlebenswillen eingesetzt. Ich musste in kein Werk investieren, um mein Scheitern durch eine imaginäre Selbstidealisierung zu krönen und auf literaturwissenschaftliche Leichenfledderer zu hoffen; ich habe gar nicht eingesehen, mich in das Scheitern zu ergeben. Lieber wechselte ich den Weltausschnitt und pflegte die Lebendigkeiten. Dann ist die Frage, wo die Kraft her kam, leicht zu beantworten. Aus dem kosmischen Geschehen selbst, aus den Gesetzmäßigkeiten des Umgrenzenden, die sich mit jedem Orgasmus freisetzen lassen, aus einer so umfassenden Freude am Sein, dass für die Stolpersteine der Eitelkeit und die Fallstricke des Ehrgeizes nicht viel Energie übrig blieb. Damit hatte ich wirklich keine Zeit oder psychische Energie für jene selbstinaugurierten Gegner mehr übrig – ich durfte mir das Überleben ervögeln und das kann ganz schön anstrengend sein: Seitdem habe ich einen gewaltigen Respekt vor der Kraft der Frau. Wir schufen die Freiräume selbst neu nach, wir schwammen irgendwann auf einer energetischen Woge, die bei den Krüppelzüchtern Angst und Schrecken hervorrief. An den panischen Reaktionen lernte ich nebenbei, dass es wohl von Anfang an der Sexualneid von Stillgestellten gewesen sein musste, der unseren Todeslauf bis zum letzten Exzess hatte auskosten wollen!

Frage: „Die intellektuellen Leistungen und die großen Werke beruhen auf dem Triebverzicht, auf der aufgeschobenen und sublimierten Erfüllung. Auf einer Disziplin, die daraus resultiert, dass Frustrationen ausgehalten und nicht einfach vermieden werden, auf einer Härte die man ausbildet, indem man sich Wechselbädern der Erwartung und der Ernüchterung unterwirft – der Geist wird gehärtet wie Stahl! Wie ist das mit der Entgrenzung zu vereinbaren, dem Überschreiten der Grenzziehungen, mit der Vermengung der Disziplinen – mit der Verflüssigung aller Haltepunkte?"

Aus diesem Grund haben wir das Stadium, das ich die Liebe als Duell nannte, schreibend dokumentiert und jeder für sich interpretiert. Dabei zeigte sich wieder einmal: Schreiben heißt Mortifizieren, die Stillung des Begehrens ist seine Löschung. Die Setzung Platons, dass all die vom Begehren nahe gelegten Ziele oder Verhaltensformen keine Substanz haben, hatte ich in anderen Zusammenhängen angekreidet – die kulturschwule Vereinigung als Verhängnisverhütungsverein! Wer sich allerdings klar macht, dass dieses Ausweichen vor der Geschlechterspannung auf die abschüssige Bahn der Selbstzerstörung führt, kann nachvollziehen, warum Kriege und Eroberungen die direkte Folge sind. Erst einmal wird versucht, die erfahrene eigene Unfähigkeit an Feinden, an Ungläubigen, an Barbaren abzustrafen. Als Surplus liefert dieser kulturelle Umweg der psychischen Ökonomie alle Anlässe, über den Anderen oder das andere Geschlecht in einer Weise verfügen zu können, dass auf keinerlei Eigenrecht mehr Rücksicht genommen werden muss: Der Krieg als Sonderwelt, in der gegenüber dem Gegner alles erlaubt war, was man sich sonst verkneifen musste! Dem unterworfenen Objekt wird keine Chance mehr zugebilligt, einen an die eigene kommunikative Unfähigkeit zu erinnern, an die Verkrüppelung, die dafür sorgt, dass die Reziprozität in der Beziehung als Anlass eines umfassenden Versagens gefürchtet wurde: Jetzt sind es die anderen, die aufgrund ihrer Unterlegenheit für das Versagen, für die Unfähigkeit und die verdrängte Angst büßen müssen!

Wer solche geschichtlich gewordenen Zusammenhänge des jeweiligen psychischen Haushalts nachvollziehen kann, wird sich nicht wundern, warum einige der größten Menschenkenner Misanthropen waren. Dabei war gerade an jenem theoriegeschichtlichen Ursprung, an dem es noch geheißen hatte, der Wissende müsse lernen, seine Rosse zu zügeln, also anhand von Platons Darstellung, die Möglichkeit gegeben, einen Weg einzuschlagen, der in die altasiatische Liebeskunst hätte münden können – und nicht in einem verkrüppelten Eros, der als asexuelles Riesenbaby Sublimation und Verzicht zu beweisen hatte.

Bei jenen Protagonisten der Behördenuniversität, die versucht hatten, unsere Beziehung zu zerstören oder mich zu irrealisieren und zu vernichten, war nicht zu übersehen, dass die Tricks und Finten der Delegation an genau jenem menschheitsgeschichtlichen Angelpunkt ansetzten. Sie versuchten, durch das Begehren, das immer das Begehren des anderen ist, über unser Leben zu verfügen! Dabei zeigte sich allerdings, dass eine Wahrheit nicht von der Hand zu weisen war, die schon bei Platon nachgeklungen hatte: Es musste die Möglichkeit bestehen, das Begehren zum Schweigen zu bringen, ohne in die Askese einzuwilligen. Wenn es sie nicht gegeben und die postkoitale Frustration das letzte Wort behalten hätte, wären wir ganz brav an der Arbeit beteiligt gewesen, die sich die Leute vorgenommen hatten, die unsere Gegner sein wollten. Dies war aber nicht der Fall ... was zu beweisen war!

Frage: „Ich sehe nicht, wie Sie die Konzeption einer vergöttlichten Erotik mit einem derartigen Frauen- oder Mutterbild in Einklang bringen wollen?"

Das ist gar nicht meine Fragestellung. Für mich ist nicht die Unterscheidung zwischen Mann und Frau das Wesentliche, sondern die zwischen denen, die sich den Lebendigkeiten des Lernvermögens und der Wachheit des Körpers verschrieben und jenen, die auf Verleugnung und Nicht-Anerkennung gesetzt haben. Ich habe genügend männliche Simulanten kennen gelernt, die den psychotischen Müttern in nichts nachstanden. Es macht einen wesentlichen Unterschied, ob ich in der Lage bin, das Gute zu pflegen und dessen Repertoire zu erweitern oder ob ich ständig mit dem bösen Gedanken oder Gefühl beschäftigt bin, was ich alles nicht habe oder kann, um es den anderen zu neiden. Dagegen sind die Unterschiede zwischen den Geschlechtern, die ganz verschiedenen Zielprogrammierungen und kontrastreiche Erwartungen trennen, der Fundus jener Reibungsenergien, aus denen sich mit dem nötigen Glück eine gewaltige, Gegensätze und Missklänge umfassende, Harmonie erarbeiten lässt!
Eine tragende Argumentation beziehe ich seit langem aus Girards Arbeiten zur konfliktuellen Mimetik. Aber ich kann gern noch einmal an der vorangegangenen Argumentation anknüpfen. Die Wissenschaft beerbt den Mythos, aber sie steht nach wie vor hilflos gegenüber jenem Versprechen auf Sinn und Erfüllung, dass mit dem mythischen Denken zugleich in die Welt gesetzt worden ist. Und einen Zugang zum Mythos haben wir heute noch alle, denn sein Koordinationszentrum ist der Leib – die Abbreviatur der Erinnerungssysteme tausender Generationen, der sinnhaft erhöhte, empfindende und wertende Körper. Hier entstehen jene ritualisierten Erfahrungs- und Gewohnheitsmuster, die für uns Sinn machen! Beileibe kein Ritual zwangsneurotischer Wiederholungen, sondern eine Armatur für treffende Interpretationen, eine Arbeitsanweisung zum Aufschließen von Zukunft. In diesen Zusammenhängen ist es nur stimmig, dass ich auf die Macht der Schönheit zurückgreifen konnte, auf die Sexualmagie, auf den Zauber der Einswerdung – und das setzte erst einmal eine Einübung in enorme Verzichtsleistungen voraus. Ich hatte die Askese von den Produkten und Bewusstseinsstrukturen der innerweltlichen Askese bereits als Schüler zu lernen. Die Vorschule der

Erleuchtung finden wir also bei einem Flippie und Drogenfreak, der kapiert hatte, sich erfolgreich zu prostituieren, um mit einem Minimum an Möglichkeiten trotzdem durch die Welt zu trampen oder als Schüler die Mietkosten für das Zimmer in einer Wohngemeinschaft zusammen zu bekommen. Vermutlich hatte ich schon durch die Sozialisation als Kuckuckskind ein Maß an Frustrationstoleranz erworben und dank der Verführung durch einen SDR-Schwulen positiv umkodiert, so dass ich später, während des Wettstreits mit dem Wertesystem der Eigner einer Beamtentochter, noch einmal in gesteigerter Form, Missachtungen und Kränkungen aushielt, die die anderen sich nicht vorstellen konnten. Sie gingen von dem aus, was ihnen mit ihrem verstümmelten Ehrgeiz am meisten weh getan hätte und versuchten mich für eine Stelle in der Behördenuniversität anzuspitzen, um mir dann durch andere Delegierte zu beweisen, dass ich sowas nie kriegen würde: Das dauernde Hüh und Hott sollte meine Energien derart binden, dass ich nicht mehr in der Lage war, die kleinen alltäglichen Notwendigkeiten hinzubekommen. Es gibt einen einfachen Grund, warum diese im universitären Rahmen aufgefangenen Kinder früherer Nazibeamten zu kurz gegriffen hatten: Die Verführungsversuche waren lächerlich, wenn ich an die Negationen denke, die mir die Einführung in die Muttersprache oder die Schmerzen während der Initiation in die Riten des Vaterlands hatten angedeihen lassen. Mit einfachen Hilfsarbeiten lässt sich ein Grad der Souveränität erreichen – eben, weil man für nichts von dem alltäglichen Schwachsinn wirklich verantwortlich sein muss – von dem ein Bildungsbeamter nicht einmal träumen darf. Wenn dann der Schritt zur Selbständigkeit unter Rahmenbedingungen gelingt, wo es nur auf die eigene Kraft und Überzeugungsfähigkeit, ankommt, können sich Rahmenbedingungen einstellen, unter denen der Sex reine Energie frei setzt und zum Zaubern befähigt!

Frage: „Wir haben aber gelernt, dass es keine Wahrheit gebe, die in den Körpern zu finden sei, so wie es keine unvermittelte Schönheit gibt. Im Körper einen Bezug zwischen Sexus und Erotik auszumachen, überspringt doch den gesamten gesellschaftlichen Hintergrund. Die Biochemie des Körpers allein bringt es zu keinen Liebesschwüren, auch nach Sonetten werden Sie vergeblich suchen! Unsere Natur ist gesellschaftlich vermittelt, ist also nur als Niederschlag der gesellschaftlichen und sozialen Entwicklungen zu verstehen. Oder sind Sie anderer Meinung?"

Wir haben die lange Zeitspanne der Evolution und die Prämiensysteme, die sich einer Weisheit der Gattung verdanken. Selbst die Biochemie stellt Bindungshormone zur Verfügung, körpereigene Drogen, die um der Wiederholung einer Unendlichkeitserfahrung willen eine Treue anempfehlen... Wobei ich nichts gegen die These einzuwenden habe, dass alles, was wir unter Natur verstehen, gesellschaftlich vermittelt ist – ich meine aber, dass es die nötigen Tricks und Techniken geben muss, mit denen wir uns die gesellschaftlichen Phänomene zu eigen machen, um sie im Sinne der eigenen Entwicklung zu verwenden. Außerdem sollte nie vergessen werden, dass es gewisse Witterungen der Sinnensysteme gibt, die mit den Archiven des Körpergedächtnisses zu kommunizieren beginnen, wenn wir unser Lernverhalten vom dumpfen Drill abgekoppelt haben und Offenheiten zu suchen beginnen. Ich gehe den Weg, den uns die Biochemie der Gefühle nachvollziehbar macht, in der entgegengesetzten Richtung. Unter der Wahrnehmungs- und Bewusstseinsschwelle haben wir ein Vielfaches an Wissensweisen, also Vorformen der Erfahrung – das eben nur indirekt zur Verfügung steht, aber schon so, Schritt für Schritt, gegen den gesellschaftlichen Verblendungszusammenhang verwendet werden kann. Das Spätere wird das Frühere, wir erfahren die uns betreffenden Wahrheiten immer erst aus der Zukunft und die Kunst besteht darin, für das Kommende durchlässig zu werden. Nur weil alle den gleichen Scheiß zusammenlügen, wird noch lange keine Wahrheit draus – auch wenn die Nazis dachten, sie könnten mit dieser Methode ein tausendjähriges Reich erzwingen. Es ist eine Schande des gesunden Menschenverstands, dass sie die Lüge zwölf Jahre durchgehalten haben! Das wahre Verbrechen an der Menschlichkeit verdanken wir nicht etwa perversen Sadisten, sondern der Vielzahl an Mitläufern und nachgemachten Menschen.

Es gibt eine Wirkungsmacht der Schönheit, die in den Zeiten, als die Philosophie sich aus dem Mythos heraus zu entwickeln begann, auf der gleichen Ranghöhe situiert war, wie die Wahrheit. Das Versprechen auf Glück und Erfüllung ist nicht geringer zu schätzen, als das Versprechen auf Wahrheit als Gerechtigkeit! Der Mensch macht sich was vor – sonst wäre auf dem Status eines Exilanten der Schöpfung gar nichts Lebensfähiges zu erwarten. Dazu tritt eine Wahrheit, die in der Wirkungsmacht der Hormone verankert ist und über tausende von Generationen wachsen konnte: Also sollten er oder sie in der Lage sein, mit der nötigen

Disziplin und Einsicht an der Verwirklichung des Potentials zu arbeiten – und nicht irgendwelchen Führern oder Vorbildern nachlaufen, die sich vor allem durch ihre Deformation und Zukurzgekommenheit anempfehlen: Werde uns ähnlich, dann musst du keine Angst vorm Versagen haben!

Es reicht sicher nicht, die Wahrheit zu formalisieren, damit sie für jeden beliebigen Zweck missbraucht werden kann, denn dabei bleibt die Gerechtigkeit auf der Strecke. Es ist zu wenig, den Reiz des verführerischen Körpers auf das Ich-bin-wichtig zu reduzieren oder die Prostitution um der Prostitution willen zu pflegen, denn dabei geht die Erfüllung verloren. Und es ist längst nicht damit getan, bei auf den ersten Blick harmlos wirkenden Zwischenschritten des kulturellen Umwegs stehen zu bleiben und die Wahrheit in warmen Wind, in der Generalisierung wohltönender Phrasen oder den Sexus in Verbalerotik und die Totalisierung des Vorlustprinzips zu verwandeln.

Womit wir bereits an der Klage über die Effeminierung unserer Kultur angekommen sind. Das hat am allerwenigsten mit der Sublimation des Lustprinzips zu tun und erst recht nichts mit den Wirkungsmächten des Eros und der Schönheit. Das Verhältnis von Schönheit und Selbststilisierung handelt vor allem von einer gesellschaftlichen Form, die einer langen geschichtlichen Erfahrung untersteht, den Widerspruch zwischen dem eigenen Größenanspruch und den dauernden Subalternisierungen durch irgendwelche Machtbalancen auszuhalten. Die Identifikation mit den Herrschergestalten und die imaginäre Übermacht des zweiten Körpers des Königs wurde an den Machtbalancen abgenutzt und unterstand der Inflation. Was auf den ersten Blick wie eine Karikatur der oft beklagten weiblichen Rollendefinition aussieht, ist tatsächlich das Entwicklungsgesetz im Prozess der Zivilisation – ich darf daran erinnern, dass es Simmel war, der zum ersten Mal auf den Nenner brachte, dass es die Infragestellung der männlichen Selbstgewissheiten war, die erst so etwas wie den Gedanken einer weiblichen Kultur möglich machte.

Bei Lacan heißt es, die Frau existiere nicht – als allgemeine, über die generalisierende Aussagen möglich sein sollten, wie in den meisten Zusammenhängen über den Mann, der die Generalisation aus seinen fehlerhaften Identifikationen abgeleitet hatte. Komplexitätsreduktionen, die vor der realen Begegnung schützen mussten – und die sich tatsächlich als Partnervermeidungsstrategien derart eingesenkt haben, dass behauptet werden konnte, es gebe kein Verhältnis der Geschlechter. Der

Mann suche in der Frau alle Frauen und weil die einzelne immer Nicht-Alle sei, soll das ein hoffnungsloses Unterfangen sein. Das letzte mag sogar stimmen, aber gegen die Strategien der Entlastung von der Verantwortung für eine gemeinsame Beziehung möchte ich darauf hinweisen, dass die einzige Frau für mich an einem Lernprozess beteiligt war, der letzte Wahrheiten freigesetzt hat. Für mich existiert die Frau, als eine und einzige – und wenn ich dafür den Wahnsinn gestreift habe und durch die Verzweiflung gehen musste. Vielleicht untersteht das biographische Netz zweier Personen derartigen Unwahrscheinlichkeiten, dass es nur wenige Gelegenheiten gibt, wirkliche Gemeinsamkeiten zu pflegen – die müssen erst wachsen und wenn dazu Kinder oder inszenierte Erpressungen notwendig sind, wird die Wahrscheinlichkeit nicht größer. Eine befriedigende Körpererfahrung überbrückt dagegen die enormen Abstände, die als gesellschaftlich geworden oder gottgegeben reklamiert werden: Die tatsächlich nur als Instrumente des Verzichts anempfohlen worden sind, weil damit die biographischen Energien leichter für den gesellschaftlichen Motor abgezweigt werden konnten.

Aus diesem Grund glaube ich an das Glück des Unvorhergesehenen. Wenn alles so kommt, wie es geplant worden ist, verlängert sich nur die herrschende Unfähigkeit. Wenn alles schon immer so bleiben soll, wie es war, wenn alles so geplant werden muss, dass es sich nicht ändern soll, hat dies mit den Prinzipien der Evolution nichts mehr zu tun! Und den Apologeten der Institution, die häufig genug verkappte oder getarnte Kinderschänder sind, sollte immer wieder die Frage gestellt werden, warum das Inzesttabu das älteste Tabu der Menschheit ist.

Frage: „Vielleicht ist für den Menschen das, was Sie als Qualität der Präsenz reklamieren, nur über den Umweg der Vorstellung einholbar und die Energien des Imaginären speisen sich aus dem Triebverzicht! Haben Sie mit Girard nicht darauf hingewiesen, dass das Begehren erst aus der konfliktuellen Mimetik entspringt. Dann hätte ich gern gewusst, ob der Verzicht nicht nur eine Metapher ist? Ist der reale Trieb beim Menschen nicht einfach ausgefallen und durch die Vorstellungen des Begehrens ersetzt worden? Sind die Besessenheiten nicht nur der Niederschlag jener gesellschaftlichen Vorbilder oder propagierten Medienfunktionen, die zwar längst nicht einlösen können, was sie uns anempfehlen, aber immerhin dafür sorgen, dass wir uns auf irgendwelchen Nebenkriegsschauplätzen abstrampeln, um für die wirklichen Aufgaben im Leben keine Zeit mehr übrig zu haben? Wenn wir eine Vorstellung durch eine andere ersetzen, ist das noch lange kein Verzicht – auch wenn sie dem Tabu untersteht. Der reale Verzicht ist das Prinzip Vorstellung oder habe ich Sie falsch verstanden?"

Nein, sicher nicht, die Präsenz ist immer wieder jener Augenblick, an dem Sie für einen Augenblick aus der Zeit heraustreten, eine momentane Unendlichkeit, die sich der Intensität körperlicher Wahrnehmungen verdankt. Lichtblitze auf den Wellenkämmen im Morgenlicht der Bläue des Meeres – der Geruch einer frisch gemähten Wiese, die staubig-feuchten Dünste eines Sommergewitters – Rhythmen und Geräusche eines Spaziergangs in der Fußgängerzone einer Großstadt... wir sind immer wieder durch die Sinne an der Ewigkeit angeschlossen! Ihre Kennzeichnung passt sehr gut zu meiner Argumentation. Wenn wir von den verschiedenen Geilheitsdressuren wegkommen, die über unsere Freiheit entscheiden wollen, die uns fremden Zielen unterstellen, dann geschieht dies am leichtesten durch einfache körperliche Übungen jenseits der Vorstellungen oder Parolen. Eines möchte ich hervorheben: Es gibt gewisse Übungen, mit denen Sie das Vorstellungsvermögen so auspowern können, dass eine beruhigende Leere zurück bleibt.

Schon bei Freud und in seiner Folge deutet sich der falsche Ausweg an, man könne Stress wegficken – das tägliche Geschehen erhöhe die Spannungen und die Sexualität diene als Überdruckventil, um die Erregung abzufahren. Von der Automatentheorie der klassischen Aufklärung führt ein direkter Weg zum hydraulischen Modell des Trieblebens, wie es Freud ausgearbeitet hat – aber das ist viel zu wenig gegenüber der Möglichkeit, Energie zu akkumulieren und in Schlagkraft zu verwandeln, wenn jemand in der Lage ist, zusammen mit einer/m anderen auf ein höheres energetisches Level zu wechseln. Natürlich heißt es, in Situationen der Ausgeliefertheit und Bedrohung werde einfach auf den nächstbesten möglichen Partner das Gefühl der Verliebtheit projiziert, um damit eine handhabbare Übersetzung zu schaffen, mit der sich die negative Erfahrung umfälschen lasse – obwohl damit manchmal Entscheidungen herbei geführt werden, unter denen frau/man ein Leben lang zu leiden habe. Aber das geht für mich an der Erfahrung vorbei, dass die Liebe wirklich ein Kraftwerk ist. Ich musste nur gut genug gefickt sein, und selbst in haarigen Situationen hielt sich der Stress in Grenzen, weil sich immer wieder unvorhergesehene Möglichkeiten und nicht zu planende Abkürzungen einstellen. Vermutlich beginnt an solchen Punkten die personale Macht: Das Glück des Unvorhergesehenen! Wer auf der Suche ist, findet nicht, was er braucht, oft genug aber das Falsche, einen Ersatz, der sich vordrängt. Lacan war nicht der Einzige, der gezeigt hat, dass das Suchen auf einer anderen kategorialen Ebene angesiedelt ist, als das Finden. Also sorge ich dafür, die Befriedigung auf der richtigen Ranghöhe einzulösen und die Intensitäten uneinholbar zu machen: Damit öffnen sich Schleusen des Glückens. Wenn wir nicht in unsere Geschichte eingemauert bleiben, zeigen sich Wege und neue Möglichkeiten, in denen die Wirklichkeit vervielfältigt wird. Aus diesem Grund erweist die Erfahrung der reziproken Orgasmen die Wirksamkeit des symbolischen Tauschs bis in die feinsten Fühlfäden. Die Liebe, wenn sie zündet, ist das umfassendste Kommunikationsgeschehen, das wir uns vorstellen können – alles andere ist nur Überleitung, Ersatz oder Verzicht. Die Liebe als soziales und gesellschaftliches Körperkunstwerk, ein Vermittlungsgeschehen erster Ordnung – wird ein Generator, der ein wenig mehr Qualitäten der Kraft und der Güte in die Welt bringen kann. Es ist die durch die körperlichen Erfahrungsweisen vorgenommene Beweisfigur, dass ich mich nur über den Umweg des anderen in meiner Lebendigkeit gewinne und dass ich erst dort echt werde, wo ich mich hingebe und auf ein Geschehen einlasse, in dem das Hier und Jetzt das tragende Medium wird. Diese Beobachtung erklärt nebenbei, warum die Simulanten der Selbstheit eine derartige Wut des Vergleichs und der Rivalität pflegen, um doch an Intensitäten teil zu haben – dann eben an schlechten, an solchen der Qual und der Bosheit.

Bei den meisten Theoretikern der Psychoanalyse wurde der Trieb viel zu häufig als ein mechanisches Schleusensystem interpretiert, das darauf hinzielt, die durch Wahrnehmungen und Erfahrungen entstehenden Spannungen wieder auf null zu reduzieren. Für mich war es ab einem gewissen Alter viel wichtiger, das Spannungslevel zu halten und auf einem gehobenen Niveau zu kultivieren, bis ich einen immer weiteren Spannungsbogen schaffte – dass war das Lernpensum, das ich den Jahren nach meiner Verführung verdankte: Wenn ich über alle Möglichkeiten verfüge, alleine oder zu zweit der Selbstbefriedigung zu huldigen, sollte irgendwann und nicht zu spät der Groschen fallen. Und das hieß, dass von der ewigen Unbefriedigtheit und den Ritualen der künstlichen

Exzesse der Sprung zu einer Beziehungsarbeit zu schaffen war, die ganz andere Intensitäten zur Verfügung stellt!

Frage: „Einige der größten Spezialisten haben unterstrichen, dass sie keine Antwort auf die Frage wissen, warum der Mensch immer wieder die mühevolle Arbeit zu zweit sucht, obwohl die Selbstbefriedigung angeblich höhere Intensitäten freisetzen kann. Haben die Sexologen nicht zu Recht den Standpunkt ausgearbeitet, dass es tatsächlich immer nur um eine Kultivierung der Techniken der Selbstbefriedigung geht?"

Das sind kleine gesellschaftliche Lernprozesse, die daraus resultierten, dass akzeptiert werden musste, warum Strammstehen, Saufen und Kaltduschen nicht die nötige Energie und Intelligenz für den Prozess der Modernisierung liefern würden. Tatsächlich war dies lediglich eine Renovierung jener Ansprüche der Fremdbestimmung. Wenn Sie den Lösungsvorschlag der Sexologen – der zugegebenermaßen ein wichtiges diätetisches Regulativ zur Verfügung steht, das der Metzgersgattin um 1890 oder dem Kunstmaler um 1914 noch nicht zur Verfügung gestellt werden durfte – akzeptieren, liegt der Schluss nahe, dass die Sublimation und die Umleitung des Triebgeschehens in die Produktion kulturell wertvoller Objektivationen unsere Aufgabe sein muss. Möge sich das gemeine Volk die Frustrationen und Abwertungen durch dauernde Spannungsabfuhr ertragbar machen – die Massenmedien arbeiten fortwährend daran. Für den Rahmen einer Optimierung der menschlichen Möglichkeiten kann das kein Maßstab sein!
Das ist die falsche, auf einem ganz wackligen Gerüst aufgebaute Argumentation. Nur ein antriebsgestörter Depp wird davon ausgehen wollen, dass die Ersatzbefriedigung mehr geben kann, als die Erfahrung des Paars, wenn es funkt! Damit sind wir wieder bei meiner ursprünglichen Einschätzung, dass Simulanten meinen, die Kopie könne besser sein als das Original. Ein Kategorienfehler der aus der Hypostasierung des Ich-denke resultiert, diese fehlerhafte Identifikation wurzelt in den gleichen Unfähigkeiten oder Verzichtleistungen. Natürlich ist es ein Leichtes, in einem ersten Schritt die Masturbation zu idealisieren und dann in einem zweiten Schritt die Sublimation zu empfehlen – wenigsten für die, die zu den Happy-few gehören wollen.
Wenn Sie die Schwellenerfahrung der Sexualität nehmen und dann feststellen, dass viele Heranwachsende in Drogensucht, Fetischismus

und Selbstzerstörung ausweichen, weil es an einfachen Initiationsregeln fehlt und der Sex mit einem ähnlich Besetzungsniveau wie der Tod als höchst bedrohlich erfahren wird, sehen Sie, wie notwendig eine Regelung des Verhältnisses der Geschlechter sein müsste.

Ich fasse also noch mal zusammen: Gegen die pneumatische Konzeption der Sexualität als Überdruckventil setze ich die des umfassenden Kommunikationsgeschehens. Wenn mein Begehren durch die Erfahrung, dass es durch das Begehren der anderen bewirkt, modifiziert und gesteigert wird, eine stabile Resonanz erfährt, können sich beide Begehren, obwohl sie auf Vorstellung und Projektion beruhen, gegenseitig hochkitzeln und in dieser Wirksamkeit das Imaginäre hinter sich zurück lassen. Die erotische Liebe wird zur Grundlage aller Formen der Verständigung, weil sie den ganzen Menschen erfasst und über die jeweiligen Rollenvorstellungen hinaus geht. Sie ist viel tiefer in der Wirklichkeit verwurzelt; der Eros sucht nach keinem fremden Sinn, weil er reicher ist und intensiver, als alle Sinngebung, denn die Liebe braucht kein fremdes Ziel und untersteht keinem zweckrationalen Handeln: Sie ist ihre eigene Rechtfertigung, jeder Vollzug beweist ihre Seinsmächtigkeit. Je besser dies gelingt, je weiter verbreitet sich die Wahrheit im körperlichen Geschehen, je tiefer ist sie tatsächlich im Realen verankert.

Der Eros scheint der einzige Weg zu sein, die narzisstische Einkapselung des Menschen zu überwinden. Eine Erfahrung, die die Isolation des Subjekts durchbricht, setzt schon an jenen erogenen Zonen an, an denen Innen und Außen ineinander übergehen, an denen der Liebende den anderen Körper am eigenen Körper unmittelbar zu genießen in der Lage ist. Als die Philosophie bei Platon als Liebe zur Weisheit erklärt wird, ist dies bereits eine Ausweichbewegung: Sie wurde zu einem mehr oder weniger unerfüllbaren Streben und die Intensitäten des Suchens und Strebens konstituieren die Gewissheiten des Ich-denke. Der hier gewonnene Halt funktioniert nur, solange von der Erfahrung eines Verhältnisses der Geschlechter abgesehen wird. Was die kulturschwule Vereinigung nicht kontrollieren kann, untersteht der Irrealisierung und Verleugnung: Es habe keine Substanz. Mit der Erinnerung an die Figur des Teiresias zeigt sich die Weisheit ursprünglich aber als eine Form des Wissens um die Gesetzmäßigkeiten der Liebe!

Die heute gängigen Rollenmodelle beruhen auf einem verlogenen Marketing und auf ganz bewusst erlernten Betrugsstrategien – und zwar beider Geschlechter. Die Verleugnung der tatsächlichen Bedürfnisse und das multimedial vorgegebenen Schnittmuster der Identitätsentwürfe einer bunt und verlockend angepinselten Show des Als-ob bestätigt und vervielfältigt eine Abwesenheitsdressur, die uns im Imaginären sistiert. Wer sich auf dieses unfertige Theater einlassen muss, stellt fest, dass es genügend Spannungen hervorbringt und unterschwellig die autoerotischen Handlungsanweisungen mitliefert, um den Überdruck abzufahren. Wenn ich dann an die Rolle der Mütter denke, an die klebrige Libido all der Frauen, die nicht in der Lage sind, ihren Mann so zu befriedigen, dass er auf keine dummen Gedanken kommt, weil sie sich als heimliche Vampire an ihren Kindern festgesaugt haben, sehe ich, dass die Pornographie eine Entlastung darstellen kann, ohne die es noch ganz andere Ausraster in dieser Welt geben würde: Sie steht im Dienste des Verzichts. Von der gesellschaftlichen Vorgabe der Rollendefinition ausgehend zeigen Prostitution und Pornographie nur die hässliche, aber erwünschte Wahrheit des verpfuschten Verhältnisses der Geschlechter – und der Päderast dient als Sündenbock jener verkorksten Mutterfunktion. Solange es so läuft, ist die Gewährleistung der Macht und die Bewegung der Geldströme garantiert!

Frage: „Die Thematisierung einer Erfahrung der unmittelbaren Gegenwart des Körpers – das gibt es doch gar nicht! Schon eine Formulierung wie das Abtauchen in die Gegenwart des Körperlichen kommt mir wie hölzernes Eisen vor – das überzeugt mich nicht. Noch dazu haben Sie schon ein paar Mal angedeutet, dass es bei Ihnen einen Rahmen der Sexualmagie gibt? Das ist ja wohl eine ganz klare Mittel-Zweck-Relation! Wie wollen Sie erklären, was das mit der Selbstgenügsamkeit des lustvollen Augenblicks zu tun hat?"

Ich habe keinen Wert auf die Qualen gelegt, unter denen es auf einmal notwendig wurde, zu zaubern. Dieses Feuer in den Adern, das Brennen und Vibrieren im ganzen Körper: Fäden aus Schmerz, mit denen nur noch Reste und Fragmente zusammengeflickt worden sind... Ich habe irgendetwas tun müssen, um nicht zu platzen und mich ohne großen Erfolg bei den einfachsten Hilfsarbeiten abgestrampelt. Die Spannungen wuchsen nach, durch jede delegierte Fiesheit, durch die Dummstelleffekte der kleinen Arschlöcher, die es genießen wollten, durch mein Scheitern in der eigenen Unfähigkeit bestätigt zu werden.

In dieser Zeit haben wir es gemacht, um die Hoffnungslosigkeit zu vergessen, um die Spannungen auszuhalten, um für eine gewisse Zeit frei davon zu werden und in ein heilsames Vergessen einzutauchen. Erst nach und nach haben wir bemerkt, dass ganz andere Wirkungen ausgelöst wurden, dass Kräfte, über die wir nicht verfügen konnten, für uns mitzuarbeiten begannen. Und das ist so geblieben, diese Kräfte lassen sich nicht instrumentalisieren, sondern beginnen erst dann überzuspringen, wenn eine gewisse Intensität der Selbstvergessenheit erreicht ist. Dabei sollte nicht übersehen werden, dass das Reale beteiligt ist, dass die Körper kommunizieren, dass Gewebe anschwellen, dass Säfte schießen, dass sich ein Prozess der Reziprozität in Bewegung setzt, mit dem die Deformationen unserer frühkindlichen Sauberkeitsdressur, der wir den Krampf verdanken, dass alles was zum Körper gehört, schmutzig sein soll, aufgefangen werden können. Dazu gehört auch, dass ich dabei selten ins Gesicht schaue – wenn der Blick vagabundiert, streicht er über die Körper und oft sehe ich gar nichts mehr, weil der Blick nach innen geht, weil ich ganz im Erspüren und Empfinden aufgehe. Im Resultat geht es dabei um reinen Sex, um nichts anderes, um eine Erfahrung der unmittelbaren Gegenwart der Körper, der umfassenden Präsenz der klingenden und mitschwingenden Lust, die uns von der Verstümmelung durch das abendländische Modell des Homo clausus befreien kann. Wenn es erst einmal gelingt, die Ängste und Bremssysteme der Sozialisation auf Abstand zu halten, zeigt sich, dass die Lust eine Sprache ist, die beide Geschlechter unmittelbar verstehen!

Frage: „Das Kommunikationsmodell greift zu kurz. Gerade das, was es überhaupt erst argumentativ nachvollziehbar machen würde, ist doch nur durchgehalten, wenn es sich um ein aseptisches, quasi asexuelles Verfahren handelt? In dem Augenblick, in dem die Körper dazu kommen, ist so viel Störgeräusch, so viel kommunikationsfremde, schmutzige Materie beteiligt, dass jede Spiritualisierung scheitern muss!"

Auch mein Bauchgefühl untersteht dem Modell einer umfassenden Kommunikation: Tatsächlich kommunizieren dann chemische Botenstoffe, die Auslöserqualitäten sind, die bereits Impulse setzen, bevor das aktuelle Denken ausgewertet hat, um was es geht. Im Rahmen eines systemischen Denkens, wie es Maturana nahelegt, haben wir es mit Gesetzmäßigkeiten zu tun, die sich im Rahmen der Evolution entwickelt haben: Wahrheiten, die durch das wache Denken nur generalisiert und auf einen nachvollziehbaren Nenner gebracht werden. Wenn nicht, haben wir das Resultat der fortwährenden Ausbremsung vor uns, und aus den Folgen der Antriebsstörung wird ein System von Privilegien abgeleitet. Eine Art systemischer Blindheit führt zu jenen Formen des Weiterwurstelns in völlig ineffizienten Institutionen, die noch dazu einen Großteil der vorhandenen Kraft in Eigenlob und Selbstrechtfertigung umleiten. Tatsächlich ist zu sehen, was es in the long run bedeutet, wenn die Leute meinen, man könne bei allem immer nur so tun Als-ob. Wenn das Echte fehlt, wenn immer nur irgendwelche Vorbilder und Klischees nachgemacht werden! Wenn aus diesem Grund Gemeinschaften der Lebenslüge entstehen, in denen die Leute sich in der Anmaßung und der Simulation gegenseitig bestärken. Und das, weil sie Angst haben, in einen Abgrund der Sinnlosigkeit zu fallen, wenn die gemeinsamen Lügen nicht durchgehalten werden! Das ist übrigens eine Zusammenfassung der Gesetzmäßigkeiten von parapsychotischen Vereinigungen.

Wer spricht von Zweckrationalität? Ich glaube nicht, dass Sie der ursprünglichen Wahrheit der Magie nahekommen, wenn sie das Wirkungsgeschehen auf eine Mittel-Zweck-Relation reduzieren. Das sieht erst durch die Brille unseres Weltbilds so aus, während es tatsächlich um ein Einswerden mit der Natur und ihren Mächten ging: es wurde versucht, ihren Rhythmen und Harmonien zu folgen: Dieses Teilhaben und Mitschwingen lieferte Sicherheit, Nahrung und Sinn. Das ist wesentlich mehr, als jede Zweckrationalität zustande bringt und obwohl dieses Zeitalter der Magie schon lange vorbei ist, haben wir in gewissen Nischen durch die Wahrnehmung und das Gefühl noch immer Teil daran.

Ich habe einmal Nagel zitiert, weil ich dachte, dass seine verallgemeinernde Darstellung noch am ehesten akzeptiert würde. So neutralisiert müsste eine Säftelehre doch für jedermann nachvollziehbar sein! Aber ich kann mich auch auf Fellmanns erotische Rechtfertigung des Menschen beziehen: Das Paar offenbart in seinen Bindungskräften, dass nicht Arbeit, Sprache oder Geld die Vergesellschaftung des Menschen fundamentieren. Tatsächlich sind dies sekundäre Abstraktionen und fehlerhafte Generalisierungen, die parasitäre Medien bedienen. In der erotischen Beziehung der Geschlechter haben wir das Fundament der Vergesellschaftung vorgegeben!

Die Wege der Vergeistigung waren glücklicherweise nicht unser Thema, obwohl anhand vieler Mystiker zu zeigen ist, wie leicht und ohne Umwege sich der pure Sex spiritualisieren lässt. Aber auf diese Abschweifung muss ich jetzt keine Zeit verschwenden, denn das Wort ward Fleisch – nicht der Begriff. Es sind die Gefühle, die die Bedeutungen kanalisieren und es ist der Eros, der die Fundamente der Semantik setzt. Nach dem Schema des Eros ist die Verbundenheit der Menschen mit der Welt über die Beziehung zum anderen Geschlecht vermittelt – es ist gar nicht verwunderlich, dass unter den Vorgaben einer kulturschwulen Gemeinschaft alles zum ausgelieferten Objekt degradiert wird. Bei Franz von Baader taucht eine Konzeption der Liebe als Erkenntnis und der Erkenntnis als Liebe auf, die noch im Hintergrund der Negativen Dialektik Adornos wirkt oder an prägnanten Stellen von Sloterdijks Kritik der zynischen Vernunft thematisiert wird. Tatsächlich ist es jener Eros, der im Paar den anderen als Objekt und Subjekt zugleich erfahrbar macht, von dem ausgehend ein menschlicher Weltbegriff rekonstruiert werden kann.

Wir müssen nur genau genug horchen und wahrnehmen, wir müssen mitgehen und eintauchen. In den verschiedensten Zusammenhängen finden Sie Hinweise, dass die Analogie zum Kommunikationsmodell dann am treffendsten wird, wenn wir an den lustvollen Konsum von Musik denken: zu hören und sich hinzugeben, sich tragen zu lassen. Die Kommunikation beginnt bereits auf der Ebene der Großmoleküle und der biomagnetischen Felder. Sie kennen sicher die Situation, dass sich in einem Gespräch ein Gleichklang ergibt und ein Übertragungsgeschehen in Gang gesetzt wird, mit nicht mehr zu sagen ist, in wessen Kopf ein Gedanke zuerst aufgetaucht ist, weil er tatsächlich in einem gemeinsamen Feld, in einer energetischen Wirkung, die beide umfasst, entstanden ist. Ich bin schon mehrfach auf den Gedanken gestoßen, dass die Körper Musikinstrumente seien, dass sie gestimmt und aufeinander eingestimmt werden müssen, bis jenes Geschehen in Gang kommt, in dem die Materie mit dem Geist eins wird.

Das Thema Souveränität mag ein Leben lang der Antrieb Sartres gewesen sein, der als gebundener Delegierter nicht unbedingt die Kraft übrig gehabt hat, sich ohne Absicherungen auf eine Frau einzulassen. Dass Simone de Beauvoir das akzeptiert hat, dass sie sogar das „Sie" der Distanz mitgespielt hat, dass sie der Mutter ein Domizil bereitete, begründete ihren immer tiefer wurzelnden Einfluss. Er benutzte die Frauen zum masturbieren, und wenn Sie das kulturschwule Register beachten, stellen Sie fest, welch ein Vampir Sartre war – der Motor seiner gigantischen, drogeninduzierten Produktion gehorcht dem Versuch, den hegemonialen Ansprüchen einer Mutter gerecht zu werden. Aus diesem Grund hat er die Techniken virtuos beherrscht, alle späteren Frauen nicht zu nah an sich heran zu lassen. Sein Bezug auf das körperliche Geschehen ist sicher erst einmal der einzig richtige Zugang zur umfassendsten Form der Kommunikation – aber so wie dies bei ihm der Rivalität unterstellt wird, ist jeder Entwicklungsschritt nur als Resultat eines Machtkampfs vorstellbar – damit aber als Ausschlussverfahren einer gleichberechtigten Partnerin. Bei Sartre sitzt an der wesentlichen Schaltstelle bereits die Mutter, die ihm einmal versprochen hat, niemand werde ihm das Wasser reichen können – mit dem traurigen Erfolg, dass er am Schluss nicht mehr in der Lage ist, das Wasser zu halten und auf die Anerkennung erbärmlicher Arschlöcher angewiesen war, die ihn rücksichtslos für ihre Zwecke instrumentalisierten. Ein Lehrbeispiel für die solipsistische Souveränität!

Frage: „Wenn Sie alles auf einen Menschen setzen, wenn es wirklich die sprichwörtliche Wette ist, dann setzen Sie sich doch über alle Fraglichkeit und Inkommensurabilität im Verhältnis der Geschlechter hinweg?"

Gewiss, da haben sie recht, traurigerweise stimmt es. Das Thema aus der griechischen Mythologie, wie man mit einem rostigen Eimer die Ägäis leer zu schöpfen hat, um festzustellen, wie das Salzwasser immer mehr Löcher in den Eimer frisst, wird vor der Pause zu weit führen. Allerdings ist gewissen Leute der Triumph über die Verhinderung einer bürgerlichen Karriere vergangen, als sie anhand der Ergebnisse einschätzen konnten, was ich ausgehalten habe, um den Status der Befriedigungsfähigkeit in dieser Beziehung gegen alle äußeren Widerstände durch- und gegen den mütterlichen Sog des Nichts und der Selbstzerstörung auszuhalten. Ich würde vorschlagen, wir machen jetzt erst einmal eine Pause und treffen uns in einer Stunde wieder.

b

Aha! Willkommen zurück, es gibt also einen harten Kern. Sie lassen sich nicht abschrecken. So beginne ich vielleicht gleich mit der letzten Frage – die tatsächlich so etwas wie eine letzte Frage ist!
Aufgrund einer historischen Konvergenz ist es mir für Augenblicke gelungen, eine ganze philosophische Fakultät am Genick zu packen und durchzuschütteln wie einen jungen Hund. Aber vor der Aufgabenstellung, mich an einer ebenbürtigen Partnerin zu bewähren, bin ich in die Knie gegangen. Vielleicht ist das sogar ein wesentlicher Teil des Lernpensums, das uns eine große Liebe abverlangt: Wir müssen lernen zu akzeptieren, dass wir aufgesaugt werden, dass für Augenblicke nichts von der eigenen Autonomie, dass von einem allein tatsächlich nichts mehr übrig bleibt. Das ist ein Risiko und zugleich ein enormes Lernpensum – und wir können nie mit Sicherheit sagen, ob die ganze Mühe nicht fehlinvestiert ist. Also ist der erste Schritt schon einmal, sich von jedem Sicherheitskonzept zu verabschieden. Die Mühe der Arbeit an einer gemeinsamen Geschichte, der Aufwand an Zeit und Gefühl und Kraft, muss um ihrer selbst willen gesucht werden: Als Trainingslauf, um jeden Tag noch ein bisschen besser und überzeugender zu werden. Wenn es die Partnerin auf die Dauer überzeugt – und ich spreche hier ganz bewusst aus meiner Perspektive, aus der Sicht der Frau sind andere Parameter wichtig –, ist das ein wichtiger Gewinn auf dem Weg zu einem gemeinsamen Leben. Wenn nicht, ist nichts verloren, denn diese Lernprozesse beginnen sich ab einer gewissen Intensität selbst zu tragen. Es ist wirklich so etwas wie die Pascalsche Wette: Kann ich so gut und sicher und überzeugend werden, dass diese überragende aber leider etwas verbogene Frau – die Jahrtausende der angemaßten Männerherrschaft können ganz schön hinterhältig auf einen zurückfallen – akzeptieren muss, dass es nichts Besseres für sie gibt? Oder schlucke ich die Frustration, dass sie nicht in der Lage sein will oder kann, zu schätzen, welche Welten ich für sie in Bewegung setze, weil ich dabei kapiere, dass ich durch meine dauernden Anstrengungen am meisten gewonnen habe. In vielen Situationen glaubte ich an die Kraft dieser

Beziehung, eben weil es absurd war – weil mir gar nichts anderes übrig geblieben ist. Seltsamerweise habe ich daran eine Kraft gewonnen, die mich in anderen Lebenszusammenhängen unschlagbar gemacht hat. Eben weil es hoffnungslos sein sollte, habe ich mich auf die Selbstdisziplin und die Makellosigkeit zurückziehen müssen – um dabei immer mehr über die Selbstzerstörungsriten der weiblichen Sozialisation zu erfahren. Sie identifizieren sich mit den Werten der Welt ihrer Väter, aus Haltebedürfnis und dem Drang nach Anerkennung – aber sie sehen nicht, dass es einen Modus vivendi gibt, der dafür sorgt, dass der Papa erpressbar ist und sie bei Bedarf immer zugunsten der Mutter verraten wird. Auf diese Weise kommt jener Sog des Nichts und der Ausgeliefertheit, des Alles-Umsonst zustande. Was Freud über den so genannten Todestrieb geschrieben hat, ist vor allem an den Double-binds der weiblichen Sozialisation entziffert worden.

Frage: „Sie liefern doch gerade Zündstoff für einen uralten Frauenhass – ist Ihnen das klar?"

Das können Sie ohne große Probleme unterstellen – es ändert aber nichts daran, dass ich in eine ganz andere Richtung ziele. Ich habe kein Bedürfnis, mich mit den Variationen von Missgeburten zu beschäftigen, seien sie männlich oder weiblich formatiert: Das ist Zeitverschwendung und stellt auf die Dauer nur eine Nähe her, die ansteckend wirken kann. Ich versuche den Gesetzmäßigkeiten für die Verstümmelung auf die Schliche zu kommen, den Regieanweisungen, mit denen die Opfer die Arbeit der Verkrüppelung aus dem Bedürfnis nach Halt und Sicherheit gleich selbst übernehmen. Um das zu verstehen, muss man/frau sich nur klar machen, auf welchen Betrugsmanövern und fehlerhaften Identifikationen diese neurotischen Deutungsimperative beruhen! Das war die Aufgabe, der ich mich in meiner Beziehung zu stellen hatte. Wenn ich einfach akzeptiert hätte, was ich erfahren habe, wäre die Geschichte hoffnungslos gewesen. Aber eben weil ich wissen wollte, weil mir das Versprechen eines schönen Körpers den richtigen Weg wies, habe ich weitergemacht. Ich habe mich von der täglichen Befriedigung tragen und befeuern lassen und erst einmal alles, was mit den Fehlverhaltensweisen einer Beamtentochter zu tun hatte, dem analytischen Register unterworfen. Beziehungsarbeit in solchen Zusammenhängen bedeutete, ein paar tausend Bücher nach Erkenntnissen und Alternativen, vor allem aber nach Notausgängen abzusuchen. Ich hatte die Erfahrung zu verdauen, dass ich nur zugelassen werden durfte, weil ich niemand war, weil ich als Randexistenz ohne Herkommen oder Ressourcen nicht ernst zu nehmen sein musste. Das war meine Zutrittserlaubnis bei einem Spiel, in dem ich mich unter Bedingungen zu bewähren hatte, die jede Bewährung von vornherein ausschlossen. Vorausgesetzt worden war, dass alle meine Anstrengungen wie selbstverständlich mitgenommen wurden und ich noch froh sein sollte, die Chance eingeräumt bekommen zu haben, mich bemühen zu dürfen. Es konnte nicht darum gehen, dass ich mir irgendwelche Anerkennung erarbeitet, denn die war a priori durchgestrichen – ich wurde also wie von alleine auf einen Weg der ultimativen Selbstverschwendung geführt. Ein Blankpolierter Spiegel: Ich verausgabte mich, um unerwartete Lösungen und ganz neue Wege zu finden, ohne überhaupt davon auszugehen zu können, dass etwas zu erreichen war: Das ergab eine Disziplin, die aus dem Nichts kam und auf der Rückseite der Verzweiflung entstanden war: Ich wurde jeden Tag ein bisschen besser und klüger und stärker – ein Trainingslauf ohne Ziel und ohne Tauschwert; ich begann zu kapieren, dass die fortwährende Übung der wirkliche Gebrauchswert war. Und irgendwann machte es den Klick, dass ich kapiert hatte, warum dies wirklich die Chance der Chancen war: Wie der listige Odysseus hatte ich ein Niemand zu sein, um die mythischen Aufgabenstellungen zu umspielen und ihnen, weil ich es nötig haben sollte, sie zu bekämpfen, kein Existenzrecht einzuräumen – die Nichtanerkennung nicht anzuerkennen! Es galt sogar, die Rückseite der Listen dieses mythischen Heros zu finden, der Simulation und Ersatzbefriedigung durch seine Erfolge nobilitiert und das Absterben der Intensitäten durch den Sadismus kompensiert hatte. Ich musste zu jener menschheitsgeschichtlichen Erfahrung zurückfinden, bei der die Musik Steine zum Weinen gebracht und den Tod überwunden hatte.

Frage: „In den verschiedenen Zusammenhängen haben Sie deutlich gemacht, wie der Sadismus ein Resultat der Stillstellung in Institutionen ist und wie die Antriebshemmung gerade die schöne Frau zur absorbierenden Erfüllungsgehilfin macht. Hat sich damit nicht einfach eine menschheitsgeschichtliche Revanche einzustellen gewusst? Als müsste sich die Frau, weil sie aufgrund der Widerstände gegen ihre Übermacht – was das Begehren oder die Macht über das Leben betrifft – zu einem wesenlosen Geschöpf zweiter Klasse erklärt werden konnte, nun in der Entäußerung an die Notwendigkeiten des objektiven Geistes, sprich der Institutionen, als genau jenes mediale Zwischenstück erweisen, von dem immer wieder neu gesagt werden konnte, es existiere nicht. Hat nicht das Tabu auf der Weiblichkeit erst in jene Sackgassen des Autismus und der Selbstbezüglichkeit geführt?"

Das ist richtig, ursprünglich ist die Erfahrung der Wirkungsmacht der schönen Frau etwas, was den Autonomieanspruch der Männerwelt aushebelt, was sogar den Wahrheitsanspruch ins Wanken bringt. Die Schönheit gab es nicht, nur schöne Mädchen – das Versprechen auf Glück, das die attraktive Erscheinung transportierte, war eines auf die körperliche Erfüllung. Es waren die großen abstrakten Begriffe, das Wahre, das Gute, das Schöne, mit denen die griechische Philosophie es ermöglicht hat, die Erfahrung der Frau auszusperren, um der Demütigung zu entgehen, dass es am autonomen Wesen mangelte.
Aber bevor ich jetzt die Belege aus den theoretischen Erkundungen der letzten dreißig Jahre anführe, um sie damit zu ermüden, greife ich lieber auf einige biographische Veranschaulichungen zurück. Vorweg noch einmal die Erinnerung an die Basissetzung: Es ist die Schönheit als ein Versprechen auf Erfüllung und Sinn, die dazu führt, dass wir die Abfuhrphänomene aufschieben und uns die mythischen Aufgaben eines Herkules aufbürden lassen. Die Schönheit bringt das Geheimnis der Wahrheit zur Erscheinung – ein Geheimnis, das den Sinn unseres Lebens und die Rechtfertigung der Schöpfung kodiert, aber nicht auf den Nenner gebracht werden kann, weil es am diskursiven Zerreden verlieren würde. Es ist diese utopische Potenz des weiblichen Körpers, mit der das evolutionäre Geschehen angekurbelt und immer mehr beschleunigt werden musste. Es ist die Frau, die wir hinter jeder Intrige suchen sollen – oder zumindest die Prinzipien der weiblichen Verführung – und es sind die weiblichen Künste, die den Betrug auf jeder Ebene präfigurieren und zugleich einen Versprechen auf Paradies und Erfüllung transportieren.
Sicher ist es nicht sinnvoll, eine resignierte Illusionslosigkeit zu predigen – also sollte es möglich sein, sich von den Illusionen auf dem Weg der erfüllten Befriedigung zu verabschieden und die Antriebe der utopischen Verheißung in den Dienst zu nehmen. Unsere Zeit ist begrenzt, unsere Chancen sind abzählbar und nehmen in der Regel nur zu, wenn es ge-

lingt, eine richtig am Schopf zu packen... wir haben keinerlei Grund, uns mit der Ewigkeit und unendlichen Aufgaben herumzuschlagen. Es hilft nichts, das Glück künftiger Generationen mit unsrer Qual und Askese bezahlen wollen – wir vergiften damit eher die kommende Zeit. Wir müssen das Lebenswerte selbst in unserem Leben realisieren, und wenn es nur Bruchstücke sind, so werden sie einer künftigen Menschheit mehr bedeuten, als jeder Schmerz oder Verzicht, die sich nur in die Zukunft verlängern wollen.

Frage: „Das ist jetzt sehr allgemein daher gesagt. Hatten Sie nicht versprochen, dass wir uns nicht mit Abstraktionen aufhalten müssen? Wir wollen die konkreten Erfahrungen wissen! Wie erhält Mann sich den Optimismus oder die Freude an der Erfahrung auf der Folie solcher Negationen oder dauernden Frustrationen?"

Wer ist denn frustriert oder geknickt, wenn nicht der Sohn einer Mutter! Was wird zerbrochen, wenn nicht das an ihren Programmierungen hängende Selbstbild. Die eingeübte Selbstdarstellung, die schöne Oberfläche, die zuerst unter ihrem Blick modelliert worden ist und die bei allen späteren Begegnungen nach einer Bestätigung sucht! Während die ekstatische Körpererfahrung, die Entgrenzung am anderen, eine ganz andere Befriedigung mit sich bringen kann, die jenseits dieser Frustrationen erst beginnt – sofern man in der Lage ist, die Mauern des imaginären Selbstbilds zu durchbrechen.
Für den Ich war es ein wichtiges Lernpensum, zu erfahren, wie sehr meine Mutter daran interessiert war, mich an keine Frau abzugeben, wie hinterhältig sie mich in meiner Selbstzerstörung förderte, wie sehr sie daran arbeitete, den beziehungsgestörten Deppen zu bestätigen. Bezeichnenderweise zeigten sich in der Zeit, als diese Einsichten ganz frisch waren und meine Entscheidung für die Partnerin und gegen die Mutter befördert hatten, anhand der Partnerin Gesetzmäßigkeiten, mit denen der Lernerfolg unter normalen Bedingungen gleich wieder durchgestrichen wurde. Die weibliche Sozialisation konservierte eine Problematik der dauernden Selbstverleugnung, brachte eine Anbiederung an die verbogenen Wertsysteme der anderen mit sich, die die Sackgassen der Selbstzerstörung eines Muttersohns auf einer schwanzlosen Ebene potenzierte. Die phallische Rolle, die ihr die verdrehten Abhängigkeiten der Elternwelt nahegelegt hatte, die Illusionen, die ihre Selbstdefinition

ertragbar machten, arbeiteten klotzig und lautstark an der Bestätigung der Verdrehungen: Das Große war das Kleine, das Richtige das Falsche, das Gute war das Schlechte und jede Kopie auf jeden Fall besser als das Original. Diese Erfahrung, dass eine Frau zur Allianz mit einem Partner nicht fähig ist, weil sie durch die frühere Besetzung in einer Weise gebunden ist, die es ihr nicht erlaubt, als ebenbürtige Partnerin zu agieren, sondern nur als Machtprothese unter den Einflüssen weiblicher Rivalitäten, war ein ganz wesentlicher nächster Lernschritt. Für einige Zeit hatte ich das Dictum Lacans, es gebe kein Verhältnis der Geschlechter, zu akzeptieren – bis der Punkt erreicht war, die Bedingungen der Möglichkeit einer solchen Erfahrung aufzuschlüsseln.

Die weibliche Mimesis steht im Dienste der Mutter, der alles in den Kram passt, was die männliche Konkurrenz und das Risiko eines Bundesgenossen der Tochter ausschalten wird. Dieses Schema – die psychotisierenden Spannungen der weiblichen Rivalität mündeten immer in irgendwelchen Flirts und Verliebtheiten, die die Sicherheit gebende Allianz gegen die Mutter wieder ausheheln und für nichtig erklären sollten – hatte einen ganz eigentümlichen Erkenntniswert. Das männliche Partnerverleugnungssyndrom mündete in kulturschwulen Vereinigungen, unter deren Einfluss Männer miteinander rivalisieren und der symbolisierte Schwanzlängenvergleich Frauen nur als Fetische zulässt. Das weibliche Gegenstück war aber viel tiefer anzusetzen und motivierte die Zwänge späterer Simulationen und Ersatzbefriedigungen in der Welt der Männer: Dass das Prägungsmuster des dauernden Anähnelns, der verwischten Grenzen und der ständigen Enteignung der eigenen Gefühle und Erwartungen auf der Lauer lag und darauf wartete, jede Erfüllung durchzustreichen. Ein Kontakt mit der Mutter reichte, ein Telefonat, eine Begegnung – über die sich das weibliche Ich jedes Mal ärgerte, bis der psychotische Mechanismus der Selbstzerstörung nur aufzuhalten schien, wenn ihm die Sicherheit der Beziehung zum Opfer gebracht wurde und sie sich an einem Ersatzmann beweisen konnte. Der männliche Ich hat Angst vor dieser frühen Erfahrung der Entdifferenzierung und flüchtet sich in die stabilisierende Geborgenheit des Rivalitätssystems unter seinesgleichen. In der Erfahrung der Frau diffundiert eine Identifikationskette der fließenden Übergänge seine Sicherheiten, er kann spüren, dass gar keinen Platz für eine in sich geschlossene Selbstdefinition vorgesehen ist und das imprägniert jede mögliche Erfahrung mit Panik.

Aus diesem Dilemma gibt es nur den einen Ausweg: Der ursprüngliche Mutterbezug muss bei beiden Prägungslinien aufgebrochen werden: Erst jenseits des Imaginären gibt es, auf der materiellen Basis, auf der Ebene der Evolutionsbiologie, tatsächlich ein Verhältnis der Geschlechter. Die Körper lernen an den Intensitäten, die Partialobjekte übernehmen den Gang der Überzeugung. Wenn die Körper wissen, was ihnen gut tut, kann das in den mütterlichen Partnervermeidungszwängen ausgebrütete Misserfolgsgeheimnis nur noch auffliegen.

Frage: „Geben wir zu, dass der eine oder andere solche Erfahrungen gemacht hat! Dann stellt sich doch tatsächlich die Frage, ob es unter diesen Voraussetzungen ein Verhältnis der Geschlechter geben kann. Das, was Sie die Abwesenheitsdressur nennen, scheint doch ganz tief verankert. Die Sprache bewohnt den Menschen, sie ist seine zweite Natur und damit ist er ein Produkt der Abwesenheitsdressur. Und dennoch meinen Sie, dass es anders geht?"

Ihre Zusammenfassung stimmt, das ist nicht die Spur übertrieben! Als sei das Gefängnis der bruchlosen Identifikation wirklich in einer Weise ausbruchssicher, dass nur noch die Katastrophe weiter helfen kann. Ich hatte vielleicht die eine Sonderkondition mitgebracht, dass ich aufgrund meiner Verführung nicht mehr in der Lage war, in die kulturschwule Vereinigung auszuweichen. Mit Katastrophen konnte ich immerhin dienen, das war die Erbschaft meines Signifikantennetzes – später durfte mir vorgeworfen werden, dass ich den Zusammenbruch der wenigen Sicherheiten, über die wir verfügten, sogar provoziert hatte. Aber das ging wohl an meinem Pensum vorbei, denn ich hatte keinerlei Bedürfnis, es mir so schwer zu machen. Es stellte sich eben eine Situation ein, in der der wirkliche Partner wie im Mythos ein Entführer und Erretter sein musste. Wenn die total gewordene und durch die Psychose zementierte Lernimmunität überwunden werden sollte, blieb nur, dass wir gemeinsam durch den Tod und die Verzweiflung gehen mussten. Das ist völlig absurd – und nebenbei darf ich wieder einmal darauf hinweisen, dass Dokumentationen dieser Geistesbewegung, die mit den Mythen um Orpheus und die Heilkraft der Musik beginnt, in einigen der größten Unterhaltungsmedien wiederzufinden sind: Von den klassischen Romanen bis zum Hollywoodthriller. Die Große Mutter war eine Totengöttin und in einigen von Klaus Heinrich dargestellten frühen Varianten des Mythos versucht Orpheus, mit der Macht der Musik eine Totengöttin aus dem Hades zu entführen – aus diesem Grund darf er sich nicht umsehen, weil er sonst dem Tod ins Gesicht schauen würde. Wenn Sie dann an das Verhältnis von Blick und Begehren denken, so liegt die Schlussfolgerung ganz nahe, dass wir so leicht durch ein Gestaltbild gebannt werden können, weil das Begehren direkt auf den Tod bezogen ist.

Es war eigentlich hoffnungslos – sie war das geborene Christkind und ich der hergestellte Sündenbock; wir hatten nur für einen historischen Augenblick die Möglichkeit, bei der gemeinsamen Himmelfahrt den Kontakt kurzzuschließen. Und ich behaupte ja nicht einmal, dass es die Jahrzehnte gehalten hat, wir wurden nachlässig, wir verloren immer wieder den direkten Draht. Nur dann, wenn eine kleinere Katastrophe uns wieder wachrüttelte, wenn die Angst vor Krankheit oder Verlassenheit auf einmal zeigte, um was es tatsächlich ging, stellte sich die einmal erkämpfte Personalunion wieder ein.

Frage: „Ich hätte zwei Einwände. Zum einen spielen Sie so viel mit den Konnotationen ihres Nachnamens, dass der Narzissmus in Ihrem Fall vermutlich in die Spekulationen der esoterischen Sprachphilosophie ausgewandert ist. Meinen Sie wirklich, dass Ihr Name irgendetwas mit der Geschichte zu tun hat, die Sie durchlaufen mussten und nun als Argumentationsbasis verwenden?"

Aber sicher! Allerdings mit der nötigen ironischen Brechung: Der Name des Vaters war in meinem Fall nicht der Name des Erzeugers: Mein Vater musste immer wieder betonen, dass ich nicht sein Sohn sei. Also sollten wir einfach an den Konstituenzien des Menschlichen anknüpfen, an jenen noch nicht vollständig erschlüsselten Gesetzmäßigkeiten, mit denen Bewusstsein entsteht. Wenn für den späten Lacan der Name des Vaters die Verweisungszusammenhänge des ganzen Signifikantennetzes symbolisiert, kann immerhin davon ausgegangen werden, dass die Kräfte, die in meiner Geschichte wirksam wurden, mit den Assoziationsmustern zu tun haben, die bis in die semimateriale Logik der Mythen zurückreichen. Dabei ist es dann kennzeichnend, welche Mythen wieder zum Leben erweckt worden sind. Es sind die in einem Namen eingekapselten Bedeutungen, die in gewissen Situationen wieder als Kräfte freigesetzt werden – wobei wir einmal mehr bei der esoterischen Sprachtheorie des frühen Benjamin angekommen sind.

Frage: „Und der zweite Einwand lautet: Ohne es zu nennen, geistert das Zitat, man müsse die Mutter im eigenen Kopf schlachten, durch all Ihre Texte. Für den Anspruch, den Sie erheben, müsste vorausgesetzt werden, dass Sie das Verhältnis der Generationen und das der Geschlechter gepackt haben, dass es also wirklich einen Weg gibt, die Fraglichkeiten zu lösen. Wenn es so ist, wenn nicht nur einige zufällige Erfolge den Anschein erwecken, dass es so sein könnte, dann ist hier ein Paradigma versteckt, das sich im Gang der Zivilisation bisher nur durch das Prinzip Hoffnung bemerkbar machen konnte – diese Gesetzmäßigkeit sollten wir herausarbeiten!"

Es gibt keine ultimative Regel und erst recht keine Mutter aller Lösungen! Wir müssen den Schwerpunkt im eigenen Leben finden und alle Verhaftetheit an der Vergangenheit wird dies verhindern. Je wacher wir für den Augenblick sind, je mehr das Jetzt und Hier der Erfahrbarkeit wirken kann, je wahrscheinlicher gibt es für jede Fraglichkeit in jeder Situation eine eigene, dem Augenblick und den Aufgaben angemessene Lösung. Für die biographische Hinterbandkontrolle ergab sich die einfache Gesetzmäßigkeit: Je größer der Abstand schien, je tiefer die Kommunikationsunfähigkeit anzusetzen war, je größer wurden die Funde und Freiheitsspielräume mit der Überwindung der Barrieren.

Der Kampf der Geschlechter war eine notwendige Voraussetzung für die Liebe als Duell! Ab einem bestimmten Grad der Einsicht gab es keinen anderen Weg mehr. Dabei habe ich eine große Dosis Verzweiflung aufgebraucht und ein paar Schutzengel ruiniert. Wie nebenbei vervielfältigten sich die Infragestellungen an mehreren Fronten, um sich im Fortgang der Jahre zum gemeinsamen Überlebenskampf zu verdichten: Gegen die eigene Sippe, gegen den Herrschaftsanspruch der Mutter im eigenen Kopf, gegen das Wahnsystem einer Beamtentochter, und natürlich gegen jenes Realitätsprinzip, demzufolge ich ein kleiner, angepasster Arsch werden sollte. Dass mich diese konkrete Arbeit an den Aufgaben meiner Biographie für einige akademische Krüppelzüchter interessant machte, hatte ich nicht erwartet: Ich wollte erst einmal davon ausgehen, dass Sie sich um mich bemühten, weil ich besser war als die anderen. Wenn überhaupt, habe ich in ganz harmlosen Zusammenhängen bemerkt, wie die psychotische Bremsenergie und damit die Erregungsabfuhr aus Angstbewältigung lahmgelegt werden konnte. Das war fürs erste schon eine erhebende Erfahrung, aber ich hatte längst nicht daran gedacht, dass mein Versuchslauf für jemand anderen interessant sein konnte. Es war noch immer der klassische Ansatz, die Lösungen für jene Fraglichkeiten und Behinderungen zu finden, die aus dem eigenen Sozialisationsgeschehen stammten. Nebenbei durfte sich ergeben, dass die Verführung zur Ersatzbefriedigung ausgehebelt wurde und schon mit diesem kleinen Repertoire der Anspruch durchschnittlicher Delegationen abzustellen war. Wobei wir bemerkten, dass jedes Mal, wenn es gelang, eine psychotische Blockade zu sprengen, ein Schwung an Energie auf uns überging – dass mussten jene Kräfte sein, die bis dahin in Verleugnung und Ausbremsung abgebunden waren. Ganz allgemein gesprochen, ist es der Sexualneid und die Unfähigkeit, einen Partner oder eine Partnerin nahe genug an sich heran zu lassen, die zu den Intrigen und Behinderungssystemen führen. In Devereux' 'Baubo' fand sich sogar eine brauchbare Erklärung, warum die Rivalitätsstruktur der kulturschwulen Vereinigung diese Angst vor der Nähe oder sogar die Panik beim Gedanken der Verschmelzung zementiert: Sie haben die ganze Zeit den Stachel der unbefriedigten Liebe im Fleisch und tun doch alles, um dafür zu sorgen, dass es nie zu der befreienden Erfahrung kommen kann, die Partialobjekte des/r anderen als Teil des eigenen Körpers zu empfinden. Aus diesem Grund mündet die Autoerotik, ob allein, zu zweit oder sublimiert in der Gruppe Gleichgesinnter in dauernde Fehlinvestments im Rahmen parapsychotischer Veranstaltungen. Wenn Sie diese Genealogie der Einwilligung in die Selbstverstümmelung nachvollziehen, wundert es nicht, dass es nur ein Heilmittel gibt – das zugleich als Universalwaffe wirkt. Auf diese Weise sorgt das, was in verkürzter Form mit der Metapher Sexualmagie gekennzeichnet wird, dafür, dass die Strategien der Simulanten nicht greifen und Sexualgestörte abstürzen. – Aber natürlich funktioniert die Erklärung nicht weniger in der entgegengesetzten Richtung. Die Bremsenergien der Psychotiker, ihr Imperativ: Werde-so-wie-wir, beruht gerade auf dem Verzicht, auf der Aufschiebung, auf dem Unvermögen – wie unser Adolf unter Beweis stellen konnte, werden damit Kräfte freigesetzt, die eine ganze Kultur in den Abgrund reißen, die Völker vernichten und die Errungenschaften von Generationen ausradieren. Ex negativo wurde schon einmal bewiesen, dass wir es mit Energien zu tun haben, die auf der obersten Ranghöhe der Weltgestaltung anzusiedeln sind!

Frage: „Eben weil es nicht reicht, jenes Maß an Nähe, jene Geduld der Hingabe, jene Kapazität des Kommenlassens aufzubringen, weil alles immer den Kontrollzwängen eines Krampfbabys gehorchen soll?"

Ich arbeite mich an den Wahrheiten ab, um mir die Bedingungen einer Welt erklärbar zu machen, in der so etwas wir Kreativität und Selbstentfaltung möglich ist. Und damit vielleicht noch einmal zu Kittler zurück: Im zweiten Band von Musik und Mathematik ist auf Seite 76 und den folgenden ganz klar herausgearbeitet, dass es im Anfang ein Verhältnis der Geschlechter gibt. Und dies kann sich immer wieder neu verwirklichen, wenn die Säfte sich vermischen, die Häute aneinander reiben und die Grenzen verwischen – dass es aber das kulturschwule Unternehmen der Ausgrenzung des Weiblichen ist, das den Männern die Ästhetik, den Geist und die Ersatzleistung anempfiehlt. Unter der Hand finden Sie sogar eine mythische und in den Ursprüngen der Philosophie verwurzelte Begründung für die Exklusivität dieses Verhältnisses der Geschlechter, der die gleichgeschlechtlichen Beziehungen nur nacheifern, die sie aber nie wirklich erreichen können. Es ist nicht nur die heilige Besessenheit, es ist vor allem die evolutionäre Gewordenheit der Körper und der Selektionsvorteil der Schönheit. Ich habe ein besonderes Interesse daran, endlich in den Dienst zu stellen, was den Menschen an Möglichkeiten zur Verfügung steht. Der Traum von einer Sache ist noch nicht genug – in diesem Sinne zählen nur das Handeln und die tägliche geduldige Übung!

Aus diesem Grund bin ich auf der Suche nach Lösungen, habe also keinerlei Interesse daran, bereits gefundene Wahrheiten zu desavouieren. Beunruhigen sollte jede/n Verständigen die Tatsache, dass die kulturellen Ausweichbewegungen vor den tatsächlichen Wahrheiten immer nur den Krieg und die Selbstzerstörung bewirkt haben. Wenn wir als Gattung im Laufe der Jahrtausende gelernt hätten, das Kraftwerk der Liebe richtig zu befeuern, wäre die Komplexitätsreduktion der Kriege nicht notwendig geworden und manche anderen Großtechnologien wären uns vermutlich erspart geblieben. Auffällig ist doch immer wieder, wie die Protagonisten der Macht diese Prozesswahrheit stillstellen und pervertieren müssen, um dann mittels falscher Zielvorstellungen und manipulierter Triebenergien über die Menschen zu verfügen.

Mit der platonischen Akademie entsteht die Wissenschaft als Ersatzleitung – gegen die aufdeckenden Kapazitäten der Entgrenzung und des

Rausches –, das Zugangskriterium ist seitdem die Einwilligung in die Impotenz! Der alkoholbedingte Kater wird zum Ursprung der Techniken der Distanzleistung und fährt die Geschlechterspannung runter – als essentielle Kulturtechnik prägt der Alkohol die Ventile des Spannungsabbaus und steht damit eindeutig in der Funktion der Partnervermeidung. Was mich bei Kittler immer wieder fasziniert, ist die Tatsache, dass er Gesetzmäßigkeiten herausarbeitete, für die ich selbst ganz einfache biographische Belege der Nachprüfbarkeit habe. Es gab eine Zeit, in der sich die Notwendigkeit ergab, nicht an jedem Morgen oder Mittag wieder mit einem Kater zu erwachen und dabei die Erfahrung zu machen, dass mir die chemisch bedingten Potenzstörungen die einzige Chance vermasselten, aus dem tragbaren Gefängnis meines Mutterbezugs auszubrechen. Die Philosophie begann auch für mich mit einem Kater – erst nachdem ich die verschiedenen Techniken der Intoxinierung derart übertrieben hatte, dass ich mich nur noch elend und hoffnungslos fühlte, war das Terrain bereitet, um mit dem Mut der Verzweiflung erneut auf das Prinzip Hoffnung zurück zu kommen. Es brauchte erst diesen Sprung ins Nichts, um dann den Versuch zu wagen, sich auf eine Partnerin einzulassen. Aus Freude an den Zauberkräften der Körper und unter dem Einfluss der Schönheit entwickelten sich dann allerdings wie von alleine immer mehr Tricks und Techniken, um vor die Notwendigkeit des Katers zurück zu kommen.

Das Thema der kulturschwulen Vereinigung – ein Terminus den ich Pilgrim verdanke – ist mir als Theorem zuerst in den Vorlesungen Klaus Heinrichs begegnet. Die Geschlechterspannung, die eine Arbeit am Verhältnis der Geschlechter fundieren, die den Motor und die Energie liefern könnte, wurde schon in den Gründungszusammenhängen der abendländischen Institutionen verleugnet und für nichtig erklärt. Die Entmischung, die institutionalisierten Abgrenzungen als sekundäre Differenzierungen der Männerwelt und ihrer Hierarchien stehen gegen die Erfahrung der Entdifferenzierung in der Verliebtheit oder gegen die psychotische Verwischung und Verleugnung aller Unterschiede, die der Erfahrung des Weiblichen zu verdanken sein sollen – die tatsächliche Differenz ist die zwischen den Geschlechtern! Der Rausch ist nur ein billiger Ersatz für die damit einhergehende Chance der Veränderung. Wie nebenbei wandert mit der rigorosen Aufteilung der Machtsphären ein ursprünglicher Ausscheidungskampf zwischen matriarchalischen und patriarchalischen Weltkonzeptionen in die Entwicklungspsychologie hinein und prägt die Selbstdefinitionen und Haltestricke von Individualitätsmodellen. Zum einen die Männer, die sich an der Pflege von Wert und Bedeutung abstrampeln und unter Disziplin und Zwang miteinander rivalisieren, tatsächlich aber der Ersatzbefriedigung ausgeliefert sind. Zum andern die Frauen, die als Jagd- und Tauschobjekt fungieren und in gesicherten Verhältnissen dann zur Regeneration und Therapie taugen müssen, die aber durch den Männerbund oder den Bezug auf andere Frauen auf eine Distanz gehalten werden müssen, mit der eine exklusive Nähe vermieden werden kann, weil man sie als fressend und bedrohlich empfindet. Auf dieser Folie haben sich vielschichtige Bindungen und Abhängigkeiten entwickelt – die Entgegensetzungen sind in die einzelne Biographie hinein gewandert. In jedem Kopf finden sich die Mischungsverhältnisse männlichen und weiblichen Verhaltens.

In unserer Welt wird auf den verschiedensten Hierarchieebenen ganz klar an der Entmischung, der Differenzierung und der Trennung gearbeitet: Gefordert und geprägt wird ein serielles Menschenbild, mit dem jeder auf sich zurückgeworfen und in die Regeln des Ich-Ich-Ich eingemauert wird: Seltsamerweise – was das Selbstverständnis angeht – sind solche monadischen Egoisten am leichtesten zu steuern, weil sich diese Schematik den ursprünglich Fluchtversuchen vor der Übermacht der Mütter verdankt. Das ist nur stimmig, dass diese Basisprogrammierung weiter wirkt. Sie können über ihre Wunsch- und Zielvorstellungen nicht selbst entscheiden, sondern haben diese bereits vorgegeben und ein Gegengewicht ist unvorstellbar. Wenn jemand Erfolg haben will, muss er sich diesem harten und die Gegensätze ausschließenden Modell unterwerfen – bei den erfolgreichen Frauen in Machtpositionen werden Sie in der Regel feststellen können, dass sie diese Zugangsvoraussetzung ganz besonders rigoros umsetzen.

Frage: „Ich möchte doch an gewisse Einsichten erinnern, die erwiesen haben, dass der Mann nicht als strahlender Heros an die Macht kommt, sondern als jemand, der unter einem Übermaß an Selbstverleugnung, Askese und Verzicht nicht zerbrochen ist. Das ist der Motor im Prozess der Zivilisation: Das Kreuz als Metapher für den Verzicht, denn die Askese ist eine ganz reale Gesetzmäßigkeit für den Erwerb der Macht! Wie wollen Sie mit Ihrem hochfliegenden Projekten gegen diese jahrtausendealte Hypothek angehen?"

Ich widme mich einer Frau, die für mich Die Frau ist. Ich hatte das Register der Erotik schon fast abgeschlossen und war an einem Punkt angekommen, an dem mich neben der drogeninduzierten Raserei nur noch Bücher interessierten; an diesem Punkt muss es ein historisches Zeitfenster gegeben haben, das durch den Selbstmord meines Alten aufgestoßen wurde. Der Mensch wird zu einer Verkörperung von Unwahrscheinlichkeiten, wenn er in die Lage kommt, sich von der Nachahmung nachgemachter Menschen verabschieden zu können und die Beziehungsarbeit ist eine Potenzierung der Unwahrscheinlichkeit. Damit hatte ich den sauberen Schnitt! Der Rest war eine Sache der Geduld, eine Wirkung von Reibungsenergie und Beziehungsarbeit.

Frage: „Die Schönheit und die Wahrheit sind für die Theorie immer nur erzählte Wahrheit und beschriebene Schönheit – sie unterstehen der Schau und setzen Vorstellungen frei. Wir müssen uns darüber klar sein, dass die Menschen lediglich durch diese Bemühung die Werte schaffen und übermitteln, an die sie sich dann halten können. Es gibt kein rohes Faktum, wie es keine unabhängige Wahrheit gibt – aus diesem Grund gibt es keine Schönheit, die so für sich besteht und wirkt, wie Sie dies voraussetzen möchten. Oder habe ich etwas übersehen und nicht aufgepasst? Wir haben die Geschichte doch immer nur in Dokumenten und Zeugnissen!"

Doch, das ist richtig beobachtet: Wenn es vorbei ist, können Sie die Archivare bemühen! Erkenntnistheoretisch entspricht dieser Ansatz genau jenen Voraussetzungen, die ich zur Debatte stelle. Als wären der Durchblick und die Freude an der Erkenntnis per se bereits Askese und die selbstdarstellende Rede schon der ganze Lustgewinn. Als gebe es ein komplementäres Verhältnis zwischen Lebendigkeit und Erkenntnis, als hätten wir nur die ausschließende Wahl: entweder Beziehungsarbeit oder Kreativität. Das soll so aussehen, als sei die Entscheidung für die Kultivierung des Vorlustprinzips bereits der Ausschluss eines lebendigen und begehrten Menschen. Der Bezug auf den Fernsinn des Sehens oder die Spiritualisierung der Schau verrät doch vor allen Dingen die Angst vor der materiellen Nähe. Die ziellose Neugier oder die stillgestellte Schaulust sind Vorlustprinzipien, die unter der Regie einer mütterlichen Lebenswelt entstanden sind, wie die endlosen Selbstbefriedigungsriten, die sich als notwendig erwiesen, um die im Raum der Kleinfamilie freigesetzten Spannungen auszuhalten. Meine Lust an der Erkenntnis galt nicht dem weiblichen Machtspiel, die Erotik in ein zeigendes Verbergen und in ein verbergendes Zeigen zu verwandeln, sondern sie entzündete sich an der Pornographie und war auf der Spur der letzten Wahrheiten. Sie war niemals nur ein Selbstzweck, sondern unterstand erst einmal dem Emanzipationsgedanken – ich hatte mich von den Verhaftetheiten und Selbstzerstörungen der Elternwelt abzunabeln, und das konnte nur gelingen, wenn es mir gelang, etwas Besseres und Erfüllenderes an ihre Stelle zu setzen. Mit asketischen Exerzitien wäre ich nicht weiter gekommen, als in den Jahren zuvor mit dem exzessiven Konsum von Alkohol und Drogen: Sie unterstanden nämlich nicht weniger dem Programm der Abtötung des Fleisches. Es gibt eine Wahrheit des symbolischen Tauschs, die an der Erfüllung ausgerichtet ist, es gibt eine Schönheit des harmonischen Verklingens – alles andere ist so oder so nur Surrogat und Vertröstung!

Statt Ihrer Apologie der Macht würde ich mit Kamper den Abgang vom Kreuz empfehlen. Das Wort ward Fleisch, weil es nicht Begriff werden konnte, und das Kreuz ist die durchgesetzte Abstraktion: Das Kreuz ist die umfassende Verleugnung der Wahrheiten des Körpers. Schon der von Platon idealisierte Sokrates bereitet als A-Erotiker das Absehen von aller körperlichen Erfahrung vor. Ich halte das Mimesisbuch von Gebauer/Wulf trotz seiner weitschweifigen Referate und wiederholenden Zusammenfassungen für sehr wichtig, weil er zeigen kann, wie mit Platon die Mimesis von der körperlichen Erfahrung abgekoppelt wird, um sie immer mehr der Schrift und der abstrahierenden Generalisierung zu unterstellen und wie sich diese Entwicklung durch die Jahrtausende immer umfassender durchsetzt. Die Nachahmung verbürgt für Platon nicht mehr die Nähe zur Materialität der Welt, die damit dem Schein und der Täuschung untersteht – sie wird mehr und mehr zur Anähnelung an kodifizierte, abstrakte Bedeutungen. Was mit den kulturschwulen Ritualen der Platoniker begann, wurde noch getoppt durch die Abstraktionsleistungen der christlichen Adaption, die die Generationen und die Völker übersprang. So ist es nur stimmig, wenn die verkaterte Gesellschaft vom Turm den Preis der Impotenz an die Exekutive der Frauen delegiert. Vielleicht sollten Sie sich einmal Gedanken darüber machen, warum es so gefährlich sei soll, sein Leben mit allen Fasern an eine/n und einzige/n Partner/in zu knüpfen – also dürfte an genau diesem Knotenpunkt im Netz der Bedeutsamkeit anzusetzen sein, wenn wir mit der vorhandenen Welt etwas brauchbares anfangen wollen. Die griechischen Mythen hatten bereits erwiesen, dass mit der Paarung die Ungeheuer in die Welt kommen, die Tragödien wussten in einer unerbittlich realistischen Weise vorzuführen, dass alles Leid der Welt dem Verhältnis der Geschlechter – das der Generationen ist hier eher ein Appendix des Inzest – zu verdanken ist... Die Vorbehalte und Versagensängste der kulturschwulen Vereinigung wurzeln in der Vorstellung jenes enormen Risikos, das seit Menschengedenken auf den Namen Orpheus hört, der am Schluss von denen zerrissen wurde, für die er nicht erreichbar sein wollte. Wenn ich Walter Rehms Studien zum Verhältnis der Dichter zu den Toten ins Gedächtnis rufen darf, so finden sie dort vor allem eines, nämlich wie dem Totenkult gehuldigt wird, wie unter einem schwammigen und verblasenen Referieren der größten Wahrheiten der Menschheit jedes Differenzkriterium verloren geht, mit dem jenes Potential der Erhellung der Welt und der Indienstnahme der Gesetzmäßigkeiten des Lebendigen, das wir nicht minder mit dem Namen Orpheus verbinden könnten, zugunsten eines weise genannten Fatalismus vergessen werden muss. Wenn ich in Orpheus ein Modell habe, wie die Natur durch musikalische Harmonien zum Reden gebracht werden kann, wie die Liebe durch die entscheidenden Rhythmen den Tod überwindet, werde ich mich nicht vom Ressentiment des schwanzlosen Elends und noch weniger von den Entdifferenzierungen einer unter dem Einfluss des Faschismus haltlos gewordenen Germanistik irritieren lassen. Sie sollten nie vergessen, dass es bei all dem um die frühen, tastenden Identitätsstiftungen der westlichen Menschheit ging, die dann nur noch durch den genealogisch-geschichtsphilosophischen Rahmen der biblischen Überlieferung umformatiert werden musste. Seitdem befindet sich die Menschheit auf einer Reise ins Jenseits der Bedeutungen, die immer mehr Fahrt aufnimmt und tatsächlich nur gebremst werden kann, wenn sich genügend Einzelne auf das Jetzt und Hier einlassen und anhand der Beziehungsarbeit zur Arbeit an der Welt zurück finden.

Dazu braucht es keine Privilegien und keine Eliteförderung, alle Prämien dienen der Stillstellung, dazu braucht es keine Jubelkurse der Selbstfindung und keine Verführungen des Sozialprestiges – es braucht nur die Möglichkeit, jenseits der Systeme der Verschulung und Verwaltung die nötigen Erfahrungen zu machen. Wenn ich versuche meinen Antrieb auf den Nenner zu bringen, lande ich bei den tatsächlichen Prägungsmustern eines Kuckuckskindes. An der Selbstheilungsanstrengung einer Mutter, die ihre Besonderheit erpresst, indem sie das Kind als Beweisfigur verwendet, um den Rechtsanwalt aus gutem Hause als Erzeuger zu reklamieren, um parallel dazu einen Hilfsarbeiter, ein ehemaliges Heimkind, zu einer dumpfen und destruktiven Selbstausbeutung anzukurbeln – und der kleine Musik war der Sündenbock und durfte dafür halbtot geprügelt werden. Sie sehen, es gibt so etwas wie ein mephistophelisches Prinzip in der Individualgeschichte: Zerrissen war ich schon, fragmentiert und schlecht zusammengeflickt, desorientiert und zugleich von der Überzeugung angetrieben, dass die Welt nur ein klein wenig anders angepackt werden musste und es würden ganz andere Wege zur Verfügung stehen. Den Status des Sündenbocks konnte ich nur versuchen, hinter mir zu lassen, indem ich für den Wissenserwerb und die Erleuchtung in das Prinzip der maximalen Selbstausbeutung einwilligte. Wie von allein stellte sich das ursprüngliche Koordinatensystem auf dem akademischen Niveau von neuem ein. Die Mutter hatte ich verabschiedet, die Alma Mater war an ihre Stelle getreten, den Erzeuger hatte ich vergessen und den Vater beerdigt, nun rivalisierten zwei Professoren um die Möglichkeit, den Doktorvater spielen zu dürfen... Auf den sublimierten Schwachsinn, simuliertes Wohlwollen und dumme Machtspiele, die mir in solchen Zusammenhängen begegneten, antwortete ich so lange mit Ausweichmanövern, bis klar war, dass ich für den Status eines Bildungsbeamten nicht geeignet sein konnte. Damit begann das Spiel der paranoisierenden Treibjagd, mit dem unser ganzes soziales Umfeld vergiftet wurde. Wir hatten nur noch einander und keine Ausweichmöglichkeiten mehr: Wie sich zeigte, sorgt das Signifikantennetz mit den Aufgaben, die es uns stellt, selbst für den Druck zu einer evolutionären Weiterentwicklung.

Wer in der Lage ist, ein solches Risiko ohne Netz und doppelten Boden einzugehen, ohne die Rückversicherung der besten Freundin oder der Kumpels aus dem Sportverein, ohne die libidinöse Besetzung einer Karriere oder die Absicherung der Heiratspolitik der Familie, wird in den Intrigen und Linkheiten, die sich als Prüfungen erweisen, ungeahnte Möglichkeiten finden, das herrschende System der Behinderung und Verleugnung auszuhebeln! Dazu braucht es weder das Gerede, noch die unendliche Reproduktion der gleichen Verkennungsanweisungen, noch die selbstverliebten Spiegelungen der eigenen Ergüsse... es braucht nur die Einsicht, dass die Wege des garnierten Verzichts und der prämierten Ersatzproduktion im Nichts enden werden. Schon ein früherer biographischer Schritt hatte mich zu den Regelungen der Pervertierung des Sprechens geführt – damals noch unter den Vorzeichen der Vergeblichkeit. Die Manie der Verbalerotik kann jede Erkenntnis zerreden und den Anspruch der Aufklärung in die Inflation treiben. Es ist leicht, alles Mögliche nachzuplappern und sich einen Scheiß drum zu kümmern – das entstand vielleicht einmal als Routine, wie man sich mit einem totalitären Regime oder einem übermächtigen Familiensystem arrangiert, war ursprünglich also eine Form von Überlebenstrick. Mittlerweile ist es eine Kategorie für die Sozialisationsformen von verwalteten Menschen in einem Entertainmentfaschismus geworden. Die Selbstbefriedigung auf der Zunge pervertiert heute jede Einsicht und ist eine wesentliche Funktion der öffentlich-rechtlichen Medien geworden. Das Vorlustprinzip hat damit einen Wirklichkeitsstatus erreicht, der sich über jede wirkliche Erfahrung hinweg setzen möchte. Dagegen war meine Suche nach Wahrheit und Selbsterfahrung ausgerichtet an jenem Versprechen auf Glück und Erfüllung, das die Hormone in die Welt setzen und ich war nicht in der Lage, diese Zielprogrammierung einfach als falschen oder vergifteten Köder abzutun. Es war der Ansatz an der Geschlechterspannung, der sich für mich als richtig erwiesen hat: Das ist das wirkliche Spannungsfeld, in dem Erkennen und Weisheit eingeschrieben worden sind. Aus diesem Grund ist die Ausweichbewegung der kulturschwulen Vereinigung zugleich eine Verzichterklärung, die zu einer Welt führt, in der künstliche Intensitäten über den realen Verlust hinweg täuschen sollen.

Frage: „Wenn Sie die Liebe gegen die Fröste der Moderne setzen, können Sie zusehen, wie sie erfriert. Die Liebe funktioniert nur in gewissen Zeitfenstern und bei kurzen Distanzen – sie auf Dauer zu stellen, heißt sie für nichtig zu erklären. Damit ist die Utopie einer ausgeglichenen Partnerbeziehung allerdings zu vergessen. Was machen Sie dann, wenn es langweilig wird, eine Belastung ist, wenn es Ihre Möglichkeiten immer weiter reduziert. Was machen Sie, wenn vielleicht irgendein Abhängigkeitsverhältnis stabilisiert werden soll und eine schnelle Reaktion durch die Rücksicht auf den Partner verboten ist – die gemeinsamen Gewohnheiten können für jemanden, der wie Sie in anderen Geschichten untertauchen möchte, doch zu einer tödlichen Gefahr werden?"

Üben, täglich üben, immer nur üben und es wird jeden Tag wieder neu und unvorstellbar – in den von Ihnen zitierten Hierarchieabhängigkeiten braucht es einfach ein Kraftfeld aus erfüllter Befriedigung, damit sich die Krüppelzüchter nicht weiter trauen. Bei fremdbestimmten Techniken gilt das Tag-für-Tag-ein-bisschen-besser des Kaizen unter anderen Bedingungen, die uns auszureizen haben: Wir befinden uns dann dauernd im Vergleich und unterstehen einem fremden Ziel, vom Weg ist bei der Optimierung schnell nicht mehr die Rede. Nur bei der realen Arbeit der Geschlechter machen wir die Erfahrung, dass nichts wirklich planbar ist, dass die Entwicklung in Sprüngen und im Kreis verläuft, dass kein Fortschritt wirklich fort führt und keine Katastrophe das Ende ist. Hier zählt nur der Weg, kein Ziel und tatsächlich wird die Grandiosität der Unvorstellbarkeiten abgearbeitet und hin und wieder sogar erreicht. Mein ganz pragmatisches Glück des Unvorhergesehenen wurzelt hier, in einer ganz real erfahrenen Unvorstellbarkeit! Die gemeinsamen Rhythmen erreichen immer wieder ein Level, auf dem der andere Körper erfahren wird, als sei er der eigene Körper, der Sprung in die Unendlichkeit findet dort statt, wo die Entladung verzögert und der Reiz erhöht wird, wo die energetischen Erfahrungen auf ein Niveau katapultiert werden, von dem der Körper plötzlich sagt: Das-ist-es, während das Bewusstsein staunt und verglüht. Die einzige Fraglichkeit, die danach bleibt, ist die Unfähigkeit der Reproduzierbarkeit – die Präsenz geht ganz schnell wieder verloren und das, was es war, kann nur bei der nächsten erfolgreichen Übung neu erfahren werden... Ich möchte darauf hinweisen, dass es im Zeitalter der universalen technischen Reproduzierbarkeit ein biologisches Faktum gibt, das bis in die differenziertesten Strukturen des Bewusstseins reicht und den Beweis für die Nichtreproduzierbarkeit erbringt. Es geht nicht noch mal so, wie es war – wenn es überhaupt geht, ist es immer wieder unfassbar erstaunlich... Das ist eine Form des Spiels, die das ganze Leben betrifft: Wenn es eine/n erfasst, ergreift es uns noch einmal wie am ersten Tag der Schöpfung!

Warum ist in den größten Agententhrillern, in den berühmtesten Showdowns immer eine Liebe im Spiel, in den fraglichsten Situationen gibt es auf einmal den Anlass für einen Geschlechtsverkehr. Das müsste absurd bis komisch sein, wenn man sich die Situation wirklich vergegenwärtigt! Aber für die Rezeptionsästhetik scheint dies die selbstverständlichste Sache von Welt zu sein: Sie setzen am metaphysischen Ursprung der Menschlichkeit an und der visuelle Konsum ist in einer Weise gerechtfertigt, als gebe es keine andere, sondern wirklich nur diese eine Lösung. Die Macher mögen nicht wissen, was sie tun, doch sie arbeiten ganz genau an jener Grenze der Intuition entlang, die im Endeffekt erst dem resignierten Impotenten, dem Verlassenen, der seine Verzweiflung rausschreit, dem über der Leiche einer Geliebten Zerbrechenden, zugänglich wird: Dass es einen Status der gemeinsamen Raserei gegeben hatte, auf dem sie dem Punkt, sich gegenseitig von der Qual zu erlösen, ganz nahe gekommen waren. Ich habe niemals behauptet, dass man Bedenken oder Ängste einfach wegvögeln kann – aber man kann sie erschöpfen, bis sie mangels Energie in Schach zu halten sind. Man kann mit ihnen in gewissen Augenblicken zur Verwirklichung des Übernatürlichen und Unwahrscheinlichen, zur Spiritualisierung des körperlichen Geschehens beitragen!

Ich darf Agambens Essay über die Prosa als Kontrastfolie heranziehen, auf der Schein und Schönheitsbegriff in einen Begründungsverhältnis stehen, das nach dem Vorbild des Wahrheitsbezugs der Platonischen Ideenlehre geformt wurde. Die Beobachtungen und Differenzierungen mögen alle richtig sein, aber es fehlt mir eine kleine Probe auf die Authentizität. Ich habe nicht mehr als die Erscheinungen, die Oberfläche der Dinge – dennoch ich bin im Augenblick ein Teil dieser Oberfläche, wenn ich vom Geschwätz und den fehlerhaften Identifikationen absehen kann. Also lasse ich mich drauf ein, versuche die Dinge selbst zum Sprechen zu bringen, nehme mich so weit zurück, dass sie durch mich zu reden beginnen. Und das geht nicht, wenn man sie nur mit der Brille der Macht für sich zurichtet. Der Blick ist ein Projektionsapparat im Dienste der Macht! Zudem finden über den Blick die Geilheitsdressuren statt, mit denen wir um unsere Befriedigungsmöglichkeiten betrogen werden.

Was meinen Sie, warum sich Ödipus blenden musste, warum die großen Seher der Menschheit blind waren – warum noch die psychoanalytische Sitzung als Spiegelung der Praktiken des Beichtstuhls auf die Rede und das Hören ausgerichtet ist und den Blick suspendiert! Mit der Sprache kam die Lüge in die Welt, Tiere können nicht lügen – aber mit der Reproduzierbarkeit des Wortes kam zugleich die Möglichkeit zustande, die wahre von der falschen Aussage zu unterscheiden. Der Blick reicht in die uneindeutige Sumpfwelt der Verführbarkeiten zurück – aus diesem Grund hilft gegen die bannende und bezaubernde Wirkung eines Gestaltbilds schon der Zauberspruch, der auf den Nenner bringt, um was es gerade geht: Die Wahrheit braucht ein Auditorium!

Frage: „Ich möchte darauf hinweisen, dass Sie in den verschiedenen Argumentationszusammenhängen immer wieder dafür sorgen, genau jene Linie zu überschreiten, an der ganz klar von Ihrem Frauenhass gesprochen werden könnte! Warum haben wir so viele Zeugnisse gefunden, die das zynische Statement unterstreichen, Ihre Verehrerinnen erkenne man am Frustrationsgrad?"

Madame, warum sollte ich mir eine solche Mühe machen? Sicher nicht, um die Lebenslügen verstümmelter Männer zu decken. Kümmern Sie sich vielleicht erst einmal um den Sender: Wer hat dieses Gerücht in die Welt gesetzt! Dann kann ich noch eine Einschränkung nennen: Wenn eine Frau mit dem Anspruch des Begehre-mich auftritt und gleichzeitig die nötigen strategischen Impulse setzt, dass ich mich um sie bemühen soll, darf ich mich wehren. Ich muss mir nicht suggerieren lassen, sie habe etwas, was ich schon immer gesucht und gebraucht habe, um dann einen Krampf angedreht zu bekommen, den ich überhaupt nie wollte – noch dazu wenn ich durch Geringschätzung angekitzelt werden soll, wenn durch Konkurrenten die konfliktuelle Mimetik angekurbelt werden muss. Ich komme aus einer eigenen Welt und bin so versorgt, dass ich gar keine Aufmerksamkeit mehr übrig habe. Es gibt also a priori keinerlei Grund, warum ich mich bemühen müsste. Wenn sie versucht, mich im Sinne ihres Machtanspruchs umzubauen, habe ich das Recht, mich abzusetzen. Eine Frau möchte viel zu gern von der beruhigenden Tatsache ausgehen, dass ihr die Unbefriedigtheit des Mannes Macht über ihn verleiht. Was die Unredlichkeit dieser Haltung verstärkt, ist die Tatsache, dass sie soweit es geht an dieser Unbefriedigtheit arbeitet – ohne selbst überhaupt wissen zu müssen, wie eine wirkliche Befriedigung aussieht. Braucht sie nicht, schließlich geht es ja darum, dass er begehren soll? Darauf ist bei mir geschissen. Wenn Sie denen, die meinen, als fressende und vernichtende Sexualprothesen aufzutreten, zu verstehen geben, dass es der Prothese am Sex fehlt, dass ihr ganzes Wettrüsten nur die Angst vor der Sexualität kaschiert, sind sie erledigt. Und wenn Sie dann noch in der Lage sind, nicht zu reagieren, kommt eine ganz einfache Reaktionsform zustande: Ein Vernichtungswunsch, der sich aus dem Sexualneid speist. Sie sollten nie vergessen, dass die konsequente Entwicklungslinie der abendländischen Philosophie im Silikontoy mündet – der Durchschnittsmann mit seinen kulturschwulen Protzritualen und der Angst vor der realen Macht der Frau ist für mich nur konsequent auf dem Weg zu einen Frauenbild, das die stumme, willfährige und ästhetische Plastikpuppe simuliert. Zu welchen neuen, wirtschaftlichen Wundern dies führen kann, lehren uns seit Jahrzehnten die Japaner!

Ich darf noch einmal daran erinnern, dass ich allen Grund hatte, mich für eine Frau zu entscheiden: Es war der einzige Weg, mich dem verschlingenden Ansprüchen des mütterlichen Imperativs zu entziehen. Aus diesem Grund musste ich mein ganzes Leben in die Frau investieren, die für mich die Eine ist! Dafür gibt es einfache Gründe, die ich recht früh kapiert habe: Weil ich für Augenblicke an einer Unsterblichkeit teilhabe, kann ich frei vom Begehren sein, kann sehen, was die Leute nicht sehen dürfen oder wollen, kann wissen, wovor sie eine enorme Angst haben und dabei feststellen, dass es mich nicht tangiert. Das Register ist zu, das ganze Theater des Begehre-mich geht an mir vorbei – dafür habe ich alles einem gemeinsamen Bündnis unterstellt. Das Problem des Sinns ist für die Zeit, in der genug Kraft zur Verfügung steht, gelöst, das ist der Lohn für die Mühe. Ich muss mir keine Gedanken machen, was danach kommt, wenn oder falls ich alt und einsam sein werde; es ist meine Entscheidung, wie lange diese Phase anzuhalten hat und vielleicht kann ich sogar von Erfahrungen zu zehren, die so einzigartig sind, dass sie eine Weile tragen.

Frage: „Das kommt mir ein bisschen so vor, als wollten Sie die psychotische Entdifferenzierung gegen die Psychose selbst verwenden. Ich denke nicht, dass so etwas im Leben klappen kann – in der Kunst vielleicht als Surrealismus, nach Lacan vielleicht, indem man sich dem Genießen widmen kann, ohne dabei anzuecken und das Ausschlussverfahren zu riskieren – aber wo geht so etwas alleine, ohne heftigen Widerstand im Leben?"

Das ist sehr genau beobachtet, ich mache nichts anderes, ständig aber eben nicht allein! Die Bestätigung für die Regeln, die ich den alltäglichen Mustern abgelauscht habe, konnte ich bei Bateson finden! Und eine wesentliche Variation verdanke ich Lacan! Die nachgemachten Menschen versprechen, was eine/r gar nicht haben will und dann drohen sie noch mit Entzug. Das ist lustig – jetzt sollen wir uns beschissen fühlen, weil wir nicht bekommen, was wir gar nicht haben wollten. Das ist nicht nur die klassische Erpressung der bürgerlichen Frau, das ist tatsächlich das universalisierte Machtschema in der informalisierten Welt. Eigentlich braucht sie nur einen Deppen, der dumm genug ist, ihr ein Kind zu machen, um den Sinn ihres Lebens zu stiften und die Alimentation zu sichern – ein gar nicht kleiner Prozentsatz schiebt diesem dann das Kind eines anderen unter, weil es im rechten Augenblick nicht gezündet hat. Meine Bewunderung! Dieser weibliche Erpressungsversuch war einmal an der Spiritualisierung der Schöpfung beteiligt: Heute ist damit für die nötigen Register gesorgt, um den Menschen in jener Freizeit, die durch den Konsum zur zweiten Arbeitszeit geworden ist, an der eigenen Beherrschbarkeit arbeiten zu lassen.

In solchen Zusammenhängen bietet es sich an, die Gesetzmäßigkeiten der Entdifferenzierung und der fehlerhaften Identifikation zurück zu spiegeln. Mit dem Widerstand, mit den Verboten und Tabuisierungen kann man arbeiten; es kann sogar ganz nützlich sein, die Kräfte eines Gegners für sich zu verwenden: Die Nichtanerkennung nicht anerkennen, mit der Reaktion auf eine versuchte Demütigung dokumentieren, das die/der Ausführende einen bemitleidenswert zu kurz gekommenen Eindruck macht. Jeder Frustrationsversuch ist zu knacken, solange es für uns Dinge gibt, die auf jeden Fall und für jeden wichtiger und erfüllender und befriedigender sind! Vorausgesetzt ist natürlich eine indirekte Aufmerksamkeit; wir dürfen uns nicht paranoisieren lassen und dennoch nicht abblocken, wir müssen wie nebenbei mitbekommen, um was es geht, um mit Humor und Sprachspielen zu dokumentieren, wie wenig der gesamte Schwachsinn beeindrucken kann. Vor nichts hat die parapsychotische Vereinigung solche Angst wie vor der Funktion des Zeugen. Wer der Verleugnung standhält, objektiviert die den Wahn antreibenden Regeln für eine mögliche Öffentlichkeit und arbeitet damit im Sinne des Realitätsprinzips!

Ab einer gewissen Sättigung mit Wut, Negation und Verleugnung, ab einer energetischen Virulenz gibt es den Punkt des Umschlags, an dem die Negation wie von alleine auf das Gegenüber zurück gespiegelt wird. Umso weniger eine/n die Verführungen zu Dummheit, Selbstverleugnung oder Angstbewältigung noch angehen, umso stärker ist die Wirkung: Im Idealfall ist der Spiegel derart blank poliert und von den frühkindlichen Störungen gereinigt, dass der oder die andere plötzlich in die bösartige Fratze der eigenen Wahrheit schaut und das ist in der Regel verletzend bis vernichtend – wenn es nicht anders geht, wenn sie sich so verrannt haben, dass sie nicht aufgeben können, krepieren sie an der eigenen Bosheit.

Sie können also noch einen Schritt weiter gehen: Die Disziplin des Blankpolierten Spiegels ist das Souveränitätstraining! Ich versuche mich immer wieder neu zu konstituieren, indem ich alles abwerfe, was auf diesem Weg der Selbstkonstitution an Mitteln nötig war – wache und reaktionsfähige Körper sind ein Existenzialindex in der Aktualität, der in der Lage ist, durch Intensitäten die Anforderungen dieses Hier und Jetzt unseren Zwecke zu unterstellen. Damit habe ich ein weiteres Argument für den Ansatz geliefert, dass unser Weg in die Zukunft nur funktioniert, wenn wir bereit sind, so lange am Gebäude durch Abbruch zu bauen, bis wir einen Weltzustand erreichen, der bis dahin noch nicht einmal vorstellbar war. Es gibt die verschiedenen Varianten des Vernunftbegriffs, von der wissenschaftlichen über die politische oder technokratische bis zur kommunikativen Vernunft – aber für alle gilt, dass sie ihre Wahrheit erst aus der Zukunft erfahren, aus ihrer Bewährung.

Wohlgemerkt, ich mische mich nicht ein – von mir aus kann jeder nach seiner Fasson unglücklich werden. Nur dann, wenn jemand meint, er müsse in meinem Leben intervenieren, aber nur dann, zeige ich den Leuten wie es wirklich um sie bestellt ist: Ich spiegele ihnen ihr Bild, ihre Bedürfnisstruktur, ihr Rollenkonzept zurück. Natürlich können Sie fragen, was es heißen würde, wenn dies alle so machten. Damit hätte die Evolution vermutlich einen Sprung gemacht und den konfliktuellen Antrieb überwunden. Dann wären wir nicht im Chaos angekommen, sondern in einem Weltzustand, in dem jeder den anderen als einzigartig akzeptieren würde, weil es ein viel zu großes Risiko wäre, einfach über sie oder ihn verfügen zu wollen. So weit sind wir noch lange nicht – dazu müsste wirklich erst einmal Jokastes Schatten beseitigt und die konfliktuelle Mimetik hinfällig geworden sein – denn aus dieser Perspektive stammt der Anspruch der ultimativen Verfügung. Ich sehe einen direkten Bezug zwischen jenem Versuch, das Gewissen der Welt zu vertreten und der Wunde, die sich Narzissmus nennt.

Damit haben Sie die einfachste aller Erklärungen: Die Souveränität ist ein Resultat, das sich dann einstellt, wenn jemand nicht auf die Meinung der anderen angewiesen ist, wenn das Selbst nicht über den Umweg ihrer Reaktion definiert wird, wenn darauf geschissen ist, was sie von einem halten. Solange diese Haltung als Unverschämtheit abgestraft werden soll, braucht es etwas anspruchsvollere Techniken, um den Absolutheitsanspruch der Apologeten der Anpassung auszuhebeln: Zu erkennen und zu kapieren, was sie vorhatten, um die Intrigen geschickt umspielen zu können – und das, ohne sich nach ihnen zu richten oder auf ihre Zeichensysteme zu reagieren. Keinen der anempfohlenen Konflikte aufzunehmen, keine Provokation zu akzeptieren, die eine/n auf einen Konflikt einschwören musste. Die richtigen Dinge richtig zu tun, die falschen zu meiden und im entscheidenden Augenblick einen kleinen Schritt beiseite oder neben sich zu treten, um zu sehen, wie eine geballte Negation vorbei sauste, um sich den Adressaten zu suchen, der ihr mit einer Ähnlichkeit entgegen kam.

Frage: „Ist dafür nicht entscheidend, dass jemand durch den sozialen Tod gegangen ist und nicht mehr an den Zitzen jener anfänglichen Wahrheit hängt. Einer Wahrheit vor aller Sprache, die die Mutter beigebracht hat, um ihren Status auszuhalten, indem sie das Infans als Prothese in ihre Biographie eingefügt hat?

Ich darf mich für das Stichwort bedanken! Über das Thema des sozialen Todes sollten wir uns noch genauer unterhalten, mich wundert, wie selten bisher gesehen wurde, welche Nähe hier zum Souveränitätstraining gegeben ist. Schon bei Paracelsus ist von einer zweiten Geburt die Rede, die durch den sozialen Körper geleistet wird. Dieser Ansatz hat einen Zugriff auf jenes Ventil ergeben, mit dem ein sozialer Körper durchflutet wird. Wenn der soziale Körper dann falsch und vergiftet ist, wenn er der Lüge huldigt und den Verzicht fordert, findet sich genau hier die Möglichkeit, die psychotischen Verkennungsanweisungen trickreich als Sprengmittel zu verwenden.
An der schon mehrfach angesprochene Komplizenschaft zwischen der asexuellen Frau und Mutter und dem verstümmelten Mann, der der Macht huldigt, ist zu sehen, dass das Triebmodell des abendländischen Rationalismus auf einer extremen Verkürzung und Reduzierung der menschlichen Möglichkeiten beruht: Wenn die Basissetzungen falsch sind, müssen wir uns nicht wundern, dass alle Anstrengungen nur erweisen, wie hoffnungslos und verfehlt die Schöpfung ist. Die logische Konsequenz und jüngste Form von Kompensationstherapie ist das Programm der Orgasmologen: Damit ist der Masturbationsakt alles, was wir

erreichen sollen – selbst in einem göttlichen Leib, nur den Anlass zur Selbstbefriedigung zu finden. Das ist ganz im Sinne der modernisierten Dispositive der Macht – wir wären hoffnungslos einsam und eingesperrt in das tragbare Gefängnis eines Körpers; wir wären verschiedenen Verfügungsansprüchen und Delegationen ausgeliefert und hätten nicht eine Chance, unsere Grenzen zu sprengen. Aber das ist falsch!
Wir können Erkenntnisqualitäten – und ich spreche hier bewusst aus meiner Sicht als Mann, für die der Frau gäbe es andere olfaktorische oder taktile Varianten – mit den Ausdünstungen oder dem Geschmack einer Möse verbinden, in gewissen Lebensumständen zählt die Mantik von Moschus und Leder oder einem Beiklang von Salpeter, für manchen Erfolg zeigte es sich als entscheidend, ob sie heiß und trocken war oder richtig flutschte. Mit dem actus purus können Erleuchtungen einher gehen, sogar tastende Vorausblicke in die nahe Zukunft. Ab einer gewissen Intensität verliert jede hysterische Vorstellung: Eine notwendige Regelmäßigkeit steigert die Intensität, bis die Hysterie und der warme Wind für Augenblicke gelöscht werden und in dieser minimalen Zeit des Schließens stehen subliminale Wahrnehmungsweisen zur Verfügung. Also nicht nur ein Kommunikationsgeschehen zwischen zweien, nicht nur ein Mehr an Intensität, sondern ein Einklinken in den umfassenden Austausch von Wissensweisen und Statusbeschreibungen – es gibt ein Jenseits des eitlen Geschwätzes von Wichtigtuern und der Selbstdementierung haltloser Simulanten: Eine einfache Geste, ein kurzer Blick oder ein bestätigendes Wort liefern ohne große Mühe eine kleine, aber unumstößliche Wahrheit. Wir konnten oft genug an der Intensität und am Verlauf ablesen, ob sich ein Unternehmen lohnen würde oder ob wir besser die Finger davon lassen sollten: Die auf der Strecke bleibenden Intriganten oder der in Gang gesetzte Umsatz lieferten dann die entsprechende Verifizierung.

Frage: „Wie wir gehört haben, ist die Angst vor der Sexualität ein Äquivalent der Angst vor einer übermächtigen Natur und damit vor dem Tod. Außerdem soll eine mindestens so einfache Wahrheit lauten, dass ein Flirt der Angstbewältigung dient. Ohne die Angst käme in der Regel gar nichts zustande – und alle Formalismen und Konventionen gehorchen dieser Gesetzmäßigkeit auf einem höheren kulturellen Level: Die Angst ist die Mutter der Methode, all ihren späteren Produkten wollen Sie diese Herkunft anmerken. Dann hätte ich gern gewusst, wie Sie den

Sprung von der Angst zur Lust schaffen wollen? Wenn Angst und Ausgeliefertheit derart umfassend sind, wenn zur Erfahrung von jedem, der ein bisschen eigenes zustande bringen will, gehört, dass der Konformismus und die Dummheit ein Maximum an Raffinesse entwickeln, um ihn oder sie abzufangen oder scheitern zu lassen?"

Den Sprung gibt es schon seit dem Mythos und den ihn beerbenden theatralischen Inszenierungen: Die Angstlust ist ein wesentlicher Motor des Kulturkonsums. Leider liefert er nur einen kompensierenden Ersatz und betrügende Als-obs – und zwar so lange, bis immer wieder einmal der Krieg die Erlösung von den Surrogaten verspricht. Irgendwann meinen die Leute, nachdem ihnen lange genug nur Halbheiten in einer Wattewelt präsentiert worden sind, den einzigen Ausweg im brutalen Terror zu finden. Und der Krieg liefert nicht nur das Therapeutikum, dass Mann nun endlich töten, vergewaltigen und quälen darf, er stellt auch wieder das sozialdarwinistische Repertoire zur Verfügung, dass Frau ihre Chance bei einem Sieger sucht. Es ist nicht verwunderlich, dass nach einer Phase der Lebendigkeit und des Improvisierens dann alles, was zustande gebracht wird, die Stillhalteprämien der Konvention bestätigt und die Antriebshemmung dieser Wattewelt in einem ganz anderen Maß durchsetzt – danach, wenn die Welt in Schutt und Asche gelegt worden ist und schlechtes Gewissen oder verdrängte Schuld besänftigt werden müssen. Dazu braucht es mich nicht!

Unsere Empfindungen, unsere Wahrnehmungen, unsere Bilder, unsere Worte sind das Ergebnis eines evolutionären Prozesses, der nicht erst beim Menschen begonnen hat und die Akzentuierungen, die die Entwicklung des europäischen Denkens der letzten drei Jahrtausende setzen konnte, prägten eine ganz dünne und zerbrechliche Oberfläche. Wer sich drauf verlässt, wer einen unumstößlichen Halt erwartet, wird daran zerbrechen, wenn diese Membran zu Bruch geht. Kultur ist das Lob der Umwege – allerdings sollten dabei keine Überlebenstechniken auf der Strecke bleiben. Eine positiv kodierbare Erfahrung finden Sie in der Erotik, die Grenzen werden aufgesprengt und für einen Augenblick bist du wieder das Alles, das Eins ist. Aus dem Zeitmoment des mystischen Nu ist nichts mitzunehmen, du weißt danach, dass es toll war, aber du weißt nicht mehr, was es war. Du rutschst also sofort nach dem kleinen Tod wieder in die gewohnten Rhythmen der Verknüpfung von Komplexitätsreduktionen – im Laufe der Jahrzehnte kann sich dann vielleicht ein immer stabileres Repertoire an Unvorstellbarkeiten ergeben: Ein paar stringente Abkürzungen oder Überladungen, die effektiv sind. Diese Praxis ist ein Resultat der Erfahrung des sozialen Todes. Wenn es nichts mehr gibt, an das man sich halten kann, wenn jede über Jahre hin erarbeitete Gewissheit zerstört worden ist, wenn selbst die kleinsten täglichen Belange einer ungeheuerlichen Bedrohung unterstehen, wenn zudem die magische Verfolgerkausalität an jeder Ecke Zeugen bereit stellt, die sich an einem grandiosen Scheitern laben wollen... es mochten sogar Zeugen sein, auf die ich mich berufen hatte, von denen ich Wissensweisen und Zitate bezogen hatte, was den Schmerz und die Ausgeliefertheit noch einmal potenzieren sollte. Aber in genau solchen Erfahrungen war die Chance verpackt, selbst für Gewissheiten zu sorgen und die Unterscheidung zu lernen, was wirklich lebensdienlich ist und was auf den Müll gehört – in the long run waren die Zeugen, die uns demütigen sollten, Zeugen unserer Wahrheit!

Bei Kamper gibt es in verschiedenen Büchern Gedankengänge, die die Einsicht umkreisen, dass die Bilder ein Resultat von Todesangst und abgrundtiefer Verzweiflung sind; Formen der Angstbewältigung, die ihr Herkommen nie verleugnen können und, wenn an dieser Form der Selbstversicherung stehen geblieben wird, ganz neue, unvorstellbare Stadien des Ausgeliefertseins herbeiführen. Nach der Nacht von Dresden und dem Versuch einiger Geisteswissenschaftler, mich zum Schweigen und Verstummen zu bringen, hat sich die durchgreifende Erfahrung ergeben, dass nicht nur die Rede ausfiel – ich hatte nichts mehr mitzuteilen, es schien so oder so alles überflüssig –, sondern dass sich auch die Bilder verabschiedeten, selbst in den Träumen verschwanden die optischen Tagesreste und nach einer Übergangsphase der schwarzen, alles schluckenden Stille träumte ich für einige Jahre nur noch akustische Reproduktionen, Töne und Stimmen, markerschütternde Geräusche und Redefetzen. Während ich durch einen Tunnel zu gehen hatte, dessen Wände sich immer mehr verengten, gingen wohl jene fehlerhaften Identifikationen mit dem Bild der Angstbewältigung verloren... und wenn ich heute gefragt werde, wie es möglich gewesen ist, eine künstlich inszenierte Psychose, hinter der die Manipulationstechniken und die rhetorische Überzeugungskraft eines geisteswissenschaftlichen Netzwerks arbeiteten, zu überstehen, so habe ich nur eine Erklärung: Weil ich nicht versuchte, an unredliche Lippenbekenntnisse und verlogene Identifikationsstiftungen zu glauben, weil ich keinen Halt bei den

Lügnern und Simulanten suchte – sondern Tag für Tag eine Insel des Wohlbefindens in diesem Meer der Gleichgültigkeit und des Vernichtungswillens ervögelte. Ich hatte keine Bilder mehr; aber wenn der Körper das bekam, was ihm durch ein evolutionäres Geschehen über Jahrtausende an Prinzip Hoffnung im hormonellen Kochstudio mitgegeben worden war, brauchte es keinen Selbstbetrug mit irgendwelchen Bildwelten mehr. Es war tatsächlich kein Verlust, dass das bilderproduzierende Medium zerstört worden war! Ich bin durch diesen Todeslauf zugleich jenseits der Dialektik Erinnern-Vergessen angekommen; es handelt sich schließlich um sprachliche Prozesse, die immer an den ursprünglichen Bildern modelliert werden. Wenn jemand auf der Ebene der Entscheidung angekommen ist, ist das ganze Geschwätz tatsächlich zu vergessen. – An den meisten Tagen lebe ich nur von jetzt bis gerade eben, ich erwarte nichts, ich renne vor nichts weg, es ist für mich völlig ausreichend, wenn alles gut läuft. Wenn ich mich nicht aus monetären Gründen mit irgendeinem Thema zu beschäftigen habe, ist mein innerer Monolog nur noch ein ferner Singsang und wenn ich mich dann auf einen Gegenstand konzentriere, fällt es oft ganz weg – es gibt den ganz einfachen Trick, das System mit einer satten Informationsdichte zu fluten und die innere Affenhorde ist zum Schweigen gebracht. Man muss die Weisheit nicht nur lieben wollen, man kann sie gelegentlich sogar zu zweit verwirklichen.

Vom kleinen Tod gibt es einen direkten Bezug zum sozialen Tod, denn der wird über einen verfügt, den wählt sich niemand selbst, und das ist die nächststärkere Versuchsanordnung, mit der einem Ich beigebracht wird, dass es nur aus Illusionen und Selbstbetrug besteht. Seltsamerweise sind in dieser Situation die Orgasmen das einzige, was die Verzweiflung in Schach hält, nichts dagegen tun zu können, nur noch in einem leeren Raum zu trudeln. Sie erinnern sich vielleicht an den Hinweis auf die absurde Situation, die uns in jedem mittelmäßigen Thriller präsentiert wird – unter Lebensgefahr nichts Besseres zu wissen, als eine Nummer zu machen: Daraus speist sich die Plausibilität eines Wahrheitsgehalts, der dann stellvertretend im Medium in homöopathischen Dosen abgearbeitet werden kann. Alle Kulturproduktion ist als Immunisierungstechnologie zu verstehen und so ist an dieser Einsicht nur eines fraglich: Durch welche perverse Machttechnik es gelungen ist, dass die Leute konsequent gegen die Ausarbeitung der eigenen Möglichkeiten handeln. Über die verschiedenen erziehungsbedingten, fehlerhaften

Identifikationen und ihre Hintertürchen in den Delegationen von Bildung und Beruf scheint eine derartige Überlagerung der Kräftepfeile zustande gekommen zu sein, dass die Sozialisation mittlerweile als eine Immunisierung gegen ein wirkliches Lernen verstanden werden muss! Dann hilft wirklich nur noch die Katastrophe und die Erfahrung der Selbstauslöschung.

In Klaus Heinrichs *Arbeiten mit Ödipus* gibt es in den verschiedenen Zusammenhängen den Hinweis, dass der Schönheitsbegriff bei Hegel mit einem nicht aufgelösten Schicksalsbegriff gepaart ist – und dass die Kennzeichnung der Paarung hier wie selbstverständlich verwendet wird, ist kein Zufall, sondern verweist auf das in der Tragödie noch greifbare Gesetz, dass das Schicksal ein Resultat der Paarung ist – gezeugt werden Ungeheuer! Bezeichnend, dass hier eine Analyse jenes Scheins auftaucht, der in Heideggers Metaphysikvorlesungen den Bezug zur Unverborgenheit der Wahrheit herstellen sollte – der erwiesenermaßen ein Kennzeichen der Irre ist, die die Welt ist. Nur deshalb gebe es immer wieder das Insistieren, dass der Schein trüge! Dass die Schönheit zum Schicksal wird, weil sie an Seinsmächtigkeit der Wahrheit gleichgestellt ist und damit zwei diametral entgegengesetzte Arten, mit der Welt umzugehen, dafür sorgen wollen, dass für die jeweilige Welt des anderen nichts mehr übrig bleiben solle... Genau das war unsere Erfahrung, nachdem wir uns über Jahre hinweg der Liebe als Duell gewidmet hatten – bis dann beim abschließenden Waffengang auf einmal klar wurde, dass es der Kampf um eine große Liebe war. Es braucht keine göttliche Maschine, um dumpfen Klopsen die nötige Inspiration einzuhauchen, es braucht nur die Situation der Entscheidung, in der das Sprechen voll wird, in der wir empfinden und jauchzen, weil auf einmal klar ist, dass wir entscheiden müssen, dass niemand anders uns dies abnehmen kann. Es braucht keine Bedienungsanleitung für die Erfahrung des anderen, nur die Wachheit und Offenheit, die wir aus unseren Freuden gewinnen. Wir haben die Begeisterung zu teilen, noch am Leben zu sein, und viele scheinbar nebensächliche Kleinigkeiten sind in eine gemeinsame Kraft zu überführen. Vielleicht war es sogar ein Kampf, in dem wieder einmal, wie in jeder Menschenzeit, entschieden wurde, ob es so etwas wie eine große Liebe überhaupt geben konnte. Das Ergebnis bewies also gerade nicht, dass alles nur auf Selbstbetrug und Projektion beruhen soll. Weil dieser Beweisgang schlicht das Gegenteil der Delegationen und Intrigen bewirkt hatte, standen wir vor der grauenhaften Notwendigkeit einer Schöpfung aus dem Nichts! Aber das ist kein Wunder: Wie hätten sich die Schönheit und die Wahrheit einigen sollen, wenn nicht in der Momentaneität des Actus purus, also in der Intensität des gemeinsam befeuerten Augenblicks.

Ich darf in diesem Zusammenhang an Sternbergers Untersuchung zum eschatologischen Wunschprinzip des Heineschen Unternehmens einer Abschaffung der Sünde erinnern. Die von Heine angezielte Vergöttlichung des Menschen setzt wesentlich tiefer an, als die Religionskritik eines Feuerbach oder Marx. Es gibt eine Linie, die von der revolutionären Frühromantik der Schlegels und Novalis über Heine bis zu Nietzsche reicht und die tatsächlich menschheitsgeschichtlich bis auf die Ursprünge des Sündenbockmechanismus zurück reicht – die übrigens der Variation der Odysseusdeutung eines Kittler zugrunde liegt. Es ist die Schuld, die uns beherrschbar macht, es ist die Verstrickung in das Geschäft der Macht, die dafür sorgt, dass wir unseren Teil Schuld abbekommen, dass wir ständig selbst dran arbeiten, uns in Abhängigkeiten zu verstricken. Demgegenüber geht die Abschaffung der Sünde auf die Kompetenzen des Lassen-Könnens zurück, auf die Freude an den körperlichen Vollzügen, auf die Pflege des unmittelbar mit uns verbundenen Guten, auf die Bestellung des kleinen Gärtchens, das uns zur Verfügung steht.

Wenn Kittler auf jene Zeit ‚Vom Griechenland' zurück geht, in der sich die Göttin noch in einer Hetäre oder Tempelprostituierten offenbaren konnte, wird wie nebenbei ein Wahrheitsbegriff nachvollziehbar, mit dem sich die Wahrheit aus der Unverborgenheit der Schönheit ergibt, aus den erotischen Wirkungsmächten, die anhand der spielerischen Techniken zu Tage treten, mit denen ein schöner Körper das Begehren entfacht. Und das ist eine andere Wahrheit, keine der ewig und unverrückbar feststehenden Substanz, vor deren Forderungen der Mensch nur in die Knie gehen kann, um mit der Unausweichlichkeit des Versagens dann auf jegliches Lernvermögen zu verzichten. Keine Wahrheit des unerbittlichen Abstands und der Unüberbrückbarkeit der Gegensätze, sondern eine, die sich aus dem Prozess oder der Beziehung ergibt; eine Wahrheit des Anderen, die sich aus der Begegnung mit der Schönheit entwickelt – der gegenüber alle zwangsweise Objektivierung und Vivisektion des abendländischen Wissenschaftsanspruchs nur die Interpretation Angstbewältigung und Ersatzbefriedigung nahelegen. Es wurde so verführerisch postuliert, die Schönheit der Wahrheit liege in

Ihrer Enthüllung – aber der Prozess liefert ein bisschen mehr und ist ein Maximum pornographischer, als es die Einsicht Benjamins nahelegen will, der formulierte: Schön ist die Wahrheit für den, der sie sucht. Es ist nicht der Schleier der die Schönheit macht, sondern es ist jene tödliche Bedrohung, die er in seinem zeigenden Verbergen und seinem verbergenden Zeigen domestizieren soll. Dass das Begehren etwas mit der Wahrheit zu tun hat, ist ein uraltes Geheimwissen! Dass das Sehen an das Begehren geknüpft ist, dass uns Gestaltbilder eine hormonelle Vergöttlichung verheißen, die das körperliche Geschehen gar nicht einholen kann, sollte schon immer die Ermächtigung der Institutionen fundamentieren.

Das Erkenne-dich-selbst der griechischen Philosophie meinte fast das Gegenteil von dem, was schließlich jener kartesische Zirkel, der sich immer konsequenter auf die Selbsterkenntnis des Subjekts einschwören ließ, an Gewissheit reklamieren wollte. Tatsächlich ist es ein Verweis auf jene Mächte, die in der Tragödie beschworen werden, auf jene Gewalten die über uns herrschen und denen gegenüber wir nur demütig anerkennen können, dass sie unser Wissen und Wollen weit übersteigen. Die so genannten Schönen Künste waren ursprünglich dem Schrecken verhaftet, dem Zauber und der Magie, der Anverwandlung und der Veranderung. Eine jüngste Prägung ist Lacans Netz des Signifikanten – die Wahrheit, die wir im Begehren finden wollen, ist tatsächlich jener Dämonin zugeordnet, die Parmenides noch vor alle Götter gesetzt hat. Eine weibliche Entität, die das Gesetz der Welt geschrieben hat, als sie alles zur Paarung und Vermischung antrieb! Wer sich also von den Verstrickungen in die Dummheit der Verleugnung und die Abhängigkeit des Triebs verabschieden will, sollte erst einmal kapieren, dass sich die Schönheit der Wahrheit in ihrer Enthüllung als philosophische Spielform der Pornographie erweist!

Frage: „Wenn die Alten vom Geist des Ortes, von der Gunst der Stunde sprachen und Hippokrates den rechten Augenblick in die Theorie der Heilkunst eingebracht hat, bringen Sie diese interobjektiven Gesetzmäßigkeiten mit der Empfänglichkeit für Prozesse unterhalb der Wahrnehmungsschwelle in Verbindung. Sie behaupten damit doch aber, dass die Wahrnehmungsschwelle in der Erotik veränderbar wird?"

Das ist richtig und ich darf noch einmal auf die *Arbeit mit Ödipus* zurückkommen. Die Schlange gehört der matriarchalen Welt zu, denken wir an jenes konfliktuelle Geschlecht der Drachenzahnkrieger – an die Genealogie des Mutter-Sohn-Inzests, dem die Sphinx nicht weniger zugeordnet wird wie Ödipus, der sich als ein Delegierter oder Geheimagent der Muttergöttin erweist. Die Schlange, die auf jene Wirkungsgewalt zurückverweist, wo immer wieder neu in die Furche der Mutter Erde gesät wird – die Schlange, die für die Verwandlung und indirekt noch für die Weisheit eines Teiresias verantwortlich ist. Diese Weisheit ist ein Wissen, das sich der Erfahrung beider Geschlechter verdankt – und im Rahmen meiner Geschichte gehe ich davon aus, dass die Beziehungsarbeit erst dort wirklich beginnt, wo die konfliktuelle Rivalität verabschiedet werden konnte. Sie haben schon gehört, dass ich dafür plädiere, den Heranwachsenden einen Rahmen zur Verfügung zu stellen, in dem das polymorphe Erfahrungsspektrum derart abgearbeitet werden kann, dass ab einem gewissen Alter wirklich die Chance besteht, sich auf eine/n ebenbürtigen Partner/in einzulassen.

Das androgyne Tier mit den zwei Rücken ist seit Ewigkeiten die Metapher für die Erfahrung der Präsenz des Göttlichen in der Welt. Und wenn es bei Platon heißt, dass die Götter aus Eifersucht dafür gesorgt haben, dass diese ursprüngliche menschliche Einheit aufgetrennt wird, illustriert dies für mich nur die beschreibende Annäherung an einen Status der Vollkommenheit, der für uns erfahrbar macht, wie das Göttliche in die Welt kommt. Also keine Askese als Verzicht und Versagung, sondern als wechselseitigen Aufbau eines immer höheren Spannungsvolumens – und das geht nicht allein. Am Anfang mag es so aussehen, als sei alles darauf angelegt, einen zum Scheitern zu bringen oder zur Verzweiflung zu treiben. Vielleicht ist die Liebe als Duell schon eine erste Chiffre der Transzendenz – es müssen dann nur noch übermächtige Gegner auf den Plan treten, es müssen Anlässe gegeben sein, damit dieser innere Antagonismus zu einer Einheit auf einem höheren Niveau zusammentritt und dann die Bewährung an der Welt dessen Nachfolge antritt. Man oder frau kann den Stress nicht einfach wegficken, sonst bleibt nur übrig, in der Selbstzerstörung die letzten Spannungen freizusetzen – wir wollen nämlich gar nicht frei von Spannungen sein, wir wollen nur immer wieder in die Lage kommen, sie in einer Weise genussvoll abzufahren, dass sich das Gefühl einstellt, Grenzen überschritten und ein beschränktes Leben zur Unendlichkeit hin geöffnet zu haben.

Diese Variation liefert das viel wichtigere Thema, weil es einen Blick auf die Mechanismen der Antriebsstörung und Abwesenheitsdressur möglich macht, die im Hintergrund der Geschichte gewirkt haben. Was also im Normalfall der Simulanten nicht nachvollziehbar ist, dass zwei für einander arbeiten, gerade stehen und kämpfen, weil erst die Anerkennung durch die/den Andere/n die Möglichkeit gibt, sich im Jetzt und Hier sicher zu bewegen. Es ist nicht das Vögeln allein, es ist der Rahmen, innerhalb dessen jemand in der Lage sein kann, für die/den Andere/n sein Leben zu geben, die Situationen, in denen gekämpft wird, ohne Ressourcen und ohne Erfolgsaussicht – und in denen jemand gegen alle Wahrscheinlichkeit gewinnt, weil er nicht für sich gekämpft hat, sondern für die Rettung des/der Andere/n. Auch das ist eine ganz wesentliche Erfahrung: Die Autoerotik ist schwach und liefert keine Kraft nach, sie wird heute gefördert, weil sie als grundsätzliche Verschwendung der wesentlichen Ressourcen beherrschbar und manipulierbar macht. Bis zu den Techniken des Selbstbetrugs, dass man sich nicht eingestehen will, dass das bisschen Ekstase schon alles gewesen sein soll und in einer Technik der Vorwärtsverteidigung plötzlich vertreten muss, dass es gar nicht mehr geben kann und alles andere ein romantischer Selbstbetrug sei. Dagegen steht eben die Erfahrung, dass einem die rückhaltlose Verausgabung für die/den Andere/n auf einmal mit Kräften und Waffensystemen versieht, über die frau/man niemals im Rahmen egoistischer Selbsterhaltung verfügen könnte. Hier ist die theologische Voraussetzung eingelöst, der zufolge du dich verlieren musst, um dich erst wirklich zu gewinnen!
Ich darf an Saners Interpretation des Orpheusmythos erinnern – hier ist es die Musik, die mit ihren Harmonien die Naturgewalten besänftigt, die aber auch den Tod und das Chaos hervorrufen kann. Viele Jahre habe ich für mich behalten, dass ich davon ausgegangen war, dass einige in meine Körpererfahrung tief eingesenkte Harmonien dafür zu sorgen schienen, dass alles was ich anpackte gelang. Ich hatte irgendwo immer darauf vertraut, dass mich die Musik trug, dass ich an Wirkungsweisen der Evolution partizipierte. Dann musste ich die Erfahrung machen, wie ein paar Behördenkrüppel dafür sorgten, dass die Musik verklang, dass das innere Licht ausging, dass ich als gebrochener Charakter auf ihrem Weg zurück bleiben sollte. Wenn es mir nicht gelungen wäre, Geldströme in Bewegung zu setzen, wäre der Strom in mir versiegt. Dass ich überhaupt die Kraft aufbrachte, beruhte auf der Notwendigkeit, meiner

Lebensgefährtin eine Perspektive zu bieten, sie zu halten und zu stabilisieren, denn die Intrigen dieser Totgeburten hatten ihr einen Job gekostet, mit dem sie sich identifizierte – ich sah auf einmal von außen, wie sie auf den sozialen Tod zu trudelte. Wir hatten das Prinzip von Durrells Kiste ohne Wände für uns entdecken, bei der zu versuchen ist, einen Deckel akkurat aufzulegen – oder das von Lichtenbergs Messer ohne Griff an dem die Klinge fehlt. Oft genug hatte ich mir gesagt, dass so eine imaginäre Entität mit der Liebe verwechselt werden konnte: Mittlerweile weiß ich, dass die Liebe wirklich ein solches von Hephaistos geschmiedetes Messer ist, das mitten im Herz steckt und immer wieder, ganz langsam, von Aphrodite ein Stückchen gedreht wird. Weil ich wusste, dass ich um unsere Möglichkeiten kämpfen musste, dass alles davon abhing, dass meine Lebensgefährtin nicht einfach im Nichts des sozialen Todes verloren ging, steckte ich die Demütigungen und die Vernichtungserklärung weg und investierte alle Kraft in ihre Stabilisierung. Welch seltsame Arbeitsteilung. Wenn ich daran gedacht hätte, meine Größenfantasien in Sicherheit zu bringen, wäre vermutlich alles verloren gewesen – aber weil ich kapiert hatte, dass auf den Traum vom Schriftsteller geschissen war, dass mir nur blieb, mich um meine Partnerin zu bemühen, erwischte die Sogwirkung der von den Geisteswissenschaften ausgebrüteten Intrige nicht mehr, als ein paar weit von der Veröffentlichung entfernte Texte.

Wobei in diesem alten Mythos vermutlich die ganze Problematik des Verhältnisses der Geschlechter verkapselt ist. Wenn ich an unsere Geschichte denke, an die ersten zehn Jahre eines Kampfes um Autonomie auf der Folie der Angst, abhängig von der/m Partner/in zu werden, wundert mich nicht mehr, warum im Orpheusmythos die Liebe notgedrungen auf den Tod bezogen ist, warum in den alten Fruchtbarkeitskulten die Liebe dem Zwang untersteht, sich mit dem Tod messen zu wollen und im Ergebnis die jahreszeitliche Erneuerung nur möglich ist, weil die Liebe durch den Tod hindurch gehen muss, um das Neue schaffen zu können. Die Musik prägt die Verbindung beider: Unsere Lebenszeit und den sie begrenzenden Tod. Im Verklingen der Töne einer uns berührenden Melodie erwischen wir eine Reproduktion dieses Verhältnisses zum Ich; die Musik ist gestaltete Zeit, sie spielt nur mit dem Verhältnis kleiner Wegspannen – und ist damit zugleich in der Lage, ein Abbild des Kosmos zu präsentieren.

Kennzeichnend ist in diesem Zusammenhang, dass Saner auf einen wichtigen Unterschied verweist: In den Fruchtbarkeits- und Wiedergeburtsriten gibt es ein positives Ende, hier ist die Erneuerung in den Zyklen der Natur das Gute, an dem die menschlichen Fraglichkeiten gesunden können. Der Bezug zur schamanistischen Welterfahrung dürfte für diese optimistische Version des Schicksalsbegriffs nicht zufällig sein. Während der griechische Mythos sich schon einer tragischen Weltsicht verdankt, deren höchstes Glück die Vorstellung beinhaltet, gar nicht geboren worden zu sein. Eine tiefe Einsicht, bei der die geschlechtliche Vereinigung und ihr Resultat, das Kind, bereits der Anlass der Tragödie sein müssen. Gezeugt werden nur Ungeheuer, die Genealogie als Logik der Tragödie ist ein über Generationen gespannter, umfassender Beweis, dass das Leben ein Irrweg ist und die Liebe nur ein Anlass für die höchsten Qualen – für den Menschen ist die erste Frau Pandora. So wäre aus jener Vereinigungsmenge, die die kosmische Harmonie des musikalischen Unternehmens und die in der delirierenden Unterweltreise des Schamanen gefundenen Gesetzmäßigkeiten für Heilung und Gemeinschaft zusammenschließen, eine Alternative abzuleiten, die in den Hochreligionen in verschiedenen Ausprägungen angedeutet wurde – und damit die Gesetzmäßigkeiten der Tragödie auszuhebeln. Wenn ich an die Arbeit von Franco Serpa über Orpheus erinnern darf, steckt hier vielleicht schon ein Bezug, der zudem erklärt, warum dieser Fremde Orpheus den Griechen fremd geblieben ist, warum er mit Initiationsriten und dem Gang durch das Reich des Todes an den alten schamanistischen Erfahrungsformen teilhat und zugleich „als erster Künstler" bezeichnet werden konnte. Die Identität von Poesie und Musik setzt also jene Energien frei, die eine ursprüngliche Einfühlung in die Natur und in die Geheimnisse des Todes erlauben. Orpheus ist gerade wegen seiner Eigenart als Dichter-Zauberer und Fremder ein Mittler zwischen den verschiedenen Welten und Lebensformen – er wurde zur Verkörperung der Ahnung, dass der Dichter die dunklen Mächte kennt und versinnbildlicht, die unserem bewussten Leben vorangehen oder folgen: Natur und Tod. Seine Lebensweise ist die eines Schamanen, der die Geheimnisse der Natur und der Übergänge von einer Existenzform in die andere versteht. Ein Mittler, der die von den Göttern gesetzten Grenzen überschreitet, die zwischen dem Bekannten und dem Unbekannten, die zwischen Leben und Tod. Seine Musik bezaubert die Wildheit und schafft Ordnung und Harmonie, sie hält dem Tod stand und wird im Verklingen zu einer Dokumentation der Grausamkeit und der Vernichtung, als Trauerarbeit aber zur Objektivierung und Offenbarung des Verlorenen. Diese Kunst als eine Wissenschaft vom Tode kann den Tod besiegen – allerdings um den Preis der erfüllten Liebe, sie scheint nur im Verlust über den Tod hinaus zu gehen. Außerdem gibt es in der Tiefenstruktur ein Geheimnis, das von Saner als zeitbedingte Verneigung vor den Matriarchatstheorien beiseite gewischt wurde: Eurydike war für manche Spezialisten ursprünglich eine Todesgöttin, die aus der Unterwelt entführt werden sollte, weil die mythischen Helden dem Zwang oder der Notwendigkeit unterstehen, mit dem Unvorstellbaren zu wetteifern. Ursprünglich gab es also die initiatorische Geschichte eines Wettstreits und einer Herausforderung zwischen einem weisen Mann und einer dämonischen Frau. Wenn ich die verschiedenen Gedankenfäden verknüpfe, habe ich das Gefühl, dass diese menschheitsgeschichtliche Aufgabenstellung in jeder großen Liebe als Prüfung wieder auftaucht – die Musik, die ein Symbol dieses Agons ist, kann nicht weniger die Bedingungen der Möglichkeit einer Wissenschaft des Augenblicks zur Verfügung stellen: Es hängt dann von uns ab, welche Gesetzmäßigkeiten aus dem erfüllten Augenblick zu gewinnen sind.

Frage: „Ich habe vor einigen Stunden schon einmal die Frage gestellt, ob Sie die asketischen Techniken der Menschheit um ihren Wirkungsgehalt beerben wollen, ohne dabei in die Selbstabtötung einzuwilligen! Jetzt darf ich soweit modifizieren, dass mich interessieren würde, wie Sie sich konkrete Vorgehensweisen vorstellen?"

Es war bekannt, dass ich keine Ressourcen hatte: Die Leute, die sich an uns beweisen wollten, konnten sich deshalb in einer derartigen Sicherheit wiegen, dass sie unvorsichtig wurden. Das war schon fast alles, was für mich sprach, dazu kam höchstens noch eine Kapazität der Duldung, die überdurchschnittliche Fähigkeit, Frustrationen auszuhalten – sozialisationsbedingt, das hat mir der Mann beigebracht, dessen Name ich trage, obwohl er nicht mein Vater sein durfte und der als früheres Heimkind bis in die tiefsten Fasern erfahren hatte, wie man Schmerz und Verzweiflung zufügt. Bei Max Scheler finden sich Einsichten zum Sinn des Leidens, zur Einwilligung in den Schmerz, an denen mir zum ersten Mal aufging, dass sich hinter der Botschaft der Bergpredigt ein fulminantes Waffensystem verborgen hält, das überhaupt nichts mit

dem unterstellten Quietismus zu tun hat: Du musst die Spannung halten, auch wenn die Negationen weh tun, dein Sicherungssystem muss so abgefedert sein, dass die Energien dorthin springen, wo ihnen eine Ähnlichkeit entgegen kommt. Das war einmal die erste Einsicht in die Wirkungsweisen eines Blankpolierten Spiegels – die Technik, die Spannung zu halten, konnte ich jeden Tag mit derart positiven Besetzungen versehen, dass sie irgendwann zu einer philosophischen Übung des Jiu-Jitsu wurde – das ist eine andere, aber keineswegs ausgeschlossene Interpretation des Kai-Zen. Wenn Sie mit den Energien solcher Gegner arbeiten wollen, ist vor allem wichtig, dass keine Besetzungen vorliegen, die einer ähnlichen Polarität gehorchen: Es darf keine konfliktuelle Mimetik, keine fehlerhafte Identifizierung geben, vor allem muss das Bremssystem des Sexualneids weggefallen sein. Wann das Medium so gesättigt war, dass die Blitze übersprangen, stand nicht in meinem Belieben – ich musste nur über das bessere Sicherungssystem verfügen, musste ein etwas höheres Quantum an Spannung aushalten –, ich hatte einfach nur gut genug gefickt zu sein! Vor allen Dingen durfte ich dabei nicht die Qual um der Qual willen schätzen, sondern hatte sie als Schwungrad zu verwenden und als Energie zu akkumulieren. Vor jeder Setzung und aller Überzeugung durfte ich nicht die Lust am Leben verlieren – und das lag schon nicht mehr bei mir allein.
Notwendige Voraussetzung ist also die Geschlechterspannung und dann, dass sich die beiden Geschlechter auf ein gemeinsames Ziel der Befriedigung einigen können. Die Familie mag die Keimzelle des Staates sein – aber wer die Heiligkeit der Ehe zur Reproduktion des notwendigen Kanonenfutters bzw. der künftigen Steuerzahler pervertiert, hat in den Verzicht bereits eingewilligt und ein Interesse daran, den Betrug zu rechtfertigen. Erst wenn ich kapiert habe, dass diese Heiligkeit ein Selbstzweck ist, ein höchstes und unteilbares Gut, muss ich nicht der Einmaligkeit des Augenblicks hinterher rennen, muss nicht gegen die Zeit kämpfen oder das Erlöschen der Begierde durch die Wiederholung befürchten. Ich plädiere für puren Sex ohne Ziel, ohne Surrogat, ohne Zweck – als l'art pour l'art – und die Rede vom Glück des Unvorhergesehenen bekommt einen ganz konkreten Hintergrund, es stellen sich ganz andere Unplanbarkeiten ein. Es braucht Geduld und tägliche Übung: Ab einer gewissen Intensität der Wiederholung ist es jedes Mal wieder neu und einzigartig, und mit der Zeit scheint sich die Unvorstellbarkeit sogar noch zu steigern! Wobei mit Sigusch daran zu erinnern ist,

dass eine Liebe nur der Zeit widersteht, wenn es ihr gelingt, von den polymorphen Perversionen zu profitieren, die in unserem Sozialisationsgeschehen ausgegrenzt werden mussten, denn hier sitzen die Energiereserven unseres Kraftwerks. Auch das spricht übrigens gegen die Apologeten des Verzichts, die sich bei ihrem Ausweichen in die Ästhetik oder beim verkrampften Klammern an theologische Werte auf den kulturellen Umweg beziehen möchten. Wir müssen uns aussetzen, wir haben durch eine reale Infragestellung hindurch zu gehen und für das ursprüngliche Prägungsmuster abgestorben zu sein. Aber das heißt noch lange nicht, dass der soziale Tod durch die Institution aufgefangen werden sollte und wir dann als Anhängsel einer Partei oder einer Schule, eines Lehrstuhls oder einer Konfession von deren Gnaden akzeptieren, dass unsere Wahrheit nur auf den Namen des Verzichts hört. Tatsächlich können wir gegen den Anspruch jeder Subalternitätsdressur mit dem nötigen Drive die Wiederholung pflegen, bis der Punkt erreicht ist, an dem es so einzig ist, wie bei einem imaginären ersten Mal – ein reales erstes Mal kann es nämlich gar nicht gegeben haben! Damit sind wir einen wesentlichen Schritt weiter, als all jene Realisten, die sich der Logik einer Institution unterstellt haben, um nun zu kriechen und zu quälen, um gemeinsam lügen zu dürfen. Nach den verschiedenen Abschweifungen muss ich nun nicht mehr begründen, warum eine parapsychotische Vereinigung nie zum Gewinn der Beteiligten führen wird – im besten Fall kommt jene Beschleunigung der Macht zustande, die Canetti beschrieben hat und die sich nur erhält, indem Opfer auf Opfer produziert wird. Das Wispern im Signifikantennetz oder das Rumoren in den Archiven... am Ende ist es nur eine Übersetzung des Rauschens der Zeit!

5a

Einen schönen guten Abend! Ein bisschen wundert mich, wie viele gekommen sind – ich bin darauf hingewiesen worden, dass ich mich, weil das Interesse nachgelassen hat, auf das Wesentliche zu beschränken habe und heute Abend abschließen soll. Es bleibt also nicht die Zeit, all das unterzubringen, was die Zeit bis zum Ende der Woche gebraucht hätte. Aus diesem Grund würde ich vorschlagen, dass wir versuchen, uns dem zu widmen, was bisher noch nicht weit genug ausgearbeitet worden ist. Wir kürzen einen Umweg um all das ab, was normalerweise als das Wesentliche vorausgesetzt werden will.

Frage: „Was mich interessiert! Wie hält man es aus, wenn einem diese Steigerungsstufen der Vergeblichkeit angetan werden?"

Vielleicht, weil einer/m andere Dinge so wichtig sind, dass so ein bösartiger Schwachsinn dagegen verblassen und einfach als uninteressant weggewischt werden kann! In den psychischen Systemen werden Intensitäten gegeneinander abgewogen – also nicht so sehr das Bild oder der Gedanke, eher die Erwartung und die Sehnsucht. Wie hält man/frau die Negation, die Nichtanerkennung, die Verleugnung also am besten aus? Indem sie nicht zur Kenntnis genommen werden, indem die Nichtanerkennung nicht anerkannt wird, indem die Verleugnung einfach übergangen wird – in Erwartung der nächsten Entfesselung einer umfassenden Bejahung.

Frage: „Beinhaltet das die Programmatik, wie ein Lernen jenseits der Gewohnheitsmuster beginnt, wie jemand der Übermacht des Nichts und dem Absturz in die Vergeblichkeit entgehen kann. Nichts tut so weh, wie das Ausbleiben einer positiven Resonanz, auf die ein gerechtfertigter, weil erarbeiteter Anspruch besteht. Gewöhnlich stumpft das Lernverhalten und die Erfahrungsfähigkeit schnell ab, wenn diese Resonanz ausbleibt. – Dann stellt sich für mich die Frage, wie Ihr enormes Lernverhalten mit einer solchen Frustrationstoleranz in Einklang zu bringen war?"

Vielleicht liefert das eine potenzierte Form des Lernens, wenn wir versuchen, den Gesetzmäßigkeiten auf die Spur zu kommen, die uns verstümmeln sollten. Horkheimers Vergleich der Intelligenz mit dem Fühlhorn der Schnecke hat vermutlich aus dem Blick verloren, dass wir lernen, um eine angeborene Inkompetenz zu kompensieren – und damit die Möglichkeit gegeben ist, dass unsere Fühlhörner nicht verhärten und abstumpfen, sondern eine Sensibilität für das Wichtige und Erfüllende entsteht. Wenn ich fast keine Möglichkeiten mehr habe, wenn sie mich so eingekesselt und reduziert haben, dass fast nichts von mir mehr übrig ist, werde ich keinen falschen Rücksichtnahmen und keinen fetischistischen Vorlieben mehr folgen. Wenn ich erst einmal kapiert habe, wie es tatsächlich um meine Möglichkeiten bestellt ist, werde ich vielleicht wach genug werden, um zu kapieren, dass ich selbst dafür verantwortlich bin, wenn aus diesem Leben etwas werden soll!

Ein Blick auf die Entwicklungspsychologie kennzeichnet einige Parameter: Ein Kind, das den Namen von einem Mann hat, der nicht sein Vater sein darf, wird in der Rolle des Vertrauten und Beraters der Mutter in den Rang einer für die Wirklichkeit entscheidenden Bedeutsamkeit gerückt, die durch Prügel und Demütigungen wieder abgedient werden muss – wenn das Ergebnis für diese Psyche dann heißt, dass der Vater als Selbstmörder endet und die Mutter in der Bedeutungslosigkeit verschwindet, wird jede spätere Frustration nach dem gleichen Schema verarbeitet: Ich muss den Schmerz und die Demütigung nur lange genug aushalten, dann werde ich zu meiner Genugtuung erfahren, wie sich die früheren Quälgeister selbst zerstören. Das könnte die Rohfassung meines späteren Waffensystems gewesen sein. Frustrationstoleranz und Lernvermögen sind also nicht als Gegensätze zu begreifen, sondern als Folgerelation. Gelernt wird so oder so nur unter Schmerzen, und wenn jede Enttäuschung mehr Lernen und damit weitere Gewissheit liefern kann, ist die Geschichte ganz einfach zu verstehen. Das funktioniert, wenn jemand sich einem Geschehen widmen kann, das sich selbst trägt, das im Körper und der Bejahung fundiert ist und das die wesentliche Exzentrik unserer Konstitution noch einmal potenziert.

So wie die Metaphysik ihre Energien aus der erotischen Frustration bezog, um sie perversen und lebensfeindlichen Unternehmungen zuzuführen, sind den sinnstiftenden Ladungen, die die Glückshormone zünden, ganz andere Energien abzugewinnen, wenn mit ihrer Freisetzung nicht ähnlich vernünftig umgegangen wird, wie mit einem zu verzinsenden Kapital. Wie nebenbei hatte es sich herausgestellt dass diese erweiterten Sozialisationsformen unabdingbar waren für die Orientierung in einer psychotisierten Welt, deren Bildungsbeamte mir die erschreckende Ausweglosigkeit zu schmecken gegeben hatten: Versinken zu müssen, ohne sich verlieren zu können, oder schlimmer noch: Die Identität zu behaupten, indem man sie verliert. Als hätten sie bei Melanie Klein und Igor Caruso gelernt, wie die Prozesse der Individuation rückwärts ablaufen mussten, um ein Bewusstsein in Stücke springen zu lassen. Es war tatsächlich der Hörraum – auf den ich durch eine Arbeit Sonnemanns aufmerksam geworden war und der mir dann durch Tomatis ‚Klang des Lebens' gegenwärtiger wurde –, in dem ich untertauchte, als der Traumarbeit die Bilder ausgegangen waren. In diesem Hörraum begannen die verschiedenen Manuskripte zu wuchern; die im Wettstreit liegenden Stimmen irgendwelcher Wahrheiten und die Begleitgeräusche verschiedenster sinnstiftender Agenten der Komplexitätsreduktion bereiteten im Labyrinth des Ohrs eine nächste Wiedergeburt vor.

Frage: „In diesem Zusammenhang sollten wir uns auf jeden Fall Gedanken darüber machen, welche fruchtbaren Wechselbeziehungen es zwischen der Erfahrung des sozialen Todes und der der Initiation gibt. Mit dieser Fragestellung stellen sich dann ganz andere Möglichkeiten ein, wenn es darum gehen soll, die kleinliche Objektivierung des abendländischen Wissenschaftsbegriffs zu überwinden!"

Das stimmt! Es ist sicher zu erwägen, welche Gewalten sich des Ohrs bemächtigen, um eine Wirklichkeit durchzusetzen, die eine universale Manipulierbarkeit der Subjekte gewährleisten kann. Von den Priestern führt eine direkte Linie zu den durch Rundfunkansprachen bewirkte Massenhysterie... In diesem Zusammenhang ist daran zu erinnern, dass das Erhebungsmotiv der Lyrik bis auf die Erfahrung der Mystiker zurück reicht und dass die psychoanalytische Aufmerksamkeit auf das Organ des Sprechens, die Stimme als Surrogatkörper, an den Qualitäten der Offenbarung partizipiert. In dem Wechselverhältnis aus Sprechen und Hören haben wir es mit einem privilegierten Zugang zu den Geheimnissen der Initiation zu tun.

Bei den von der Vernichtungswut jener Leute, die meine Gegner sein wollten, angetriebenen Reisen ans Ende der Nacht hatte ich den Hörraum mitgenommen, jene mediale Musikalität, die an Harmonien ausgerichtet und für Stimmigkeiten und Passungen empfänglich war – vielleicht sogar, weil es einen absurden Bezug gab, den der Name des Mannes stiftete, der nicht mein Vater sein durfte und der mir doch den Namen des Vaters vermittelt hatte. Das nichtidentifikatorische Medium für ein musikalisches Geschehen, das mich tragen, dem ich mich anvertrauen konnte, das mir die neue Formen der Selbstdefinition lieferte und in das ich ausweichen konnte, wenn die Welt unerträglich wurde, war dieser Hörraum. Aus ihm brachte ich den Sinn für Harmonien mit: An der Art, wie jemand ging, wie er artikulierte und gestikulierte, entwickelte ich jenes Gespür für den richtigen Ton, jenen Sinn der die intuitive Distanz von allen nur simulierten Zuwendungen und Prätentionen bewirkte. Ob ich mit Simulanten des Wohlwollens oder den Manipulationstechniken der modernen Personalführung zu tun hatte; ob mir asexuelle Kampfmaschinen versuchten, ihren besonderen Zugang zum Eros vorzumachen oder ob mich impotente Alkoholiker zur Nachahmung ihres Erfolgsgeheimnisses aufforderten; ob mir mütterliche Pseudogefährtinnen ein Rückzugsgebiet und die Erholung von den Anstrengungen des dauernden Selbstbeweises versprachen oder ob mein Ehrgeiz von glattgeleckten Kulturfunktionären angekurbelt werden sollte. Ich entwickelte auf dieser Basis ein Repertoire, das mich richtig reagieren ließ und dafür sorgte, dass mir im entscheidenden Augenblick die notwendigen Wissensweisen zukamen. Oft war ich am richtigen Ort zur rechten Zeit, obwohl alle fingierten Gesetzmäßigkeiten der Wahrscheinlichkeit erweisen sollten, dass ich zu spät oder gar nicht kommen durfte – die Mehrdeutigkeit ist erwünscht, denn sie zeigt, dass ich den impotenten und frigiden Verfügungsgewalten deshalb voraus war, weil ich zur rechten Zeit kommen konnte – und vor allen Dingen gar nicht wissen durfte, um was es bei genau diesen Terminen gerade ging. So konnte es sich ergeben, dass ich mich bei der Flucht durch die ältesten Erinnerungssysteme nach und nach selbst in ein Erinnerungssystem verwandelte und Geschehnisse zu kapieren begann, die tatsächlich aus einer Zeit stammten, in der ich noch gar kein eigenes Erinnern gehabt hatte. In

diesen Zusammenhängen zeigte sich, dass einige der menschheitsgeschichtlichen Aufgaben, die in den ältesten Mythen aufbewahrt worden sind, als verjüngte biographische Fragestellungen wieder neu auftauchten. Der Weg hatte durchs Labyrinth des Ohrs zu den Pforten einer sozialen Wiedergeburt geführt.
Unter dem Vernehmen dessen, was ich mit einem an Rilke geschulten Lesen einmal als das Herzzerreißende zu erahnen hatte, zeigte sich, dass die Weisheit jenseits des ursprünglichen Antriebs beginnt und dass alles Begehren ein unmittelbares Anhängsel der ersten Geburt ist. Immer auf der Suche nach der ursprünglichen Steckdose, mit einem wunden Stecker in der Hand – wir sollen dadurch auf ewig an jene ursprüngliche Nabelschnur und ihre Verlängerungen gebunden bleiben, die sich in den verschiedensten Abhängigkeiten und Selbstzerstörungen am Leben erhalten will. Aber zugleich konnte die Weisheit, wie Colli gezeigt hat, nur soweit jenseits des Begehrens situiert werden, wie der heilige Wahnsinn, von dem die Philosophie zehrte, indem sie versucht, sich davon zu emanzipieren oder die Inspiration, aus der die Künste ihre Kraft ziehen, in jenem Grenz- oder Zwischenbereich anzusiedeln sind, in dem noch immer die ganz realen Kämpfe um die Grenzziehungen ausgefochten werden: Weil unser Begehren immer auch der Motor des ganzen Geschehens ist! Aus diesem Grund beginnt die Philosophie mit der Reflexion über den Eros – aber aus dem gleichen Grund scheint es nie zu einer wirklichen Regelung des Verhältnisses der Geschlechter gekommen zu sein. Also ein hoffnungsloses Unternehmen, wenn uns nicht schon in der Figur des Sehers Teiresias, in der Unfehlbarkeit seiner Vorhersagen, eine eindeutige Spur gegeben worden wäre zu einem Begehren zweiter Ordnung. Teiresias, der von Ödipus zurückgewiesen worden war und dessen Spruch sich an diesem bewährte, hatte unter dem Zauber der Muttergöttin und der ursprünglichen Machtsphäre des Inzests die Erfahrung beider Geschlechter gemacht, war Mann und Frau gewesen! Hier wurzelt eine fremde und verborgene Tradition der Arbeit an einer Weisheit, die nicht jenseits ist, sondern dazwischen liegt und ein direktes Resultat der Geschlechterspannung ist. Dieses Stadium der Weisheit kann also nicht das Verlöschen – der Intention, des Willens, des Triebs – sein, sondern ihre Erfüllung!
Die Weisheit muss nicht der Stillung des Begehrens und damit im Tod münden, sondern sie kann sich an der Kapazität bewähren, das Begehren des anderen und damit des anderen Geschlechts zu erfahren. Es

war nur stimmig, dass meine ersten Erfahrungen auf der Suche nach dem Ariadnefaden im Labyrinth des weiblichen Denkens dabei halfen, die wichtigen Schaltstellen in der kafkaesken Welt der Bildungsbeamten ausfindig zu machen. Und wie nebenbei ergab sich die Erkenntnis, dass an diesen Drehpunkten Intriganten saßen, die ihre lange Wut aus der Erfahrung bezogen, dass sie ein Verhältnis der Geschlechter nur vorführen, aber nicht erfahren konnten. Wir mussten an den Widerständen lernen, wie diese Kräfte für uns zu arbeiten begannen, um die neuen Einsichten als Regeln für Gewohnheitsmuster einzusenken und Schritt für Schritt den Weg in eine noch unbekannte Welt zu wagen.

Es ist kein Zufall, dass in den verschiedensten Religionen die Figur des Hermaphroditen an die Stelle des Heiligen tritt. Und das erklärt, dass es möglich wird, durch den Wahnsinn und die Hölle zu gehen, wenn sich wie zufällig ergibt, dass ein Paar beginnt, über das Begehren zu zweit zu verfügen. Es mag immer wieder so aussehen, als gelinge es nur kurz, nur in den Augenblicken der höchsten Bedrohung, als führten die alltäglichen Routinen hinterrücks zu den Versuchungen, sich als Kind seiner Mutter zu erweisen – aber den Rest klärt die Zeit und die Zahl der Orgasmen; der mütterliche Sog wird mit jeder unwiederholbaren Intensität ein wenig mehr gelöscht; er verblasst, wenn ihm die biochemischen und energetischen Entladungen die Energie der Einschreibung entziehen.

Frage: „Das klingt in Ihrem Mund alles so einfach. Wenn es so wäre, wenn es wirklich so einfach wäre, brauchten wir keine Psychologen und keine Psychiatrie! Wenn überhaupt, dann die Funktion des Verführers oder der Verführerin, die dafür zu sorgen hätte, dass die Verhaftetheit in einem ursprünglichen Familiensystem möglichst schnell aufgesprengt gehört?"

Das ist richtig, nur deshalb kommt mir eine Schule der Liebe so plausibel vor. Und ansonsten ist sicher nichts so unangemessen, wie von der Notwendigkeit von Schmarotzerstrukturen auszugehen. Ob es der pädagogische, der medizinische, der psychologische oder juristische Rahmen ist: Die Entmündigung durch Experten hat dafür gesorgt, dass die persönlichen Lern- und Aufmerksamkeitskapazitäten zugunsten von Privilegien und Prestige entwertet werden mussten. Es gibt heute genügend hochdekorierte Parasiten, die nur davon leben, dass mit den Praktiken und Kenntnissen, die sie eigentlich für den Menschen einsetzen sollten, nichts angefangen wird. Oder verrücken Sie für einen kurzen Augenblick die Perspektive, wenn sie die Sache mit den Augen eines Nutztierzüchters sehen: Es werden ich weiß nicht welche Kriterien herangezogen, welche hohen Ansprüche zu beachten sind, um dafür zu sorgen, dass das richtige Paar zur Vermehrung ausgewählt wird. Beim Menschen kann die Zuchtwahl kein Kriterium sein, dafür aber die körperliche und geistige Entwicklung, die Befähigung zur Entwicklung eines freien Spiels der Kräfte und Kompetenzen. Nichts steht dem so entgegen, wie das Gepfusche bei der Entwicklung eines Verhältnisses der Geschlechter, nichts wird die Möglichkeiten derart reduzieren, wie ein Spiel, das vor allem durch Ängste, Vorbehalte und die schlechten Vorbilder nachgemachter Menschen geregelt wird. Machen Sie sich vielleicht erst einmal klar, dass die angesprochene Funktion der Verführung völlig pervertiert worden ist. Solange noch an einen ursprünglichen Eros des Wissens oder sogar der Weisheit gedacht werden kann, ist immer mit gegeben, dass die Menschen zum Guten verführt werden müssen und zwar durch die Schönheit. Diese Form der Verführung hat also durchaus etwas mit der Initiation in ein umfassendes Welterfahren zu tun und bereitet die Wiedergeburt auf einem anderen Signifikantenniveau vor.

Demgegenüber gibt es die vielen inzüchtigen Direktiven – die perversen Väter, die das andere Geschlecht zum ersten Mal ohne Ängste an der eigenen Tochter explorieren; die Mütter, deren vergifteter Phallozentrismus sich an der Macht über den Sohn ausleben darf –, die sich die Verführung durch die Macht, durch die Dummheit, durch die Trägheit zunutze machen, damit wir nichts aus unserer Geschichte lernen. Das Tabu, das heute auf den Päderasten lastet, steht in einer Sündenbockfunktion, denn tatsächlich haben sie nur davon abzulenken, dass die Restbestände der bürgerlichen Familienstruktur einer Selbstbedienungsmentalität der zurückgebliebenen Eltern gehorchen, die dann mit aller Gewalt daran arbeiten, jeden Partner für ihr Kind auszuschließen, der ihre Ansprüche aushebeln könnte. Die Wut auf jene letzten überzeugten Techniker der Verführung ist zu einem großen Maß der Selbsthass derer, die von Schuldbewusstsein und schlechtem Gewissen angetrieben werden. Die vielbeklagte Beziehungsunfähigkeit ist tatsächlich ein Resultat der parasitären Gesetzmäßigkeiten, mit denen sich Eltern als emotionale und psychische Vampire an ihren eigenen Kindern bedienen! Die zugrunde liegenden Gesetzmäßigkeiten sind weitaus umfassender, als dies in den Köpfen kleiner Spießer nachzuvollziehen ist – in den Anfängen resultieren sie aus dem pädagogischen Impuls der bürgerlichen Menschenformung, die den kulturschwulen Antrieben der Geisteswissenschaften gehorchte: Kennzeichnend dafür ist jene Funktion des autoerotischen Rückstaus, die Kittler in ‚Dichter-Mutter-Kind' beschreibt. Die homoerotischen Wurzeln der Pädagogik mögen im Umfeld des Georgekreises besonders deutlich zu sehen sein, aber das ist nicht alles: Sie haben wesentlich Teil an der masturbatorischen Abschottung des westlichen Denkens. Sie haben also nicht nur einen Großteil der Abhängigkeitsbeziehungen in den großen Schulbildungen geprägt – oft mit einem gigantischen Verdrängungsaufwand des erotischen Elans, um den realen Motor aus Identifikation und Rivalität zu verschleiern. Sie haben zugleich an der maximalen Unwahrscheinlichkeit einer Beziehung der Geschlechter gearbeitet, wie es die englischen Internate unter Laborbedingungen demonstriert haben.

Man/frau sollte sich klar darüber werden, dass einige der wichtigsten Themen des Verhältnisses der Generationen und Geschlechter erneut dem Tabu unterstehen, wenn mit der gesellschaftlichen Hatz auf Pädorasten der eigentliche Motor des gesellschaftlichen Lernens einer doppelten Ausgrenzung untersteht. Die Ambivalenz sollte erst einmal gesehen werden! Sie haben viele Versatzstücke der gesellschaftlichen Interdependenz entwickelt und die Entwicklung vorangetrieben, haben zugleich aber über Kulturproduktion und Medienpräsenz dafür gesorgt, dass die Spannung zwischen den Geschlechtern nicht etwa fruchtbar gemacht, sondern derart erodiert und verleugnet werden musste, dass nach und nach das reduzierte Verständnis der Sexologen zur gesellschaftlichen Normierung taugen konnte. Was einer aufklärenden Befreiung hätte dienen können, wurde in den verschiedensten Praktiken der Masturbation stillgestellt. Nachdem eine Gesellschaft multimedial abgefederter Autisten und parapsychotischer Simulanten nun die Unterscheidung zwischen Arbeit/Freizeit zu verlieren beginnt, taucht auf einmal das alte Tabu auf der Päderastie mit einer unerwarteten Macht wieder auf und geht mit einer erneuten Desexualisierung des Kindes einher... Das ist ein Sündenbockmechanismus, der im Dienste jener Leute, die sich nie getraut haben, selbst zu leben, eine verhängnisvolle Regression transportiert – nichts und niemand darf daran erinnern, dass sie nur gelebt werden. Was muss nicht alles vergessen und umdefiniert worden sein, wenn einige Errungenschaften der 60er und 70er Jahre unter dem Einfluss der Political Correctness in ihr Gegenteil verkehrt werden sollen.

Für meine Geschichte ist es die erotische Neugier gewesen, die zum Antrieb eines enormen Wissenwollens werden konnte. Diese entfällt aber mit dem Ausschalten der geschlechtlichen Differenz! Ich habe erst einmal kennenlernen müssen, dass die Inszenierungen der Masturbation zu zweit in eine schlechte Unendlichkeit führen: Dass mit immer mehr Hilfsmittel daran gearbeitet wird, die Ekstase weiter auszureizen und dabei der Kater und die postkoitale Ernüchterung eine unheilige Allianz eingehen. Ich habe am Ursprung der griechischen Paideia erfahren, was alle kulturschwulen Vereinigungen im Innern zusammenhält: Dass die konfliktuelle Rivalität in ihre Struktur sowohl als Kleb-, wie als Sprengstoff wirkt. Wenn nur Gleiche miteinander wetteifern, ist die mimetische Übertragung viel durchgreifender, es ist vermutlich nicht einmal zu viel gesagt, wenn ich behaupte, dass die damit freigesetzten Energien den Zusammenhalt des jeweiligen sozialen Körpers garantieren. Und doch gibt es dabei das Risiko, dass die Fraglichkeiten der Mutter-Tochter-Identifikation wiederholt werden, diese Verwischung der Grenzen und die Enteignung des Selbst, die wesentlich an der Psychotisierung unserer Gesellschaft beteiligt waren. Girard hat das Entstehen des mimetischen Taumels durch Entdifferenzierungen nachvollzogen. Es ist irgendwie verwunderlich, wie lange es gedauert hat, bis jemand auf den Gedanken kam, dass die Schematik, nach der eine Muttertochter unduldsam und totalitär auf eine mögliche Feindin oder Konkurrentin reagiert, die Gesetzmäßigkeiten zeigt, die sich im Faschismus verselbständigt haben. So greift eines ins andere: Was am ehesten für eine Heilung stehen könnte, wird am meisten geflüchtet – verteufelt werden jene Alternativen, die einen Weg jenseits der Simulation und des Modus Vivendi der Antriebsstörung bieten könnten. Kein Wunder reagieren die verschiedenen Institutionen durch Vereinnahmung und Störmanöver, wenn es darum geht, die Exklusivität eines Paars zu unterminieren und aufzusprengen. Noch die psychoanalytische Alternative: Werk-versus-Beziehungsarbeit resultiert aus diesem Ausschlussverfahren; die beiden Großinstitutionen Kirche und Heer ziehen ihre Bindungskräfte aus dem Ausschluss des anderen Geschlechts – das sind die Energien, die sonst der Gemeinschaft der Wohldenkenden fehlen würden! Die Aufdeckung der Perversion dieser Besetzungen liefert ohne Mühe den Ansatz, dass es die Gefühle sind, die quer zur Hypostasierung der Kopfgeburten auf ganz andere Wahrheiten führen. An dieser Stelle haben wir wieder einmal einen Punkt erreicht, an dem sich Hermeneutik und Biologie die Hand reichen. Ich unterstreiche die Einsichten Maturanas, um an eine wesentliche Schaltstelle des modernen Denkens zu erinnern: Der Monismus des Geistes wird in der Regel durch die ästhetische und die erotische Wahrnehmung unterlaufen und gerade, wenn man in der Lage ist, sich auf diese Wahrnehmungen einzulassen, kommen ganz andere Wahrheiten zustande.

Frage: „Dazu sollten wir aber ein bisschen mehr als ein paar Namen oder plakative Stichworte bekommen!"

Gegen den Solipsisten, für den Haben und Sein im Laufe der Entwicklung immer weiter auseinander driften, könnte die Konzeption eines erotischen Paars jene Vereinigungsmenge liefern, in der Haben und Sein zusammenfallen – nachdem der primäre Antagonismus ausgefochten ist und die Andersheit des Anderen in ihrer Eigenheit akzeptiert wurde. Die sich in der erotischen Begegnung entwickelnde personale Identität müsste jede unangemessene Rollendefinition ausschließen. Die Masken fallen, die Rollenspiele werden in ihrer Funktion offensichtlich, die psychische und emotionale Nacktheit führt zu einer Bindung, die nicht mehr äußerlich bleibt, die damit aber einen ganz anderen Halt in der Welt zur Verfügung stellen kann, ganz andere Sicherheiten – wenigstens für eine beschränkte Zeit. Schon aus diesem Grund ist der Protagonist der kulturschwulen Vereinigung derart von der Unsterblichkeit besessen!
Mit Benjamins mimetischer Theorie und den späteren Ergebnissen der Bewusstseinsforschung hatte ich den Ansatz, mich auf eine andere Welterfahrung einzulassen. Eine, die der Entdeckung der Neurologen entspricht, dass es Nachahmungsneuronen gibt, die keine Unterscheidung machen, ob es im Ich oder im Du die entsprechende Wahrnehmung gibt, die einfach feuern, wenn in der Vereinigungsmenge von Ich und Du der gleiche Impuls auftaucht. Das unterfütterte meine Anstrengungen: Ich fand den Grund, warum die erotische Liebe die fundamentale Voraussetzung aller Formen der Verständigung liefert – sie ist die

umfassendste Form, weil sie den ganzen Menschen betrifft und nicht nur irgendwelche Rollenkonzepte: Die Lust ist die einzige Sprache, die beide Geschlechter unmittelbar verstehen. Die Kommunikation beginnt an den Fingerspitzen, sie ist gegenwärtig in jeder Greifbewegung, in jedem Ergehen der Erfahrung, in jeder sensomotorischen Zuwendung zu einer Umwelt und einem Gegenüber! Mein Nervensystem und mein Gehirn sind vor allen Dingen erst einmal Weltbestandteile und Produkte der Evolution.

Habe ich davon tatsächlich mehr mitbekommen, als andere oder teilen wir ursprünglich nicht das gleiche Prinzip Hoffnung? Ich kann nicht verbürgen, dass ich alle besseren Einsichten eingesammelt habe, aber ich kann jederzeit unterschreiben, dass hochdekorierte Krüppelzüchter ihren Anspruch nur vertreten, um den tatsächlichen Mangel, ihr Unvermögen an Authentizität und Präsenz, durch die Machtausübung zu kompensieren. Wenn ich besser war, verdankte ich es der Gunst der Stunde oder der Macht des rechten Augenblicks – ich habe mehr durchgehalten, weil ich in meinem Körper die Prämie hatte, mehr durchzuhalten – selbst in einem Maximum an Unwahrscheinlichkeiten. Wenn ich heute weiß, wie es geht, impliziert dieses Wissen, anzuerkennen, dass ich keine Macht darüber habe, dass ich im besten Fall gewähren lassen muss und im schlechtesten Fall nur aushalten kann. Die Macht, an der wir partizipiert haben, war nicht die unsere; wir haben sie uns dann zunutze machen können, wenn wir keine Fehler machten und makellos waren.

In einem wesentlichen Zusammenhang des kantischen Unternehmens, der Grundlegung der theoretischen und der praktischen Vernunft durch die Kritik der Urteilskraft, taucht ein von der abendländischen Philosophie verdrängter Begründungszusammenhang von Schönheit und Wahrheit im Zentrum der Urteilskraft wieder auf. Es konnte gezeigt werden, dass damit nicht nur der Übergang zwischen praktischer und theoretischer Vernunft geleistet wurde, sondern tatsächlich der Grundstein der ganzen Architektonik der drei Kritiken gelegt worden ist. Die Selbsterkenntnis der transzendentalen Subjektivität wird durch die Schönheit in Gang gesetzt – und wenn dann bedacht wird, dass Kant das Lebensgefühl als den Einklang des Zusammenstimmens dieser Subjektivität mit der Einheit der Natur begriffen hat, ist der Ansatz zwingend nachvollziehbar. Wir setzen Beziehungsarbeit voraus, auf allen Ebenen und durch alle Ambivalenzen hindurch. In jedem Leben – wenn es das eines nachgemachten Menschen ist noch in den Verzichtleistungen –, müssen die menschheitlichen Aufgabenstellungen eine ureigene Lösung finden und je tiefer an den Konfliktherden und Widersprüchen angesetzt werden kann, je tragfähiger kann die Lösung sein, wenn es denn zu einer kommt. Je größer die Frustrationstoleranz ist, je genauer kann die Erkenntnis ansetzen und je umfassender wird die Beziehungsarbeit ausfallen. So gesehen arbeiten wir alle an der Bedeutsamkeit der Welt: ich baue an ihr, ich schaffe Inseln in der Zeit, auf denen der Wahn suspendiert ist und wenn ich scheitere, gehen sie mit mir unter...

Die Konstatierung der Antiquiertheit des Menschen und des Bankrotts des abendländischen Bildungsgedankens resultierten aus jener Konzeption des Menschen, die von Norbert Elias als die des Homo clausus charakterisiert worden ist. Wer davon ausgeht, dass er/sie in sich eingeschlossen ist, dass es keinen wirklichen Austausch mit dem anderen geben kann, dass Kommunikation aus Projektion und Selbstbetrug zusammen gesetzt ist – wird sich damit zufrieden geben müssen, dass auf allen Ebenen nicht mehr als Simulation und Selbstbefriedigung zu haben ist. In früheren Jahrhunderten mag dieser Schluss für die auf den Kleriker zurückreichende Abstammungslinie des Intellektuellen zwingend gewesen sein. Heute aber haben die nötigen technischen Medien nachvollziehbar gemacht, dass ein Austausch stattfindet, dass Kommunikation in einer viel umfassenderen Weise stattfindet, als es in der Gutenberg-Galaxis zugelassen war. Und damit haben sich die Grundvorrausetzungen des Denkens und der Kommunikation völlig verändert. Das ist schon an dem Lernprozess zu sehen, dass ein Jahrhundert lang gejammert wurde, wir hätten keine verbindlichen Werte mehr, wenn alles relativ sei. Kennzeichnend für dieses schwierige Umdenken ist, dass gerade jene Denker verteufelt worden sind und als Gotteslästerer oder Nihilisten in den Registern der Ungenießbarkeit oder Unverständlichkeit verschwinden sollten, die sich dem Gedanken näherten, dass, wenn alles relativ sei, alles aufeinander bezogen sein kann. Währenddessen hat sich nach und nach und unter den verschiedensten Verkleidungen durchgesetzt, dass alles relational ist! In der Physik, in der Genetik, in der Ethnologie, in der Sprachwissenschaft – auf einmal liefern uns die Einsichten ehemaliger Nihilisten eine kosmologische Konzeption der Einheit Gottes und der Welt, und damit können wir mit Spinoza und Leibniz wieder an einem Menschenbild ansetzen, das nach Descartes Vorarbeiten durch Kants Zementierung einer unverrückbaren Grenze zwischen Subjekt und Objekt undenkbar geworden war. Diese Entwicklung unterstreicht den Ansatz, der das Denken nur zu kleinen Teilen in den Köpfen situiert. Neben der Selbstausfaltung evolutionärer Prozesse ist es in den kulturellen Verweisungszusammenhängen zu Hause. Der nächste Schritt an Emanzipationswissen deutete sich durch Batesons systemische Einsichten an, die nachvollziehbar machen, warum es bei Benjamin zu einer Konzeptualisierung der Erfahrung in der Zerstreuung kam. Als dieser durch die Einsichten zur Mimesis Kants transzendentale Apperzeption zu erweitern hatte, um die Absicherung des ästhetischen Fundaments der Kritiken zu leisten und den Übergang von der Ästhetik zum materialistischen Erkenntnisansatz zu finden. Taktilität und subliminale Wahrnehmung, Verweisungszusammenhang und historischer Standindex liefern die Kapazität, die nötigen Verknüpfungen herzustellen; sie bestimmen ab diesem Zeitpunkt über die Gegenwart des Geistes! Und der Ort jeder Geistesgegenwart ist nach wie vor der Leib – dafür spricht, dass ich mit der körperlosen Stimme in mehreren Städten gleichzeitig eingreifen und Umsätze befördern konnte, die Intensitäten, die wir freisetzten, konnten dank eines Telefons über hunderte von Kilometern Geld in Bewegung setzen! Allerdings ist Geld nur ein Signifikant, wie gewisse Fachleute sagen, der inhaltsleerste! – Was ich am Anfang der Kette einspeise und am Ende herausbekomme hat also sehr viel damit zu tun, wie ich mich als körperliches Wesen erfahre und was ich daraus für unsere Lebensmöglichkeiten mache. Wenn noch immer davon auszugehen ist, dass es in jeder Gegenwart einen Antrieb, ein Bedürfnis gibt, ihre aktuelle Wahrheit auf den Begriff zu bringen, habe ich sogar die Möglichkeit gefunden, wesentliche Impulse aufzunehmen, um sie für uns arbeiten zu lassen. Das eine ist die Aufsprengung der Identitätsphilosophie der klassischen Ontologie – immerhin lassen sich manche ihrer besten Einsichten durch Günther, Whitehead und Bateson in einen transklassischen Rahmen transponieren. Das zweite ist die Aufhebung der Totalisierung einer linearen Zeitkonzeption: Die Vergangenheit untersteht noch immer Änderungen und ein unterschwelliges Wissen kann uns aus der Zukunft entgegen kommen, das unter bestimmten Bedingungen auf das Hier und Jetzt einwirken wird.

Frage: „Wie sollen wir dahinter kommen, wie diese seltsamen Techniken der Macht wirken? Und wie unterscheiden diese sich von denen, mit denen Sie die in ihrer Geschichte auftauchenden Machtstrategien ausgehebelt haben – obwohl doch überzeugend und nachvollziehbar argumentiert wurde, dass auf die Macht geschissen ist?"

Eigentlich ist das ganz einfach – gerade deshalb! Bemühe dich darum, Macht zu erwerben und sie wird dich fressen, sie wird dafür sorgen, dass nichts von dir übrig bleibt. Die Macht und der Narzissmus sind zwei ineinander greifende Prozesse, die im Fortgang immer ununterscheidbarer werden, obwohl sie im Ursprung noch als entgegengesetzt gesehen werden müssen. Das intellektuelle Verständnis, die bewusste Einsicht, die traditionelle Überzeugung sind also nur die Oberfläche und wie die Vergangenheit gezeigt hat, haben diese Formen nicht sehr viel Wert, denn sie entsprechen der sekundären Bearbeitung in Freuds Traumarbeit. Das Wissen muss den Körper ergreifen, muss sich mit den drei Gehirnen abstimmen, über die wir verfügen oder besser, die in konkurrierenden Prozessen um unsere Besetzungsenergie ringen.
Wir müssen erst einmal die Chance gehabt haben, uns als autonome Wesen zu erfahren, um den Fetischismen der Macht den Gehorsam aufzukündigen. Erst wenn für diese Unterscheidung ein Repertoire zur Verfügung steht, mit dem das Selbst nicht mehr über den Umweg der Selbstzerstörung bewiesen werden muss, werden die Bedingungen der Möglichkeit der Erfahrung zur Verfügung stehen, mit denen aufzuweisen ist, wie der Bezug auf die Macht nur vermindert und verdinglicht: Dies ist der Fluch ihrer inzestuösen Abkunft. Wer erfährt, dass die Macht unter Absehung der jeweiligen Qualitäten über ein stillgestelltes Objekt verfügt, dass sie distanziert, um keine Eigengesetzlichkeiten zuzulassen, wird sich an die Selbstbedienungsmaschinerie der Familie erinnern und die nötigen Schritte machen, um sich von den Distanzleistungen der Macht zu distanzieren und die Lebendigkeit zu pflegen. Es gab Situationen, in denen ich nur überlebte, weil es mir aufs Überleben nicht mehr ankam, weil ich von jetzt bis gerade eben das versuchte, was ich zu dem Zeitpunkt überhaupt versuchen konnte! Aus den genannten Gründen war ich befriedigt genug, um jene Sympathie, jenes liebende Verständnis aufzubringen, mit dem es mir möglich wurde, ja zu sagen, ganz einfach alles als Prüfung, als Chance der Selbstverwirklichung und als Möglichkeit der Repertoireerweiterung zu bejahen.
Die typischen Erfahrungen beruhten darauf, dass man mich abpasste, um mich einzuwickeln, dass man mir falsche Termine nannte oder versuchte, mich mit dem eigenen Leistungs- und Erwartungsdruck zu hys-

terisieren, dass man mir libidinöse Fallen stellte, um mich als Verbündeten gegen die eigene Beziehung zu gewinnen – also hatte ich mir immer häufiger das dauernde Geschwätz und die dummen Selbstdarstellungen gespart, hatte dafür ausführliche Reisen in meinem Bücherregal unternommen und nur gelegentlich unter der Maske des weltfremden Grüblers ein Seminar besucht oder eine Arbeit abgeliefert. Entscheidend war, dass ich mich aus dem konfliktuellen Drama der Mimesis verabschiedet hatte – mit dem Erfolg, dass ganz systematisch an unserer Paranoisierung gearbeitet wurde, dass wir die Erfahrungen machen sollten, umzingelt zu sein, um nichts mehr machen zu können, was nicht von deren Gnaden abhing. Das war tottraurig und wurde gefährlich – aber es war auch ein gewaltiger Witz, denn der Aufwand, der hier getrieben wurde, um uns zum Schweigen zu bringen, sollte schlicht verleugnen, dass wir längst ins Schweigen eingewilligt hatten, weil es mit diesen Protagonisten gar nichts zu besprechen gab: Da waren keine Gemeinsamkeiten, über die wir uns mit ihnen hätten austauschen müssen. Damit zeigte sich ein überzeugender Beweisgang, dass von der Verleugnung – auf die mehr oder weniger alle Formen der normalen Selbstdefinition zurückgingen – eine gerade Linie zur Vernichtung führte. Das tausendjährige Reich war nicht nur das des entfesselten Spießers gewesen, es hatte der Nachwelt auch jene antriebsgestörten Beamtenkinder beschert, die sich mit Freud und Marx die Absolution erteilen konnten, um in den vorhanden Machtstrukturen aufzugehen und sie zu modernisieren. Es war in der Welt dieser Normalen und Krüppelzüchter leichter, zu einem Stein oder zu einem Schreibtisch zu werden, als sich auf die Prozesse des Lebendigen einzulassen. Schließlich wurde ständig dafür gesorgt, dass man die Erfahrung machen sollte, wie es sich anfühlte, als stinkendes Aas auf dem Weg zurück zu bleiben. Das nannten die, die an den Schaltstellen der Macht saßen, dann Realitätsprinzip!

Frage: „Die Macht bedeutet Ihnen angeblich nichts? Oder sprechen wir jetzt von was anderem? Die Macht ist doch die über andere Menschen, über ihre Definitionsspielräume, ist die Verfügung über die Zugänge zur Wirklichkeit. Dann würde mich interessieren, ob die Konzeption eines Blankpolierten Spiegels eine sadistische Komponente hat?"

Vorweg würde ich sagen, wirkliche Macht wird man nur über sich selbst entwickeln – wobei das natürlich gewaltige Folgen für die restliche Welt haben kann. Wer Macht über andere haben will, muss delegieren, verführen, linken und täuschen – das kann klappen, solange niemand auftaucht, der wirklich Macht hat. Das kann sich aber ohne eine entscheidende Begegnung in dauernden Machspielen erschöpfen – und Machtspiele sind im Endeffekt etwas für Machtlose, das ist die Masturbation auf der Machtebene.

Ich habe keinerlei Bedürfnis, Menschen zu quälen, selbst bei den Leuten, die mir einmal große Schmerzen zugefügt haben. Wenn überhaupt etwas negativ kodiert werden kann, habe ich keine Lust, mit ihnen Zeit zu verplempern und einen gemeinsamen Raum zu teilen. Aber ich habe kein Problem damit, wenn ungreifbare Quälgeister am Boden der Realität angekommen sind, wenn Psychotiker aufgrund der Begegnung mit einem Blankpolierten Spiegel den Halt unter den Füßen verlieren und sich unter den Qualen winden, die einmal mir zugedacht waren. Ich sage mir: Recht so! Ich wende mich ab, schon allein, weil ich kein Bedürfnis habe, meine Zeit mit Verstümmelten zu verschwenden – ich habe kein Bedürfnis, ihnen aus der Scheiße zu helfen. Sie sind dort, wo sie hingehören, das ist ein Resultat ihrer eigenen Intrigen. Außerdem habe ich schon ein paarmal erfahren, dass sie nichts so bekämpfen würden, wie eine Unterstützung. Sie werden dich hassen für die Hilfe, sie werden versuchen, dich zu vernichten, nur weil du ihre Demütigung im Gedächtnis bewahrst – denn du hast die Notwendigkeit ihrer Zwänge widerlegt. Ich habe keine Freude am Quälen, diese Form der Befriedigung ist ein Resultat der Verstümmelung und Subalternität – aber ich kann mich sehr wohl daran freuen, zu siegen, zu wachsen und zu lernen!

Frage: „Die personelle Definition der Macht wird also von der institutionell verbürgten Form durch Belehnung abgesetzt. Was Sie die Freude an der eigenen Kraft nennen, fällt doch nicht vom Himmel! Wenn als Voraussetzung eine hohe Frustrationstoleranz genannt wird, dann muss die doch irgendwo her kommen? Die institutionelle Macht wird verbürgt durch Verfügungsmodi über Archive, Ressourcen und Interpretationsweisen, durch Prüfungs- und Graduierungsmodi, durch die verschiedensten Modellierungen der Selbsterfahrung – die tatsächlich ausgeübte Macht des Rechtssystems hat dagegen einen verschwindend kleinen Wirkungsbereich zur Verfügung."

Eine sehr treffende Unterscheidung. Nicht die politische Macht der Stellvertretung oder die psychotische des Willens zur Vernichtung. Es ist mit der Macht nicht anders, als mit der Vernunft – es gibt deren viele: Die wirtschaftliche Vernunft gegen die politische Vernunft, die zweckrationale gegen die metaphysische, die Vernunft des Gemeinwesens gegen die des besseren Wissens Einzelner! Tatsächlich existiert die eine Vernunft gar nicht, aber wir haben die Chance, sie in einer unendlichen Annäherung zu verwirklichen, wenn die einzelnen Ratios gegenseitig in Schach gehalten werden und sich korrigieren und als Ensemble in ein Mobile verwandelt werden. Nicht anders ist es um die Macht bestellt: Tatsächlich gibt es viele und es kann nur schädlich sein, wenn sie in einem Verfügungsmonopol zusammen laufen. Meine Erfahrung legt es nahe, zu begründen, dass die Delegation der eigenen Kräfte und Einsichten an irgendwelche Institutionen ein Kardinalfehler ist, mit dem die Qualitäten des Menschlichen reduziert werden. Dagegen setze ich die verschiedenen Techniken des Souveränitätstrainings.

Ich habe mir sagen lassen, dass so etwas wie Souveränität für den einzelnen Menschen gar nicht existiere – dass von ihrer Illusion nur eine Aufgabenstellung des psychiatrischen Feldes übrig geblieben sei. Im politischen Sinne ist der Souverän der, der durch seine Stellvertreter möglichst überall sein kann – also im menschlichen Sinne beschissen um die eigenen Erfahrungen und aus diesem Grund häufig genug abgedichtet gegen die zwischenmenschlichen Möglichkeiten. Im täglichen Leben ist die Souveränität dagegen etwas sehr relatives und sollte für die meisten kleinen Dinge gar nicht zu bemühen sein – und gerade deshalb verwirklicht sie sich, wenn wir die kleinen Vollzüge mit einer Selbstverständlichkeit beherrschen, dass wir auf keine fremde Hilfe oder Intervention angewiesen sind. Selbst zu sein, das Selbst nicht an die anderen zu verraten und nicht um ein bisschen Anerkennung und Lob oder aus Angst vor Tadel zu verleugnen. Wenn ich mich durch die Augen der anderen sehe, bleibt von mir ein fremdbestimmtes Arschloch übrig und wenn ich lediglich durch meine Egoismen denke, bleibe ich ein Idiot. Also sollte ich in der Lage sein, mich so zu sehen, wie mich die anderen sehen wollen, um dabei zu kapieren, warum sie das so wollen. Wenn ich dank dieses wichtigen Schritts sehe, was mit den anderen los ist, werde ich in der Lage sein zu erkennen, was mich von ihnen in einer Weise unterscheidet, die sie so bedroht, dass sie sie wegleugnen oder umdeuten oder in Dienst nehmen wollen. Mit der Erfahrungsform des Blankpolierten Spiegels ist die Souveränität in der Fähigkeit begründet, sich nicht dingfest machen zu lassen, also in diesem Hohlraum vor aller Delegation auf den urtümlichen Funken des Göttlichen selbst zurück zu kommen und in der Offenheit für Erfahrungsformen über all das hinauszugehen, was sich als Objektivierung andienern möchte. Die institutionell verbürgte Macht ist mindestens so haltlos, wie das Gottesgnadentum – obwohl in dieser älteren Form immerhin noch erfahrbar war, dass das Nichts in unserem Zentrum der Erfahrbarkeit die Welt selbst ist. Wer aber den Verdinglichungen, dem Vertrauen auf die Maske, der institutionalisierten Verbürgung von Statuszuweisungen, hinterher rennt, hat sich schon auf die Surrogate eingeschossen und wird sich an den verschiedenen Nebenkriegsschauplätzen abarbeiten, um bei jedem Sieg festzustellen, dass es das noch gar nicht war, was erkämpft werden wollte. Bei dem, was seit einigen Jahrhunderten die Macht heißt, handelt es sich nur um Ersatzleistungen – brave Delegierte strampeln sich einen ab, bis von ihnen nichts mehr übrig ist. Gerade wenn der Antrieb von der Selbstliebe, der Eitelkeit und dem Ehrgeiz gefüttert wird: Alle narzisstischen Unternehmungen laufen tatsächlich nur über verschieden weit ausgreifende Umwege auf den Punkt zu, an dem sich der Ich bewiesen hat, dass er nicht mehr kann und erledigt ist – das haben im vergangenen Jahrhundert einige der politischen GRÖFAZ unter Beweis gestellt, während die Gesetzmäßigkeit in Batesons Analyse von Alkoholikern aufgeschlüsselt worden ist – auch das waren Gottesbeweise!

Frage: „Es ist eine Chance unseres Zeitalters, dass alles ins Gleiten gekommen ist und die ursprünglichen Modi der Erfahrung wieder zugänglich werden. Das müsste doch aber heißen, dass es für jeden ein Gewinn ist, der sich nicht darauf beschränken muss, die vorgegebenen Seh- und Erfahrungsweisen einfach als gottgegeben anzuerkennen. Warum gibt es dann solche Widerstände?"

Diese ursprüngliche Gedankenbewegung der 60er Jahre ist in Sloterdijks ‚Zorn und Zeit' reaktualisiert worden. Die Totalisierung des Bildungsgedankens ist für Zeiten typisch, in denen die Notwendigkeit offensichtlich wird, eine Veränderung der eigenen Welt in Angriff zu nehmen – leider findet dies aber in den meisten Fällen unter der Aufsicht der bestehenden Abhängigkeiten statt und das System der Bedürfnisse sorgt dafür, dass das vorhandene Lernpotential umgeleitet wird in eine Modernisierung der Dummheit von Abhängigkeitsstrukturen. Veränderungsresistenz und Lernimmunität verdanken sich in den meisten Fällen dem Mangel und der Unbefriedigtheit.

Dennoch haben Sie Recht, das könnte so sein... Das könnte Chancen liefern, wenn es nicht so viele Verführungsversuche implizieren würde, die bestehenden Abhängigkeiten einfach nur zu modernisieren. Wie häufig bin ich schon in Zusammenhängen gelandet, in denen die Leute mir irgendwelche Angebote gemacht haben, nur um mich auszuhalten. In der Regel waren das nicht mehr als Subalternisierungsversuche, mit denen ich ausgetrickst werden sollte, um auf eine Überlegenheit zu verzichten, die meiner Unabhängigkeit zu verdanken war.

In diesem Zusammenhang darf ich einen weiten Umweg machen und auf eine fruchtbare Konsequenz aus Schelers ‚Wesen und Formen der Sympathie' zurückkommen, also jene Technik des Gewährenlassens in eine metaphysische Sphäre transponieren: Das heißt tatsächlich, das Gute zu tun und auf das Böse keine Zeit zu verschwenden. – Damit kann die Aufgabe entstehen, das Göttliche wirklich werden zu lassen und wir sind bei der Notwendigkeit der Verfertigung junger Götter angekommen! In diesen Zusammenhängen ist sogar die Feststellung zu finden, dass die Seelentechnik der Kunst des Duldens und Gewährenlassens als höchste Form der Ausübung von Macht verstanden werden kann. Anlässlich des von Kerényi dargestellten Zwists zwischen Prometheus und Zeus, der sich an der Erfindung eines Opfers entzündet, das als Betrug am Gott fungiert, finden Sie die Charakterisierung des Zeusschen Geistes, mit der zugleich eine unfassbare und über alle anderen hinausreichende Macht gekennzeichnet wird. Er durchschaut den Trug und gibt vor, sich überlisten zu lassen – aber er ist nicht zu überlisten, weil sein Geist über allem ist und wie ein Spiegel wirkt, der alles unverzerrt in sich fasst und passiv wiedergibt. Er enthält das Sein völlig und unbeweglich, die Taten und Untaten mit ihren Folgen, kennt daher auch kein Wünschen und Ändernwollen. Prometheus wird so gespiegelt, und die Vergeblichkeit seines Ändernwollens, des Tuns des nicht mit dem Geist des Zeus begabten, eines Wesens, das in seiner Mangelhaftigkeit das Sein, wie es ist, offenbar nicht erträgt, wird gezeigt. – Zwanzig Jahre, nachdem ich die ersten Texte über die Wirkungsweise eines Blankpolierten Spiegels veröffentlicht habe, bin ich auf diese Zusammenhänge in dem Buch über Prometheus und die menschliche Existenz in griechischer Deutung gestolpert und habe mich gewundert, warum diese wesentlichen Einsichten nicht wirkungsmächtiger geworden sind. Wir haben hier den Gedanken vorbereitet, dass Opfer und Kult daran arbeiten, die Kräfte des Numinosen aus der Welt zu entfernen oder in Reservate einzugrenzen und es begegnet uns eine Konzeption von Weisheit, die bei Buddha nicht mehr als bei Christus artikuliert und umgesetzt worden ist. Tatsächlich gibt es eine Traditionslinie, die quer zu allem institutionalisierten Machtdenken verläuft. Aber vermutlich konnte sie nie die Bedeutung erlangen, die sie in der Tiefenstruktur ausübt, weil die Kunst des Duldens und Gewährenlassens nur jenseits der kleinlichen, mit Geld und Gefühl aufgewogenen Lüste des Masochismus wirklich funktioniert – sonst sind die Wirksamkeiten des Blankpolierten Spiegels nicht zu verstehen. Es war meine kommunikative und soziale Kompetenz, die es möglich machte, Provokationen und Kränkungen derart zu umspielen, dass mehr als Missverständnisse nicht bei mir ankommen konnten, dass sogar bewusste gesuchte Verletzungen oder Beleidigungen ins Leere liefen oder in einem Witz abgefahren wurden und in einem Sprachspiel verpufften. Für diese Anknüpfung an die erste Weisheit der Menschheitsgeschichte – Aggressoren aus dem Weg zu gehen, Feinde zu vermeiden, Bedrohungen zu umspielen, als hätten sie keine Wirksamkeit – war dann gleich die nächste Irreführung zu parieren. Hochdekorierte Arschlöcher durften mir unterstellen, ich sei ein perverser Masochist und hätte Spaß daran, würde in meiner Eitelkeit gekitzelt, wenn sie sich immer neue Spielereien einfallen ließen. Dieses Schema eines Blankpolierten Spiegels hatte sich für mich an den Widerständen und Gemeinheiten entwickelt: Es brauchte Zeit, um ein umfassendes Repertoire aufzubauen, es brauchte die nötige Frustrationstoleranz, um in die Lage zu kommen, zu sehen, wie die Gelenke begannen, ineinander zu greifen, wie die Riemen und Zahnräder immer mehr Kraft übertrugen, wie die Maschine immer besser lief und das energetische Level mehr und mehr anwuchs. Das Kraftwerk der Liebe ist nicht vom Himmel gefallen, die nötigen Gesetzmäßigkeiten stellten sich erst in der Überwindung der Widerstände ein: Wer die Spannung hielt, konnte ab einer gewissen Virulenz mit den Kräften der Intriganten, mit den bösen Wünschen der Störenfriede zu arbeiten beginnen. Das hat lange gedauert, anfangs gegen den fortwährenden Protest meiner Partnerin – sie kannte das Gefühl nicht, dass man nur die Geduld haben musste, bis das Signifikantennetz für einen zu arbeiten begann. Bis die ersten Leichen als Beweisfiguren auftraten, dann bekamen es einige Leute, die bis dahin besonderen Spaß daran gehabt hatten, psychotische Nadelpikse zu delegieren, mit der Angst zu tun. Aber nicht etwa, um zu lernen und von ihren verbogenen Intrigen Abstand zu nehmen, sondern nur, um Verstärkung aus dem Netzwerk der Abhängigkeiten herbei zu rufen, um den Instanzenweg bis zum Wissenschaftsministerium zu bemühen. Wir wurden regelrecht berühmt, ex negativo und unter der Voraussetzung, dass nichts davon an die Öffentlichkeit dringen durfte.

Wer den Teil meiner Methode kultiviert, mit der man das Gute vorgibt und gewähren lässt, bis sich die Leute entweder selbst lahmlegen oder endlich das Richtige tun, wird feststellen, dass es völlig Wurst ist, was einem die Leute unterstellen oder in welche Richtung sie sich delegieren lassen... Wenn ich mich den Einsichten widme, die ich für richtig halte und bereit bin, daran teilhaben zu lassen, ist die Negation nur noch ein Problem der selbsternannten Gegner – das können sie nicht pervertieren, denn nur wenn auf eine nichtkonfliktuelle Verwendung gesetzt ist, wird mein Ansatz für irgendwelche Optimierungen taugen.

Wir müssen uns unseren Aufgaben stellen, ohne in Denkverbote oder die Beschwörung überkommener Werte auszuweichen, um festzustellen, dass es die Fraglichkeiten sind, die die neuen Antworten transportieren. Das halte ich für einen ganz wesentlichen Gedanken! Ich musste nur das Instrument ergreifen, mit dem bisher der durchgreifende Terror in unsere Beziehung umgeleitet worden war, musste es für uns verwenden; ich musste mir nur den Verkauf am Telefon beibringen, was mit den rhetorischen Hintergründen eines Geisteswissenschaftlers kein Hexenwerk war. Das Telefon war in unserem Leben immer schon da gewesen, es hatte bisher nur dazu getaugt, die Zeit tot zu schlagen – die mehrwertige Logik finden wir schon bei den Indern vor Christi Geburt, das Schwarzpulver hatten die Chinesen erfunden, die Grundlagen der modernen Maschine finden wir bei den alten Griechen – aber es brauchte irgendwann immer den Gedanken, wie das Zeug zu verwenden sei. Das Telefon hatte bis dahin nur getaugt, uns zu nerven, Zeit zu kosten, schlechte Stimmung und Ängste zu verbreiten, die Paranoia anzuheizen – es war ein Machtmittel gegen uns gewesen, und jetzt hatte ich entdeckt, dass es tatsächlich eine Umsatzmaschine sein konnte. Es dauerte nicht lange, bis ich in der Lage war, mit diesem Gerät nicht nur Geld zu verdienen, sondern durch die Stimme in einer körperlosen Allgegenwart eine Macht auszuüben, die die der Behördenkrüppel weit übertraf: Die Kraft der Stimme wurde in Impulse übersetzt; zur richtigen Zeit in den richtigen Zusammenhängen verwandelte sie sich in reine Energie.

Es ist sicher sehr viel Wahres an Pichts Beobachtung, dass wir das Wesentliche verlieren, wenn wir die Wirklichkeit auf die Realität reduzieren, wenn Phänomene zu Objekten verkürzt werden. Viele der Loyalitäten, die sich aus den kommunikativen Bezügen ergeben, werden hinfällig, wenn wir lediglich Funktionszusammenhänge und Abhängigkeiten betrachten. Aber es haben sich Möglichkeiten ergeben, mit denen die Entfremdung gegen die Intrige eingesetzt werden konnte. In den Zwängen der Lernbehinderung war diese Reflexionsfigur der reinen Funktionalität zur Potenzierung der Komplexität zu verwenden. Eine Realität, in der alles machbar und nicht wirklich gewachsen ist, lässt sich in die Verweisungszusammenhänge der Wirklichkeit promovieren, wenn wir darauf verzichten, ständig an der Komplexitätsreduktion zu arbeiten, sondern die Komplexität durch materiale Nähe und intensive Vernetzungen steigern.

Die Welt ist das, was der Fall ist, hieß es einmal und von anderer Seite wurde notwendigerweise die Bedingung ergänzt: Wenn man das richtige Verhältnis aus Nähe und Ferne gewährleistet! Die Offenheit der Welt ist durch die Erfahrung der anderen Subjektivität vorgegeben und lässt sich im Rahmen einer Verabsolutierung der Subjekt-Objekt-Dichotomie nicht ableiten. Außerdem lässt sich unser Begriff von Welt nicht auf die Mutter-Kind-Beziehung reduzieren, so wichtig die frühen Konditionierungen sind, sondern er resultiert aus den Erfahrungen, die wir der Beziehungsarbeit verdanken: Den Kämpfen und den Vereinigungen, den Verführungsversuchen und der Notwendigkeit, mit manchem Knock-Out fertig zu werden, der bitterer Medizin, miteinander auskommen zu wollen und den lustvollen Entgrenzungen, die uns für die Prosa des Alltags entschädigten.

Wenn in bestimmten Fällen das Nahe das Ferne und das Eine das Andere ist, wenn die Grenzen fließend sind, falls sie überhaupt schon als Grenzen funktionieren und nicht viel eher als Akkumulatoren für Energien der Unvorstellbarkeit, wenn die Turbulenzen im Unendlichen nicht mehr an den Pforten der Wahrnehmung zerschellen... – stellen wir fest, dass die Welt nicht nur in den Köpfen, sondern in der gegenseitigen Anerkennung der körperlichen Präsenz und des Begehrens entsteht.

Die beschworene Wirklichkeit ist oft genug ein dürres Konstrukt aus Versagungen und Ängsten, aus Sehnsüchten und Verzichtleistungen, die tatsächlich den Strategien des Machterhalts von Impotenten und Simulantinnen dient! Die unendlich gefährlichen und verwirrend schönen Energien, die außerhalb der befriedeten und stillgestellten Räume des Verzichts mit Blitzen spielen, lassen zwar nichts von unseren gewohnten Vorstellungen übrig, den Ich eingeschlossen, machen aber unter Bedingungen des Glücks unvorhergesehener Begegnungen erahnbar, welche Wirkungsmächte das kosmische Geschehen prägen. Und sie mögen sogar ein Gefühl dafür vermitteln, dass wir nicht nur Marionetten sind, sondern Teilhaber dieser Mächte sein können. Das ist die einfache Erklärung, warum wir während des Sozialisationsgeschehens hinter den kulturellen Lattenzäunen weggesperrt worden sind, um dort mit Kleiderordnungen und Benimmregeln abgespeist zu werden: Wir könnten sonst nämlich zu zaubern beginnen!

Frage: „Mich würde interessieren, wie man den Sprung raus schafft. Warum ist es nicht bei der schwarzen Magie geblieben? Warum ist es nicht umgekippt in das Behagen, Leichen zu produzieren? Das wäre doch der von Canetti vorgezeichnete Sog der Macht!"

Irgendwann, als ich die Erfahrung machte, dass ich keine Zeit mehr zur Verfügung haben sollte, stellte sich auf einmal die Gewohnheit ein, dass ich in Jahrtausenden zu denken begann. Du stehst vor deiner Geschichte immer wie vor einer der uralten Grabstätten im Forum Romanum und während du dir noch sagst, dass zweieinhalb Jahrtausende eine enorme Zeit sind, springt dich eine Beschreibung an, in der zu lesen ist, dass unter diesen antiken Ausgrabungen die Reste von Gräbern gefunden wurden, die dreißigtausend Jahre alt sind. Es wundert mich nicht, dass Rom für Freud zu einem Symbol der eigenen Arbeit werden konnte! Wir müssen die Magie wiederfinden, dank der das Signifikantennetz für unsere Geschichte zu arbeiten beginnt.
Und was ist die eigene Geschichte? – Es hatte überhaupt keinen Wert, an der Konsistenz eines Ich-denke festzuhalten. Ich hatte einen objektiven Rahmen, ich musste Geld verdienen, ich hatte ein kreatives Konzept, von dem bekannt war, dass es mir den Kopf kosten sollte – also hielt ich mich an meine Pflicht, verdiente Geld und sorgte dafür, dass der einzige Mensch, der sich auf mich verlassen musste, nicht wollte,

sondern musste, weil ihr die Intervention meiner Krüppelzüchter den Job gekostet hatte, nicht von mir enttäuscht wurde. Wir hatten nichts mehr, nur noch einander, wir waren an einer Urform der Wirklichkeit angekommen und schaufelten uns in einem Magma der Bedeutsamkeiten an die Freiheit.

Nach solchen Erfahrungen kommt einem der Ich als eine sehr relative Geschichte vor. Der Ich, als der sich selbst beim Reden bezeichnende Redende, muss sich in kein Spiel aus Eitelkeiten und Selbstreferenzen einwickeln lassen: Jetzt tu das, was wir von dir erwarten, denn ohne diese Erwartung hätten wir dir doch nie unser Vertrauen geschenkt. Darauf ist geschissen – es sind genau jene Voraussetzungen des gesunden Menschenverstands, die die Welt in ein Erpressungssystem verwandeln und alle die mitspielen, zu verlogenen Tätern machen, die zugleich auch erpresste Opfer sind.

Unvorhergesehenerweise habe ich die Erfahrung gemacht, dass das System nicht so streng determiniert ist, wie es die Leute gerne hätten, die mit dem Einsortieren in Kästchen Macht gewinnen. In einer von Lüge und Verleugnung geprägten Welt gibt es einfache Möglichkeiten, das System der Behinderungen auszuhebeln. Die jeweiligen Krüppelzüchter mögen sich zwar spinnefeind sein, mögen um Macht und Autonomie gegeneinander kämpfen, aber sie werden sofort dem Imperativ gehorchen, zusammen zu halten und die Einheit zu simulieren, wenn jemand auftaucht, der ihre Grenzziehungen unterläuft und ihre Simulationsveranstaltungen uninteressant findet – und damit ist schon ein klarer Hinweis auf den Schalthebel gegeben, mit dem sich eine ganze Welt ändern lässt. Man/frau braucht sich nur nicht um die mimetischen Imperative kümmern, die Angebote zu einer fehlerhaften Identifikation können beiseitegelassen werden, der ganze Scheiß, dem wir nachstreben sollen, kann erst einmal mit der Hinterfragung: Brauch ich das tatsächlich? auf Abstand gehalten werden. Bisher kam immer alles anders, als erwartet und mein stabilster Antrieb war ab einem gewissen Alter im Glück des Unvorhergesehenen zu finden. Zu den tragenden Erfahrungen gehörte in solchen Zusammenhängen, dass wir uns erst einmal in einem Möglichkeitsraum von Geschichten bewegen, dass wir schon immer in verschiedenen Geschichten verstrickt sind. In den Frühphasen ist es immer möglich, von einem Strang einer künftigen Geschichte zu einem anderen Strang zu wechseln – erst wenn wir uns verrannt, erst wenn wir uns festgefressen haben, sieht es dann so aus, als sei nur die eine Geschichte übrig geblieben, die sich nun in zunehmendem Maße als Sackgasse erweist.

Frage: „Immer dann, wenn eine Geschichte als Text fixiert wird, ist doch schon dafür gesorgt, dass sie über irgendwelche Umwege in die Wirklichkeit entlassen wird. Dann können Sie doch darauf warten, dass sie Ihnen irgendwann gegenübertritt, als wolle sie just widerlegen, ein ursprüngliches Produkt des Imaginären zu sein! Haben Sie nicht anfangs postuliert, die Schreibe könne nur zum Mortifizieren taugen, alles Idealisieren sei lebensgefährlich, haben Sie nicht den Satz aus dem *Rosaroten Panther* zweckentfremdet: Töten, nur ein bisschen töten! Und dabei waren Todesurteile einmal der Ursprung des Rechts!"

Das ist ein interessanter Einwand. Mit Peter Bürger könnte ich erwidern, dass eine Geschichte in dem Augenblick, in dem sie den Umweg über den anderen gefunden hat, wenn sie gehört oder gelesen worden ist, nicht mehr in unserer Verfügungsgewalt steht – es mag noch so viel Herzblut aus der eigenen Biographie eingeflossen sein, sie ist objektiviert und damit fremd geworden. Man kann darüber weinen wie Odysseus, man kann diesen Prozess aber auch als Chance zweckentfremden, das meint der Terminus Mortifikation: Das Fremdwerden hat sein Gutes, denn es ist das heimelige, in dem sich das Unheimliche versteckt.

Schreiben mortifiziert! Diese späte Beobachtung liefert nur die Vorderseite jener menschheitsgeschichtlichen Erfahrung, dass der Tod die Bedeutungen prägt, die ersten semantischen Einheiten sind Grabstellen. Weil es einmal darum ging, die Angst zu bewältigen, die von den Toten ausging, die Angst vor ihrer Wiederkehr, vor den Forderungen, die sie an die Lebenden stellen, die sich mit den von ihnen hinterlassenen Werten und Errungenschaften gütlich tun wollten, ist der Totenkult vor allem dem Entwischen, dem Sich-frei-kaufen geschuldet. Die Schreibe kennzeichnet für mich noch immer eine Technik, wie mit Sachverhalten fertig zu werden ist, an die andere gar nicht rankommen. Ich könnte das auf einen Nenner bringen: Ich lebe, um abzuschreiben, was mir in die Quere kommt oder einmal im Weg stehen wollte. Ich schreibe ab, was ich nicht noch einmal erleben will. Wenn alles glatt läuft, denke ich nicht einmal darüber nach – ich kann in bestimmten Arbeitsvollzügen so aufgehen, dass ich gar nicht denke; ich bin dann ein

Teil, eine Hand, ein Gelenk, ein Antrieb im Geschehen und zugleich eine luftige Wolke des Gesamtzusammenhangs. Ansonsten schreibe ich, um das Elend und die Not von mir abzustreifen, ich protokolliere, bis nichts mehr übrig ist. Noch immer heißt schreiben, Grabinschriften zu schaffen, um Teile unserer Geschichte daran zu hindern, zu Wiedergängern zu werden. Das ist der wirkliche Grund, warum ich mich für die Schreibe und gegen die Zeugung entschieden habe. Nichts ist von mir, alles steht schon irgendwo, aber indem ich es für Abschreibungen verwende, lasse ich die Vampire zur Ader, die an den institutionalisierten Schaltstellen des Wiederholungszwangs sitzen.

Die Schrift ist das Medium des Toten, die Liebe das Medium der Lebendigkeiten und die Macht das Medium der Vermittlung beider – und die bezaubernde Rede, die Selbstinszenierung der Verführer, die Lustschreie der Simulantinnen, besorgten gar zu oft, dass Leben und Tod verwechselt wurden. Innerhalb der Institutionen gibt es Systemimperative der Verdumpfung, die jede Beweglichkeit und jedes Lernvermögen ausschalten wollen, obwohl sie tatsächlich auf die Kräfte eines Lebendigkeitsreservoirs angewiesen sind. Texte, die sich der Metainstitution Sprache verdanken, die auf das Material der Sprache selbst zurück kommen, siedeln in einer Zwischenwelt und sind immer Mischgebilde: Während sie Inhalte repräsentieren, ist in ihnen die Abwesenheit präsent, an ihnen saugt das Verschwinden und doch halten sie längst Vergangenes gegenwärtig – nur auf den ersten Blick ist ein Text ein Geschehen in zwei Dimensionen, tatsächlich ist er ein räumliches Gebilde, das Vergangenheit und Zukunft verklammert. Nicht allein ein Leichenfeld, auf dem Geisterbeschwörungen gelingen und auf dem Geist gegenwärtig werden kann. Zudem ein erotisches Medium, in dem sich Ungeheuer paaren, ein magnetisches Feld, an dem sich die Leiber entzünden, für die ein Stern verglüht. Ein Ort der Vernichtung, der in manchen Fällen zu einem Refugium taugt, zu einem Zwischenbereich, in dem die Mächte noch ungeschieden sind und der vor den Vernichtungswünschen schützt, die von jenen ausgebrütet werden, die noch nicht zu Ende geboren werden durften.

Todesmale und Zeichen der Macht, Dokumente der Qual oder Zeugnisse von Verzückungen. Was weh tut, schreibt sich ein, hat Nietzsche betont – oder Hegel, das Glück komme im Buch der Weltgeschichte nicht vor – oder Marcuse... Aber das ist nicht alles: Was den bitteren Schmerz, die klagende Vernichtung dokumentieren könnte, setzt in der

Regel ein ängstlich beschwörendes und zerredendes Gestrampel frei, das dem Verstummen vor der Übermacht der Angst, der Vernichtung der Gewohnheitsmuster in der Verzweiflung, entfliehen möchte. Tatsächlich hat der Prozess der menschlichen Kulturalisation unvorstellbares Leid freigesetzt, das dafür verantwortlich ist, dass auf die Zumutung des Dazulernens mit den Techniken der Verleugnung und des Zerredens geantwortet wird. Doch damit wird gerade das geflohen, was die Mittel einer Heilung bereitstellen könnte – denn alle Entgrenzung willigt für Augenblicke ins Verstummen ein, die Sprachlosigkeit genießt in einem Nu, wie wir in der Entdifferenzierung eins mit allem anderen werden. Genau das liefert das homöopathische Heilmittel gegen die typischen Erfahrungen der psychotischen Verleugnung, mit denen unsere Alltagswelt imprägniert worden ist.

Wichtig war vor allem, dass wir beide geschrieben und jeweils die Texte des anderen zerlegt haben. Es ging also nicht darum, sich einen Raum exklusiver Einsamkeit zu garantieren, um im Sinne des mütterlichen Imperativs die imaginäre Macht über mögliche Leser dazu zu verwenden, das Trudeln in der zwischenmenschlichen Leere zu kompensieren. Sondern es ging darum, den Raum zu schaffen, in dem sich das Paar gegen die mimetischen Imperative durchsetzen kann. Erst wenn das Mach's-doch-so-wie-wir, wenn die Verführung: Warum-machst-du-dir's-so-schwer, wenn die Drohung: Du-wirst-schon-sehen-wo-das-endet-wenn-du-deinen-eigenen-Kopf-durchsetzt, und beliebige andere Systemimperative nicht mehr greifen, ist es an der Zeit, an einer eigenen Welt zu bauen. Du steigst nicht zweimal in den gleichen Fluss, gerade weil es ein Fluss voller Leichen ist. Das rettende Ufer wird die zweite Geburt gewesen sein, doch die wenigsten werden überhaupt zum Leben vorgelassen. Schau dich um: Du hast fast nur mit nachgemachten Menschen und Untoten zu tun! Wer die andere Seite nicht erreicht, versucht die anderen mitzuziehen – deswegen wird diese Woge des Todes mit jeder Generation mächtiger. Wer aber am Ufer ankommt, wird von da an dem unauslöschlichen Bedürfnis folgen, auf keine Identifikationsangebote mehr hereinzufallen – und freiwillig nicht wieder zurückkehren. Ich muss nicht bis ans Ende der Welt fliehen, um am anderen Ufer einen unbewachten Eingang des Paradieses zu suchen, wenn ich weiß, dass es ein Paradies für stillgestellte Arschficker ist. Auf der Rückseite des Wahns sieht die Welt nicht viel anders aus, es ist eine Welt voller Wege: Nur die Abschrankungen sind weg, die Wege sind offen.

Unsere Geschichten waren absurd, aber kein Lügner bringt zustande, was sich wirklich so absurd abgespielt hat – die Lüge ist dem Zwang der Glaubwürdigkeit unterstellt, die Wirklichkeit nicht. In den extremen Momenten blieb nur, auf jene ursprüngliche Erfahrungsebene des Schamanen zurückzufinden, die mir die ersten Male auf verschiedensten Trips begegnet war: Ich musste aus der gewohnten Welt springen, musste die Gewohnheitsmuster und Prämiensysteme austricksen. Es waren Schwindelgefühle, die mit bestimmten Schwellenerfahrungen in meiner Biographie verbunden sind, Orte, an die ich lange nicht mehr gedacht hatte, weil sich dort Traumen auf die Lauer gelegt hatten, die auf eine Aktualisierung warteten... Die Orte, die für mich maßgeblich gewesen waren, waren solche des Schmerzes und der Verzweiflung, der Ausgeliefertheit – dort warteten noch immer urweltliche Ungetüme in aller Ruhe und Geduld, weil mir einmal aufgrund einer Verführung ein systemischer Sprung gelungen war, weil mir später aufgrund gewisser Alkohol- und Drogenexzesse weitere Sprünge gelangen und dann vom sexuellen Überschwang abgelöst werden konnten – um dann an einem gewissen Punkt der Entwicklung den Preis einzufordern und das ganze Plus an Zukunftsperspektiven zu canceln. Noch heute sind solche Orte für mich Zeitkapseln, in denen vor allem die Fraglichkeiten aufbewahrt werden, denen ich dank glücklicher Umstände ein Schnippchen schlagen konnte. Damit ist wie nebenbei die Frage geklärt, warum wir in den Institutionen des Wissens einen derartigen Vernichtungswillen freigesetzt haben. Die Entmündigungsfunktion der Experten beruht nicht nur darauf, dass sie ihr kleines abgezirkeltes Gebiet zu verteidigen wissen, denn nur hier haben sie wirklich das Sagen. Sie haben tatsächlich ein unmittelbares Interesse an der Verdunklung – der Experte ist kein Illuminator mehr, sondern er betreibt wieder Schwarze Magie – er dient der Macht, und wenn es die eigene ist, befördert er den gesellschaftlichen Verblendungszusammenhang nur um so besser.

Frage: „Also nochmal, mich würde interessieren, wie man den Sprung raus schafft? Wenn es die Stress-Sensorik ist, die den Motor des Lernens am Laufen hält, kann ich nicht akzeptieren, dass jemand einfach meint, man müsse sich aus dem Wahnwitz heraushalten. Ein Weisheitsanspruch jenseits dessen, was Bateson für möglich gekennzeichnet hat, ist für den Menschen nicht ertragbar. Sie können nicht einfach sagen, Sie bringen die Muster der Muster auf einen Nenner und situieren sich zugleich außerhalb. Wie soll das gehen?"

Ohne die Erfahrung, dass wir völlig allein und auf uns gestellt waren, hätten wir uns nicht jenes Maß an Makellosigkeit abgerungen. Das macht niemand freiwillig – die Leute die mich vereinnahmt oder gebauchpinselt haben, wollten mich auf ihr Normalmaß reduzieren. Indirekt haben sie mir die Routinen beigebracht, mich nicht dingfest machen zu lassen und in mehreren Kontexten zugleich zugange zu sein. Außerdem sollte nie vergessen werden: Als sie sich eingebildeten, meine Feinde sein zu müssen, konnten sie mich am meisten fördern. Ohne die Intrigen hätte ich nicht die Notwendigkeit gesehen, so wach und aufmerksam zu werden. Ich hatte nur dafür zu sorgen, dass Sie mit den Verhaltensformen und Einstellungen konfrontiert wurden, die sie mir gegenüber an den Tag legten und bewarb mich für alles Mögliche, um in den Bewerbungsunterlagen die verschiedenen aktuellen Einsichten und Analysen zu verpacken. Es war klar, dass ich keine der Stellen bekommen würde, aber keine dieser Bewerbungen war überflüssig, denn jede konnte dazu dienen, Informationen zu streuen und Rückfragen bei den Urhebern zu provozieren.

Wir lernten also wieder zu zaubern! Wenn man erst einmal auf den richtigen Dreh gekommen ist, war das gar nicht so schwer, wir hatten die Abstände im Kleinsten zu verringern, um sie im Großen zu maximieren. Zu Zauber und Magie muss ich nicht mehr viel erzählen – das ist alles schon angesprochen worden. Zum besseren Verständnis darf ich hervorheben, dass daraus entgegengesetzte Extreme des Verhaltensspektrums resultieren können. Der Mainstream setzt auf die Macht und meint, alles selbst entscheiden und in die Hand nehmen zu müssen. Damit wird das Wunderbare reduziert auf den Mechanismus, auf die nachvollziehbare und wiederholbare Herstellbarkeit – das ist das Erbe der von Francis Bacon in die Welt geworfenen Naturwissenschaft, die auf Unterwerfung und Vernichtung beruht. Ich mache dagegen gar nichts, ich lasse gewähren, ich übe mich im Verstehen und trainiere meine Einfühlungsgabe zugleich mit der Technik, Distanzen einzuhalten. Gerade die Pflege des richtigen Abstands pariert jene psychotische Entdifferenzierung, die nicht etwa für mehr Nähe und Bekanntheit sorgt, sondern für Panik und Selbstaufgabe. Es war festzustellen, dass jeder, der dies nicht akzeptieren konnte und uns bekämpfte, seltsamerweise unsere Kraft verstärkte – ich muss nur den Spannungsbogen halten, das Gute pflegen, nicht nur vorgeben. Unter diesen Voraussetzungen war jeder, der gegen uns arbeitete, tatsächlich sein eigener Feind und bekämpfte alles, was sonst zu seiner Auszeichnung beigetragen hatte. Aus der Position der Statthalter der Macht ist das, was ich mache, nur Zeitverschwendung – was sie aber alleine hinbekommen, ist tatsächlich zu wenig!

Also zurück zur Stress-Sensorik, davon bekamen wir mehr als genug mit. Weil der Mensch durch die verschiedenen Institutionen immer lernbehinderter geworden ist, braucht es die Schockwahrnehmung, die Erfahrung der Katastrophe, um systemische Lernschritte erst zu ermöglichen. Tatsächlich reicht es nicht, die Katastrophe als Didaktiker auszulegen oder für sich arbeiten zu lassen; das wäre nur die Wiederentdeckung eines theologischen Tricks, mit dem es gelingen soll, nichts aus der Katastrophe zu lernen. In der Geschichte haben sich diejenigen, die in der Position saßen, anderen das Richtige beibringen zu dürfen, weitgehend gegen jedes Lernen aus Erfahrung abgedichtet. Noch die ästhetische Erfahrung des Schiffbruchs mit Zuschauer ist eine homöopathische Dosis jener Erfahrungs- und Lernresistenz. Diese Abschottung scheint regelmäßig die Kehrseite des Sündenbockmechanismus zu sein, der Bezug auf die paläoanthropologische Dimension sollte nicht vergessen werden! Diese wird durch den sozialen Tod aufgestoßen – womit eine paranoide Deutungswirklichkeit freigesetzt wird, die unter der Komplexität der zivilisatorischen Normierungen verschüttet worden ist und die die Vertreter der Institutionen unter Verschluss halten sollen. Die Institutionen hätten keine derartige Durchschlagskraft gewonnen, wenn nicht ihr Deutungsmonopol in der Lage gewesen wäre, die paranoiden Projektionen in Schach zu halten. Diese Wirkungsmechanismen greifen derart ineinander, dass wirklich nur noch eines hilft: Den Tod jenseits des Geschwätzes und der Vorstellungen zu durchlaufen.

Batesons Charakterisierung von Lernen I, II und III und Porteles Umsetzung für die Beziehungen zwischen Autonomie, Macht und Liebe legen nahe, dass es eine direkte Relation von Katastrophe und Bewusstseinsentwicklung gibt. Es sind die Übergänge, nicht nur von einem Lernniveau zu einem nächst höheren, sondern vom Kontext zum Kontext des Kontextes, also Kontextsprünge. So verwundert es nicht, dass jeder Schritt zu einem höheren Niveau der psychischen Integration mit einem psychotischen Risiko belastet ist. Bei Benjamin heißt es einmal,

Hamsuns Figuren machen den Eindruck, sie seien auf der Rückseite des Wahns wieder aufgetaucht: Ich versuche immer wieder einmal nahezulegen, dass eine Verallgemeinerung dieser Beobachtung möglich sei und kreative Eigenarbeit als Umkehrung des Opferkults genau diesen Weg gehen könnte. Bateson hebt immer wieder in charakteristischen Zusammenhängen hervor, dass der Humor und der Wahn den gleichen Gesetzmäßigkeiten folgen, im einen Fall wird darüber verfügt und im anderen Fall verfügen sie über das Subjekt. Jeder Akt der Objektivierung, das Schreiben in ganz besonderem Maß, ist zugleich ein solcher der Mortifikation dieses Absolutismus. Spielerisch hinter den Wahn zu kommen, über ihn verfügend und unter ihm durch tauchend, weil er nur in Anführungsstrichen zum Zug kommt, wenn man sich seinen Gesetzmäßigkeiten überlässt, um sie als Regeln zu objektivieren, im Werk zu verdinglichen, damit aber schon den Bann zu brechen, der davon ausgeht.

In den verschiedensten Zusammenhängen wurde bereits gezeigt, dass Erfahrungsunfähigkeit und Katastrophe direkt aufeinander bezogen sind. Eben nicht mit jener anachronistischen Konzeption des Traumas, das zur Versteinerung führt und weiteres Lernen unmöglich macht, sondern als Notwendigkeit, Lernsprünge und Geistesblitze in Gang zu setzen. Natürlich bleibt der Einzelne immer mal auf der Strecke, wenn er die Erfahrung macht, dass alles, auf das er sich verlassen wollte, zu Bruch gegangen ist. Aber Sie dürfen nie vergessen, dass die Katastrophe in den Gründungsakten der menschlichen Zivilisation konstitutiv geworden ist. Was im einzelnen bewirkt haben mag, dass der Mensch aus der Schöpfung herausgefallen ist, interessiert gerade nicht, denn alles zusammen hat dafür gesorgt, dass über Werkzeug- und Sprachverhalten nach und nach eine Welt in der Welt entstanden ist und dass wir schon lange davon ausgehen können, dass diese zweite Natur wesentlich wirkungsmächtiger ist. Was allerdings nichts daran ändert, dass die Gesetzmäßigkeiten für ein systemisches Lernen die gleichen geblieben sind. Und dann heißt es nicht mehr: use-it-or-loose-it – die Vernetzung zwischen den Synapsen und der Welt – das ist eine so selbstverständliche Voraussetzung, dass der wesentlichere Ansatz viel mehr Aufmerksamkeit in Anspruch nehmen sollte, nämlich: Erfinde – oder verliere dich! Es ist die durch die Katastrophe bedingte Notwendigkeit, die uns zwingt, uns neu zu erfinden, aus diesem Grund sind katastrophische Veränderungen der Motor der Bewusstseinsentwicklung. Natürlich ist jeder Schritt zu einem höheren Niveau der psychischen Integration durch ein psychotisches Risiko belastet – aber das war immer so. Um der Wahrheit willen kann nichts je gesichert sein, es muss immer wieder neu begonnen werden. Ein Denken, das hat, ist schon eine Störung des Denkens; eine Erfahrung, die sicheres Wissen für sich reklamiert, ist schon die Abschottung gegen weitere Erfahrungen. In der Art, wie sich unsere Vergangenheit als vielschichtig erweist, wie sie mit den verschiedenen Interpretationsansätzen und Erinnerungen in ganz verschiedenen Versionen erscheinen kann, ist unsere Zukunft und damit der Horizont unserer Selbsterfahrung in einem ganz anderen Maß offen. Das kann Angst auslösen und erzwingt meist jene engen Definitionsspielräume, mit denen wir hoffen können, uns nur wenig von der gewohnten Sicherheit weg zu bewegen. Aber Gewohnheiten können tödlich sein, in der Regel sorgen sie dafür, dass wir die wesentlichen Dinge im Leben verpassen. Geistesgegenwärtig müssen wir gerade der Zukunft gegenüber sein, uns auf unsere Sinne verlassen, auf die Fähigkeit, im Hier und Jetzt zu sein. Wenn wir zu definiert denken, was die Zukunft ist, verstellen wir die relevante, die noch unerkannte Zukunft, und zwar gerade aus Angst um die Zukunft, die wir in einem fatalen Sinne meinen, selbst definieren zu müssen. Ich habe hier die Zitate einiger Fachleute komprimiert und in meinem Sinne weitergedacht: Die Katastrophe ist frei und gesetzgebend, wie Kamper dies einmal auf den Nenner gebracht hat – sie liefert Gebrauchsanweisungen der Souveränität. Wenn Sie den Anregungen selber nachgehen wollen, blättern Sie in den letzten zwei-drei Veröffentlichungen – dort finden Sie die hier verwendeten Zitate belegt.

Frage: „Damit sind Sie auf einige unserer Fragen doch soweit eingegangen, dass ich jetzt noch einmal insistieren darf: Der soziale Tod und die Synthese der Überlebenstricks! Wie sieht das tatsächlich aus? Ist diese Erfahrung noch vermittelbar, kann das jede/r lernen oder ist es ein Gottesgeschenk?"

Was soll ich Ihnen sagen, was ich nicht bereits mehrfach gesagt habe! Wir könnten gleich zum Schluss kommen und der Abend wäre noch gerettet! Aber wenn ich eine so griffige Münze ausgeben könnte, wie Sie sie fordern, könnte man fragen, warum ich sie nicht gleich am Anfang als Oblate verteilt habe, damit Sie sie auf der Zunge zergehen lassen konnten, während ich mir Abend für Abend einen abgestrampelt habe. Das funktioniert nicht so einfach! Die Erfahrung wird nicht in mundgerechten Portionen eingelöffelt, wie das die Pädagogen gerne hätten, sondern sie muss, oft unter Schmerz und Zweifel, Angst und Ausgeliefertheit, abarbeitet werden. Wer das Monopol über die Erfahrbarkeit für sich beansprucht, betrügt uns um die Möglichkeit, sie ergehen zu müssen – über Stock und Stein und durch die Finsternis, damit wir erfahren, wie es uns ergeht!

Aber ich kann noch einmal bei den biographischen Wurzeln beginnen. Ich muss nicht in metaphysische Spekulationen ausweichen, wenn ich die Beweisfiguren in der Biographie absichere. Heute ist mir nachvollziehbar, warum jemand, der sich mit den weiblichen Werten identifiziert hatte und in einer dauernden Opposition zur Welt der Väter definierte, den Sprung macht, der beide Positionen in Fronten verwandelt: Es war die Einsicht in die Arbeitsteilung der Geschlechter, in die wechselseitig abgesicherten Verblendungszusammenhänge, die tatsächlich tödlich waren, der ich die grundlegenden Distanzleistungen verdankte. Vermutlich mangelt es nicht nur an starren Identifikationen, sondern deshalb auch an Selbsthass: Ich musste keine Vorbilder in mir bekämpfen, deren Verstümmelung nur auszuhalten sein sollte, indem man sich mit ihnen identifizierte und die Negation von da ab zu einem Teil des eigenen Ichs gemacht hatte. Ich verlor schon früh den Glauben an die Bezugspersonen und später bin ich oft genug selbst verloren gegangen, bis irgendwann der Punkt erreicht war, an dem ich erkannte, dass die Frau, um die ich mich bemühte, mittlerweile alles war, was von mir noch übrig geblieben ist. Was habe ich alles unternommen, um sie zu gewinnen und dann musste ich es für diese Frau vernichten; was für Wunderwerke sind zustande gekommen, nur um an ihr verloren zu gehen; was für Beweise habe ich angetreten, nur um zu akzeptieren, dass ich nichts mit dem Gewinn anfangen durfte. Ich war ein Barbar und ein Kreuzritter gewesen, musste mich sogar als Minnesänger beweisen, um am Schluss der letzte Soldat zu sein, ein marschierender Autist, hart und gefühllos – alles, nur um einen Bann zu lösen, den wir der Schwäche und Haltlosigkeit vergangener Generationen verdankten. Vielleicht ist das die Liebe: Wenn ein Hans-im-Glück sich all dessen entledigt, was er erobern und erarbeiten konnte, wenn er sich am Schluss, mit einem Messer ohne Griff, an dem die Klinge fehlt, noch die eigenen Eier abschneidet.

Also zurück zu der einfachen Argumentationsfigur, dass man alles verlieren muss, um alles zu gewinnen: Mit dem Prinzip Blankpolierter Spiegels ist bereits der Kern der Möglichkeit einer nicht-prohibitiven Ethik gegeben. Es bringt gar nichts, alles Mögliche nur verbieten zu wollen, denn Verbote wirken als Anreize der Übertretung – bisher hat es wohl an der in Lernverhalten und Befriedigungsfähigkeit abgesicherten, richtigen Motivation gefehlt. Bei Blumenberg finden sich schon Überlegungen, ob Nietzsches Gedanke, die Unsterblichkeit müsse man erst einmal aushalten können, nicht bereits auf die Grundlage einer neuen Ethik hinweist: Eine Variante, die auf Kommunikationsfähigkeit und Erfahrungsaustausch setzt und soziale wie emotionale Kompetenz honoriert. Im Endeffekt haben wir uns den eigenen Handlungen und ihren Auswirkungen tatsächlich zu stellen, gerade die Vorstellung einer langen Zeitspanne, die keine Hintertürchen lässt, in Krankheit, Vergessen oder Tod auszuweichen, wird am ehesten dafür sorgen, das richtige zu tun. Wir müssen unser ursprüngliches Körpergefühl kultivieren, denn dort findet sich der Keim der Unsterblichkeit und keine Spur der Verfallenheit an den Tod – dieser Bezug wird uns erst durch äußere Instanzen nahegelegt. Einen ähnlichen Ansatz habe ich bei einigen Autoren gefunden, die sich Gedanken darüber machten, auf welchen evolutionären Prinzipien sich künftige Entitäten im Cyberspace entwickeln werden.

Frage: „Das klingt wie ein schöner Traum. Aber Sie denken dabei nicht daran, wie bereitwillig die Leute vergessen wollen. Die Unsterblichkeit hätten sie schon ganz gern, aber nicht um den Preis der Gewissensqual. Also verzichten wir vorerst auf den Gedanken der mehr oder weniger erfolgreichen Lebenszeitprolongierung und widmen uns den Konsequenzen des Lernens in oder aus der Katastrophe.

Das habe ich sicher nicht vergessen, manchmal habe ich mir schon gesagt, dass die institutionalisierten Lügensysteme und die Verleugnungen, mit denen sich manche Rechthaber an der Macht halten, einen direkten Bezug zu Sklerose und Alzheimer haben. Sie werden zu Monumenten ihrer Schande und bekommen nichts mehr davon mit. In einer direkten Beziehung dazu steht die Gesetzmäßigkeit, dass es Angst und Ausgeliefertheit sind, die zu fehlerhaften Identifikationen und zu den Fetischen von Ich und Macht führen. Und das ist die eigentliche Katastrophe! Wenn immer mehr Lebenskraft in die Fassade, in die Selbstdarstellung investiert wird. Hier setzen die Manipulationen an, denn was tun die Menschen nicht alles für jemanden, der ihnen verspricht, nicht an der schönen Oberfläche ihrer Lebenslüge zu kratzen; hier setzen die Geilheitsdressuren an, denn nichts entfesselt so viel autoerotische Abfuhr, wie die reinszenierten Anklänge an frühere Ausgeliefertheiten, derer sich die Verführung bedient. Es ist für mich gar nicht verwunderlich, dass die Ich-Psychologie durch eine Subversion des Begehrens ausgehebelt werden konnte. Wenn ich an die Notwendigkeit der Kommunikation denke, an den Umweg über den Anderen, der notwendig ist, um erst zu erfahren, wer ich bin, um erst das Repertoire zu entwickeln, mit dem ich mich dann in der Welt orientiere – dann ist die erste taugliche und brauchbare Katastrophe die, wenn ich an den Rand der Notwendigkeit geführt werde, das narzisstische Register zu sprengen. Wenn ich mich auf einen anderen Menschen einlassen will oder muss, wenn ich die verborgenen Wurzeln der Tragödie streife, weil die Liebe mindestens so viel Angst wie Begehren freisetzt!

Die Fragestellung reicht also noch einen Schritt weiter und heißt tatsächlich: Wie wird ein Begehren in Vorstellungen und Sprachfiguren überführt und mit welchem symbolisch erworbenen Repertoire wird erst eine wirkliche Befriedigung möglich! Es ist also wesentlich überzeugender, wenn davon ausgegangen wird, dass eine effektive Subversion darin besteht, das Begehren auszuhebeln und zum Schweigen zu bringen, denn dann sind wir jenseits der konfliktuellen Mimetik. Die Sozialisationsagenten der Macht erklären diesen Ansatz für obsolet, um uns beherrschbar zu machen. Die Ge- und Verbote sorgen für die notwendigen Anschlüsse, denn damit ist die Fremdbestimmung gewährleistet.

Die biographischen Zusammenhänge der frühen Prägungsmuster des Fühlens, Wahrnehmens, der Musterbildung und des Wiedererkennens zeigen die realen Grundlagen aller Sprachmagie. An den primären Schaltstellen des Denkens, an denen einmal das jeweilige Verhältnis von Nähe und Ferne eingeschrieben worden ist, wird ein Wort zur Wirklichkeit selbst, hier ist noch jene Unmittelbarkeit aufzuschlüsseln, die in allem Reden von der mystischen Einheit nachklingt. Damit ist wieder zu unterstreichen, wie die Sprachmagie und die materialen Ansatzstellen der Esoterik zusammenhängen: Das Geburtstrauma als erste Katastrophe ist für das Werden und Entstehen der psychischen Strukturen ins Imaginäre zu verweisen. Wobei nicht vergessen werden darf, dass das neuronale Geschehen beim Säugling noch eins mit den göttlichen Gesetzmäßigkeiten der Schöpfung ist, wobei die Unendlichkeit der Verknüpfung von Synapsen, die nach einer Realisierung suchen, der Komplexität einer sozialen Umwelt untersteht: Gebahnt wird, was auf Aufmerksamkeit stößt, was gemeinsam feuert, gehört zusammen, während die Potentialität einer unendlichen Zahl von Verknüpfungen dem Verlöschen unterstellt ist. Diese Korrelation der Ahmung ist von höchster Bedeutung, sie gilt noch in Lebenszusammenhängen, in denen Kommunikationsbedürfnis und Lernhunger verstümmelt worden sind – wenn es für jedermann nachvollziehbare Wahrheiten in der Welt gibt, wurzeln sie hier! Selbst durchschnittliche Anpassungsleistungen der Normalität, die uns in ein ausbruchssicheres, tragbares Gefängnis gesteckt und die elektronische Fessel an der Wahrnehmung selbst angebracht haben, entspringen an dieser Schaltstelle.

Dann, wenn wir in Gewohnheitsmuster eingepackt wurden, wenn aus der Wiederholung und den Gruppengesetzmäßigkeiten eine täuschende und gefährliche Sicherheit entsteht, die das Leben, auf jeden Fall aber die Wachheit und Lebendigkeit kosten kann, wird manchmal nur die biographische Katastrophe dafür sorgen können, dass wir aufwachen, dass wir mit unseren Beständen zu rechnen beginnen, dass auf einmal die Möglichkeit entsteht, andere Prioritäten zu setzen. Damit wird die Umformatierung ein ganz reales Geschehen und hat die Chance, die imaginäre Begrenzung zu durchbrechen. Entweder ist die Geistesgegenwart da, die Wachheit erreicht einen Grad, der das Subliminale streift – oder du bist tot! Wobei es nur eine vergleichbare Erfahrung gibt – und das macht die erkenntnistheoretische Fundierung der Erfahrung des Paars aus: Wenn einen eine große Liebe ergreift! Dann kann es zu einer kompletten Umformatierung der psychischen Ökonomie kommen... Vielleicht wird an dieser ein wenig sprunghaften Zusammenfassung klar, dass die Konzeption einer Liebe als Duell auf jene Erfahrung verweist, in der ganze Kontinente des Inneren zur Disposition stehen. Mit den nötigen Intensitäten ist der Bezug auf das andere Geschlecht zugleich jener tragische Riss in der Biographie, der dafür sorgen kann, dass gewisse Persönlichkeitsbestandteile der Katharsis unterstehen, dass Fetischismen, die bisher Halt und Sicherheit vermitteln konnten, weggeblitzt werden. Den Riss haben wir so oder so, er muss also den Gesetzmäßigkeiten unterstellt werden, die in früheren Zeiten durch die ausdruckslosen Masken der Tragödie ausgearbeitet worden sind.

Es sollte also klar sein, dass es verschiedene Konzeptionen der Katastrophe gibt. Von den Grundbegriffen Bions ausgehend, handelt es sich bei der katastrophischen Ausgeliefertheit um die Gründungsakte der Identifikation – damit ist sie nicht mehr, als eine Strategie der Angstbewältigung und Kompensation. Ein vor Lust und Entdeckerfreude zwitschernder Kindergarten aufgeregter Oktopusse, der mit jeder Berührung, mit jeder synaptischen Vernetzung vor Energie vibriert, wird stillgestellt; eine Versammlung junger, unvollkommener Götter wird abisoliert oder zur Ader gelassen, bis aufgrund eines Massensterbens nur ein paar stabile feste Verdrahtungen übrig bleiben. So haben wir das Göttliche weitgehend aus der Welt entfernt, um dem Dictum Gott-ist-tot schon während der Sozialisation und später mit allen Hilfsmitteln der Pädagogik die nötige Überzeugungskraft zu verleihen.

In der Folge halten die meisten Menschen den Mangel an Möglichkeiten nur aus, weil sie sich ständig fehlerhaft mit allem möglichen, mit dem Aggressor, mit der Macht, mit dem oder der Überlegenen identifizieren. Die fehlerhafte Identifikation ist selbst die Katastrophe – und zwar eine auf einem anderen Niveau und von einer ganz anderen Qualität: Die Erfahrung, ein Leben lang den beiden Gewalten Verleugnung und Angstbewältigung ausgeliefert zu sein. Die eigentliche Katastrophe tritt dann ein: Wenn sich der Konformismus auf allen Ebenen durchsetzt.

Frage: „Eine Katastrophe bedeutet für mich, wenn eine elaborierte Struktur auseinander bricht, wenn die Basiskoordinaten eines Weltwissens oder einer Selbstdefinition ins Nichts gesaugt werden. Während hier ja von den frühen Zuständen die Rede sein soll, in denen ein quasi-symbiotisches Verhältnis den Schritten zu einem mehr oder weniger gut abgegrenzten Selbst weichen muss. Wäre es sonst nicht wirklich naheliegend, mit ein paar alten Griechen zu behaupten, die größte Katastrophe sei das Geburtstrauma und am besten wäre es, gar nicht geboren zu werden? Es muss doch eine Vergegenwärtigung der ursprünglichen Einheit möglich sein! Ist nicht alles, was wir vom Paradies wissen oder erhoffen, in jenen symbiotischen Zuständen zu verorten?"

Zur ersten Frage kann ich nur ohne Einschränkungen ja sagen. Wenn man mich gefragt hätte, rechtzeitig, hätte ich dankend abgelehnt! Und zur zweiten Frage ist daran zu erinnern, dass es die tatsächliche Einheit immer erst a forteriori gibt. Darum setzt Bion mit seiner Theorie der Erfahrung am Symbolbegriff eines Jones an, um die frühe Topologie des psychischen Apparats aus Freuds Entwurf einer Psychologie für die Entwicklungsgesetzmäßigkeiten des Denkens fruchtbar zu machen. Die Frage lautet: Wie und über welche Umwege wandert etwas über die Wahrnehmung in die Vorstellung ein, welchen Schutzraum, welche Unterstützung braucht es, welche positive Verstärkung, damit Lernhunger und Explorationsvermögen entstehen! Das passt alles und ist doch zu wenig – warum das so ist, können Sie in Sloterdijks Ausführungen über die Funktion des Doppelgängers nachlesen: Es braucht schon ganz früh in der Entwicklung eine Schutzmacht gegen die Verfügungsgewalt der mütterlichen Imperative.

Bion steht in der Tradition des amerikanischen Pragmatismus, angeregt von der Peirceschen Semiotik und der Zeichentheorie eines Morris, nähert er sich mit seinem Symbolbegriff nach und nach der Konzeption des Symbols bei Cassirer an. Über die Ambivalenz des Symbolbegriffs habe ich in den verschiedenen Zusammenhängen schon einiges dokumentiert, das würde jetzt zu weit führen, aber es gibt ganz klar zwei Traditionszusammenhänge, die diametral entgegengesetzt sind. Das Symbol verweist für die einen auf ein konventionalisiertes Zeichen – von Kant über Hegel zu Peirce – und für die anderen – von den Mystikern über Goethe oder Baader bis zu Benjamin – auf eine ursprüngliche Einheit, die im Augenblick der Evidenz wieder hervortreten kann oder die in einer Lebensgeschichte eingesammelt wird. Nur auf den ersten Blick scheint diese Einheit auf die Erfahrungen im Mutterleib zu verweisen – im menschheitsgeschichtlichen Rahmen greift dies aber längst zu kurz und ist einer Kompensation der männlichen Machtsimulation zu verdanken. Diese hat lange genug alles an Kraft absorbiert und dafür gesorgt, dass unter den erstarrten Masken der Individualität die Beweglichkeit der alten durchdringenden Erfahrungsformen, der frühen teilhabenden und der Mimesis unterstehenden Erlebnismuster nicht wieder zum Vorschein kommen konnten – nur deshalb wurden sie auf die intrauterinen Zustände projiziert. Wir müssen wieder lernen auf die Rhythmen der Körpererfahrung zu horchen – vor allen Dingen wird es unter dieser Voraussetzung möglich sein, die Erfahrung selbst durch Rhythmen zu strukturieren. Wenn wir an die Grundlagen der Möglichkeit der Erfahrung herankommen können, sollte nach den Ausführungen Kittlers nie vergessen werden, was mit dieser Wirksamkeit musikalischer Proportionen alles erreicht werden kann.

Aus dem Band über die ‚Labyrinthe des Ohrs' kann manches über Sonnemanns Ansatz gelernt und verallgemeinert werden. In bestimmten Situationen habe ich die paläoanthropologischen Wahrnehmungsweisen erfahren und sogar zu nutzen gewusst. Man kann die Paranoia als Erkenntnisapparatur verwenden – das hat Dalí mit aller Akkuratesse vorgemacht –, wenn dabei nicht vergessen wird, wer warum und mit welchen Möglichkeiten an der Paranoisierung arbeitet. Es braucht immer eine Möglichkeit der Distanz – ansonsten kann ich mich bei der Lektüre von Warsitz und Küchenhoff nur wundern, warum ich nicht wahnsinnig geworden bin. Die Symptome waren alle da, nur das Lachen war mir nicht vergangen!

Sloterdijk hat in solchen Zusammenhängen einer erneuerten philosophischen Anthropologie zugearbeitet. Im Hinblick auf die umfassende Semiose des menschlichen Feldes und die Frage nach den entsprechenden Medien, der immer wieder neu bezweifelten Medialität, ist ganz klar von einem radikal anderen Ansatz die Rede. So verwundert es nicht, dass für die Philosophie eine produktive Schaukelbewegung zwischen Symbiose und Distanz freigesetzt wird, die an die späten Schriften eines Montaigne erinnert, auch wenn es in Anlehnung an Kittler heißt, schon Platon habe Mathematik und Erotik nicht voneinander trennen können. Tatsächlich zeigt Sloterdijk in den verschiedensten Zusammenhängen, dass die Liebe in ihren ursprünglichen Antrieben der Versuch ist, „ins Runde" einer sich selbst genügenden Vollkommenheit zu gelangen und damit „die erste Kugel zu rekonstruieren".

Das erklärt die Kritik an Lacans Spiegelstadium – die Metapher eines Sirenenstadiums trifft es viel genauer und ist so stimmig, dass tatsächlich einige Kapitel der Philosophiegeschichte umgeschrieben werden müssten! Das Hören ist eine Form der Orientierung im Raum, während die Identifikation mit dem Bild eine zweidimensionale Reduktion darstellt, also eine Abstraktionsleistung, die von den echten Wirksamkeiten abzusehen versucht. Dann ist es ein leichtes, in eine Welt auszuschwärmen, die man gar nicht richtig versteht und sich dort mit brachialer Gewalt über alle Eigengesetzlichkeiten hinweg zu setzen. Der wirkliche Bereich der Erkenntnis wird immer der Innenraum sein, die Überlappung oder Berührung von Einflusssphären, die Belehnung mit Kraft und Wissen, damit aber die Fähigkeit, sich auf die Eigengesetzmäßigkeiten des jeweiligen Prozesses einzulassen.

Mit der Thematisierung dieser Gesetzmäßigkeiten ist an die Handlungshemmung zu erinnern, die der visuellen Sphäre gehorcht: Im Traum erscheint das in der Wahrnehmung, was den Kontakt zur Motorik blockiert bekommen hat; in der Wirklichkeit werden die Blicke gebannt, ob es das Kaninchen vor der Schlange ist oder der zur Handlungsunfähigkeit verdammende pralle Blick. Dazu passt die Kennzeichnung der visuellen Gefräßigkeit, die sich in einer endlosen Befriedigungsunfähigkeit totläuft – die tatsächliche Lähmung vor der Glotze oder der Spielekonsole. Denn an den Kontakt- und Nahsinnen findet eine ganz andere Weltverarbeitung statt, hier ist eigentlich unabweisbar, dass wir uns mit der Welt in einer Einheitsrelation befinden: Wir sind tatsächlich ein Teil von ihr, auch wenn sie erkenntnis- und wissenschaftstheoretisch ein Teil von uns ist. Der Fernsinn des Auges und die mathematische Abstraktion, die Zahlen und Proportionsverhältnisse sprengen diese Beziehung auf – dann wird es schwer, noch zu verstehen, wie eine wechselseitige Einflussnahme nachvollziehbar sein soll.

Was Bataille ‚innere Erfahrung' genannt hat, taugt schon deshalb nicht zur Grundlegung einer philosophischen Systematik, weil er mit allen möglichen Tricks vor die Sprache zurück kommen wollte, statt im Eros ihre Erfüllung einzulösen. So bietet sich die Folgerung an, dass die Bewegung des Erkennens in der entgegen gesetzten Richtung zu verfolgen ist: Mit den kleinen Wahrheiten des Körpers ist der Monismus zu verabschieden. Der ‚Augenblick der Wahrheit' kann eintreten, wenn das Subjekt dazu bereit ist, sich dank der Beziehungsarbeit auf der hormonellen und energetischen Ebene neu zu erfahren. Tatsächlich gibt es im Körpergedächtnis, wie in allen Formen des Austausches, ob Geld oder Blut oder Zeichen, einfachere und damit grundlegende Formen der Teilhabe, die auf mimetische Harmonien und damit auf musikalische Grundlagen verweisen. Es mag stimmen, ohne Verzückung ist eine erste Einsicht in gewisse überzeitliche oder ewige Gesetzmäßigkeiten nicht möglich – aber es muss nicht unbedingt die Identitätsphilosophie sein, deren ewige Objekte mathematische Gesetzmäßigkeiten sind. Genau so denkbar ist eine Polaritätsphilosophie, die durch Kräftepfeile oder Lichtbündel die Kristallgitter der Macht greifbar macht oder ein Denken in asymmetrischen Mustern, das unser Selbst als einen Teil der Wahrheit in vielstimmigen Harmonien präsentiert.

Die Lobpreisungen der Liebe sind alles andere als eine Unterstreichung der Kitschversion der Utopie. Schon der Ausgangspunkt der Liebe als

Duell zeigt genau jene Ambivalenz – ich habe beschrieben, wie ich mich für die Eine investiert habe und mir dabei recht schnell bewusst geworden ist, dass es ein Kampf auf Leben und Tod war. Spätestens nachdem einige der Sachen zu Bruch gegangen waren, die ich aus dem Schiffbruch meiner Elternwelt gerettet hatte, dürfte klar gewesen sein, dass ich wachsam und geistesgegenwärtig sein musste, wenn ich nicht Gefahr laufen wollte, dem Signifikantennetz der Elternwelt meiner Freundin zum Opfer gebracht zu werden. So wie es gelang, die Wertsysteme von kleinen Verwaltungsbeamten auszuhebeln, stellten sich die Imperative größerer Bildungsbeamter ein, die mit der Prämie einer Universitätskarriere warben, wenn ich bereit sein würde, meine Energien bei ihnen einzuspeisen. Welche gemeine Falle: Was mich herausgehoben und interessant gemacht hatte, sollte ich verabschieden... Womit wieder einmal bewiesen wurde, dass nur dann zu gewinnen war, wenn man/frau sich den Verführungen des Verzichts und der Simulation, wie sie für eine Institution zwingend waren, nicht beugte: Auf diese Weise wurde ich zur persona non grata.

Tatsächlich waren diese Kriegsschauplätze nur Spiegelungen der ursprünglichen Aufgabenstellung: Übt ein/e mögliche/r Partner/in nicht dann einen erotischen Reiz auf einen aus, wenn ein Changieren zwischen gutem und bösem Objekt stattfindet? Bion beschrieb eine Gesetzmäßigkeit, wie ein Kind nur dank der 'rêverie' der Mutter das böse interne Objekt in sie projizieren kann. Diese ursprüngliche Komplizenschaft, diese Einheit im Laufenlassen des Begehrens ist der spätere Motor einer spezifischen Qualität der Erotik. Insofern gehört die Empfänglichkeit für den erotischen Reiz ins Zentrum des Ichs! Die 'rêverie' ist die ursprüngliche Form, in der die Mutter diese Projektion auf sensible Weise toleriert, womit die Förderung der kindlichen Größenfantasien einher geht. Also sollte vielleicht noch einmal die Rolle der Mutter betrachtet werden: Wie früh sie mir die Erfahrung angedeihen ließ, in die Beweisfigur ihrer Besonderheit verwandelt und zur Bestätigung ihrer Größenfantasien in die Welt geschickt zu werden. Es brauchte später wohl nur eine Partnerin, die mir die Aufgabe stellte, mich gegen ein System der Lüge und Verleugnung zu bewähren: Damit kam ich in die Lage, diese Rolle als Erfahrungsform enormer Intensitäten für uns nutzbar zu machen. Auffällig ist, dass ich mich ab einer gewissen Zeit nur noch durch diese Beziehung definieren konnte, aber gleichzeitig das Lernen in der Beziehung, die Verwandlung, die ich an der Partnerin erfahren

habe, immer wieder mit der Gewalt der Tragödie in Verbindung bringen musste, mit der Erschütterung, die sie auslösen kann oder will!
Diese Konzeption ist ein Resultat der Geschlechterspannung. In den notwendigen Zusammenhängen bin ich dann auf die Einsicht gestoßen, dass vor den Anfängen der Identitätsphilosophie das Schöne und das Gute noch die gleiche Ranghöhe gehabt haben. Beiden gehört ein je originärer und vom jeweils anderen uneinholbarer Bezug auf das Wahre – und weil das Schöne zu jener Zeit eine Funktion der Logik der weiblichen Schönheit war und das Gute eine Funktion der Logik der männlichen Kraft, entsteht im Kampf zwischen der Schönen und dem Guten ein umfassender Wahrheitsbegriff, der den zweckfunktionalen, evolutionsbiologischen Rahmen sprengt. So muss man/frau sich nicht mit der Schwundstufe begnügen, die Benjamin kennzeichnete, als er formulierte, die Wahrheit selbst sei nicht schön, schön werde sie erst für den, der sie sucht. Mich wunderte aus diesem Grund nicht, dass Platon den Mythos des Begehrens von einer Frau klären lässt – die übrigens abwesend ist und nur von Sokrates referiert wird: Diotima – oder der zweite Schrecken – darf daran erinnern, dass hinter der männlichen Konzeption des Eros die ältere Form der Muttergöttin als Aphrodite auftaucht! Ein dahinter oder durch beide hindurch wirkender kosmogonischer Eros als die umfassende Gewalt mag in diesen konkurrierenden Modellen ausgeblendet worden sein, aber als Motor der griechischen Mythologie untersteht er noch nicht der Verdrängung. Hierzu finden Sie einige schöne Abschweifungen in Kittlers ‚Mathematik und Musik'. Die Rede ist nicht mehr von der einen Wahrheit, sondern es gibt jeweils eigene Proportionen und Entsprechungen, Verhältnisse von Verhältnissen, die wahr werden, die eine entsprechende Ausprägung des Wahren hervortreten lassen.
Vielleicht gibt es ja die Kapazität des großen Dulders wirklich und dann denke ich, verdient dieser Ansatz, der von den Wahrheiten ausgeht, die der Weg durch die Katastrophe übrig gelassen hat, eine besondere Beachtung. In Bions 'Elemente der Psychoanalyse' geht es an prägnanten Stellen um die Erzeugung einer reziproken Kommunikation. Hier ist jene Fraglichkeit thematisiert, die ihn auf gewisse psychische Katastrophen bringt. Wenn das Verständnis nur vorgegeben wird, wenn es Fassade bleibt, wenn sogar die richtigen Floskeln dazu dienen, dass jemand eine Wahrheit nicht an sich herankommen lässt oder sie ad hoc derart zerredet, dass sie nicht mehr ernst genommen werden muss. Ganz treffend

heißt es dann: Ein Säugling sollte die Möglichkeit haben, Eltern abwählen zu können, wenn es an den einfachsten Formen der Aufmerksamkeit und Einfühlung mangelt. Denn genau diese Verstümmelungen des Kommunikationsverhaltens werden für die Verkabelung seiner Synapsen kennzeichnend sein. Die Unmöglichkeit einer gemeinsamen Wellenlänge ist damit das Resultat einer anderen Form von Katastrophe, in der es durch gewisse Brüche und vor allem durch mangelndes Vertrauen nicht zu einer Identität durch Identifikation und Übertragung kommen konnte. Diese Einsichten sind wertvoll und richtig, nur die Basissetzung einer Identitätsphilosophie verkehrt die möglichen Lernerfolge in ihr Gegenteil. Deshalb ist an dieser Schnittstelle der systemische Ansatz eines Maturana als Korrektur heranzuziehen. Die Möglichkeit der Intervention ist klar an den Zielen der Ich-Psychologie ausgerichtet – so entsteht jene Form der moralischen Wertung, die die Schwierigkeiten der Missverständnisse im therapeutischen Prozess zum Ergebnis eines Entwicklungsdefizits erklären kann. Genau dann sind wir aber nicht mehr in der Lage, jene Singularitäten heraus zu arbeiten, die die Grundlagen eines nicht-identifikatorischen Lernens sein könnten. Ich erinnere an eine Einsicht der frühen Kritischen Theorie: Die Identifikation verdankt sich einem Zwangsritual der Angstbewältigung!

Frage: „Wir haben ja bereits gesehen, dass gegen die Prägungsmuster der Identitätsphilosophie eine vertrackte Form von Beziehungsarbeit gesetzt wird. Wobei sicher hervorzuheben ist, wie viel Selbstdistanzierung hier zu Humor und wie im gleichen Zug einer dem Verzicht geschuldeten Überbesetzung des genitalen Ernstes der Dampf abgelassen wird. Der Kampf der Geschlechter muss unter solchen Voraussetzungen ein Gang durch die Extreme der Negation sein. Dennoch hätte ich ganz gern, dass wir uns diese Fragestellungen noch ein zweites Mal unter der Perspektive des maschinellen Denkens vor Augen führen. Martin Burckhardts 'Scham des Philosophen' thematisiert fast die gleichen Schlüsselerlebnisse und bleibt doch dem psychoanalytischen Dogma verbunden, eine wirkliche Vermittlung oder Kommunikation beruhe immer auf Wunschdenken und der Vergafftheit in die Illusion. Ich denke, dass es realisierbare Wege für eine kommunikative Alternative geben kann, bin aber nicht unbedingt davon überzeugt, dass die schamanistischen Tricks und Taschenspielerkünste von jedermann nachvollzogen werden."

Als Zusammenfassung ist das sehr gut! Wenn ich allerdings zurückblicke, was wir bisher erarbeitet haben, bereiten Sie uns einen Fragenkatalog auf, der mindestens noch einmal so viel Raum erfordern würde. Bedauerlich ist also nur, dass wir heute Abend fertig werden sollen. Ich würde vorschlagen, dass wir noch ein paar Fragen sammeln und dann eine kurze Pause einlegen. Den zweiten Teil gestalten wir als philosophisches Potpourri, bis dem letzten die Augen zu fallen. Also, ich bitte um die Fragen!

Frage: „Noch einmal zu den Themen sozialer Tod und Initiation – mittlerweile sieht es so aus, als seien dies zwei Polaritäten ein und desselben Geschehens! Oder wie es in anderen Zusammenhängen bereits angeklungen ist, als müssten wir erst einmal durch den Tod hindurchgehen, um wirklich zu Ende geboren zu werden. Den Motor der Initiation in ein Leben, das der Reziprozität des kommunikativen Geschehens gewachsen ist, finden Sie also im körperlichen Vollzug? Ist die Liebe vielleicht selbst das Geschehen der Initiation?"

Die Initiation war immer an das Überschreiten einer Schwelle im Leben gebunden, an die Regelung der biologischen und biographischen Lebensabschnitte und der Vermittlung mit den sozialen Rollenvorgaben – sie wurde geleistet durch Ältere, die ihr Wissen weiter gaben und in Ritualen einschrieben. Das Wissen dieser Schwellenkundler untersteht heute dem Tabu und ist an die gesellschaftlichen Randzonen ausgegrenzt worden, wobei gleichzeitig festzustellen ist, dass sich die Modernisierungsformen der Normalität an eben jenen Rändern verjüngen und mit Kraft versehen.
Bevor ich jetzt referiere, wie Übergangsriten und Schwellenerfahrungen in der Ethnologie thematisiert worden sind, um sie für Philosophie oder Pädagogik fruchtbar zu machen, verweise ich lieber auf den Spieler, die Prostituierte und den Süchtigen – alle manischen Ticks zeigen uns, wie tief das Initiationsgeschehen in unserem täglichen Leben verwurzelt ist. Der Rest ist schon mehrfach angeklungen und für jeden ohne große Schwierigkeiten in der Fachliteratur aufzusuchen. Es geht um den emotionalen Einfluss, den die Initiationsrituale ausüben können, wenn sie die vorhandenen Gewohnheitsmuster durchbrechen, die die Sozialisation, die Vorbilder, der Glaube und der Verstand ausgeprägt haben: Si-

cherheiten und Halt werden zerstört, um im sozialen Tod den unmittelbaren Akt des Daseins hervor treten zu lassen und empfindbar zu machen – wo nichts mehr gewohnt ist, wo nichts mehr Halt versprechen kann, wo nichts seinen gewohnten Gang geht, kann die Chance auftreten, dass jemand sich auf die eigene Wahrnehmung zu verlassen beginnt, dass das Sehen und das Hören, das Riechen, das Schmecken und das Tasten auf einmal Gesetzmäßigkeiten vermitteln, die jenseits von Lebenslüge und Verleugnung angesiedelt sind.

Wie gewohnt darf ich die Umsetzung in der Biographie auf den Nenner bringen. Sie werden vielleicht schon bemerkt haben, dass ich die Gesetzmäßigkeiten immer von beiden Seiten aus angehe: Ich war nicht nur Opfer, sondern habe die Gesetzmäßigkeiten abgeleitet, mit denen die Täter zu den wirklichen Opfern wurden. Nachdem einige Statthalter des Wissens beschlossen hatten, dass ich nichts mit meinen Einsichten und überhaupt nichts mit meiner Kapazität anfangen können sollte, als also der soziale Tod über mich verfügt worden war, hätte es nichts gebracht, zu jammern, zu klagen und nach den Schuldigen zu suchen. Damit hätte ich ihnen nur einen Gefallen getan und die vorhandene Energie in die Ventile der Selbstzerstörung und Melancholie eingespeist. Das kannte ich schon, es hatte gewaltige Anstrengungen gekostet, als ich mich auf eine Beziehung eingelassen hatte, um den mit dem Mutterkuchen in die Welt geworfenen Imperativen der Selbstzerstörung die Kraft des Sogs und der Bannung zu entwinden. Ich musste mich auf einen Todeslauf einlassen, der tatsächlich mit dem Ergebnis endete, dass ich Geld machte und fickte, nur Geld, ohne irgendwelchen Anspruch, aber mehr, als ich mir jemals hatte vorstellen können – und fickte, weil es eine einfache Form von Sexualmagie gab: Wenn ich die Spannungen aushalten wollte, die dieses Geschäft mit sich brachte, war eine elaborierte Sexualität fast so was wie eine Lebensversicherung. Wenn jemand mit Erfolg Werbung verkaufen will, die Affirmation des Begehrens ist das Objekt der Begierde, mussten die Leute schon am Telefon spüren, dass ich der Garant einer objektivierten Bedürfnisstruktur war – das klappte nur, weil wir fickten wie junge Götter: So macht man Umsatz! Wie nebenbei hatte sich für mich ein Drängen und Wispern des Wunsches umgesetzt in einer Form und Intensität, wie es bei den akademischen Ausbremsrekorden nicht mehr für möglich gehalten werden durfte. Ich fabrizierte keine esoterischen Texte mehr, aber ich übte mich an angewandter Geheimlehre und begann mit der Hilfe meiner Partnerin zu zaubern.

Mochte ich einmal Texte geschmiedet haben, mochte mancher Satz, manches Wort so schwer gefallen sein, dass es in der Glut der Esse eines übermächtigen Wissens unter Schweißausbrüchen in eine Form gehämmert werden musste, gehärtet und geeist und wieder durchgeglüht. Irgendwann hatte ich kapiert, dass meine Technik, mit bedeutsamen Zitaten der Philosophiegeschichte umzugehen, auf ein mythisches Überlieferungsgeschehen zurückreichte, das der noch am ehesten nachvollziehen kann, für den der Verseschmied ein Nachfahre des Alchimisten ist, der wiederum ein Nachfahre des Metallurgen war, der in die Tiefenschichten der Zeit bis auf die Schöpfung göttlicher Schmiede zurückgriff. Hephaistos hatte das Netz geschmiedet, mit dem die Kopulation von Ares und Aphrodite zur Freude der Götter festgehalten worden war, der göttliche Porno über einen Seitensprung, bei dem wie nebenbei Harmonia gezeugt wurde, die Stammmutter des Geschlechts des Ödipus. Wie das alles passte – das musste man sich erst einmal klar machen: Diese Harmonie war die Mutter der Tragödie, sie hatte den zugemessenen Raum für verführte Söhne, kastrierte Männer und geopferte Töchter bereitet. An einem entscheidenden Punkt meiner Geschichte wusste ich, welcher Betrug dahinter steckte, dass mit solchen Sublimationen ein Geschehen in Gang gehalten wurde, mit dem das große Werk als verschollener Text rekonstruiert werden sollte, während die realen Kräfte, die in fast jedem Heranwachsenden wirksam waren, erst einmal abgetötet werden mussten. Erst wenn der göttliche Funke gelöscht war, durfte man als Kopist oder Kommentator an diesem verruchten Bildungsgeschehen teilhaben und die heiligen Weihen waren dann zu empfangen, wenn nachgewiesen wurde, dass man die nächste Generation erfolgreich zur Ader lassen konnte.

Notwendig ist also einen Bruch im identifikatorischen Teil der psychischen Apparatur – der vorbereitet wird durch die Ablösung von der Mutter und die Hinwendung zum Vater, also durch die von Lacan gekennzeichnete Instanz des Namens des Vaters. Es braucht eine Potenzierung dieses Bruchs, wenn die Relativität des sozialen Körpers erfahrbar und damit relativierbar wird. Erst wenn es möglich ist, ohne Schmerz und Verlustängsten zwischen verschiedenen sozialen Körpern hin und her zu wechseln, wird jener negative Impuls der Mimesis, der sich am Namen festkrallen und über den Vagustod verfügen will, erledigt – Distanz heißt das Zauberwort! Das ist sicher eine der seltsamsten Wirkungen in den energetischen Netzen. Der Restbestand an magischem

Animismus, wie er im identifikatorischen Verhalten von Massenbewegung und Starkult zu sehen ist, wurde längst auf einem höheren Level zur Einsicht in die Gesetzmäßigkeiten, die heute die Regeln für Cooperate Identity oder Cooperate Design vorgeben. Vermutlich hat Benjamin mit seiner mimetischen Theorie nicht nur das Geheimnis im Innersten einer Philosophie des Lebendigen getroffen! Der Anspruch einer politischen Institution, über die Wirklichkeit ihrer Mitglieder zu bestimmen, führte zu Vorgehensweisen, die, von der Sprachregelung bis zur Bücherverbrennung, dem Imperativ den Boden bereitete, bestimmen zu wollen, was überhaupt erkannt und ausgesprochen werden darf. Oft genug verbirgt sich hinter einem Monopol der Benennung schon das ganze System von Sackgassen, das in dogmatische und totalitäre Systeme führt.

Die Kräfte des Lebendigen sind auf jener Ebene anzusiedeln, von der die Einsicht in den Wahrheitsgehalt jenes Anspruchs stammt: Du sollst dir kein Bildnis machen! Und alles was mit Titeln und Hierarchien verbunden ist, mit klaren und eindeutigen Zuweisungen, versucht der Allmacht des göttlichen Strömens und Verwandelns zu entkommen und ein Reich der Kontrollierbarkeiten aufzubauen. Aus diesem Grund brachte ich eine optimale Voraussetzung mit: Über die Gewalt des Namens war ich nicht zu erreichen. Schon deshalb läuft der Versuch ins Leere, mich mit der Identifikation über die Musik zu ködern. Dank der Strategien meiner Mutter – die tatsächlich in einer unbeleckten Dumpfheit nur den Imperativen der Evolutionsbiologie gefolgt war, ohne sich je darüber Rechenschaft ablegen zu können, dass das, was sie mit Männern oder Kindern veranstaltet hatte, mindestens so zynisch war, wie die Männermacht, über die sie sich immer beklagte – war der Name für mich eine reine Beliebigkeit und taugte zu keiner Identifikation. Gerade diese Gesetzmäßigkeit, dass sich im Namen eine energetische Einheit bildet, die den Narzissmus füttert und schützt, wie Widmer dies beschreibt, war bei mir ausgefallen. Von einem solchen Bruch im Konzept der Identität muss ausgegangen werden, wenn eine Erklärung taugen soll, warum die bisherigen Versuche, zu vereinnahmen, um zu kontrollieren, zu stören, um dann wieder vereinnahmen zu können, gescheitert waren.

Frage: „Erst einmal ist auf eine Ambivalenz hinzuweisen. Deutlich wird doch immer wieder, dass Sie keine Hierarchien akzeptieren und Institutionen ablehnen. Aber im gleichen Atemzug argumentieren Sie gegen die psychotische Entdifferenzierung! Wenn dies nachvollziehbar sein soll, brauchen wir die primären Gesetzmäßigkeiten einer Freude am Leben, ich will die Konstruktionsweise des Motors der Lebendigkeiten wissen!"

Schauen wir uns erst einmal jene Konzeption an, nach der wir als tönende Gefäße entworfen worden sind und die Wahrheit als ein Symbolon – der Mensch ist als Medium konzipiert und wird zum Schauplatz der Sprache oder der Wahrheit. Wir müssen immer wieder in die Lage kommen, uns ergreifen zu lassen und das, was die Gesetzmäßigkeiten unseres Lebens ausmacht, beginnt durch uns zu sprechen. Dem widerspricht nicht einmal die Erkenntnis des Kommunikationstheoretikers: the medium is the message. Auf einer umfassenderen Ebene der Einsicht wird sie sogar in ganz anderem Maß bestätigt, denn hiermit wird erklärbar, dass es Leute gibt, die suchen und Leute, die finden, dass diese beiden Gruppen aber kategorial unterschiedene Zugriffsweisen auf die Wirklichkeit haben, die sich in den seltensten Fällen überlappen. Der Sinn unseres Lebens sind wir selbst – solange wir uns den Gesetzmäßigkeiten der Schöpfung widmen können, die uns die Schönheit und die Veranderung viel eher zeigen, als ein verhärteter Wahrheitsbegriff. Es ist nicht der objektive Geist und längst nicht der Herrschaftsanspruch irgendwelcher Institutionen – es ist viel eher jenes Lernvermögen, das sich einer umfassenden Beziehungsarbeit verdankt und die Entgrenzung kultiviert, also neue Werte und Einsichten schafft. Also das glatte Gegenteil einer schmarotzenden Entdifferenzierung, die das System der Behinderungen für den Machtanspruch zu verwenden sucht.

Dieses Schema ist schon auf die Stiftungsmythen der Institutionen zurück zu verfolgen. Die Jenseitsreise des Schamanen ist eine der Verfremdung und Veranderung: So wie er aus der gewohnten Welt herausfällt, entsteht ein Zugriff auf die Wirklichkeit, mit dem er Gesetzmäßigkeiten zum ersten Mal auf einen Nenner bringt, mit dem er aus Gewohnheitsmustern Wahrheiten filtert. Das mag noch deutlicher werden, wenn ich an jenen biographischen Weg erinnere, mit dem ich an menschheitsgeschichtlichen Gelenkstellen ansetzen musste, um einige Systemsprünge zu schaffen. Die Welt, wie ich sie kennengelernt hatte, war ein hoffnungsloses Unternehmen, der Platz, der für mich reserviert worden war, war der des auserwählten Sündenbocks. Das war nur auszuhalten, indem ich mich dauernd unter Drogen setzte und schon damit dafür sorgen sollte, dass es für mich gar keinen Ausweg geben durfte. Aus diesem Grund habe ich ihn im Bett gefunden – wie die Präsenz des Göttlichen von den alten Griechen genau an diesem Ort lokalisiert worden ist. Die ursprüngliche Konzeption des Symbols – ein Ring wird zerbrochen und die beiden Teile dienen ihren Besitzern als Erkennungszeichen für ein gemeinsames Ziel: Die beiden Teile sind also nicht das Ziel, sondern sie verbürgen durch die Eigenschaft des bruchlosen Zusammenfügens einen Vertrag, eine Gemeinsamkeit – hat doch eine ganz offensichtliche Ähnlichkeit zu jenem bei Platon über den Umweg einer Frau verbürgten Ursprung der Anziehungskräfte der Geschlechter! Eine vollendete Einheit wurde in zwei Teile zerschnitten, die von nun an auf der Suche nach der Hälfte sein sollen, mit der sie wieder zur ursprünglichen Ganzheit zurück finden – wobei nicht zu übersehen ist, dass dieses ursprüngliche Wesen einer Ganzheitlichkeit der Kugel etwas für uns völlig absurdes sein würde. In welche Richtung geht es, wie orientiert es sich, wo kommt es her und wo will es noch hin... Das ist so abseitig und fremd, wie eine in jeder Hinsicht abgeschlossene Bedürfnislosigkeit. Nach allem, was ich bisher erzählt habe, müsste klar sein, wie relativ die Bedürfnislosigkeit ist. Wir sollten nach und nach in die Lage kommen, all den Scheiß nicht mehr zu brauchen, mit dem die Leute ständig dazu gebracht werden, gegen die eigenen Interessen zu arbeiten. Erst dann ist es gar nicht mehr so abwegig, die vorhandene Kraft in die Unternehmungen zu investieren, die nicht dem Gesetz der süchtigen und ewig unerfüllbaren Besessenheiten gehorchen. Das Leben ist begrenzt und zu viele solcher Unternehmungen gibt es wirklich nicht.

Frage: „Der Schulungsgang der Musik scheint doch in einem zu bestehen: Die Frustration der Abwesenheit und des Verzichts auszuhalten, sich mit der nicht zu verleugnenden Tatsache des Todes abzufinden, indem die psychische Besetzung auf die Produktion von Erinnerungssystemen verlagert wird. Die Sterblichkeit wird dadurch ertragbar, dass sie durch eine imaginäre Unsterblichkeit überlagert wird! Das ist die verborgene Wahrheit des Orpheusmythos – anders als Dionysos, dessen Raserei so weit ging, dass er die eigene Mutter in den Olymp beförderte, anerkennt er den Verlust und sublimiert den Schmerz, bis das Werk der Erinnerung den eigenen Tod überdauert!"

Wie ich an den biographischen Schaltstellen vorgeführt habe, ist es möglich, vorhandene Techniken der Verdummung umzustülpen und als Bedienungsanleitungen gegen den alltäglichen Schwachsinn zu verwenden. Wenn ein Colli über den Ursprung der Philosophie aus dem Wahnsinn und der Besessenheit meditierte, so verweist dies auf jene archaischen Erfahrungsebenen, in denen eine undurchschaubare Übermacht der Welt durch Halluzinationen und Projektionen einer ersten Strukturierung unterstand, in der der Absolutismus der Wirklichkeit auf gewisse Orte oder Begegnungen zurück gedrängt werden konnte, um den großen Rest dann erfahrbarer und handhabbarer zu machen. In Türckes Philosophie des Traums wird nachvollzogen, wie jene primären Prozesse der Verschiebung, der Verdichtung, der Rücksicht auf Darstellbarkeit über Jahrtausende hinweg jenen Wahrnehmungsraum strukturiert, wie Halluzination und Projektion nach und nach zu handhabbaren Bildwelten geführt haben. Viele Jahrtausende später werden aus den einfachsten Zeigewörtern jene sprachlichen Formen erwachsen sein, die die Wahrnehmungen unterscheidbar und vergleichbar werden lassen, die zu Generalisierungen führen und aus der Arbeit am Mythos die verdünnteren Differenzierungen der Prosa der Wirklichkeit entlassen haben. Die reaktive und expressive Deixis ist im Fortgang dieses Prozesses immer tiefer in die Sprache eingewandert und hat dort den Standindex des Hier-und-Jetzt verankert. So, wie wir uns als Menschen in mehr oder weniger befriedeten Sonderwelten bewegen, in luxurierten Räumen der Selbstdarstellung und Verführbarkeit, uns also immer weiter vom ursprünglichen Materialcharakter unserer Welt entfernt haben, kann dieser Rekurs auf die Gewordenheit der Bildwelten und die Traditionsprozesse der sprachlichen Überlieferung zu den Gelenkstellen zurückführen und die Möglichkeiten einer Wiedereroberbarkeit der Erfahrung zur Verfügung stellen.

Manche der Wahrheiten, die mich betrafen, begegneten mir zuerst in frappierenden Träumen und wurden unter Drogen mit Öl- und Acrylfarbe auf Papier gebannt: Viele der Weisheiten, denen ich mich dann über Jahrzehnte widmete, traten ein erstes Mal unter dem Einfluss von LSD und anderen Halluzinogenen auf die Szene meiner Biographie – und ohne den heiligen Schauer, der mich manchmal gepackt hatte, ohne die Erfahrung, in einem großen Ganzen aufzugehen, hätte ich mich nicht auf die Suche nach all dem gemacht, was meine kleine und beschissene Welt überschreiten konnte. Das war die eine Richtung der Geistesbewegung – aber ohne die spätere Begegnung mit dem Tod, mit einer unnennbaren, unfassbaren und allgegenwärtigen Übermacht, hätte ich nicht die Kapazität entwickelt, mich auf die Wahrheiten des Körpers einzulassen und den Gesetzmäßigkeiten des Augenblicks, des Hier und Jetzt, zu gehorchen. Das war die andere Richtung, für die in der Beziehungsarbeit die Kraft und Überzeugungsgabe zu wachsen begannen. Die Grenze zwischen Ich und Du wurde durchlässig und je mehr die Geistesbewegung in die körperliche Erfahrung hinein wanderte, je dünner und haltloser wurden all die hysterischen Erwartungsmuster...

Frage: „Vor allem sollten wir wohl Ihre Beobachtung akzeptieren, dass uns das Verhältnis zwischen sozialem Tod und Beziehungsarbeit, der Wiedergeburt auf einer anderen Signifikantenebene, die notwendigen Wege gezeigt hat? Und wenn dies nur ein Ansatz zu einer neuen großen Erzählung ist? Was, wenn Sie insgeheim daran arbeiten eine erneuerte Metaphysik in die Welt zu schicken und damit den Boden für eine neue Theosophie bereiten?"

Sie müssen mir nicht zum Mund reden, gegen Schmeicheleien bin ich immun – es ist alles andere eher zu erwarten, als dass ich mich selbst verarsche und eine Schule gründe!
Wir müssen wieder durch den Wahn und die Besessenheit hindurch, um die nötige Distanz zum tagtäglichen Wahnsinn zu gewinnen. Das leistet der Rückgriff auf die Schrift – diese Technik der Mortifizierung kann gegen die Dressuren der Entlebendigung eingesetzt werden. Also noch einmal zurück zu jenem historischen Scharnier, mit dem Platon die Macht der Mythen und der bezaubernden Gestaltbilder brechen konnte – genauere Hinweise finden Sie in ‚Mimesis' von Gebauer und Wulf – nur dieses Mal in der entgegengesetzten Richtung: Gegen den hysterischen Sozialcharakter, die entfesselte Phrase und die Imperative der Bildwelten. Der funktionalisierte und reduzierte Alltagstrott betrügt uns durch Stillstellung und Verzicht, durch den Köder der Surrogate, um alles, was an Echtheiten für eine Lebenszeit zur Verfügung stehen könnte. Wenn das Menschengeschlecht den Weg von der Besessenheit durch Halluzinationen über die deiktische Poesie bis zur Prosa der Wirklichkeit gehen musste, ist heute im einzelnen Leben dieser Weg nicht nur nachzuzeichnen, sondern in den Fällen, die entscheiden, wieder

rückwärts zu buchstabieren. Diese archaische Strukturierung der Welt durch Halluzinationen und Projektionen macht den Bezug zu jenen Techniken deutlich, mit denen wir uns einer Involviertheit entwinden – sie sind nämlich erst einmal Emanzipationsleistungen. Ursprünglich bezogen auf den Schamanen, der durch irgendeinen Kick – sei es eine chemische, sei es eine organische oder soziale Insuffizienz – aus seiner gewohnten Welt heraus katapultiert wird und dann, wenn er zurück kommt, auf einmal diesen gewohnten Lebenskontext von außen sehen kann – und damit Gesetzmäßigkeiten erkennt oder auf den Nenner bringt, die eine weissagende oder heilende Funktion in dieser kleinen Welt haben. Das mag für die, die nicht über den Lattenzaun der Kultur geschaut haben, die nicht durch die Maschen der Wirklichkeit gefallen sind, dann so aussehen, als bringe er irgendwelche Weisheit aus den göttlichen Sphären mit. Wenn wir heute noch in der Lage sein können, mit Gesetzestafeln vom Sinai der Besessenheit herabzusteigen, sollten wir die Tafeln nicht einfach zerschlagen, nur weil wir akzeptieren müssen, dass das normale Volk einen Scheiß auf unser unter Qualen und Todesangst gewonnenes Wissen gibt. Wenn wir nachvollziehen können, wie diese Tafeln beschriftet worden sind, sehen wir, welcher gewaltige Abstand zwischen einer im Körper brennenden Erfahrung und den verallgemeinerten Daten im Archiv besteht. In den richtigen Zusammenhängen können wir manchmal einen Geistesblitz zünden, der die Zukunft mit der Vergangenheit verknüpft, der das Gewordene auf einmal Veränderungen unterstellt.

In jedem von uns wartet ein junger Gott auf den Anspruch: Es reicht nicht aus, dass Drogen oder Übertragungssysteme diesen Anspruch stimulieren, denn nach dem Kick ist die Enttäuschung über die Leere und Hohlheit der Welt nur umso größer. Die jungen Götter verwirklichen sich Schritt für Schritt im Paar, in körpereigenen Drogen, die durch die Beziehungsarbeit freigesetzt werden: Sie warten darauf – manchmal ein Leben lang – dass der Kontakt hergestellt wird. Wir können die Welt nicht verändern, denn sie gehorcht ihren eigenen Gesetzmäßigkeiten, die jeden unserer Willküräkte vereinnahmen und verwandeln werden. Aber wir können uns ändern, wir können graduell für eine Zunahme an Freude und Lust und Empfindungsfähigkeit in der Welt sorgen. Im kybernetischen Sinne haben wir tatsächlich im eigenen Leib ein winziges Steuer, das mit der nötigen Geduld den Kurs des Schiffs unserer Welt bestimmen kann – die Lebendigkeit in seiner Offenheit und Wachheit ist selbst dieses Steuer. Die Lust und das Lernvermögen, die Freude am Leben sind der einzige Kanal zur Welt, der wirklich gewährleistet ist, denn wir sind ein Teil von ihr, selbst wenn wir dies nicht wahrhaben wollen! – Die Melancholie oder die Neigung zum Nörgeln und Miesmachen mauern diesen Zugang mehr und mehr zu, die Depression lässt schließlich nichts mehr von der Welterfahrung übrig. Und damit ist es unser Empfinden, das die Bedeutungen in die Welt bringt – die Gefühle sind die ursprünglichen Intensitäten, aus denen nach und nach die Bedeutungen sedimentiert werden. Der Sinn, den wir fortwährend irgendwo anders suchen sollen, realisiert sich hier und jetzt, indem wir ihn selbst in die Welt setzen. Das verbindet die Sprechakttheorie mit der ihr angeblich so fremden Metaphysik, denn wir tun Dinge mit den Worten, wir verwirklichen Welt – und damit liegt es an uns, an den Basisprämissen unseres Fühlens und Sehnens, welchen Gesetzmäßigkeiten diese Welt dann gehorchen wird. Jede Bedeutung ist eine komprimierte Zeitkapsel, eine Form von ritualisierter Handlungsanweisung, in der eine Lebenssituation auf ihre Ausfaltung wartet.

Wir machen jetzt eine kleine Pause und gestalten den zweiten Teil dann mit einem offenen Ende.

b

Willkommen zurück, wir starten nun den Ausklang. Gehen Sie davon aus, dass ich alles andere eher bin, als der Prediger irgendwelcher Wahrheiten und mir nichts so widerwärtig ist, wie ein durchschnittlicher Abwesenheitsfanatiker. Es liegt mir fern, das Spiel des Verführers auszugeben und nichts verachte ich so, wie die Sucht, Macht über andere auszuüben. Falls ich Sie hin und wieder vor den Kopf gestoßen habe, diente das vor allem dazu, die Abstände aufrecht zu erhalten und die fehlerhafte Identifikation zu unterbinden. Ich bin nicht bereit, mich mit einem neuen dunklen Zeitalter der Erkenntnis zu arrangieren, in dem Konventionen endgültig an die Stelle von Ergriffenheiten treten und Überzeugungen Evidenzen ersetzen, Programme Erfahrbarkeiten ablösen – und ich meine, dass das schon da beginnt, wo Schüler und nachgemachte Menschen produziert und wo Mitläufer bevorzugt werden.

Frage: „Glauben Sie wirklich, dass auf solche Wahrheitswerte Verlass ist? Vielleicht sind es nur fehlerhafte Verallgemeinerungen? Dass Sie die Gesetzmäßigkeiten der konfliktuellen Rivalität zwischen Frauen verstanden haben, sagt doch nicht viel. Es könnte vielleicht zu einer Analyse der Verletzungen und Frustrationen durch eine Frau führen, auf die in langen Jahren aufgestaute Wut über den von der Mutter herkommenden Hass auf die andere Frau? Aber ansonsten rettet Sie kein exotisches Potpourri: Ein bisschen Lacan mit der Sprachphilosophie Rosenstock-Huessys gekreuzt, eine Dosis Leopold Ziegler mit Walter Benjamin komprimiert, ein bisschen buddhistischer Weiser und ein bisschen Computerfreak! Was können Sie denn tatsächlich über die Grundlagen des sozialen Todes berichten? Was tragen Sie bei zu einer reproduzierbaren Erkenntnis? Was lässt sich tatsächlich aus Ihren eigenen Erfahrungen lernen und damit vermitteln, wenn es darum geht, wofür es sich zu leben lohnt?"

Nichts! Unter der Voraussetzung der Reproduzierbarkeit geht alles Inkommensurable verloren. Und ich habe mich nicht aufgedrängt! Wenn Sie die Antworten auf Ihre Fragen wissen wollen, sollten Sie sich selbst

auf das Hier und Jetzt einlassen. Ein bisschen Risiko muss sein, ohne das Wagnis einer eigenen Entscheidung, ohne den Willen, sich auf die eigenen Wahrnehmungen und Schlussfolgerungen zu verlassen, brauchen Sie gar nicht beginnen.
Damit ist klar, dass Sie dem Glück des Unvorhergesehenen erst begegnen, wenn alle Sicherheiten weggeflogen sind – die Chance, einen neuen Weg einzuschlagen, ist die einzige, die dann noch geblieben sein wird. Es gab einen Punkt, an dem ich davon ausgehen sollte, dass ich ziemlich schnell tot sein würde, wenn mir keine unverhoffte Wahrheit ins Gesicht sprang. Prompt war sie da – und das mit einer Intensität und Leuchtkraft, dass mich diese Energie erst einmal umhaute, dass es mir in der Folge noch den verbliebenen Boden unter den Füßen wegzog.
Die Anspielung auf Pfallers Buch kommt mir nicht ungelegen. So wichtig manche Einsichten und Querverweise sind, so bedenklich scheint mir doch, wie weit dieser avantgardistische Theoretiker der gesellschaftlichen Entwicklung hinterher hinkt. Das Lob der kleinen Entgrenzung ist mittlerweile eine Apologie des modernisierten Konformismus, der Bezug auf die Nischen des Heiligen in den alltäglichen Gebräuchen eine neue Rechtfertigung der Stillstellung geworden. Die Kategorie der Verschwendung ist längst nicht aus der Welt verschwunden und sie wird nicht nur von den Reichen zelebriert. Wer erfahren hat, welche technischen und kommunikativen Möglichkeiten in großen Konzernen zur Verfügung stehen, kann nur staunen, wie die verschiedenen Regelungen und Arbeitsanweisungen, wie die Abschottung der einzelnen Abteilungen und der Mangel an Abstimmung zwischen den Leutchen, die eigentlich in die gleiche Richtung marschieren sollten, dafür sorgt, dass weniger zustande kommt, dass weniger bewegt werden kann, als dies von einem beherzten Außenseiter zu erwarten ist. Wenn sie schon einmal an einem gemeinsamen Strang ziehen, dann mit Sicherheit in der entgegengesetzten Richtung, aber in der Regel ist dafür gesorgt, dass jeder seinen eigenen Strick dreht und das Rad in drei konkurrierenden Abteilungen neu erfunden wird. Die Verschwendung äußert sich heute in der Erfahrung, dass die wirklichen Heuschrecken in den Vorstandsetagen selbst sitzen und dort ein enormes Potential gebunden wird, um den Seeweg nach Indien endlich zu entdecken, dass der Finanzsektor und alles, was damit zusammenhängt, eine parasitäre Struktur aufweist, die noch zynischer und rücksichtsloser ist, als die Selbstversorgungsmentalität unserer Volksvertreter. Tatsächlich aber spiegelt sich diese

Legierung aus Anspruchsdenken und Unfähigkeit noch einmal im Konformismus, in der Faulheit und Trägheit der Bewohner von Großraumbüros, in der Verfressenheit und Versoffenheit von verstümmelten Arschlöchern, die ihre Arbeitszeit so einteilen, dass sie zur Beschäftigungstherapie zwischen den Bildschirmpausen mehr futtern als arbeiten und jeden Gang zum Klo oder zum Kaffeeautomaten so ausdehnen, dass von der Stunde nicht einmal die Hälfte zum Arbeiten bleibt und dass sie dann noch jeden Anlass nutzen, in irgendwelches Getratsche auszuweichen. Ein derart strukturierter Tag strengt enorm an, gerade weil die Arbeit keine neuen Antriebe verleiht – also nehmen die Fehlzeiten und die psychosomatischen Krankheiten zu. Das ist die modernisierte Form der Verschwendung, und sie liefert uns keine Möglichkeiten der Emanzipation. Die Leute, die nie die Gelegenheit gehabt haben, über sich hinaus zu gehen, weil sie am Gängelband der symbolischen Nabelschnur nicht in der Lage waren, überhaupt zu einem konsistenten Sich zu finden, haben heute enorme technische Möglichkeiten, um die ganze Welt nach ihrem Bilde in einen Haufen depressive Scheiße zu verwandeln. Das, wofür es sich zu leben lohnt, finden Sie mit Sicherheit in keiner der Gesetzmäßigkeiten, die den Alltag und die Arbeitswelt des gegenwärtigen Zeitalters strukturieren.

Für den Systemsprung, für die Erfahrung des sozialen Todes, gibt es glücklicherweise keine Lehre, denn sonst hätten wir nur eine umso umfassendere Perversion zustande gebracht! Es würde allen Regeln der Vielschichtigkeit der Humanität widersprechen, die vor allem auf Mut und Kraft angewiesen ist. In den meisten Fällen mussten die menschlichen Werte zu Geschwätz werden, weil dadurch jede Kraft der Inflation untersteht und oft sogar Protagonisten ausgeliefert ist, die hinter den Lippenbekenntnissen inhumane und menschenverachtende Machtstrategien verbergen. Der Mensch ist ein Wunderwerk: Wenn es drauf ankommt, können wir alle ein wenig zaubern oder in die Zukunft sehen – solange wir nicht so dumm sind, den Predigten derer Kredit einzuräumen, die tatsächlich nur die Macht über uns genießen wollen.

Es bringt nichts, sich um der Sicherheit willen an der Vergangenheit festzuhalten: Wir müssen den Kanal treffen, auf dessen Wellenlänge unsere Botschaften aus der Zukunft übermittelt werden. Wenn die Erleuchtung in unserer Welt im Verworfenen zu Hause ist, so ist dies analog zu den frühen gnostischen Spekulationen, in denen die Einsicht auftaucht, dass die Hoffnungslosigkeit und die Erlösung ein und dasselbe sind: Die beiden Seiten einer Medaille. Weil ich erfahren hatte, wie man über sich hinausgehen kann, ohne vom Nichts verschlungen zu werden, habe ich diese Prüfung überstanden – seit dem trägt mich eine enorme Freude am Leben! Es gibt nichts, mit dem ich nicht zufrieden sein kann, und wenn es nur dazu taugt, als schlechtes Beispiel zu dienen, wenn es nur eine Beweisfigur für den perversen Humor der Krüppelzüchter liefert – das lässt sich alles verwenden. Weil ich die psychische Vernichtung durchlaufen und hinter mich gebracht habe, bin ich als Zeuge im Sinne eines Sartre tauglich, der daran erinnert hat, dass es die Funktion der Zeugenschaft ist, Wahnsysteme zu zerbrechen. An diesem historischen Punkt habe ich mir sogar erlaubt, einen kleinen Schritt weiter zu gehen, um zu bezeugen, dass sich in der körperlichen Erfahrung in bestimmten Augenblicken die Basissetzungen der Begegnung mit dem Göttlichen zeigten! Das hatte die Voraussetzungen geliefert, mit denen das Eschatometer bis zum Anschlag ausgereizt werden konnte!

Wie hieß es einmal so schön bei den alten Lateinern: Die wichtigsten Bücher werden im Exil geschrieben! – Die Schritte ins Neue kann nur der machen, der den gewohnten Boden unter den Füssen verloren hat, die Funde unerwarteter Schätze wird man/frau nur dort erhoffen können, wo auf kein überkommenes Erbe Rücksicht genommen werden muss. Eine grundsätzliche Voraussetzung ist die mitleidlose Haltung gegenüber der eigenen Biographie – es gibt keine Gründe, um nach Entschuldigungen zu suchen, warum man/frau leider nicht dazu gekommen ist, das umzusetzen, was eigentlich als richtig erkannt worden war! Aber die beste Voraussetzung ist nach wie vor, auf einer Schwelle zu stehen, hinter der es kein Zurück mehr gibt und dann die Brücken und Auswege abzubrechen, bis wirklich nur noch die Möglichkeit geblieben ist, diesen entscheidenden Schritt über die Schwelle zu tun. Das ganze Werk Kafkas beschreibt die unendlich variantenreichen Strategien, dieser Entscheidung auszuweichen! Wer die Schwelle überschritten hat und mit der nötigen Geduld an einer Wiedergeburt arbeiten kann – das geht nicht von jetzt auf gerade eben, das kann sich Monate oder Jahre hinziehen, die dann sehr schmerzhaft und ernüchternd sind – wird sich immer das Gefühl bewahren, noch einmal durchgekommen zu sein und damit alles als nichtig empfinden, was in dieser Welt so wichtig sein soll. Die gleiche Mitleidlosigkeit wird sich dann in der Haltung äußern, wenn zu bemerken ist, dass die Negation auf ihre Urheber zurückfällt. Zu hassen, zu intrigieren wäre schon falsch genug gewesen, aber es wäre das allerfalscheste, sich über den Sieg wieder neu zu identifizieren. Es gibt kein Entgegenkommen über den Triumph, noch weniger über das Mitleid; es gibt keine Entschuldigung, die nur dafür sorgen würde, dass ein Teil der Negation an einem hängen bleibt. Es gibt nur die unerbittliche Bestätigung: So muss es sein! Mögen die Arschlöcher in der eigenen Scheiße verkochen – das interessiert niemanden mehr, wenn erst einmal kapiert worden ist, dass jeder für seine Geschichte selbst verantwortlich ist und jedes Bedürfnis der Rache zu ihnen zurückführt. Für mich hat sich neben dem Leitsatz, alles lasse sich verwenden, wenn man nur in der Lage ist, es richtig zu verwenden, noch ein zweiter Leitsatz ergeben: Ein jeder, wie er's braucht, eine jede wie sie's kann! Und wenn ich richtig befriedigt bin, kann ich davon ausgehen, dass dieses Machtschema funktioniert. Das war einmal eine kleine Erleuchtung: wenn die Wunderkerze abgebrannt ist, ist der Affe tot! Und dann ist es egal, was für ein Es dies nun sein könnte, mit dem mein Begehren auf die Welt der Krüppelzüchter zurück gebogen werden soll.

Wo die Rivalität und der dauernde gegenseitige Vergleich herrschen, kann so etwas wie Souveränität nicht einmal vorgestellt werden. Ein umwerfender Gag ist schließlich, dass sich die Leute um eine zerbrechliche Macht bemühen, weil sie darüber verfügen wollen, selbst zu sein. Währenddessen meinen sie, sich ständig mit anderen messen zu müssen und verstricken sich in Machtspielen. Sie wollen mehr als die anderen sein, wenn sie deren Macht vermindern – so kitzeln sie ständig gegenseitig die Bedürfnisse hervor, über die sie dann fremdbestimmt werden können. Im kulturschwulen Machtschema ist jede Form der souveränen Selbstbestimmung ein Widerspruch in sich – vorstellbar wird sie erst als Resultat einer befriedigenden Beziehungsarbeit.

Weisheit hat schon immer etwas mit Bedürfnislosigkeit zu tun gehabt, mit der Distanz zum eigenen Begehren – aus diesem Grund ist sie bei den Alten, die schon jenseits der Grenze sind oder bei denen zu finden, die in der Lage sind, sich jeden Wunsch erfüllen zu lassen. Diese Weisheit reicht in eine Zeit der Sprüche und Fabeln zurück, als es noch keine Aufzeichnungen gab, als die Wahrheiten und Lebensnotwendigkeiten über einprägsame Formeln und Rituale von Generation zu Generation weiter gegeben wurden. Weise war, wer alt genug werden konnte, um vielleicht zwei- oder dreitausend Spruchweisheiten zur Verfügung zu haben, die sich derart in sein Denken und Erfahren eingeprägt hatten, dass er nicht mehr unterscheiden konnte, wessen Wissen er verkörperte, wie viele vorangegangene Generationen durch diese sprachlich abgeschliffenen Münzen zu Wort kamen und damit einem psychischen Status jenseits des Begehrens entsprachen. Heute können wir fast nichts mehr mit dem Überlieferungsgeschehen anfangen, dabei wäre schon manche Sprichwortsammlung sehr nützlich, wenn wir sie nur richtig zu verwenden wüssten. So ist vor allem hervorzuheben, dass Weisheit über Orte und Begegnungen, über Bewegungsabläufe in den Körper hinein gewandert ist: Sie hat sich mit einer Form des Atmens und Sprechens und Gehens verbunden, sie will oder muss verwendet werden, sie impliziert die früheste Form des Pragmatismus – die esoterischen Gespinste aus warmem Wind und fetischistischem Imponiergehabe sind in der Regel der Prüfung der Anwendbarkeit entzogen. Was ich als Weisheit verstehe, ist also zum einen die Anerkennung der unerbittlichen Reziprozität des symbolischen Tauschs und zum anderen die der Notwendigkeit, das von der Mimesis angekurbelte Begehren auszuhebeln. Und das heißt für unsere Zeit, dass ein später Ableger der Weisheit in den Techniken und Routinen zu entdecken ist, mit denen wir unsere Basisprogrammierung ändern können. Es war sicher eine der wertvollsten Einsichten Learys, dass wir in der Lage sind, unser Betriebssystem auf eine neue und angemessenere Version umzuschreiben: Also nur einleuchtend, dass eine Schule der Liebe den Raum zur Verfügung stellen könnte, das Begehren umzuformatieren.

Frage: „Diese Verbindung aus Lustpolitik und Blankpoliertem Spiegel ist eigentlich eine Kurzfassung der wesentlichen Weisheiten, die die Hochreligionen transportieren. Ich muss nicht betonen, dass einige der ältesten Weisheiten in einer systemischen Welterfahrung der Naturvölker wurzeln – also auf einem umfassenden Harmoniegedanken, der irgendwann die Gesetzmäßigkeiten des symbolischen Tauschs nahe gelegt hat. Damit sind wir aber bei den Erfahrungsformen angelangt, die sich in den Mythen sedimentiert haben und somit an den frühen Formen der Institutionalisierung des Menschheitswissens. Wie wollen Sie den Widerspruch vermeiden, der daraus resultiert, dass Sie ein Produkt der Institutionen sind, dass Ihre ganze Arbeit nicht einmal vorstellbar wäre, ohne jenes Wissen von Generationen, das in objektiven Imperativen und durch intersubjektive Archive an der Konstitution Ihres Wissen beteiligt war. Und zwar längst bevor Sie überhaupt in der Lage waren, darüber zu entscheiden, was Sie für richtig halten wollen?"

In mehreren Fällen ist der kleine Schritt raus aus dem jeweiligen Kontext gelungen, mit dem dann wirklich neue Wege aufgetan worden sind. Ich wehre mich nicht gegen das überkommene Wissen, ich habe längst gelernt, dass sich alles verwenden lässt, wenn man nur in der Lage ist, es richtig zu verwenden. Was ich ablehne, ist die Verabsolutierung des Wissens und die Institutionalisierung einer Machtwissenschaft, dank denen die Menschen viel zu wenig von dem wissen, was sie wirklich angeht. Eine erste Hilfe ist der Bezug auf die Metainstitution Sprache, auf die Offenheit und Mehrschichtigkeit des symbolischen Systems.

Der Mensch ist ein Schwellenwesen. Für Jahrtausende galten Initiationen durch Schwellenkundige als unabdingbare Voraussetzung für das Gelingen der einzelnen Lebensabschnittsaufgaben! Diese Schwellen sind notwendigerweise mit Energie geladen – Sehnsüchte und Erwartungen, Vorbehalte und Versagensängste sorgen für spannungsreich ambivalente Besetzungen. Die Erfahrung der Schwelle halten die meisten nicht einmal für Augenblicke aus – und dabei ist die Unterscheidung Kopfgeburt oder Weltereignis hinfällig, denn es handelt sich um ein mediales Etwas, um einen Übergang, ein Dazwischen: Was durch die Köpfe hindurch wandert und die Welt erst erkennbar macht, was innen und außen zugleich ist, die Sinne anregt und Bedeutung transportiert – als Zeichen, die Zeichen für Zeichen sind. Das Medium selbst funktioniert wie eine Schwelle: Das Jetzt zwischen Gleich und Gerade-Eben, der Sprung innerhalb von Signifikantenebenen, die mit Bedeutsamkeit geladene Zeit des Findens oder der kulturellen Wiedergeburt. Ein Zeichen kann Gott, Geld oder Glück bedeuten – das Zeichen selbst materialisiert die Schwelle!

In jeder Biographie kommt es immer wieder zu Begegnungen jenseits aller Bilder und Repräsentationsschemata – meist werden sie eben als Katastrophen kodiert und geflüchtet. Dabei sind es die ein-zwei Chancen in einem Leben, die es zu ergreifen gilt, wenn noch weitere folgen sollen: Als Wechselgefüge aus Kraft und Bedeutsamkeit, in unendlich fein vernetzten Verweisungszusammenhängen im Hier und Jetzt, als einzigartiger, unvergleichlicher und nur momentaner Zusammenklang des Lebendigen – und wer mutig genug ist, zu sehen, dass es nichts zu sehen gibt, nur immer weitere Verweisungen, wird vielleicht zu der Folgerung geführt, dass das Netz der Signifikanten die Stellung des Göttlichen in der Welt beschreibt: Es ist überall und nirgends zugleich! Der

Mensch, der nach seinem Bilde geschaffen wurde, sich aber kein Bildnis machen soll, könnte sich demnach als inkommensurabel auf die Einzigartigkeit des einzelnen Augenblicks einlassen: nicht zu rivalisieren, sich nicht zu vergleichen, keine Vorbilder nachzuahmen, sondern Schritt für Schritt die nötigen Fähigkeiten und Erkenntnismuster auszuarbeiten, um dem Jetzt und Hier immer mehr Dichte und Gehalt zu geben – mit dem nötigen Gottvertrauen! Der symbolische Tausch arbeitet für uns mit, wenn wir im Fortgang seinen Gesetzmäßigkeiten gehorchen, wobei ganz klar ist, dass wir vieles erst anhand unserer Fehler und Irrtümer entdecken können. Von alleine geben sich die Regeln nicht zu erkennen, bis zu einem gewissen Alter und auf einem relativ geringen Energielevel handelt es sich um ein sehr fehlertolerantes System – erst auf dem Weg zur Ranghöhe einer personellen Macht wird ein makelloses Verhalten notwendig. Wer erst einmal auf die wichtigen Unterscheidungen gestoßen ist, kann feststellen, dass einigen Biographien dieses Zurückschrecken vor dem Vergleich und vor der Verdinglichung, dieses Bejahen des Unvorhergesehenen abzulauschen ist. Notwendig ist der Schritt raus! Man/frau muss in die Lage kommen, den alltäglichen Schwachsinn und damit die Tödlichkeit der verordneten Besessenheiten von außen zu sehen.

Tatsächlich treten wir immer wieder auf die Schwelle. Über die Jahrtausende hinweg waren den einzelnen Schwellen Initiationsriten zugeordnet, und wer sie überschritt, gehorchte der Veranderung. Und trotz des Begriffs der Entfremdung und der Herr-Knecht-Dialektik, der damit einhergehenden Substantialisierung des Ich, ist in der Tiefenstruktur des abendländischen Wissens ein riskanter Erkenntnisbegriff aufbewahrt, den die konformistischen Großtheorien wieder und wieder verdrängten und verleugneten – und auf den sie doch immer angewiesen waren, weil er die Sehnsucht nach einer Erleuchtung, den Willen zur Wahrheit, diesseits aller halbherzigen Konventionen, erst einmal in Gang gesetzt haben musste. Wir lernen erst durch die Entfremdung, sie ist unsere Chance, den nicht in einem abgeschlossenen Ich aufgehenden Entwurf zu begegnen. Je größer der Abstand zu den gewohnten und unhinterfragt akzeptierten Gewissheiten wird, je mehr wirkliches Wissen steht zur Verfügung. Solange ein relatives Wissen als absolutes institutionalisiert worden ist, wird jenseits dieses geborgten oder erpressten Halts, auf der Rückseite des Wahns, ein narzisstisch beschädigter Abglanz zu entdecken sein: In den Selbstverstümmlungs- und Verleugnungsriten von Institutionsopfern oder Krüppelzüchtern.

In der Folklore aller Völker findet sich die Geistreise, die Entäußerung und Veranderung, die Herstellung von Gold oder die Suche nach dem Stein der Weisen als Läuterung der Seele; das Ende der Welt am Grunde eines Wassers, die verschiedenen Weltenbäume mit einer als Geister und Dämonen, Teufel oder Engel bezeichneten inneren Bevölkerung der Welt – dem allem begegnen wir wieder, wenn die entscheidenden Prüfungen durchlaufen werden. Und die Reste umgeben uns, ob sublimiert in der Literatur, technisch im Blockbuster oder archaisch in manchen Karnevalsriten oder Popkonzerten: Das sind Äquivalente der Ekstasetechniken, ohne die die Menschheit um jene Ventile ärmer wäre, die ihren Bestand bisher in einem Maximum an Unwahrscheinlichkeit gesichert haben. Das Prinzip Hoffnung und der Geist der Gesetze sollen nicht einfach unter dem Imperativ der optimalen Machbarkeit auf der Strecke bleiben. Wir brauchen Subjekte der Vernunft, die in irgendeiner Form an die uralten Formen des Wissens zurück gehen, die die Tricks und Finten zu nutzen wissen, mit denen innerhalb der alten Hochkulturen aus dem Schoß der Religionen jene Weisheit und Spontaneität hervorgegangen ist. Diese verborgenen Wahrheiten sind nicht nur vergessen worden, sondern sie unterstanden später im Prozess der Aufklärung der Verdrängung. Wie Georg Picht evident gemacht hat: Die Mächte der produktiven Einbildungskraft sind in einen chaotischen Widerstreit geraten, weil die Vernunft ihren eigenen Ursprungsbereich nicht mehr mit dem Licht des Glaubens zu durchleuchten vermag. Wir sollen unsere Zukunft produzieren und haben bereits die Grundlage jeder Produktion, die Konstitution der Vernunft als solcher, im Prozess der Aufklärung verlernt. Picht hat die Einsicht propagiert, dass die Größe der Zukunftsaufgaben geradewegs in die Katastrophe führt, und seltsamerweise hofft er darauf, dass es eben die Katastrophe ist, die die ursprünglichen Kräfte wieder frei zu setzen vermag und den Bann der Verdrängung sprengen kann. Das ist ein der Aktualität geschuldeter Begriff des Lernens aus der Katastrophe, der doch verdächtig an meine Geschichte erinnert!

Wer zu neuen Ufern aufbricht, wer Traditionen des Denkens infrage stellt und selber sehen möchte, wer den sozialen Tod durchläuft, weil er sich nicht mit dürren Wahrheiten und ausgemergelten Konventionen zufrieden geben will, wer den brav bestellten Verwaltungsweg abkürzt, um interdisziplinäre Verspannungen herzustellen und damit dem Herrschaftsanspruch eitler Fachidioten in die Quere kommt... wird schamanistische Erfahrungen machen, sofern er überlebt, sofern sie ihn nicht zum Schweigen bringen: Gerade in diesen Kämpfen beginnen die Wirklichkeitsebenen zu flirren, beginnen andere Wahrnehmungsweisen mitzuspielen, zeigen sich fremde Wirklichkeiten

Früher mochten die Partnervermeidungszwänge zu den hysterischen Ausgeburten geführt haben – schon an dieser Stelle ist die Vermutung angebracht, dass körperliche Präsenz und konkrete Beziehungsarbeit ein Maß an Authentizität vermitteln können, das quer zu jenem Herrschaftsanspruch steht, der über den Umweg der Literatur und unter Aufsicht einer Bildungsgesellschaft vom Turm zur Wirklichkeit wurde. Heute mögen die Hysterien noch immer den Gesetzmäßigkeiten einer Gattung gehorchen, deren Angehörige die Zerbrechlichkeit der eigenen Konstitution durch Abwesenheitsdressuren überwinden möchten, allerdings ist die Wirklichkeit selbst ins Imaginäre verschoben worden. Die Übermacht der vorgegebenen Institutionen hat neben den technisch bedingten Definitionsspielräumen der verschiedenen Medien, die auf kreative Gruppenphänomene antworten, einen Imperativ entwickelt, der parapsychotische Monaden anfordert, bevor eine multimediale Traumfabrik die Wirklichkeitsaspekte von morgen montieren kann: Ein Todeslauf, während dem die institutionalisierten Bewahrer der menschlichen Werte alles daran setzen, dass es zu keiner aktuellen Verkörperung der Chiffren des Menschlichen mehr kommt. Laut dem Anspruch von Bildungsbeamten soll nur die Verwaltung von Gräbern und Denkmälern übrig bleiben. Tatsächlich zeigt sich aber zur gleichen Zeit in gewissen, von den Bildungsszenarien nicht völlig erfassten Bereichen, dass die technischen Möglichkeiten, die das Individuum überflüssig machen, einen Vorhof der Emanzipation der individuellen Möglichkeiten entstehen lassen, vor dem es unseren Simulanten der Selbstheit nur graut! Aufzeichnungen und Einschreibungen werden in einer Dichte und Feinheit realisiert, die die Inkommensurabilität des Individuellen in einer Intensität und Genauigkeit zum Ausdruck bringen, wie niemals zuvor damit aber auch die Anmaßung und Haltlosigkeit der institutionalisierten Lebenslügen. Wie sie sehen, ist das Feld schon längst abgesteckt: Das Thema des sozialen Todes ist die geheime Antriebsmaschine unseres Zeitalters geworden!

Frage: „Wenn Sie diese Einsichten bewusst angewendet haben – also in dem Maß, in dem Sie den quasi metaphysischen Standindex dazu zu verwenden wussten, den jeweiligen Rahmen zu sprengen – muss Ihnen doch klar geworden sein, dass diese Gesetzmäßigkeiten nicht zu objektivieren sind, ohne sie in einer Weise zu entwerten, nach der sie nicht mehr wirken oder sogar in ihr Gegenteil verkehrt werden. Damit muss es noch eine andere Regel, einen zusätzlichen Weg gegeben haben! Denn so wie es aussieht, haben Sie die Gesetzmäßigkeiten für sich arbeiten zu lassen, ohne sie dabei auszudünnen?"

Ich habe gleich am Anfang betont, dass es zwei unabdingbare Voraussetzungen gibt: Erstes, nicht nachzuahmen und mitzulaufen; zweitens, sich durch keine konfliktuelle Rivalität zu definieren. Es braucht Zeit und Geduld und vor allem die positive Rückkopplung eines befriedigten Körpers, wenn man/frau sich auf die Offenheit des Ungewordenen und der zu erobernden Zukunft einlassen will. Wir balancieren auf einem Nichts an Gewissheit, das hinter uns im Nebel der Vergangenheit verschwindet, auf eine ungewisse Zukunft zu, ohne wirkliche Alternative zu diesem subjektiven und einmaligen Versuch. All das, was an Sicherheit und Halt präsentiert wird, ist nur Schrott, der an uns appelliert, in die Selbstverstümmelung einzuwilligen.

Ich war bereit, auf jeglichen Komfort zu verzichten, ich brauchte den ganzen Schwachsinn nicht, für den die Leute zahlen und Lebenszeit verplempern – all den Scheiß, der die Normalos dazu nötigte, still zu halten und das ganze Leben in einer inneren Kündigung zu verbringen, konnte man sich sparen: Ich bin davon ausgegangen, dass das, was wirklich zählte, für Geld nicht zu haben war. Und ich habe erfahren müssen, dass eine geisteswissenschaftliche Fakultät alle Hebel in Bewegung setzte, um dafür zu sorgen, dass ich nicht einmal mehr in der Lage sein sollte, das bisschen Geld zu verdienen, das unseren minimalen Lebensstandard garantieren konnte: Was lag näher, als in einen Weltausschnitt auszuweichen, in dem anmaßende Schwachsinnige und kleinkriminelle Erben dem großen Geld in der Werbung nachjagten – ich machte Umsatz und brachte Gelder in einer Größenordnung in Bewegung, die ich mir in einer Selbsthilfewelt nicht einmal hatte vorstellen können! Während dieser Zeit, in der wir umzingelt waren, in der jeder Versuch irgendwo Fuß zu fassen, auf Signalements des Behinderungssystems treffen sollte, kapierte ich, dass es gar nichts brachte, unterdurchblutete Arschlöcher und stillgestellte Intriganten zu bekämpfen, ohne jemals bis zu den Auftraggebern vorzudringen. Damit war jede Konfrontation nur Zeitverschwendung, während eine ordentlich durchgeführte Entgrenzung, eine aus der Beziehungsarbeit wachsende Lustpolitik, alles in Schach halten konnte, was sich sexualgestörte Zwangsneurotiker an Fallen und Behinderungen ausgedacht hatten. Sie wurden vom Mangel an Befriedigung angetrieben, und es war zu meiner Beruhigung immer wieder festzustellen, dass der Sexualneid nicht genug Antrieb liefert, um auf die Dauer dafür zu sorgen, dass die Bremssysteme sich nicht festfraßen. Schon die Biochemie des Gehirns zeigt, dass Antriebe und Hemmer in einem geordneten Verhältnis funktionieren und dass immer dafür gesorgt sein muss, dass Bremssysteme ausgebremst werden können. Die Leute, die den kulturellen Umweg predigten und die Antriebsstörung als Conditio sine qua non priesen, haben in meinem Blankpolierten Spiegel gesehen, dass man nicht schneller oder besser sein kann, wenn man sich selbst ausbremst. Die Techniken, die wir in diesen Jahren entwickelten, hingen am allerwenigsten von mir ab, sie ergaben sich als Notwendigkeiten. Wenn die Leute, die unsere Gegner sein wollten, ein elaboriertes Sexualleben gehabt hätten, wenn für sie Lustpolitik nicht nur ein Terminus technicus gewesen wäre, hätten sie nicht der Furzidee gehuldigt, mich mit irgendwelchen Ersatzbefriedigungen zu ködern. Tatsächlich wäre es genug gewesen, mich zu ignorieren – ich hätte längst nicht diese Bedeutung erlangt!

In diesem Zusammenhang möchte ich mit Klaus Heinrich und Konrad Paul Liessmann an einen Themenkomplex erinnern, in dem viele der Fraglichkeiten zusammenfließen, die in unseren Geschichten auf einen Nenner gebracht werden. Als der gehörnte Hephaistos die Gemahlin Aphrodite beim Seitensprung mit Ares ertappen will, schmiedet er ein feines, unzerreißbares Netz, in dem sich die beiden beim Liebesspiel verfangen und ruft die männliche Götterwelt herbei. Die amüsieren sich köstlich und stimmen das sprichwörtliche olympische Gelächter an – obwohl fast alles von den Ingredienzien Sexualneid und konflikueller Mimetik vorhanden ist, findet es in einem Zusammenhang statt, in dem das Maximum der Humanität – vielleicht sind die Göttinnen deshalb und weniger aus Schamgefühl, nicht dabei – im Abfuhrphänomen Lachen deutlich werden kann! Nun der Höhepunkt: Die Frucht dieser Zusammenkunft wird Harmonia sein. Als Resultat eines Fehltritts und der ästhetischen Distanz, die den pornographischen Akt unterstreicht – wenn wir den verschiedenen Anregungen folgen, findet so, über die geschlechtliche Vermittlung der Gegensätze und deren ästhetischer Spiegelung, eine Vergegenwärtigung des Göttlichen in der Welt statt. Die Harmonie als Resultat von Schande und Betrug, Verrat und Häme ist also kein Status der seligen Ausgeglichenheit aller Gegensätze, kein spannungsfreies Paradies für Kuscheldeckennutzer und asexuelle Mutterklone – sie ergibt sich als eine Organisationsform der maximalen Kontraste, der am weitesten von einander wegstrebenden Gegensätze. Dieses Geheimnis steckt in den Wirkungsmächten aller harmonischen Proportionen, ob sie die Schönheit ausmachen und zugleich die von ihr ausgehende Macht zu bändigen versuchen, ob sie die magische Verwandlung unter dem Einfluss einer Musik kennzeichnen, der es durch die Vorgegebenheit eines leeren Taktes möglich ist, ein Maximum an Disharmonien zu organisieren. In der Tiefenstruktur ist die Gewalt verborgen, mit der der Gleichklang der Verschiedenheiten hergestellt wird: unbarmherzige Rhythmen, gleichförmig sich wiederholende Hammerschläge... Das Netz des göttliche Hinkers Hephaistos ist ein Symbol für jene Kräfte, mit denen die Welt zusammen geschmiedet wurde: Der Handwerker unter den Göttern stellt nicht nur die Waffen her, mit denen diese ihre Kräfte entfalten, er verfügt über die Macht, sie zu fesseln oder ihre Köpfe zu spalten, um eine Geburt durch den Vatergott zustande zu bringen – und diese Kapazität der kulturschwulen Vereinigung erweist sich sogar an der Lähmung der eigenen Mutter Hera.

Die Gehbehinderung und die Sprachstörung haben sich in meiner Geschichte immer als Erkennungszeichen des Sexualneids oder gar der Impotenz erwiesen – der Bezug auf den Tod und die Lebensangst hat also noch andere Implikationen. Seit dem Geschlecht des Kadmos wissen wir, dass der Schwellfuß und die Schrift in einem innigen Verhältnis stehen – das durch die konfliktuelle Mimetik der Drachenzahnkrieger von Anfang an einem Todeslauf unterstellt war. Tatsächlich kann einem bei der Einsicht in diese ödipalen Prozesse das Reden vergehen – aus diesem Grund musste die Talking Cure der Psychoanalyse an die Stelle der Praktiken des Beichtstuhls treten, als der Religion der weltgeschichtliche Kredit aufgekündigt worden war, den sie einmal der Tragödie entwendet hatte. In einer Welt der visuellen Ersatzbefriedigung und des dem Verzicht zuarbeitenden warmen Winds, mit den Wahrheitswerten von Lippenbekenntnissen und der Erfahrung der durchgehenden zynischen Verleugnung, sollten sich also Einsichten einstellen, die die

Mortifikationstechnik der Schrift gegen den in Hysterien vagabundierenden Tod zu verwenden wissen.

Ich fasse kurz noch einmal zusammen, was ich im Laufe der Jahre rausgebracht habe. Ein wesentlicher Schritt ist die Verabschiedung eines narzisstischen Selbstbezugs, wir sind Spiegel, wir sind Masken – und wenn der Spiegel von allem Begehren und aller konfliktuellen Mimetik gereinigt ist, wird die Selbstdarstellung beliebig und überflüssig, die Masken fallen ab oder sie werden im Augenblick so austauschbar, dass sie nicht mehr zur Identifikation taugen. Wer dann nicht mehr an die fehlerhafte Delegation des Sei-du-selbst gebunden bleibt, ist nicht mehr zu linken oder zu verführen – es bleibt eine tänzerische oder am Kampfsport ausgerichtete Disziplin des Körpers, in weichen und runden Bewegungen anwesend zu werden, die Imperative einer entgegenstehenden schlechten Wirklichkeit zu umspielen, zu unterlaufen oder die Widerstände durch geschickte Eingriffe ins Gewebe des Lebendigen aufzutrennen und ihre Haltepunkte durchs Verflüssigen zu beseitigen. Auf dem Weg dorthin wird eine um ihrer selbst gepflegte Tätigkeit, mag es eine konzentrierte Arbeit sein oder ein kreatives Eingehen auf die Gesetzmäßigkeiten eines Materials, bis zum Stadium der wohligen Selbstvergessenheit gelangen. Jede Tätigkeit, an der wir lernen können, die Gesetzmäßigkeiten des richtigen Umgangs mit dem jeweiligen Material zu finden, führt uns über die engen Begrenzungen hinweg – ein Kribbeln am Rücken, ein Ziehen in den Augenwinkeln, eine Verschiebung des Wahrnehmungsfelds kündigen an, dass wir ein Quäntchen Zeit oder einen minimalen Raum neben uns getreten sind... Aber das ist längst nicht alles. Es braucht außerdem befriedigende Körpererfahrungen, über einen langen Spannungsbogen aufgebaute, gemeinsame Orgasmen, die so durchdringend sind, dass danach das Begehren gelöscht ist. Das hilft vor allen in Ausweglosigkeiten – die Körper müssen zum Klingen und Jubeln zu bringen sein, und es stellen sich noch ganz andere Wege ein. Von einer fundamentalen Bejahung ausgehend, öffnen sich Türen, die unter normalen Bedingungen nicht da sein dürften: Es gibt ein Glück des Unvorhergesehenen, das sich an die Fersen des lustvoll erfüllten Augenblicks heftet. Hier hat sich jene Kategorie des Findens mit der Gunst der Stunde, mit der Heilsamkeit des rechten Augenblicks verbündet. Schon im Rahmen der verschiedenen Körper- und Ekstasetechniken finden sich diverse Tricks, das Denken stillzustellen oder besser, dafür zu sorgen, dass die von außen angekitzelten Hysterien nicht in einer Katastrophe der Selbstzerstörung münden. Diese Löschung des inneren Monologs ist erst ein Anfang, von nun an muss vor allem dafür gesorgt sein, dass die gebundenen und pervertierten Kräfte des körperlichen Geschehens in einer behutsamen Weise entfesselt werden, damit die materielle, in der Welt verhaftete Grundlage des Selbst die nötige positive Verstärkung erfährt. Die größte Gefahr ist immer, wenn die gewonnenen Freiheiten so wenig vertragen werden, dass die Betreffenden sofort an ihrer Abschaffung zu arbeiten beginnen.

Wir haben also eine Bremse für das Bremssystem der von den Institutionen vorausgesetzten Antriebsstörung in der Sexualität gefunden: Die Wahrheiten des Körpers, die Koordinationsformen des Sinnenbewusstseins und des Körpergedächtnisses liefern solche Offenheiten der Selbstdefinition, die vom Fetisch des Ichs nur noch ein operationales Schema übrig lassen. Wichtig ist, dass wir uns auf ein Geschehen einlassen können, dass wir lernen: zu sehen, zu hören, mitzugehen und zu verstehen. Wahrnehmungsgewohnheiten und Verhaltensroutinen müssen entstehen, mit denen dann andere Repertoires erlernbar sind. Die Bewusstseinsforschung hat durch bildgebende Verfahren erwiesen, dass eine Entscheidung bereits gefallen ist, wenn das Bewusstsein auf die Idee kommen will, sich für die Lösung zu entscheiden. Ein paar besonders Kurzsichtige haben wieder einmal behauptet, dass damit der freie Wille endgültig als Illusion erwiesen sei. Aber das ist Quatsch, die Freiheit des Willens hängt nicht an einem Epiphänomen wie dem Ich, sondern am ganzen Netz der Signifikanten, an den Verweisungen, die sich mit der persönlichen Geschichte gesättigt haben – das Ich ist die Ideologie, aber dahinter arbeitet die psychische Ökonomie eines inneren Teams; sie arbeitet mit Wissensweisen und Erklärungszusammenhängen, die mindestens drei Generationen umspannen. Eine wirkliche Entscheidung wurzelt damit in der Tiefenstruktur der persönlichen Geschichte: Deshalb betone ich immer wieder die Bedeutsamkeit des Subliminalen – was unter der Wahrnehmungsschwelle pulsiert, wird im Stolpern, im Anecken, im Versprecher, im scheinbar willkürlichen Zufall zugänglich! Eine Zeitung weht uns vor die Füße und die Schlagzeile setzt ein Aha-Erlebnis frei; ein willkürlich aufgeschlagenes Buch liefert auf einmal die Interpretationsanweisung für ein Verstrickungssystem; eine Melodie führt uns ins Labyrinth der Biographie zurück und gibt uns plötzlich einen Ariadnefaden an die Hand. Wenn wir in der Biographie die Möglichkeit einer Freiheit setzen wollen, dann ist sie dort zu suchen, wo gewisse Einsichten in die Gesetzmäßigkeiten, die das Verhältnis der drei Generationen prägen, zu der Kapazität führen, einen Schritt zurück zu treten, die Geschichte aus einer gewissen Distanz zu sehen und in den gerade entscheidenden Punkten zu objektivieren. Humor ist die Lösung, Lachen die Waffe, die Erkenntnis der Distanz liefert das Zauberwort – die Hirnforschung mag beweisen, dass das auf die Wahrnehmung bezogene Ich immer hinterher hinkt, aber sie zeigt in nicht geringerem Maß, dass es mit dem Wissen um die eigene Geschichte der Entwicklung voraus sein kann.

In diesem Verhältnis ist unser Freiheitsspielraum begründet – und wie es Gott will, ist das antizipierende Moment in den Wirkungsweisen der Schönheit, wie in den minimalen Intensitäten der zeitlichen Verschränkung, die das Ich-Hier-Jetzt konstituieren, zu entdecken. Damit ist es nur stimmig, dass Sie die Potenzierungen der Vergeblichkeit, die Steigerungsformen der Komplexität des Nichts, in den Qualen der Beziehungsarbeit wiederfinden! Diese Kämpfe verwirklichen den Todeslauf, während dem die Verwobenheit der drei Generationen offensichtlich wird; das tragische Agon stellt die Erfahrung der instantanen Wirklichkeit immer wieder neu zur Verfügung: In Geschichten verstrickt, sind wir entweder jetzt und hier die ganze Welt, mit all ihrer Zeit – oder wir sind so wenig, dass es nicht einmal die Mühe lohnt, nach einem Schmerzmittel zu verlangen. An genau dieser biographischen Schaltstelle ist die Verklammerung der Erfahrung des sozialen Todes mit der Vergegenwärtigung des Göttlichen zu situieren – dieser Zusammenhang könnte das nötige Fundament einer Historischen Anthropologie liefern!

Vielleicht ist die Einlösung einer großen Liebe sogar auf einer Ebene vor oder neben der Tragödie anzusiedeln. Vielleicht sollen die ganzen Störmanöver, die Fehlleistungen und Verführungen, die Ablenkungen und Missverständnisse nur dafür sorgen, dass es gar nie bis zu der Ranghöhe der tragischen Katharsis kommt – denn dann würde deutlich, dass es sich um eine Verkennungsanweisung handelt. Es könnte ja die richtige Entscheidung fallen, wenn zwei Weltsysteme mit dem gleichen Anspruch und derselben Autorität, aber ganz verschiedenen Prämissen daran arbeiten, ein Leben zu vernichten, um daraus eine Bedeutung zu schöpfen. Diese Entscheidung bewirkte, dass beide Systeme zurück gelassen werden, dass beider Wahrheitsanspruch lahmzulegen ist, indem sie gegeneinander gesetzt werden und in den unendlichen Weiten der

Interpretationsspielräume verloren gehen, während eine eigene Welt entworfen wird.

Oder ich könnte auch fragen: Was geschieht tatsächlich, wenn das Paar lange genug durchhält? Wenn das offensichtliche Resultat ist, dass sie immer wieder neu die gleichen Fraglichkeiten auszuhalten haben, dass in den verschiedensten Variationen immer dieselbe alte Aufgabenstellung zu bewältigen sein soll? Das legen die alten Mythen und manche ganz junge Erfahrung nahe – was noch lange keinen Grund liefern muss, über die Wiederkehr des Gleichen zu jammern. Es könnte ein Trainingsgang sein, bei dem immer mehr Routinen wachsen, bei dem das Repertoire des Urteilsvermögens stabilisiert wird – es kann sogar jung halten, reaktionsbereit und geistesgegenwärtig, wenn Beobachtungen und Analysen dafür sorgen, dass es zu keiner Langeweile, zu keinem Überdruss kommt. Ja, es kann sogar Gründe liefern, um sich weiterhin immer wieder für einander auszupowern – nur wo die Fetzen fliegen, hat die Routine keine einschläfernde Wirkung!

Frage: „Alles, was sie referieren, ist doch längst bekannt! Warum hat es denn nie genug Leute gegeben, die sich darauf eingelassen haben, diese einfachen Wahrheiten zu beherzigen? Ich kann Ihnen sagen warum. Weil Ihre uralten und zugleich ganz neuen Erkenntnisse für menschliche Lebewesen, die dem Begehren und der Angst unterstellt sind, gar nicht einzulösen sind! So bleibt also die Frage, was Sie anders gemacht haben, warum Sie nicht auf der Strecke geblieben sind oder warum Sie nicht zu jenem Zombie geworden sind, als den Sie sich im ersten Roman darzustellen wussten?"

Das habe ich angedeutet. Es wäre nicht im Sinne der Macht gewesen, um die sich die Impotenten, die Beziehungs- und Antriebsgestörten scharen. In diesem System der Behinderungen braucht es immer wieder Leute, die sich den Arsch aufreißen oder um ihr Leben rennen: Erst das hilft die Stillstellung auszuhalten! Ansonsten haben Sie recht: Das hat es alles schon gegeben, die wichtigen Einsichten werden durch die Jahrtausende weiter gereicht und immer wieder neu in den Schmutz getreten. Welche Erkenntnis! Das Paradies ist vielleicht aus zweiter Hand und muss erst wieder liebevoll aufpoliert werden, nachdem es als Sperrmüll in die Geschichte eingegangen ist. Jede Verfallsgeschichte ist zugleich eine Heilsgeschichte, nur im Verworfenen siedelt die Erlösung, nur auf den Ausgestoßenen wartet eine Erleuchtung. Das Glück ist in den Interferenzen zu Hause, und die Offenbarung könnte heißen, dass alles genauso wäre wie hier und heute und immer und überall – nur eben ein klein wenig anders. Genau in solchen Zusammenhängen habe ich mein Glück festgehalten, im Müll, im Verworfenen, im Missbrauchten und Verfluchten – alles, was mir gegeben wurde, war aus zweiter Hand. Ich habe schon früh kapiert, dass ich nicht einmal eine eigene Sprache besitze, dass es nichts in meinem Leben gibt, das nicht längst vor mir da war und oft genug ganz anderen Intentionen dienen musste. Dass ich mich einschleichen, dass ich listig verwenden und mitgehen lassen musste, was ich für unsere gemeinsame Zukunft brauchte. Denn die Welt war schon besetzt, für uns war gar kein Platz vorgesehen, ich musste kapieren, dass im Verworfenen ein ganzes Repertoire auf uns wartete. Das Glück begann mich anzulachen, Leichen säumten meinen Weg, Krüppelzüchter und Behindertencracks, die Abhängigen oder Kinder der Zuträger und willfährigen Mitläufer, die mich auslöschen sollten – und ich lache zurück, freue mich an allem, was mir gelingt, freue mich an jedem Tag, der mich abends müde und zufrieden in den Schlaf schickt, zweifle nicht mehr, frage nichts. Ich muss mich an nichts beweisen, muss keine Nebensächlichkeiten so wichtig nehmen, dass ich sie bekämpfen will – ich sage ganz umfassend ja und genieße, was mir begegnet. In diesem Sinne ist es vielleicht wirklich mein Verdienst, an der Verbesserung der Welt zu arbeiten. Jeder bösartige Quälgeist, der abstirbt, kann schon kein Unheil mehr anrichten; es gibt noch immer viel zu viele, die ihre Negation und Verstümmlung delegieren müssen, um sich selbst auszuhalten. Schon die Tatsache, dass es Menschen gibt, die sich an alltäglichen Kleinigkeiten freuen können, widerlegt die Bosheit dieser Krüppel, mehr Zuwendung haben sie nicht verdient!

Frage: „Der Ansatz, dass Sie meinen, eine brauchbare und positive Initiation ins sexuelle Register sei eine unabdingbare Voraussetzung, weil ansonsten nur perverse Verstümmelte zustande kommen. Ich glaube nicht, dass so eine These heute noch diskutierbar ist – der Tanz um die Lust beweist doch nur, wie unhaltbar gewordene metaphysische Bedürfnisse ein neues Ventil gesucht haben. Ist diese Zeit nicht endgültig vorbei, seitdem es möglich geworden ist, vor der Geschlechterspannung in die Medien auszuweichen?"

Für jeden so, wie er's braucht, für jede so, wie Sie's kann! Wir haben schon um das goldene Kalb tanzen dürfen oder um irgendwelche Freiheitsbäume – also um ganz konkrete Standindexe, die einen Halt in der Welt versprechen: Ein Tanz um die Lust ist hölzernes Eisen, das kann nur jemand auf diese Weise formulieren, der kein Sensorium für die Entgrenzung ausgebildet hat! Ich habe darüber nicht zu richten, aber wenn Sie die Unmasse an Vampirfilmen nehmen, sehen Sie, dass es ein reales und sehr lebendiges Bedürfnis gibt, jene Gesetzmäßigkeiten der Stillstellung zu verstehen. Die Phantasmen Zombie und Vampir stellen die mythischen Protagonisten unseres Zeitalters zur Verfügung: Hier wird der zerstückelte Körper genauso präsent und reflektierbar wie das unumkehrbare Bedürfnis, mit den Körperflüssigkeiten des/der anderen zu kommunizieren! Selbst das lustvolle Schauspiel der Anatomie aus dem klassischen Zeitalter der Rationalität ist in den Krimis wiedergekehrt und lässt jede/n an den Geheimnissen des aufgeschnittenen Körpers teilnehmen, die oder der unredlich genug ist, das tatsächliche pornographische Interesse an den Wahrheiten der Lebendigkeit eines Körpers zu verleugnen.

Also gehen wir noch einmal zurück auf jenes Plateau der Wirklichkeit, auf dem ganz konkrete Mächte zu erfahren waren. Die griechischen Mythen stellen nicht nur Dokumente des Kampfes zwischen Matriarchat und Patriarchat dar. Viel wichtiger ist die Übertragung zweier spezifischer Formen des Umgangs mit der Welt und dem Anderen, die bei Klaus Heinrich oder Hans Peter Duerr bedacht worden sind. Der ursprüngliche Widerspruch ist der zwischen strategischer Überformung und kommunikativer Einigung. Es geht darum, ob es einen vollen symbolischen Tausch ohne Rest geben darf oder ob die Resultate inzestuöser Verstrickungen dafür sorgen, dass sich die Strategien der Akkumulierung von Macht und Kapital verselbständigen und die Möglichkeiten der Beziehungsarbeit aushebeln. Wenn ich als ursprüngliche Einheit das Paar ansetze und feststelle, dass es noch heute dem am tiefsten eingesenkten Wunsch der Menschen entspricht, muss ich nur noch aufdecken, welche mütterlichen Imperative sich mit den kulturschwulen Entlastungsversuchen verbündet haben, um die Wirklichkeit des Paars zur Utopie zu erklären.

In einem Diskussionsbeitrag zum Thema Angst hat sich C. G. Jung kurz vor seinem Tod gegen den Vorwurf verteidigt, er widme der Esoterik zu viel Raum. Er betonte, dass das Geheime der Geheimwissenschaften nicht durch Gerede eingeholt werde – weil es jenseits der normalen Erfahrbarkeit gelegen sei. Er unterstreicht damit, wie sinnlos es ist, den endlosen Spekulationen zu folgen, die nur Schlussfolgerungen aus Schlussfolgerungen nahelegen, die sich auf Wirklichkeiten beziehen, die nur in der und durch die Sprache bestehen. Auffällig ist an dieser Argumentation, dass sie parallel zur vorangegangen Betonung des pragmatischen und empirischen Charakters seines therapeutischen Vorgehens verläuft. Er verweigert den Bezug auf die allgemeine Gesetzmäßigkeit, er unterstreicht, dass in bestimmten Zusammenhängen förderlich sein kann, was sonst dem Tabu untersteht; er hat erfahren, dass das Gute schlecht und das Schlechte gut wirken kann, je nach Kontext und Lebensgeschichte. Das schien mir eine Perspektive der Altersweisheit, die mich dazu angeregt hatte, manche seiner Texte genauer zu lesen, die ich bis dahin wegen des mystischen Geschwurbels abgelehnt hatte, obwohl mir in einigen Seminaren Lacans schon aufgefallen war, wie die Bezüge auf die Jungsche Erfahrung durchaus produktiv aufgenommen worden sind.

Ich darf in diesem Zusammenhang daran erinnern, dass ich als Kind halbtot geprügelt worden bin. Die Erfahrung dieser frühen Qualen, dieser fehlgeleiteten Wut eines nominellen Vaters, habe ich in meinen Sinnensystemen gespeichert: Ich werde nie vergessen, auf welchen Prämissen diese ursprüngliche Ausgeliefertheit beruhte – auf dem Durchsetzungsvermögen, auf den relativen Erfolgsstrategien einer Mutter, die mich im gleichen Maß als Opfer verwenden konnte, wie sie mit meiner Besonderheit hausieren ging, um ihr eigenes Leben aufzuwerten. Dazu passt, dass ich als Heranwachsender verführt wurde und ein Bruch in dieser Welt der mit Größenwahn amalgamierten Qual auftrat: Ein desorientierender Einschnitt, eine Einschreibung in der Biographie machte mich zum Prostituierten und lieferte dennoch das Sprungbrett, in einer ganz anderen Welt anzukommen. Dieser Bruch war derart gravierend, dass ich seitdem Zaungast bin, dass ich nirgends mehr dazu gehöre, dass ich immer nur vom Rand aus zu Interventionen in der Lage bin. Ein Einschnitt, der nur noch durch die Intrige von ein paar Professoren getoppt werden konnte, die mich als entfesselten Zauberlehrling kennzeichneten und nun an die Solidarität der Wohlmeinenden appellierten, um einen außer Kontrolle geratenen Schüler unschädlich zu machen. Das Basisschema, mit dem meine Mama eine befleckte Empfängnis zur Beweisfigur ihrer Besonderheit umfälschen konnte, hat also versucht, an allen wichtigen Weichenstellungen meiner Biographie mitzuschreiben. Wie Sie sehen, ist es nicht in jedem Fall nötig, sich in der Rolle des Opfers einzuschreiben, wenn man in der Lage ist, aus solchen Erfahrungen die nötigen Lernerfolge zu keltern.

Natürlich ist es viel leichter, sich an den Opfern dieser bösen Welt zu therapieren – man kann sich zu ihrem Fürsprecher machen und hat auf einmal teil an all jenen schmutzigen und empörenden Tatsachen des Lebens, ohne sich dabei zu beschmutzen. Das ist eine moderne Variante des Vampirismus. Ich akzeptiere die Opferrolle nicht, weil ich weiß, dass das verlogene Mitleid und die Anmaßung, helfen zu wollen, tatsächlich erst dafür sorgen, dass sich die Unerträglichkeit der Opferrolle einschreibt. Dank einiger glücklicher Zufälle habe ich kapiert, dass das Lernvermögen mit dem Grad der Entfremdung steigt – ich bin also immer auf der Hut gewesen, mich nicht in einer Klassifizierung dingfest machen zu lassen. Mit Bateson ist davon auszugehen, dass sich ein Systemsprung dann einstellen kann, wenn für einen Augenblick alle Sicherheiten verloren gegangen sind – dann sollte man die Spannung halten und aufmerksam genug sein, um zu bemerken, wie vielfältig die Möglichkeiten sind, die bis zu diesem Zeitpunkt nicht einmal deutlich werden durften. Die Opferrolle kann zu keinem Gewinn taugen, der Aufschrei: ‚Mir-steht-aber-zu', verbannt uns in eine Passivität und verdammt uns zur Unfähigkeit, die den letzten Rest an menschlicher Fähigkeit aufsaugen. Ich gehe davon aus, dass aus dem letzten Scheiß etwas zu lernen ist, man darf sich eben nicht damit identifizieren. Ansonsten esse ich, wenn ich esse, ich gehe, wenn ich gehe, ich arbeite, wenn ich arbeite, ich versuche jede Flucht in die Vorstellungen zu meiden und der Abwesenheitsdressur ein Schnippchen zu schlagen. Das gelingt durch einen befriedigten Status und die Kultivierung des vollen Sprechens. Ich altere sogar weniger – wenn überhaupt etwas, dann könnte man mir vorwerfen, aus kosmetischen Gründen der dem Körper möglichen Weisheit zu huldigen.

Frage: „Sie mögen manche Ihrer Einsichten von den asiatischen Weisheitslehren abgeleitet haben, selbst die Kunst des Krieges, zu siegen, indem man gar nicht kämpft, passt in diesen Zusammenhang! Aber ist die Verspannung mit der Botschaft des frühen Christentums nicht eine Pervertierung der Bergpredigt – ein Waffensystem ist sie nun mal nicht?

Was kommt dabei raus, wenn Sie die Botschaft der Bergpredigt als einen Kurs in intellektuellem Jiu-Jiutsu begreifen? Dann ist es keine Aufforderung zum Masochismus, wenn dir geraten wird, noch die andere Backe hinzuhalten: Viel eher dient es als Anleitung, der konfliktuellen Mimetik ein Schnippchen zu schlagen! Erst daraus entsteht die Kunst, das Wissen und die Kraft der Gegner für sich arbeiten zu lassen. Du kannst tricksen und ausweichen, umspielen oder missverstehen und hast bei Bedarf einfach mehr einzustecken, als dir zugetraut worden ist. Während dieser Ausübung des Nichttuns werden seltsamerweise Konter ausgelöst, die wesentlich schlagkräftiger sind, als wenn du dich auf einen Kampf einlässt. Die Bosheit der Intrige, die Negation des Vernichtungswunsches fällt – vielleicht weil sie sich dem Narzissmus verdanken – auf die Urheber zurück; das habe ich den Blankpolierten Spiegel genannt. Das ist so einfach wie die größten Weisheiten der Menschheitsgeschichte, die der Strom der Zeit zu einem glatten, runden Kiesel abgeschliffen hat und die, nachdem sie durch viele Münder gegangen sind, auf einen platten Spruch reduziert werden können. So etwa: lebe selbst! oder: Das Leben ist ein Bienenstock! oder: Suche nicht, finde! Lauter so ein Zeug, das umfassend allgemein und damit leer geworden ist, womit heute also niemand irgendetwas anfangen kann. Wenn ich davon ausgehe, dass die ältesten Weisheiten in eine nomadische Zeit zurückreichen, weiß ich, was es heißt, mit den Beinen zu denken. Auf die Sinne und den Körperrhythmus zu hören, das Geschwätz beiseite zu lassen, die Wahrheit dort zu finden, wo der Verzweiflung neue Wege abgerungen werden, weiter zu gehen, wo es angeblich nicht mehr weiter gehen soll. Wenn der Punkt erreicht wird, an dem keine der mitgebrachten Gewissheiten mehr trägt, an dem die Abhängigkeiten, in die vermeintlich auszuweichen ist, plötzlich nicht mehr zur Verfügung stehen, an dem eigentlich nichts mehr von all dem übrig ist, was einer/m einmal Sicherheiten vermittelte – findet sich die Chance, neue Wege einzuschlagen, einer unverhofften Wahrheit, dem Glück des Unvorhergesehenen zu begegnen. Wie gesagt, das macht niemand freiwillig, also braucht es keine Regeln und Anweisungen dafür.
Ich kann nur den Weg gehen, den ich für richtig halte. Ich arbeite an der Heiligung, an der Erleuchtung des Körpers – den ganzen Überbau können Sie vergessen, wenn Sie erst einmal kapiert haben, um was es geht: Allerdings erst dann! Erst muss es das Wissen um die wesentlichen Prozesse geben, dann sollten wir an den Punkt geführt werden, an

dem die Gewissheiten vor dem Nichts zerbröseln – damit ergeben sich Augenblicke, in denen eine frappierende Evidenz ausgefaltet wird, in denen Wahrnehmungen auf einmal anders ausgewertet werden, in denen sich eine momentane Wahrheit einstellt, die sich mit den gewohnten Erwartungsmustern nie gefunden hätte. Eine minimale Zeitspanne zwischen der Erfahrung der Verzweiflung und der Begegnung mit dem Zusammenschießen des richtigen Interpretationsmusters entscheidet also über unsere Zukunft. Der Körper selbst muss wissen, das ganze System hat für das offen sein, was ihm gut tut; dieses Erkennen muss er geübt haben, bis eine energetische Woge freizusetzen ist – dann bewegt er sich in jener wachen und reaktionsfähigen Bereitschaft, ungeahnte Wahrheiten aufzuschnappen. Und das geht nur, wenn der Körper über einen langen Zeitraum konditioniert wurde durch Erfahrungen der rückhaltlosen Befriedigung.

Selbst die geforderte Makellosigkeit hat nichts mit Askese zu tun! Es geht um keine metaphysische Form von Reinheit – in dem Augenblick, in dem die Makellosigkeit von den konkreten Fällen abgelöst wird, wenn sie für sich stehen soll, wird sie schon falsch und kippt in die Askese um. Es gab die realen Situationen, in denen ich zu Schwachsinn oder Selbstzerstörung verführt werden sollte, es gab die Begegnungen mit Mächtigen, die versuchten, mich zu delegieren und über mein Leben zu verfügen. Hier musste ich mich bewähren. Nur in solchen ganz konkreten Zusammenhängen ist es möglich, so etwas wie makelloses Handeln und Erkennen zu üben. Damit wird jeder Tag zu einer Übung, an jeder Begegnung kann ich mich schulen, noch etwas besser zu werden. Dieses fehlertolerante System entstand auf der Rückseite der Techniken der Verleugnung: Jeder noch so kleine Fehler ist wichtig, weil er die Chance einer Optimierung mit sich bringt!

Der Blankpolierte Spiegel funktioniert, es wird nur ein ganz anderer Funktionsbegriff vorausgesetzt! Gelegentlich wurde unterstrichen, dass der Mensch ein Schwellenwesen sei, damit ist der Ich das Gelenk – ein Interface zwischen Körper und Geist, zwischen mir und den anderen – also ein rein operatorischer Begriff, der erst jenseits des Fetischismus wirklich einklinkt – und dann funktioniert dieses Ich in einer wesentlich effektiveren Weise: Es zeigt und setzt Wahrheiten frei! Es offenbart, wie es tatsächlich um die Leute bestellt ist und nichts tut ihnen so weh wie das, was ihr ganzes Investment in ein System von Behinderungen, in Lüge und Verleugnung, als unfruchtbar und überflüssig erweist. Hätte ich in den verschiedenen Zusammenhängen angefangen, sie zu bekämpfen, hätte ich sie bestätigt und ihren Modus vivendi anerkannt. Ich bin ihnen viel lieber aus dem Weg gegangen, habe sie umspielt, habe mich den schönen Dingen des Lebens gewidmet; nur in den Fällen, in denen sie die Begegnung provoziert und versucht hatten, mich zu kränken oder zu verletzen, setzten sie selbst die nötige Energie frei. Ein Sprachspiel, eine witzige Andeutung, eine wie nebenbei daher gesagte Charakterisierung reichten oft aus, und die Negation ging nach hinten los. Der Körper darf keinen Resonanzraum für das Böse haben, sondern er muss klingen und von Orgasmen wiederhallen, dann suchen sich die bösen Wünsche einen Adressaten, der ihnen ähnlich ist.

Wobei Sie Ziegler angesprochen haben, dessen Begriff der Ahmung gerade in solchen Zusammenhängen fruchtbar wird: Seit die Erforschung von Nachahmungsneuronen die starre Trennung zwischen dem Ich und den Anderen aufgelöst hat, bietet sich eher die Thematisierung von Fließgleichgewichten an. Dazu passt natürlich, dass die sprachphilosophische Konzeption eines Atems des Geistes bei Rosenstock-Huessy ohne einen solchen funktionalen Begriff des Ich gar nicht auskommt. Hier wird vielleicht zum ersten Mal ganz klar ausgesprochen, dass es sich um die Vermittlung von Zeichenrealitäten handelt: Was Peirce einmal anhand des Schematismus der reinen Verstandesbegriffe und der Fundierung in der Kritik der Urteilskraft ausgearbeitet hatte, wird in diesen Zusammenhängen an jenem Kulminationspunkt eingelöst, an dem sich die Mystik mit der Erkenntnistheorie trifft. Der Körper, der Geist, die Sprache sind nur verschieden thematisierte Zeichenrealitäten!

Ich erinnere an Paracelsus Einsicht, dass wir zweimal geboren werden, zum einen von einer Mutter und zum zweiten in einem sozialen Körper. Eine Gabe oder ein Geldstück, ein Körper oder ein Gedanke, ein Mensch oder ein Werk – all das sind nur verschieden dichte Zeichenwirklichkeiten, die durch die Kreisläufe des sozialen Körpers fluten. An dieser wesentlichen Unterscheidung ist das weite Feld der Rîtes de passage festzumachen. Über Jahrtausende gab es ausgeklügelte Regelungen, wie von einem Lebensabschnitt in den nächsten zu kommen sei, es galt Rituale zu lernen und Regeln einzuhalten und jede Initiation diente einer symbolische Wiedergeburt auf einem anderen Niveau des sozialen Körpers. Aus dieser Perspektive ist es ein fundamentaler Mangel, wenn wir keinerlei Initiation in die Register des Geschlechts mehr kennen – so können nur Antriebsgestörte und verstümmelte Perverse zustande kommen. Für eine leistungsfähige Regelung des Verhältnisses der Generationen und Geschlechter müsste aber genau an dieser Schaltstelle der Entwicklung ein weit gefächertes Curriculum zur Verfügung stehen. Zur Unterstützung dieser Argumentation durfte ich Kantorowicz heranziehen: die zwei Körper des Königs machen nachvollziehbar, aus welchen Traditionslinien sich eine Konzeption speist, die den Souverän zu einer Ein-Mann-Körperschaft werden lässt – und damit sind wir bei einer ganz aktuellen, sprach- und erkenntnistheoretisch abgesicherten Konzeption jenes inneren Teams, das nach außen als die Gestalt eines autonomen Ichs auftreten kann.

In den frühen Kulturen haben die Gesetze der Nachahmung, wie es bei Tarde heißt oder das mimetische Vermögen und der Zwang zur Nachahmung, wie es bei Benjamin heißt oder die Partizipation an gemeinsamen Körperrhythmen, wie es Maturana nahelegt, dafür gesorgt, dass die Möglichkeit einer Invasion durch die Seelen der Anderen eine ständige Erfahrung sein musste, wie es bei Sloterdijk formuliert wurde – wobei menschliche, tierische, pflanzliche, göttliche Andere nur graduell verschieden waren. Sie wandern durch die Sinne in eine/n hinein – erst später begann die Sprache jene Exklusivität zu beanspruchen, mit der die Offenbarung nur noch durch das Ohr möglich ist. So wie das große Thema der Neuzeit Selbständigkeit heißt, ist das große Thema aller früheren Epochen die Besessenheit oder Besitzbarkeit gewesen – für Sloterdijk ist es das Merkmal der Postmoderne, dass „das Denken in Besessenheitsbegriffen zurückkommt", weil jetzt „das transzendente, von Gott versiegelte Ich dahin ist". Die Dinge haben eine Seele, die Gaben eine Kraft und unterscheiden sich nur graduell von den Kräften des menschlichen Lebens – tatsächlich ist der Mensch und die Gabe, wie Mauss dies formuliert hat, im Zeichenkreislauf des sozialen Körpers unterwegs und das eine kann für das andere stehen.

Frage: „Natürlich konnte behauptet werden, die abendländische Philosophie entstehe in einem Garten der Lüste und der Antrieb der Forschung und des Wissenwollens verdanke sich der Erotik. Auffällig ist doch aber, wie häufig diese These von Päderasten vertreten wird! Außerdem wird hier vorausgesetzt, dass Sie sich in eine Kategorie des Ausnahmemenschen eingeschrieben haben. Wenn das stimmt, taugen ihre Verallgemeinerungen doch gar nichts!"

Das könnten Sie mit gleichem Recht gegen die Konzeption einer Schule der Liebe einwenden. Nur sollten Sie dabei nicht vergessen, dass die Berufe des Erziehers oder Lehrers, wenn sie nicht stumpfsinnig von antriebsgestörten Funktionären der verwalteten Welt ausgeführt werden, einen pädagogischen Eros voraussetzen, der immer mit Libido gesättigt ist – mag dieser noch so sublimiert worden sein. Ich plädiere dafür, dass in jeder Hinsicht gleichberechtigte Partner mit- und aneinander explorieren sollten – jede Verführung ist ein nicht zu rechtfertigender Eingriff in die Biographie, weil hier das Thema der Besitzbarkeit in der Weise einer Verfügung über ein Leben wiederkehrt. Wenn die Hierarchie und ein vorgegebenes Machtvolumen den symbolischen Tausch pervertieren, wird das Repertoire des Lernens in extremer Form beschnitten – aber das ist ein Problem der gängigen Abhängigkeitsverhältnisse, für die es dann den entsprechenden Sündenbock braucht. Ich hätte es vorgezogen, zusammen mit Gleichaltrigen in einem gepflegten Rahmen erste Erfahrungen zu machen – ich garantiere Ihnen, dass ich als Objekt einer Verführung gar nicht infrage gekommen wäre. So greift alles ineinander, die Genealogie der Unmoral hat die Kraft einer selbsterfüllenden Prophezeiung – Sie profitieren noch heute von dem Lernvermögen, das die Zerstörung meiner Gewohnheitsmuster freigesetzt hat.

In den kleinen Stoffwechseln jeder Zelle, in den energetischen und hormonellen Botschaften, ist die ursprüngliche Ambivalenz des Heiligen erhalten geblieben. Die Präsenz der Götter zeigt sich im Rausch der Entgrenzung selbst, in jenem Sog, der dafür sorgt, dass es nichts gibt, das nicht über sich hinausgehen möchte. Die behauptete Reinheit des Göttlichen war tatsächlich aus einer willkürlichen Interpolation hervorgegangen, die das Oszillieren der Extreme übersah und vom Zusammenfallen der Gegensätze ausgehen wollte. Das war ein Prozess der zivilisatorischen Destillation, der handhabbare Konstrukte an die Stelle nur erfahrbarer energetischer Potenzen setzte. Es ist immer die gleiche Basisentscheidung: Lasse ich die Welt zu und gewähre den weit über ein einzelnes Lebewesen hinausgehenden Energien den Raum und meine Lebenszeit – oder versuche ich den Prozess zu unterbrechen, um dann vereinzelte Kräfte für mich arbeiten zu lassen, um aus Momentaufnahmen in einem Kaleidoskop Artefakte meines Machtwillens zu machen. Wenn es erst einmal soweit ist, dass Kräfte akkumuliert werden müssen, zeigt sich, dass keine Wahl mehr bleibt. Die Entscheidung für die Macht stellt zugleich die Anerkennung aller vorangegangener Strategien

dar, dank derer die Institutionalisierung von nun an dafür sorgt, genau jene Ausgeliefertheit gegenüber einem naturhaften Geschehen in den Systemimperativen der Institution wiederkehren zu lassen.
Ich denke, dass meine biographischen Schlussfolgerungen zu verallgemeinern sind. Ich habe an Randgruppen gelernt, habe extreme Erfahrungen gemacht. Nach und nach wurde mir klar, dass das, was an meinem Päderasten zu sehen war, dass er über die Weichenstellungen eines anderen Lebens verfügen wollte, dass er bewusst manipulierte aus Freude an der Macht, dass er Tabus setzte und falsche Zielvorstellungen der Selbstbefriedigung vorgab, zugleich die Grundlage aller mütterlichen Delegation war. Das ist die Erklärung, warum die Abhängigkeit vom System der Bedürfnisse einer Mutter durch alle Arten kulturschwuler Machtspiele kompensiert werden muss! Der Päderast – als Extremfigur – hält seine Verstümmelung durch die Mutter aus, weil er ihren Machtanspruch stellvertretend ausgieren darf. Ich habe kein Problem damit, einen kleinen Schritt weiter zu gehen: Wenn es in der Bibel heißen konnte, das Böse sei die Frau, muss ich dieses Urteil nur geringfügig modifizieren, um eine tiefe Einsicht draus zu machen: Das Böse siedelt in der ursprünglichen Mutter-Tochter-Identifikation, in jenen Unmöglichkeiten der Differenzierung, an denen alle psychotische Entdifferenzierung ihren Ausgang nimmt. Dies scheint mir nicht nur den Selbstheilungsversuch der Päderasten zu erklären, sondern sogar eine brauchbare Lösung für das reale Problem innerhalb aller Beziehungen zwischen Heranwachsenden und Erwachsenen zu liefern. Die Komplexität darf wachsen, die Differenzierungen können zunehmen, wenn sie nicht aus starren Abgrenzungen und willkürlichen Trennungen resultieren, sondern sich dem Spiel der Geschlechterspannung verdanken.
Ich habe das Spiel meiner Verführung in einer Weise durchlaufen, mit der ich gegen pädagogisch verkappte Manipulationen immun geworden bin. Die libidinösen Übertragungen durch eine fehlerhafte Identifikation hatten nicht gezogen, weil ich kapiert hatte, dass ich für meine Geschichte selbst verantwortlich bin – ein paar tausend Seiten mortifizierende Dokumentation waren recht nützlich, um die Abstände zu vergrößern. Dagegen konnte mir niemand weiterhelfen, der voraussetzen wollte, dass ich ihm ähnlich werden sollte.
Bei Lacan finden Sie immer wieder den Hinweis, dass Suchen und Finden auf verschiedenen kategorialen Ebenen zu situieren sind – wer sucht, findet nicht, wer findet, sucht nicht. Es liegt doch nahe, dass die-

ses Verhältnis der Ausschließung eine Wiederholung der grundlegenden Beziehung zwischen Begehren und Genießen ist. Ich muss jetzt nicht lang und breit erklären, dass die Geilheitsdressuren nur dazu dienen, die Leute klein und manipulierbar zu halten. In einer Welt, in der sich die Verführung vor allem ans Auge richtet, in der die Bilder beweisen sollen, dass das Begehren unerfüllbar ist, weil es gegen Unendlich galoppiert, ist es eine einfache Tatsache, dass jede erfüllende Befriedigung der unendlichen Gier den Saft abdrehen kann. Ich muss in keine Kirche gehen, um Gott zu begegnen, vermutlich finde ich ihn dort am allerwenigsten. Ich muss keinen Zenmeister bemühen, wenn ich kapiert habe, dass das Genießen die Fraglichkeiten eines aus der Schöpfung gefallenen Menschentiers lösen kann. Ich bin schon seit Jahrzehnten nicht mehr auf der Suche und muss mit keinen imaginären Ersatzprodukten dafür sorgen, das Töpfchen des Begehrens am Köcheln zu halten – ich brauche keine Bilder oder besser noch: Sie bewirken nichts mehr –, der direkte Kontakt, die Berührung liefert die Voraussetzung, dass sich etwas bewegt.

Für mich zeigte sich ab dem Zeitpunkt, an dem ich akzeptieren musste, dass ich fast tot war, warum das Prinzip Hoffnung kein Notausgang sein konnte, sondern die Arbeitsanweisung auf eine erfüllte Zukunft. Irgendwann habe ich festgestellt, dass ich Sachthemen und ernstzunehmende Anlässe oder Aufträge brauchte, um überhaupt noch mit anderen zusammen zu kommen, weil mir von mir aus nichts mehr zu sagen blieb; ich hatte die Erfahrung gemacht, dass es nichts mehr mitzuteilen gab. Aber es blieb die Forderung nach disponibler Zeit, nach der Ausschöpfung des Potentials menschlicher Möglichkeiten! Mittlerweile soll dieser Ansatz nur noch Vergangenheit sein, dabei war manches fruchtbar weiter zu entwickeln. Als Lacan einmal die Provokation „ich bin die Revolution" in die Welt setzte, hat er in einer Hinsicht auf jeden Fall richtig gelegen: Sein Ansatz stellt die Möglichkeit zur Verfügung, das System der Bedürfnisse zu sprengen. Die Subversion des Begehrens hat schließlich einen doppelten Sinn. An der Oberfläche ist das Begehren subversiv, weil es den Imperativ des zweckrationalen Denkens unterläuft – um der Dialektik zu gehorchen, es zu verjüngen und die Verhärtungen, die den Umlauf der Zeichen und Gelder beeinträchtigen, aufzuheben. In der Tiefenstruktur ist es dagegen viel subversiver, das Begehren an seinen Ansatzstellen auszuhebeln. Wenn ich das Begehren erfolgreich stille, habe ich schon alles aus dem Weg geräumt, was die Leute manipulierbar macht. Suchen oder finden! Wenn ich ihnen die Grundlagen der Abwesenheitsdressur entziehe, oder positiv ausgedrückt: Wenn dafür zu sorgen ist, dass sie die Möglichkeit haben, in der Intensität des Augenblicks jetzt und hier zu sein, wird sie niemand mehr in den Krieg schicken können oder in jene kaschierten Formen der Selbstauslöschung, die sich im blindwütigen Konsum verbergen.

Damit habe ich eine Position, mit der ein enormes Potential unserer Zukunftsmöglichkeiten umschrieben ist: Die Vermittlung der Distanz mit der Teilnahme an den Harmonien des Zusammenlebens, die nötige Anerkennung der Gleichartigkeit der Zusammenlebenden, unabhängig davon, was ihre besonderen Unterschiede in den Zyklen der Lebendigkeit sein mögen und ohne sie dem Zwang der Gleichheit zu unterstellen: Dies sollten die Gesetzmäßigkeiten einer künftigen Welterfahrung und Wissenstheorie sein. Das heißt jedoch auf keinen Fall, auf die Fähigkeiten des unverwechselbar Individuellen zu verzichten. Wie die Einheit der antiken Tragödie oder der leere Takt der Wiener Klassik für den stabilen Rahmen sorgen konnten, innerhalb dessen erst die individuellen Feinheiten, der große Charakter oder die genialen Entdeckungen zu kultivieren waren, ist davon auszugehen, dass die Gemeinschaft, die Welt und ich eins sind, jenseits der perspektivischen Verkürzungen: Aber sie werden umso dichter und umso hochwertiger, umso mehr Sinnenbewusstsein und Selbsterkenntnis, also individuelle Qualitäten, in den Prozess einzubringen sein werden. Das Ganze ist nicht das Wahre und das Ganze ist nicht das Falsche – es entzieht sich vor allem unser Erfahrung: Es ist immer nur so viel, wie die jeweils Lebenden an Wissen und an Güte und an Einsicht einspeisen können. Wir gehören zum gleichen Reich der ineinander verwobenen Bedeutsamkeiten – schon bei Leibniz hätte die Aufklärung lernen können, dass das abstrakte ‚Ich-denke' längst nicht zu einer vergleichbar lebendigen Individualisierung führt, wie die Einsicht in jene unendlich dicht verwobenen Beziehungsgefüge, dank derer wir ein Teil der Welt, ein Teil der Menschheitsentwicklung sind und zugleich ein singulärer und uneinholbarer Würfelwurf des Schicksals.

Wie nebenbei habe ich ihnen eine Begründung für die Notwendigkeit eines Glücks des Unvorhergesehenen geliefert. Spranger konnte einmal das Gesetz der ungewollten Nebenwirkungen in der Erziehung auf den Nenner bringen: Ein mephistophelisches Prinzip, das die Chance mit sich bringt, dass Tabus und Imperative eine Entwicklung befördern, die in genau der Richtung verläuft, die sie eigentlich verhindern wollten. Im besten Fall werden Eltern, die mit aller Gewalt daran arbeiten, dass ihr Kind sich nie aus dem Bann ihrer Überlegenheit löst, dafür sorgen, dass sie einer maximalen Widerlegung begegnen – das stellt im Rahmen pädagogischr Abhängigkeiten sogar ein Erfolgsrezept dar! Das Unvorhergesehene ist für mich ein wesentlicher Bestandteil des Glücks. Das Tabu auf der körperlichen Nähe und die Angst vor einer reziproken Erfahrung der Erotik wird am leichtesten in den entscheidenden Phasen der Entwicklung als Zärtlichkeit kaschiert und unter den falschen Vorzeichen der Mutterliebe durchgesetzt. Die Angst vor der körperlichen Hingabe, das Zurückschrecken vor einer möglichen Erfahrung des Versagens, vor einer Begegnung mit der Enttäuschung, dass die Sehnsüchte und Erwartungen völlig falsch formatiert sein könnten, liefern ganz brauchbare Sprungbretter in ihre Welt der weichgespülten Kuscheldecken und der Kameradschaftsbeziehungen – bei solchen Beziehungen beginnt es schon immer mit verlogenen Herzlichkeiten, das hysterische Embrassé ist ein Erkennungszeichen des Verzichts. Es gibt genügend Gründe für den körperlosen Sex und die Verlagerung des Begehrens ins Imaginäre – heute sind die technotronischen Möglichkeiten viel umfassender, als es vor ein paar Generationen noch die Flucht in den Krieg als Entlastung von der bürgerlichen Stillstellung sein konnte. In diesen Zusammenhang gehört der ganze Aufwand, es nicht gewesen zu sein und zu den Guten zu gehören – dazu gehört sogar noch diese Schmarotzerhaltung, dass man sich für verführte und missbrauchte Kinder engagiert und die Päderasten lynchen möchte, um über diesen Umweg den im eigenen Mutterbezug versteckten Päderasten abzustrafen. Schauen Sie sich die Dokumentation eines frigiden Elends an, das sich auf ARTE über eine dem Zeitgeist der frühen Siebziger huldigende eitle Geschwätzigkeit Cohn-Bendits ereifert – selten ist so klar zu sehen, dass der Exorzismus ein Sendbote des Teufels ist. Wenn Sie wissen wollen, warum es genauso verpfuscht und beschissen weiter geht, wie bisher, müssen Sie nur darauf achten, wie die gesellschaftliche Arbeitsteilung bei der Verstümmlung von Kindern und der Herstellung von Süchtigen und Prostituierten in die Köpfe der VertreterInnen der Political Correctness hinein gewandert ist.

Die Eintrittskarte in eine lebendige Welt ist die Fähigkeit, nicht nachzuahmen, sich nicht zu relativieren, sein kleines Gärtchen aus Pflicht und Lust in einer Weise zu bestellen, dass sich die Augenblicke selbst rechtfertigen. Der hinkende Teufel der Nachahmung mag sich als Professor verkleiden, als unnahbare Schöne, als sadistischer Drücker – sie wollen Abhängigkeit, Zuwendung und Leistung erpressen. Immer ist die Bedürfnisstruktur auf ihrer Seite, gerade weil sie signalisieren: Folge mir nach, begehre mich, arbeite für mich! Das sind Psychotiker, die an der eigenen Bosheit verbrennen, wenn sie einen nicht subalternisieren können, die nur so lange Macht ausüben, wie man/frau meint, auf ihre verlogene Zuwendung angewiesen zu sein – denn tatsächlich brauchen sie die Anerkennung.

Das, was Freud einmal, in einer selten erkannten, ironischen Abkehr von den Institutionen des Wissens, die Stimme der Vernunft genannt hatte, ist leise und mit den einfachsten Mitteln zu übertönen, aber es ist unerbittlich und folgt den Gesetzmäßigkeiten des symbolischen Tausches: Auge um Auge, Gabe gegen Gabe. Nachdem die Akkumulation von Kapital und die Erpressung von Abhängigkeiten die Pflege der alten Wahrheiten aus den großen Institutionen des Glaubens und des Wissens vertrieben hat, tauchen Ableger der Wahrheiten eben im Abfall, in der Unterhaltungskultur, in den Ersatzbefriedigungsriten und Selbstzerstörungskulten wieder auf. Gott mag für tot erklärt worden sein – wir haben einfach vergessen, dass er aus Abstraktionsanstrengungen hervorgegangen war: Die Götter, die seinen unendlichen Fundus gebildet hatten, sind in tausend Gestalten wieder da.

Frage: „Also zurück zur Musik und zum Spiel um den Namen, der tatsächlich der Name eines Kuckuckskindes ist?"

Zur Musik könnte ich Saners ‚Der Schatten des Orpheus' heranziehen oder einiges aus Türckes ‚Philosophie des Traums' verwenden, auf den von Picht dargestellten konstitutionellen Rahmen der Musen für die Grundlegung einer philosophischen Anthropologie zurückkommen oder verschiedene Einsichten aus Kittlers ‚Musik und Mathematik' zitieren, um eines zu zeigen: Immer wieder scheint es zu gelingen, die Musik als Zweitkörper zu verwenden! Gewisse Möglichkeiten der Erfahrung, die das Ich sprengen, werden an die Musik delegiert, damit sie ertragbar und in der Wiederholung konsumierbar werden. Das funktioniert, weil die musikalische Struktur der psychophysischen Systeme sich im Anfang die Spezialisierungen selbst je nach Bedarf schuf – es beginnt schon beim Embryo in den letzten Monaten seiner Existenz, wenn die

Masse unspezifischer Neuronen durch erste Gebrauchsanweisungen und Aufgabenstellungen geformt wird – und es dauert nicht lang und eben diese Spezialisierung wird zu einem massenhaften Absterben all jener Vernetzungen führen, die innerhalb einer kulturellen Nische nicht prämiert werden. Machbar ist fast alles, solange nur genug formbares Material zur Verfügung steht... nach dem Vorbild eines Komponisten, der zwar nur über eine beschränkte Zahl von Tönen und harmonischen Systemen verfügt, aber prinzipiell unendlich vielschichtige, grenzenlose Tonfolgen generieren kann. Das macht die Nähe zu Metaphysik und Kosmologie aus: Materie und Licht sind beschreibbar als die Musik eines verborgenen, immateriellen Instruments. Die gemeinsame Geschichte von Licht und Bewusstsein hat dafür sorgen können, dass das Wechselgefüge der psychophysischen Systeme mit diesem Instrument göttlicher Schwingungen komponiert.

Von Benjamin gibt es eine Theorie des Namens, die auf mythische und theologische Formen der Sprachmagie zurückgreift und unter der Perspektive des normalen, wachen Erlebens diverse Symptome der Zwangsneurose thematisiert. Mit dem Namen wird versucht, Macht übers Benannte zu erlangen, im Namen gibt es einen ursprünglichen Rest der Einheit zwischen Nennen und Benanntem, im Namen ist der Bezug auf eine ursprüngliche Wahrheit bewahrt, die in einer Welt der Konventionen verloren gehen musste. Ob es der paläoanthropologische Bezug ist, der in der Paranoia wiederkehrt oder ob es der theologische Bezug ist, der im totalitären Wahrheitsanspruch aufscheint und sich im Todesurteil mit der nötigen Bestätigung versehen möchte, der im Eid die Realitätsmacht der Sprache reklamiert – diese uralte Wirkungsmacht arbeitet unerkannt weiter. Die anfangs noch harmlosen Ausläufer jenes pädagogischen Imperativs, der mich einfangen sollte, gingen bruchlos in eine kunstfertig inszenierte Psychose über, in der die Macht unverstellt zu erfahren war. Ich habe mich vor dem Schicksal verneigt und lebe von der spaßigen Erkenntnis, dass die Krüppelzüchter immer hinterher hinken mussten. Bei Adorno hieß es, die Musik sei der Feind des Schicksals: Seit ältesten Zeiten habe man ihr die Macht des Einspruchs gegen die Mythologie zugeschrieben, im Bilde des Orpheus nicht anders als in der chinesischen Musiklehre und das beruht vermutlich darauf, dass die Musik das bevorzugte Medium der Liebe ist. Der Eros der Erwartung, der Sehnsucht und des Entdeckens verwandelt sich Schritt für Schritt in den des Paars. Was sich gewöhnlich wie Verzicht angefühlt hatte, erwies sich tatsächlich als Aufhebung der Negation. Über die Abkürzung gewisser kultureller Umwege ergab sich auf einmal die Kapazität, andere Formen zu entwickeln, die Spannung in eigenen Umwegen zu halten, den Spannungsbogen gemeinsam aufzubauen, um in der Beziehung jene Erfüllung einzulösen, die einem monomanischen Chaoten nicht gelingen kann!

Frage: „Wenn Sie von der Nähe zur Materialität der Erfahrung sprechen, wenn mit den Wahrheiten des Körpers argumentiert wird, wenn die Erotik ein Medium des Erkennens ist – so sind das doch alles sehr diesseitige Unternehmungen. Wie kommen Sie dann auf die Fundamentierung in der Jenseitsreise des Schamanen – der sich ja aus der menschlichen Gemeinschaft entfernt, der herausfällt und, wenn er aus einem Jenseits zurückkehrt, nie mehr wirklich in die Welt der Lebenden zu integrieren ist. Wie ist die Initiation und die von Ihnen behauptete Geburt auf einem anderen Signifikantenniveau tatsächlich zu vermitteln? Wie bringen Sie diese beiden Register noch dazu mit der Erotik in Einklang?

Sie kapieren meine Erklärung, glaub ich, noch immer nicht. Es ist nötig, sich für einen gewissen Zeitraum aus allen Abhängigkeiten auszuklinken – nur dann gibt es die Chance, den täglichen Irrsinn von außen zu sehen. Erst in einem zweiten Schritt war es nötig, meine vergangenen Zukunften auszugraben, um das Potential freizusetzen, das ich einmal mit Verachtung auf den Müll zu kippen hatte, weil ich überleben wollte. Diese Entsorgung war kein freiwilliger Akt, sondern eine Nötigung: Ich musste auf das verzichten, für das ich mich zwanzig Jahre investiert hatte, ganz einfach, sonst wäre von mir nichts übrig geblieben. Bis dahin konnte ich nur als Zitatkonverter agieren – wie nebenbei hatte die Erfahrung des sozialen Todes die Möglichkeit eines authentischen Sprechens freizusetzen. Ich war in der Lage, ein Muster zu finden, das nicht in den vielen Kontexte gespeichert war, die wir bereits gesammelt und archiviert hatten: Ein Muster jener Muster, damit der Zugang zu einem übergeordneten Kontext.
Nebenbei bietet sich der Hinweis auf eine Verknüpfung von Zeit und psychischer Kausalität an: Ich bin, der ich gewesen sein werde! Eine zeitliche Verschränkung der Vergangenheit mit der Zukunft prägt die Wirkungsmechanismen eines Blankpolierten Spiegels. In manchen Zusammenhängen, in denen noch mit einem gewissen skeptischen Stau-

nen an den Übersprungbildungen des psychischen Magnetismus experimentiert, in denen beobachtet wird, wie kleinste Anlässe maximale Wirkungen entfalten können, gibt es ständig den Rückgriff auf mögliche Speichersysteme und den Blick auf die Fraglichkeiten des Überlieferungsgeschehens. Als seien es wirklich die in der Zukunft gewonnenen Einsichten und Erkenntnisse, die dafür sorgen, wie ein Geschehen in der Vergangenheit abläuft und vor allem, was für einen Ausgang es findet. Ich setze an die Stelle des Ursprungsmythos das hormonelle Geschehen, in dem Gott als Peptid präsent ist. Das ist der hermetische Argumentationsstrang: Die metaphysischen Spitzfindigkeiten der von Benjamin herkommenden Sprachphilosophie stellen einen sprachlichen Symbolbegriff zur Verfügung, der nur ein wenig aktualisiert werden muss, und wir sind im Herz der Wirklichkeit. Sprachesoterik und Musik, Kosmologie und genetischer Code laufen zusammen im Pfad der Sprache, der von der Mimesis und den Bedeutungen über Trägersysteme und Muster bis zum hormonellen Geschehen reicht.

Biographisch ist diese Perspektive durchaus nachzuvollziehen. Es beginnt mit dem Überdruck des Heranwachsenden, später folgt die Neugier des Entdeckers, dann die Lebenslust des Liebenden, der mehr im andern ist, als bei sich selbst. Die Schönheit, der ich alles zum Opfer brachte, was mir bis dahin wichtig gewesen war, war zugleich ein gewaltiges Projekt der Verausgabung; ich verschleuderte alles, was zur Verfügung stand und stellte fest, dass die Ressourcen vervielfältigt wurden. Wenn ich für den ausgeheckten Schmerz dann mit pornographischen Kaskaden zahlte, mochte ich die mir zugedachte Vernichtung zwar spüren, musste sie aber im grenzenlosen Optimismus eines vibrierenden und im Genuss über sich hinausgehenden Leibes so wenig zulassen, dass sie als blanke und in der Vielzahl der Bösewichter potenzierte Negation an die Absender zurückgespiegelt werden konnte. Dieser Blankpolierte Spiegel funktionierte nur, weil keine fehlerhafte Identifikation zustande kam, weil ich in keinster Weise so werden wollte, wie es die Leute gern gehabt hätten, die sich in ihrem Machtstreben durch meine schlichte Existenz infrage gestellt fühlten. Jede theatralische Selbstinszenierung stellt einen Rahmen des Hier und Jetzt erst her – aber wirklich ernst zu nehmen ist sie dann, wenn vom Selbst nur noch die vollendete Leere übrigbleibt und die Sinnensysteme im Performativen aufgehen. Das klappt, wenn die Abstände gegen Unendlich gehen – wenn tatsächlich feststeht, dass einem diese ständigen Inszenierungen des Ich-bin-wichtig am Arsch vorbei gehen. Dieser Ansatz zeigte mir, wie die vielen Unternehmen zur Kompensation der eigenen Antriebsstörung darauf angelegt sind, Schuld zu produzieren. Schuld und Abhängigkeit – aber keine Selbstverwirklichung und erst recht keinen Erfolg. Noch dazu sind die Leute, die im System an die Stelle der selbsternannten Moralapostel treten dürfen, in einer Machtposition, die dafür sorgt, dass sie sich gegen die Techniken des Lernens abschotten und jede Wahrheit pervertieren, um ihre Macht zu vergrößern – das ist die Prämie der auf einer bereitwillig akzeptierten Selbstverdummung ruhenden Machtgier, einer auf Abhängigkeiten thronenden Gewissheit.

Frage: „Die Archive der Zukunft, vielleicht ist es das, was sich in Augenblicken der extremen Infragestellung plötzlich meldet, wenn die Begegnung mit der Katastrophe neue Horizonte eröffnet! Wenn ich Ihnen folge, ändert das nicht nur die mögliche Zukunft, es verändert die Vergangenheit gleich mit. Wir sollten also noch einiges über jene seltsame Verschränkung der Zeiten erfahren, von der Sie bisher immer wieder ausgegangen sind?"

Georges Dumézil verdanke ich den Hinweis auf die historischen Standindexe, an denen wir Zugang zu den Archiven der Zukunft erhalten oder an denen wir von zukunftsweisenden Repliken überflutet werden. An korrelative Speichertechnologien, die für uns heute erst erahnbar sind, ist in diesen Zusammenhängen nicht gedacht worden, obwohl Anregungen aus der theoretischen Physik zu belegen sind. Es geht um Archive, in denen Zukunft gespeichert ist, um Formen der Bewusstseinsbildung, die auf mehreren Zeitebenen funktionieren, um eine Wahrnehmungsweise, die akrobatisch mit den registrierten und notierten Ereignissen spielt, wie man Karten mischt, wobei scheinbar nach Belieben die chronologische Ordnung durch eine andere, intellektuelle, affektive und ästhetische Ordnung ersetzt wird. Die Lullische Kunst als ars combinatoria steckt in den Fundamenten jeder Semiotik; mittlerweile wird immer deutlicher, dass sie, auf die Zeit angewandt, einen prophetischen Zeitkern in jedem Geschehen freilegen kann.
Diese Archive der Zukunft stehen aufgrund einer Paradoxie quer in der zeitlichen Dimension. Wer über das nötige Maß an Geistesgegenwart und Jetztzeit verfügt, ist mit einem proportionalen prophetischen Vermögen ausgestattet. Wer sich der Wissenschaft des Augenblicks wid-

met, wird immer wieder feststellen, dass Geschehnisse, die auf einen Nenner gebracht werden, auf einmal eine andere Tiefendimension gewinnen, dass von ihnen eine Kausalität ausstrahlt, die es davor nicht gegeben hatte. Eine griffige Formulierung oder eine einleuchtende Gestaltung wird die Erfahrung der kommenden Generationen prägen. Manchmal neige ich zu der Vermutung, dass die Evolution des Wissens von Anfang an, in jeder der Milliarden gleichzeitigen und konvergierenden Veränderungen, auf einem Plan beruht haben mag, der in einer gegenläufigen Bewegung in der Zeit zu situieren ist. Das jeweils späteste Bewusstsein strahlt auf die Anfänge des Wissens zurück und modifiziert sie, senkt Entelechien darin ein, die sich zu Monaden ausfalten dürfen... Vielleicht mündet der Strom des biologischen Lebens einmal in einen mentalen Hyperraum, der, dank einer Ausbreitungsgeschwindigkeit, die der von Gedanken entspricht, von der des Lichts und damit von der Zeit unabhängig ist. A forteriori und vom Ende der möglichen Zeiten her werden sich bestimmte Einsichten in die verschiedenen Stränge des Beginnens einfädeln, immer aber historische Anklänge und prophetische Querbezüge transportieren.

Wenn das Kriterium der Wissenschaft bisher die Wiederholbarkeit unter vergleichbaren Bedingungen war, werden nach und nach Formen der Wahrheit und Gewissheit auftreten, unter denen das, was man untersucht, nicht beliebig wiederholbar ist. Wir müssen uns auf den Weg zu einer Wissenschaft des Augenblicks begeben, zu einer Enzyklopädie der Inkommensurabilitäten. Eine korrekt beobachtete Tatsache ist eine Tatsache, die registriert und aufbewahrt werden kann, selbst wenn sie qualitativ einmalig und absonderlich ist, entweder für immer oder vorläufig, sei es aufgrund ihrer Natur oder weil sie sich dem Zugriff unserer Instrumente entzieht – und glücklicherweise hat sich für unsere Zeit die Möglichkeit eingestellt, Speichersysteme des Individuellen in eine Dichte und Intensität zur Verfügung zu stellen, dass wir mit unserer Verarbeitungskapazität nicht mehr hinterher kommen.

Unsere Erfahrung soll keinem Gedanken, keinem Willen, keiner Liebe jenseits der Neuronen begegnen, keine Bewusstseinstatsache ohne neuronale Verknüpfung! Das ist das ganze Problem! Dabei leben wir, solange nicht in den Überprüfbarkeitskriterien der modernen Naturwissenschaft gedacht wird, in einer universellen Märchenwelt, in der das Erklärbare die Ausnahme ist, in der die Erklärungen Glückstreffer sind, die die Wirklichkeit dressieren, bis sie auf Zuruf das Gewohnte reproduziert. Das Normale scheint sich gegenüber dem Wunderbaren zu verhalten wie ein Sonderfall: verarmt, reduziert, eingeschnürt und all dessen entleert, was die Kräfte des Lebendigen ausmachten. Manche Beobachtungen und Erfahrungen legen nahe, dass sich in den Neuronen komplexe Vorgänge abspielen, Biomagnetismen, die für Übertragungsphänomene sorgen, die nicht nur die Distanz zwischen Köpfen, sondern auch die zwischen Zeiten überspringen. Das könnte zur Ahnung gewisser Gesetzmäßigkeiten führen, nach denen wir bisher nur gelebt werden. In jeder Zeit steckt das Bedürfnis nach Erkenntnis: Die mannigfaltige Lektüre, die dort gärt, wo um die Wahrheiten einer Zeit, um die Gewissheiten einer Generation gerungen wird, mischt immer wieder ein wenig ihrer Essenz in die Zukunftsflut, die sich in die Gegenwart ergießt. In manchen Fällen sind Vorhersagen möglich, der Prozess ist reziprok, weil nichts innerhalb der psychischen Übertragung nicht der Reziprozität untersteht. Manchmal mag es ein paar Generationen dauern, bis die Antwort kommt, manchmal ist die Antwort schon da, bevor die sie betreffende Generation in die Welt geworfen worden ist. Der Philologe entlastet den Seher ohne großen Aufwand, unsere Vergangenheit wurzelt in der Zukunft, die großen Autoren sorgen für Prophezeiungen, die oft lange nicht als solche erkannt werden. Manchmal stellt sich heraus, dass eine kleine Abseitigkeit Generationen später zu einer Wirkungsmacht erwächst, die niemand in ihr vermutet hätte. Die alten Chronisten und Autoren müssten einfach unter der Brille und mit dem Erwartungshorizont der Fragestellungen einer weiteren Zukunft gelesen werden: Alles war schon irgendwie zu erahnen, alles war schon da, es hatte nur keiner auf gewisse Nebensätze oder Andeutungen geachtet. Der Erwartungshorizont gibt vor, was wir unsere Wirklichkeit nennen sollen! Aber wir müssen nur durch die dünn geknüpften Netze der Wirklichkeit fallen, um für Augenblicke dank der Gefahr der Vernichtung an den Quellen der Wirklichkeit das Staunen zu lernen. Nicht zufällig taucht an diesem Ursprung der Geistesblitze die Verschränkung der Zeiten wieder auf: Die Zukunft ist offen, wenn die Vergangenheit nicht verbaut wurde. Die zerbrechliche Beziehung zwischen Hoffen und Können wird durch verkrampfte Erwartungen irgendwelcher Gewissheiten stillgestellt: Dagegen wird das gewitzte Vertrauen auf die Lücken und Offenheiten im Gewebe der Zeit das Improvisationsvermögen ankurbeln. Wenn wir auf eine brauchbare Zeitkonzeption zurückgreifen wollen, folgt diese einem Schema, mit dem die erfahrene Vergangenheit, zu der die Zukunft einmal werden muss, in Schach gehalten wird durch einen Ich-Hier-und-Jetzt-Standindex, an dem wir sind, was wir gewesen sein werden. Also keine totalisierende Zukunftsutopie, sondern eine lebbare Zukunft, die schon präsent ist, die sich in den Nebensächlichkeiten andeutet. Ich verteidige die Selbstverständlichkeit des Gewährenlassens gegen Formen der Zukunftsbeschwörung, die genau das, worauf es ankäme – nämlich etwas auf sich zukommen zu lassen, verstellen. Ich muss nicht mehr begründen, dass eine solche Form von Erwartung nur dann möglich ist, wenn es gelingt, nicht in der Vergangenheit, sondern aus der Vergangenheit heraus zu leben.

Frage: „Die Argumentation für Geistesgegenwart und volles Sprechen, die Betonung des Hier und Jetzt, die Ablehnung der Surrogate oder der Simulation fällt doch in sich zusammen, wenn klar wird, dass eine solche Position nur für jemanden möglich scheint, der sich aus der Welt zurückgezogen hat und in ein Bücherregal emigriert ist?"

Ich habe das Bedürfnis, für die beschränkte Zeit eines Lebens ein paar brauchbare Erfahrungen und Gefühle zustande zu bringen. Ich gehe davon aus, dass mit den nötigen Techniken ein bisschen was von der Einzigartigkeit und Echtheit zu erreichen ist, die als Möglichkeit in jedem Leben steckt. In dieser Welt wird das Grundproblem durch den Antriebsmangel und das Mitläufertum geprägt. Die Angst vor der Meinung der anderen und das depperte Bedürfnis, es so zu machen, wie es alle tun, sorgen dafür, dass die kostbarsten Augenblicke eines Lebens oft unerkannt oder ungenutzt verloren gehen. Also wird es für manchen, der heute versucht, selbst zu lernen und zu entdecken, ganz nützlich sein, wenn er erfährt, dass es gelingen kann – und wenn es dazu die Verweigerung und damit eine Rückzugsbewegung braucht. Damit gehören zwei Techniken zusammen, von denen ich die erste bei den Reisen im Bücherregal gelernt habe und die zweite dann entwickeln musste, als ich mit dem besseren Wissen wieder versuchte, mich in der Welt und unter den Normalen zu bewegen. Zum einen ein konsequentes Einsamkeitstraining und zum andern eine effiziente Makellosigkeit im Umgang mit anderen. Aber die Voraussetzung ist natürlich, dass man/frau sich nicht identifiziert. Du musst mehr wissen als die anderen und vor allem, du musst die richtigen Sachen präsent haben – die Wahrheiten müssen deine Synapsen mit einer solchen Wirkungsmächtigkeit feuern lassen, dass der umfassende Blödsinn, die Lebenslüge, die Halbwahrheiten, all die Idealisierungen des Verzichts, gar keinen Platz mehr finden. Der innere Monolog verlöscht, die depperte Affenhorde des Ich-bin-wichtig verstummt – zum Denken gehört nicht minder die Kapazität der Stillstellung des Denkens und wenn du erst einmal auf der inneren Lichtung der Stille angekommen bist, kannst du dich an ganz kleinen konkreten Begebenheiten in einer Weise freuen, die dir bis dahin unvorstellbar war.

Das Lesen als Übung im Transzendieren bewahrte die eiskalte Klarheit und die enorme Iterierbarkeit vergangener Räusche auf. Ich entdeckte jene Reiche des Geistes, in denen enorme Freiheitsspielräume zur Verfügung stehen, in denen zugleich aber alles unternommen wird, um ein Verhältnis der Geschlechter zu verhindern – vielleicht gerade deshalb, denn nur wer unbefriedigt ist, ist zu verstricken und zu ködern! Ich durfte die Erfahrung machen, dass hochdotierte Cracks vor allem dafür bezahlt wurden, ein brisantes Menschheitswissen in den jeweiligen Fachdisziplinen stillzustellen und es als Nischenwissen um die zwingende Konsequenz zu berauben. Nachdem ich mich weder von großen Namen, noch von anspruchsvollen Unverständlichkeiten abschrecken lassen wollte und mit dem unbeirrbarem Wissensdurst eines früheren Süchtigen las wie ein Besessener, sollten eben die verschiedenen Mechanismen der Vereinnahmung greifen. Um mich nicht dingfest machen zu lassen, begann ich die Grenzziehungen zu unterlaufen, die Disziplinen gegeneinander aufzurechnen und einen Rausch der Bedeutsamkeit freizusetzen. Es war nur folgerichtig, dass ich über die Umwege der Erotik und der Ästhetik wieder auf einer Schwelle ankam, auf der ich mich zwischen der Frau und der Institution des Wissens entscheiden sollte. – Diese Entscheidung existierte für mich nicht, da gab es nichts zu entscheiden: Wir gingen durch den sozialen Tod, gemeinsam, die Herzen wollten zerspringen, die Welt begann zu schwanken und die Erfahrung zu flirren, danach war nichts mehr, wie es einmal gewesen war. Das Leben begann noch einmal mit einem neuen Entwurf.

Das erste Auftauchen der genannten zeitlichen Verschränkung wurde in einer Spielerei mit den Techniken der Frühromantik anhand eines Archivsystems vorgeführt, in dem das Kommende geschrieben ist, mit dem ein Blick in eine Zukunft möglich scheint, die nichtsdestotrotz unbeeinflussbar bleibt, die vielleicht gerade so kommt, wie sie kommen muss, weil sie so vorhergesagt worden war! Ich habe leider nicht mehr die Zeit, Ihnen den Resonanzraum vorzuführen, in dem ‚Wilhelm Meisters Lehrjahre' und die ‚Lucinde' konvergierten. Ein Gedankenspiel, das die tiefsten Geheimnisse der innovativen Produktion preiszugeben scheint und dennoch so vielschichtig und ambivalent ist, dass wir vor lauter Fraglichkeiten mit gar keiner Einsicht mehr rechnen. Dann wundert es nicht, dass die Thematisierung der Schwelle und die Einführung der Versuchsanordnung für die Erzeugung von Geistesblitzen in genau diesem Zusammenhang aufeinander zu beziehen sind. Wenn ein Säuger in der Interpunktion seiner Erwartungsmuster enttäuscht wird, obwohl diese Erwartungen auf einem festen Bestand an Erfahrungen beruhen, wird Schmerz freigesetzt, und die Qual ist umso größer, umso rigoroser die Erwartungen mit Füßen getreten werden. In den meisten Fällen flüchtet der Säuger in Krankheit oder Selbstzerstörung, verkrampft und verhärtet, gibt sich auf. In einigen Fällen kommt ein kreativer Schwung zustande, Humor und Weisheit können die Folge sein, Einsichten in die Gesetzmäßigkeiten des Lebendigen mögen sich ergeben, die neu und einzigartig sind und vielleicht zugleich von uralten Wahrheiten durchdrungen scheinen... Das sind die Geistesblitze, die der Frustration abgerungen werden – wenn wir das Menschheitserbe auf große Einsichten und ewige Werte hin anschauen, entdecken wir in den meisten Fällen, als ihren Schatten und Hintergrund, Schmerz und Verzweiflung. Manchmal wurden systematisch Qualen eingesetzt, sei's von Opfern oder Tätern – eine Unterscheidung, die am Quellpunkt eines Blitzes hinfällig zu werden scheint, auf der Schwelle des Werkes oder im Augenblick der Erleuchtung... und die Schönheit des Werkes zeugt noch immer von den in ihm verscharrten Leichen, die Intensität der Erleuchtung vom Schmerz der Selbstzerstörung. Aber das sind leider nur Surrogate – mit denen die meisten haushalten mussten: Ersatz für die vereinigende und erweiternde Überschreitung der Grenzen in der Erfahrung der Liebe. Das Ergebnis ist nicht nur schön, und der Schmerz fühlt sich gar nicht sehr erhaben an: Wenn ich daran denke, wie häufig ich meinte, dass es nicht mehr weiter gehe und nicht mehr auszuhalten sei, dass ich versucht war, mich den verschiedenen Graden des Gelöschtwerdens durch einen Selbstmord zu entziehen, bin ich wieder bei jener ursprünglichen Ambivalenz: Liebe als Grenzerfahrung und Leichenmimesis...!

Was bei Macho in einem heilsgeschichtlichen Rahmen auftaucht, war für uns erst einmal der Todeslauf, bei dem verbogene Besessenheiten gegeneinander antreten mussten. Auf Ambivalenzen des mimetischen

Bezugs wurde bereits hingewiesen, ihre Übersetzung in gesellschaftliche Widersprüche deutet an, was eine Beziehungsarbeit der Geschlechter leisten müsste: Sterben zu können und Abschied zu nehmen! Sterben als Aufsprengen der Familienkonstellation – die Modi der Behinderung zu verabschieden. Erst eine antigenealogische Beziehung aus Bedürfnis und Vertrag liefert die Grundlagen der Wiedergeburt auf einem anderen Signifikantenniveau: Die Trauerarbeit wird zum Schulungsgang kreativer Lustpolitik. Was einmal störte und verstümmelte, ist einer gedoppelten Betrachtungsweise kein versiegeltes Geheimnis mehr: Annahme verweigert, zurück an die Absender der Negation! Eine nichtrepressive Sublimierung entsteht auf jenem schmalen Grat zwischen Wildnis und Kultur, auf dem wir im Angesicht der eigenen Geschichten Weltenspringer werden, Trickster oder Menschenfresser. Während der Passage der Traumzeit vor aller Trennung zwischen verrückt und normal sind aneinander Wiedergeburten zu üben, bis Opfer- und Sündenbockrituale als unnütze Angstbewältigungen, Machtspiele als überflüssige Nebenkriegsschauplätze durchschaubar werden. Das Glück haben die Menschen nie erzwingen können, obwohl sie wissen, dass es ungeahnte Kräfte und Weisheiten freisetzt, dass Liebende in den Wolken gehen, weite Entfernungen und sogar Zeiten überspringen, manchmal wirklich Wunder wirken können... sie haben es nie erzwingen, nie kontrollieren können und aus diesem Grund misstrauisch beäugt, wenn es sich manifestierte und oft sogar versucht, die Anlässe zu zerstören, die Protagonisten zu trennen: Als gute Liebe wurde die der Abwesenden über Jahrhunderte besungen! – Wie so oft wird das Unerträgliche erträglicher, wenn es in den verschiedensten Ritualen bejaht wird, eines war die Askese, ein anderes die Dichtung, ein spätes die Literaturwissenschaft... Aber den Schmerz konnten sie erzwingen, über Not und Ausgeliefertheit hatten sie Macht, und die Erfahrung lehrte, dass unter Qualen auch Wunder zustande kamen. Vielleicht ist das ein geheimer Antrieb vieler Märtyrerfestspiele gewesen: Sie wollten das Licht sehen, sie wollten sehen, dass eine/n die Flammen nicht verzehrten, die Pfeile nicht durchbohrten, die wilden Tiere nicht zerrissen, sie wollten sehen, wie die Fesseln rissen, wie sich der Stein erbarmte, wie geheimnisvolle Kräfte eine Wende herbeiführten, wie ein Gott heilsam eingriff... jenes dämonische Erpressen: Das Göttliche aus der Reserve zu locken. Den Schmerz konnten sie erzwingen, und wie bei der Goldsuche viel Sand gewaschen werden muss, um einzelne Nuggets frei zu spülen, mussten viele ihr Leben lassen, wurden immer neue Versuchsanordnungen der Qual ersonnen, um hin und wieder die Manifestation des Göttlichen zu erreichen.

Frage: „Im Bezug auf den fehlenden Ursprungsmythos klingt das Theorem des abwesenden Gott nach! Das ist doch der Motor in Blumenbergs ‚Arbeit am Mythos' – das ganze Bestreben in den Arbeiten zur ‚Beschreibung des Menschen' geht darauf, für den Menschen Zwischenbereiche zu schaffen, die den Absolutismus der Wirklichkeit draußen halten können und die Ansprüche der Götter oder des Göttlichen von der Welt fernhalten. Wie können Sie sich auf Blumenberg beziehen, obwohl Sie doch oft genug begründet haben, dass das Göttliche im hormonellen Geschehen präsent ist, dass es sich in der Liebe in eine neue Präsenz transponiere?"

Das ist eine seinsgeschichtliche Ambivalenz: Die Präsenz des Göttlichen in der Welt steht zur Debatte, wenn zur gleichen Zeit, als Max Weber die Abwesenheit Gottes und das gegen diesen Verlust entwickelte, stahlharte Korsett der Moderne konstatierte, Kafka gezeigt hat, wie das Göttliche virulent geworden ist und schon in seiner Gegenwart aus allen Ritzen quillt – selbst Weber hat nicht auf die kompensierende Position des zu Erwartenden verzichten können. Die philosophische Anthropologie eines Plessner fängt das Mängelwesen Mensch in einer Konzeption der Ausdrucksgestalten der wesentlichen Exzentrik auf; die eines Gehlen bedient sich an den Vorgaben des objektiven Geistes Hegels, um die Lehre vom Vorrang der Institutionen davon abzuleiten. Diese beide extremen Ausprägungen sind von Scheler inspiriert, nach dem der Geist – und das ist eine Ableitung der Gottesvorstellung – wie ein Blitz einschlagen kann und damit die Bedeutungen prägt. Auch bei Klaus Heinrich oder Dietmar Kamper finden Sie die Voraussetzung, dass es das Ursprungsmythologem nie gegeben habe, es ist eine Deckerinnerung für etwas a priori Abwesendes sei... ich habe aber bei beiden brauchbarere Variationen gefunden. Der Ursprung ist das Ziel und das Repertoire von Geschichten, von denen alles seinen Ausgang nimmt, bezieht seine Kraft aus den Körpern und einer produktiv gewendeten Geschlechterspannung. Wenn die Gegenwart des Göttlichen ausfällt, ist zugleich jegliche Authentizität gestrichen: Dann gibt es keine Intensität des Hier und Jetzt mehr, womit die Möglichkeit des vollen Sprechens entfällt. Und das ist die Position Blumenbergs, der meint, es habe keinen Ursprungsmythos gegeben, nur Überlieferungen, nur Vertreter des Gottes, nur die Verkörperung von Funktionären der Vertretung – im Endeffekt nur die Simulation verschiedener Intensitäten. Ersetzen wir diesen Bann durch die stabile Einsicht in den Erkenntnischarakter des sexuellen Geschehens! Ein tiefsinniger Ansatz ist mir einmal in ‚Wort und Wunder' von Sigismund v. Radecki begegnet: Der symbolische Tausch der Worte, Versprechen und Eide funktioniert nur dann wirklich ohne Rest und Stolperstein, wenn auf der sexuellen Ebene die Gesetzmäßigkeit des vollendeten Austauschs gefunden worden ist. Wie schon vermutet wurde, versuche ich das in der Theologie verschütt gegangene Emanzipationswissen wieder freizusetzen. Also sollte dafür gesorgt sein, dass diese umfassendste Form des kommunikativen Geschehens als solche in der Selbstdefinition verankert ist: Und das geht nur mit dauernder Übung!

In diesem Kontext finden wir eine konkrete Form des vollen Sprechens und das ist der Eid, das Ehegelübte, das Versprechen: Entweder die Sprache gilt dann so viel, wie die Wirklichkeit selbst, oder wir haben uns in unserem Handeln und Denken derart entwertet, dass auf alle weitere Wahrheit in der Welt geschissen ist. Tatsächlich verwirklicht sich der Ursprungsmythos der Schöpfung immer wieder neu, wenn in den hormonellen Kapriolen der Erotik die Wirklichkeit zu flirren beginnt. Ich habe sogar eine Parallele in Sloterdijks Globen entdeckt, die es sehr wohl nachvollziehbar macht, warum die Intensität des Hier und Jetzt, die Möglichkeit des vollen Sprechens, nach wie vor das Göttliche verkörpern. Also die uralte Intention, gegen eine leere Konvention ein pulsierendes Symbol zu setzen, den Herzschlag der Jetztzeit und Geistesgegenwart gegen die depperte Stellvertretung und Delegation – von der die Institutionen alle Kraft abzweigen. Natürlich habe ich aus der esoterischen Sprachphilosophie abgeleitet, wie wichtig das Hier und Jetzt ist. Als ich aber ins Abseits befördert werden sollte, habe ich nur noch die Möglichkeit gehabt, die nötigen Energien immer wieder neu freizusetzen und konnte keine Zeit mehr für esoterische Spielereien verschwenden. Bei Scheler finden Sie im Aufsatz über Spinoza einige Stellen, die prägnant zusammenfassen, dass es die Einsicht in die Abwesenheit Gottes ist, die erst die Freiheit des Menschen fundiert und erst diese Freiheit die Möglichkeiten bereit stellt, Gott zu verwirklichen, und das ist der nächste wesentliche Schritt – der bei manchem Späteren einfach ausgefallen ist. Dabei weist er sogar auf jene gefährliche Funktion der Selbstentmündigung hin: Solange ein Gott für die Ethik gerade zu stehen hat, haben wir gar keine Wahl und aus diesem Grund nur Techniken der Verstümmlung und Selbstbestrafung. Er äußert sich in unseren Anstrengungen der Verwirklichung von Werten, er war vor tausend Jahren noch wesentlich stumpfer und abwesender, als er es heute ist. Eine Voraussetzung dieses Ansatzes ist, dass wir erst einmal akzeptieren, dass das Göttliche verkörpert werden muss. Nicht umsonst habe ich mir in der Nachfolge einiger alter Griechen Gedanken über die allmähliche Verfertigung der Götter beim Ficken gemacht – ob Kleist über das Marionettentheater nachdenkt oder über das Entstehen von Gedanken beim Reden siniert, in beiden Fällen sind dies nur Deckadressen: Er hätte wohl gerne eine verbindliche und operationale Regel für das Gelingen des Geschlechtsakts gefunden. Es gibt einen Pragmatismus des Heiligen bei Blumenberg, der ein enormes Wissen zur Verfügung stellt, das meine Belange betrifft. Ich muss aber noch lange nicht mit seiner Basissetzung konform gehen und kann manchmal das glatte Gegenteil aus seinen Gedanken ableiten: Das Göttliche ist im Orgasmus zu befördern, die Kraft und die Herrlichkeit des Lebendigen verweist auf die Erfahrung von etwas, das weit über unsere Rahmenbedingungen der Erkenntnis hinausreicht.

Vielleicht sollten Sie endlich versuchen, diese Gesetzmäßigkeiten herauszuarbeiten, um sie dann in unser evolutionäres Geschehen zu implementieren. Schon geraume Zeit wird an einer universellen Generationsgrammatik des Systemsprungs vorbei geforscht! Seltsamerweise hat es sich ergeben, dass diese maximale Form von Unwahrscheinlichkeit nicht programmiert werden kann – die menschliche Freiheit wurde nicht innerhalb eines vorbestimmten Rahmens geschaffen, sondern anscheinend entstand im evolutionären Prozess ein mehrdimensionales und nicht widerspruchsfreies Feld, in dem ständig mit der Null multipliziert und mit dem Nichts dividiert wird und bei einem begünstigten Maximum an Unwahrscheinlichkeiten hat sich auf einmal das Phänomen der Freiheit eingestellt.

Frage: „Wie wollen Sie die verschiedenen Widersprüche klären, die bei Ihrem Vortrag offensichtlich geworden sind? Es gibt den Widerspruch zwischen dem Bezug auf Nachahmungsneuronen, die den autistischen Standindex der Erkenntnis- und Wissenschaftstheorie der letzten Jahrhunderte kompensieren sollen und dem Bezug auf die Nachahmungszwänge, die aus dem Mutterbezug resultieren! Es gibt den Widerspruch zwischen dem Bezug auf das bewusste und selbstbestimmte Individuum und dem übergeordneten Machtschema, den überindividuellen Mächten Kapital, Sprache, Ökologie... Und dann die Gedankenspiele, die sich an der klassischen Tragödie oder an der Wiener Klassik entzünden, dass der entsprechend stabile und mächtige Rahmen den Kontext zur Verfügung stellt, innerhalb dessen das Gute, das Wahre, das Schöne erst verwirklicht werden können! Versuchen sie nicht einfach, unter den modernen Maskierungen eine mythische Schicksalsgläubigkeit anzuempfehlen?"

Diese Widersprüche kann ich nicht ausräumen, ich habe sie gelebt! Denken Sie sich ein Mobile, das seine Kraft aus der Beweglichkeit bezieht – wenn es verhakt, wird es immer fraglich. Aber ich gebe überhaupt nichts auf den Fatalismus, sonst wäre die dauernde Anstrengung um ein makelloses Verhalten einfach fehlinvestiert. Glücklicherweise machen wir nur dann die Erfahrung, dass das Signifikantennetz für uns zu arbeiten beginnt, wenn es gelingt, den Imperativ der konfliktuellen Mimetik auszuheben. Und das geschieht nur mit der nötigen Disziplin, nur mit dem genauen Wissen, was wir erreichen wollen. Mein Nicht-Tun ist keine passive Demutshaltung, sondern eine virtuose Technik, Konflikte zu umspielen, Verführungen zu übersehen und Provokationen zu unterlaufen.

Frage: Das Theorem vom Blankpolierten Spiegel? Wenn wir genau hinschauen, ist die so getaufte prozesshafte Identitätsvorstellung und die Selbstdefinition als Trickster doch unmittelbar auf die Macht bezogen? Oder besser noch: Wenn das wirklich funktionieren sollte, haben Sie selbst an einer Macht teil und stehen in Konkurrenz zu den vorhandenen Mächten. Wie erklären Sie diesen fundamentalen Widerspruch?

Das ist richtig, unter zweckrationalen Voraussetzungen haben Sie mich in einen Widerspruch verwickelt. Wenn Sie aber meine Prämisse akzeptieren, dass jede konfliktuelle Setzung zu vermeiden ist, dass sie schon gelernt haben müssen, sich gar nicht erst mit jemandem zu vergleichen, landen Sie bei einer Gewissheit, die der Pascals entspricht: Zu glauben, eben weil es absurd ist! Ich habe bereits ein paar Anekdoten erzählt, welche Techniken es neben dem Gebet und der Meditation gibt, den Ich zu verabschieden, die heiß-kalt geliebte Angewiesenheit auf die Meinung der anderen zu suspendieren. In vielen Fällen und mit den entsprechenden Routinen ist dies ganz leicht zu erreichen – wenn die Prämisse stimmt... Es darf keine Negation von einem ausgehen: Kein Neid, keine bösen Wünsche, keine fehlerhafte Identifikation, kein Begehren... damit die Entwicklung der eigenen Fähigkeiten nicht auf Delegation und Entweltlichung hinausläuft.

Dieser Punkt ist der Angelpunkt, an dem die Macht ansetzt, um uns in Ohnmächtige zu verwandeln oder an dem wir ansetzen können, um die Macht als Popanz zu erweisen. Ich verachte sie, die Macht ist immer nur ein Ersatz für die Kraft, besser noch, für die Freude an der eigenen Kraft. Die waffentechnische Ausstattung eines Blankpolierten Spiegels habe ich in den verschiedenen Zusammenhängen begründet: Die genannte Einsatzstelle der Ästhetik Kants, an der sich die Peircesche Semiotik entzündete, an der Benjamins Sprachphilosophie eine wesentliche Absicherung gefunden hat, an der Heideggers Kantbuch ansetzte um über den Neukantianismus hinaus zu gehen. – Ich bin also in eine metaphysische, erkenntnistheoretische und epistemologische Schaltstelle gestolpert, um erst später die Schlagkräftigkeit jener Gesetzmäßigkeiten auf den Nenner zu bringen, für die ich die Metapher des Blankpolierten Spiegels verwende. Aber ich habe nichts erfunden oder herbei gewünscht, sondern bin vielmehr durch einen Todeslauf geführt worden, um dort einem Rettenden zu begegnen. Diese Gesetzmäßigkeiten waren schon vor mir da, ihre Wirksamkeit ist an den großen Fragestellungen der Menschheit abzulesen, selbst wenn das Repertoire der vorgegebenen Erkennbarkeiten versucht, diese Einsichten immer wieder zu verstellen.

Der Punkt an dem das Denken aufhört, an dem die innere Affenhorde verstummt, wird nicht nur von Asketen erreicht, die ihr Hirn ausbrennen, indem sie immer wieder dieselben sinnlosen Silben wiederholen. Sie zeigen eher ein Negativbeispiel der Verdumpfung, dem die Komplexitätsreduktion des Süchtigen oder des Verliebten an die Seite gestellt werden könnte. Es mag so gehen, aber eben um den Preis, dass man sich in einen Idioten verwandelt – wer keine anderen Möglichkeiten hat, wird damit nichts falsch machen. Der Punkt, an dem das Denken aufhört, ist jene Schwelle, an der die hysterischen Vorstellungen und die am anderen modellierten Selbstdarstellungen, also jener unendliche

Sermon der Selbsteinflüsterung, wer der Ich zu sein habe, ausgeblendet werden. Wenn du mit den richtigen Themen beschäftigt und intensiv mit dem entscheidenden Wissen gesättigt bist, kann es geschehen, dass vom Ich nichts mehr bleibt – nur noch die Gesetzmäßigkeiten der Spontaneität des Verweisungszusammenhangs: Widme einer Tätigkeit alle Aufmerksamkeit, übe die Konzentration, bis von den Selbstgefälligkeiten nichts mehr übrig ist! Das geht, wenn man als Packer acht Stunden ohne ablenkendes Geschwätz Bücher eintütet, frankiert und zunagelt oder genauso, wenn man in der verbliebenen Zeit Tag für Tag konzentriert liest, bis der innere Monolog für Stunden verklingt. Wesentlich ist zum einen, dass diese Wolke aus ich-bin-wichtig und dem Geschwätz, in der der Normverbraucher zuhause ist, nicht an einen heran kommt und zum anderen, in einem Wissen oder einer Fertigkeit so aufzugehen, dass einen die Eigengesetzlichkeiten des Materials zu führen beginnen. An diesem Punkt wirst du Teil eines größeren Funktionszusammenhangs, gewisse Muster führen zur Einsicht in die übergeordneten Gesetzmäßigkeiten. Wir müssen ein Plateau erreichen, auf dessen Höhe nicht mehr Um-zu gedacht wird, auf dem nicht mehr ein Zweck angezielt wird – wie in der Liebe und beim Spiel geht es darum, sich ganz auf ein Etwas, ein Gegenüber, eine Erfahrung einzulassen und den Augenblick nur um seiner selbst willen zu leben. Erst in diesem Kontext werden Systemsprünge möglich, manchmal gibt es für einen Augenblick den Eindruck eines Musters dieser Muster, ein immaterielles Schema von Kräftepfeilen, die Entscheidungen nahelegen, mit denen die Basisprogrammierung ausgehebelt und in den entscheidenden Punkten neu verfasst werden kann. Dann braucht es den Mut zur oder besser noch, die Freude an der Entscheidung, die in den entscheidenden Routinen geübte Lust, über sich hinaus zu gehen – und wir bewegen uns auf Wirklichkeitskonstanten der Authentizität zu.

Das dürfte genug für heute sein. Wenn ich Ihre letzten Fragen wirklich ernst nehme, muss ich noch einmal von vorne beginnen. Aber ich kann Sie beruhigen, nichts was ich erzähle, steht nicht schon irgendwo und natürlich habe ich mich nicht auf die Verführung eingelassen, hier den Propheten zu spielen. Wenn Sie die ‚Galerie der Geistesblitze' besuchen, werden Sie feststellen, in welchen biographischen Zusammenhängen einzelne Einsichten wertvoll geworden sind. Tatsächlich ist zu sehen, dass nichts wirklich von mir ist, alles steht schon irgendwo, alles hat nur gewartet, wieder in einer realen Lebensaufgabe aktualisiert zu werden. Diese Erklärung mag nebenbei als Entschuldigung dafür dienen, dass ich keinen fertigen Text mitgebracht habe. Nachdem mir ein paar Mal vorgeführt worden ist, dass ich mich umsonst investiert haben sollte, nachdem versucht worden war, meinen Ehrgeiz anzukitzeln, um mir Lebensjahre zu stehlen und dann zu dokumentieren, dass auf Sonderleistungen gar kein Wert gelegt wurde, habe ich mir angewöhnt, nichts mehr vorzubereiten. Dresden hatte mir vier Monate Zeit gekostet, in denen ich nach späteren Vergleichswerten etwa 100000 Mark Umsatz zustande gebracht hätte – ich machte Umsatz nicht um des Geldes willen, sondern weil er Überlebenswerte zur Verfügung stellte –, Tübingen sollte mir ein halbes Jahr Zeit kosten, das hatten die Krüppelzüchter mit einer geisteskranken Akkuratesse ausgebrütet, aber glücklicherweise war die psychische Energie zu dieser Zeit bereits abgezogen worden.

Zum Thema Zeit, Musik und Selbsterfahrung kann ich Ihnen eine Zitatmontage zur Verfügung stellen. Die Einladung zum Seminar über das Thema ‚Eigenzeit' habe ich vor Monaten bekommen, aber es reicht, die Bezüge ad hoc auszuarbeiten, wenn es so weit ist. Viel zu häufig sorgen unterdurchblutete Arschlöcher, die den Zugang zu den Futtertrögen besetzen, dafür, dass wir uns ausreizen sollen. Wenn sie es schaffen, dass trotz besserem Wissen und meilenweitem Vorsprung nichts brauchbares zustande kommt, haben sie zwar nicht zur Verbesserung der Menschheit beigetragen, aber immerhin für eine Rechtfertigung all derer gesorgt, die dank ihrer Antriebsstörung, aufgrund der Vorbehalte und Versagensängste, der Rücksichtnahmen und Verleugnungen, nicht bis zum Leben vorgedrungen sind. Die rechtfertigende Entschuldigung, es nicht gewesen zu sein, liefert nicht automatisch die ersehnte Inkompetenzkompensationskompetenz und die vergiftende Intensität, die der Sadomasochismus freisetzt, kann nur bedingt darüber hinweg trösten, dass der Erfahrung des Echten keine Chance eingeräumt worden ist!

Die Zitatmontage

Wir haben die Epoche der maximalen Selbstzerstörung der Gattung erreicht. Sage also niemand, die Erfahrung eines heroisches Zeitalter sei für immer dahin... Tatsächlich ist damit der Punkt des Umschlags greifbar, an dem das Maximum an Sinnleere umkippen kann in eine bis gerade noch nicht vorstellbare Sinnfülle. Wenn alles auf dem Spiel steht, können auf einmal Kleinigkeiten bedeutsam werden und eine gewaltige Ruhe und Stärke verleihen. Man muss sich nur scheiße genug fühlen und völlig am Ende sein: Die körpereigenen Drogen können aus dem Elend und der Ausgeliefertheit, wie schon vor Jahrtausenden, das Sprungbrett eines neuen Glaubens machen. Dies scheint so offensichtlich, dass die Leute nicht mehr sehen, wie systematisch die Unterhaltungsindustrie in den letzten Jahrzehnten an diesen menschheitsgeschichtlichen, endomorphinen Ventilen gearbeitet hat, um damit Umsätze freizusetzen. Also liegt doch eine ganz einfache Schlussfolgerung nahe: Wo es möglich ist, den umfassendsten und sinnleersten Signifikanten auszuwerfen, das Geld, kann es in einem ganz anderen Maße möglich sein, Sinn und Harmonie für ein eigenes Leben zu stiften. Die ursprüngliche Stimmigkeit, dass etwas sitzt und passt und ineinander greift, liefert notwendige Voraussetzungen, damit es besser flutscht und die sich daraus ergebenden Harmonien sind die Grundlage aller späteren Sinnentwürfe – weil es nicht anders ging, konnte ich sogar erweisen, dass der entgegengesetzte Weg funktioniert und zu einem Zeitpunkt Geld machen, an dem mir alle Einnahmequellen verstopft worden waren: Den Sinn hatte ich schließlich im Bett erarbeitet.
In Agambens ‚Idee der Prosa' finde ich einige Bezüge auf die Macht und das Verhältnis der Geschlechter, mit denen sich Wahrheitswerte des Musikbezugs variieren lassen. Dort heißt es, dass das Rätsel, das uns wieder neu zu lösen aufgegeben ist, zum ersten Mal im verdunkelten Paris des Ersten Weltkriegs, im Deutschland der großen Inflation oder im Prag des untergehenden Kaiserreichs formuliert worden ist. Das Aufzeichnen der Stimmungen, das Erlauschen und Mitschreiben jener lautlosen Seelenmusik, soll in Europa um 1930 ein Ende gefunden haben. „Der menschlichen Seele ist die Musik abhanden gekommen – die Mu-

sik, die in der Seele die schicksalhafte Unzugänglichkeit des Ursprungs anzeigt. Ohne Epoche, erschöpft treten wir auf die selige Schwelle unserer unmusikalischen Wohnung in der Zeit. Unser Wort hat wahrhaft den Anfang erreicht." Dabei ist diese Unzugänglichkeit nur die verblendete Schauseite dessen, was für das inspirierte Hören der Verweisungszusammenhang wäre – und der steht wirklich am Anfang aller Benennung, die dem Schweigen abgerungen wird. Die Seele ist die Musik, die im Laufe eines Lebens dichter und tönender wird; sie ist jene Erfahrung der Harmonie, die sich durch die Zeiten und Räume mitteilt. Im Gegenzug ist die dargestellte, enttäuschende Leere vielleicht nur das Dunkel des gelebten Augenblicks der Verwaltungsvollzüge von Bildungsbeamten. Die vorangegangenen Generationen litten unter diesem Zurückschrecken vor der Erwartung, am Ende der Geschichte angekommen zu sein... Dagegen sollte heute klar geworden sein, was für uns alles wieder zur Verfügung stehen kann, nachdem die reduzierte Realitätskonstruktion der bürgerlichen Welt längst aufgesprengt wurde. Mit den Anregungen beliebiger Luxusmagazine ist das Atmosphärische in den feinsten Variationen für jeden zu realisieren, der seine Zeit darauf verwenden kann; dank einem enormen Repertoire an Inneneinrichtung und Mode werden jene Zeichen gesetzt, die authentisch wirken und deshalb den Gefühlen, die unsere Seele möblieren, die frühere Überzeugungskraft neu verleihen. Wenn wir heute in Prag oder in München, in Wien, Paris oder in London spazieren gehen, tauchen wir in die verschiedensten musikalischen Felder ein! Wir leben in einer Welt von Sensationen und Begeisterungen aus zweiter Hand; dabei wäre es ein leichtes, den diversen Gebrauchtintensitätenvermittlern die Schlüssel zu entwenden, um erneut der Echtheit der Überwältigung zu begegnen.

Das der Angst und Verzweiflung innewohnende Vermögen eines Umschlagens, das Versprechen der Heilung, die Heidegger bei Hölderlin aufsuchen musste, um die letzte Hoffnung seiner Epochenerfahrung zu fundamentieren, stehen wieder zur Verfügung, wenn die dialektische Zerrissenheit der Furcht jenseits der verwalteten Wattewelt erfahrbar wird. Agamben legt uns nahe, die reinigende Kraft der Stimmungen wirken zu lassen, aber viel eher ist zu empfehlen, mit der Katharsis der Katastrophe an den eigenen Verwicklungen und den verkorksten Rücksichtnahmen zu arbeiten. In den Zusammenhängen der Stillstellung wird eine Erfahrung, die mit archaischer Autorität auftritt, derart tabuisiert, dass sie erst einmal im Traum oder den multimedialen Konstrukten der

Unverbindlichkeit auftauchen muss – genau hier bin ich auf jene Gewalten gestoßen, die den Eindruck urweltlicher Kräfte machten. Dann hieß es auszuhalten, zu verstehen, durchzuarbeiten und die Assoziationsmuster nachzuvollziehen, an denen sich die Geistesblitze entzündeten. Nur ein befriedigter und mit sich einiger Körperbezug ist in der Lage, diese Kräfte zu akkumulieren, ohne die Energie in Kurzschlüssen abzufahren. Was heißt es denn, wenn ich nicht mehr bereit bin, mich im anderen zu verlieren, wenn ich nicht mehr willig bin, mich Schritt für Schritt auf die Welt einzulassen: Ich werde nichts erfahren – ich werde mich nicht gewinnen. Was führen uns jene Simulanten der Selbstheit vor, wenn nicht die traurige Hoffnungslosigkeit, sich auf nichts wirklich verlassen zu können, was sie nicht selbst hergestellt haben – das ist glücklicherweise erbärmlich wenig und in den entscheidenden Zusammenhängen haltlos!

Ein Wechselspiel von Kritik und Vereinnahmung optimiert nicht etwa die Wege der Lebendigkeiten, sondern immer nur die Verwaltungsvollzüge. Diese Kennzeichnung der verlorenen Stimmung konnte ich als Supplement zu meinem Traum vom Buch der Welt verwenden! Wobei ich der Popmusik und den durch Halluzinogene aufgesprengten kulturellen Werten neue Zugänge zur Authentizität verdanke, die wohl auf den oberen Rängen der philosophischen Selbstidentifikation nicht mehr zur Verfügung standen. Wer in die Sublimationsleistungen der Austrocknung des Zuidersees zu viel Ehrgeiz investiert, behält von der ursprünglichen Musikalität des Göttlichen nichts mehr übrig. Dabei gibt es die Stimmigkeiten notwendigerweise in jedem Leben! Ohne ein harmonisches Leitmuster hätten wir schon die embryonalen Entwicklungsstufen nicht zu meistern gewusst. Es war einmal da. Es klingt in der Wirkungsmächtigkeit des Kitsches auf; es ist der Fundus jeder großen Liebe und der Motor der Arbeit am Mythos. Es ist das ozeanische Gefühl, das unsere Seele mit dem Universum als Ganzem vernetzt und es ist zugleich der prometheische Funke, mit dem die Offenbarung der Seinsmächtigkeit unserer Fantasie noch in den pragmatischen Vollzügen entzündet werden kann. Die Erleuchtung als Einklang mit der Welt ist präsent in allen Phasen des Lebens, in denen uns eine energetische Woge packen und für eine Weile tragen darf.

Glücklicherweise war das Medium Musik so umfassend und allgegenwärtig, dass es jedes Quantum Negation schluckte, ohne daran zu verlieren. Der kleine Hermes hatte einmal eine Schildkröte zu Tode gequält und aus ihrem Panzer die Leier gezaubert, mit der er Apoll die geraubten Rinder entgelten konnte – ein Mythos über die Entstehung des Opferkults; Orpheus hatte noch herzergreifend gesungen, als sein abgefetzter Kopf von den Fluten hinweg getragen wurde. In diesen Bildern ist die Musik ein der Sprachlosigkeit abgerungenes Zeugnis der Auslöschung, des Verklingens und zugleich des Überdauerns – Odo Marquard hat sich auf Lévi-Strauss berufen können, als er zeigte, dass die Musik selbst eine Form des Mythos ist. Vielleicht war der Name mein bester Schutz, weil die Genealogie der Musik bewirkte, dass sie gar nicht genug Schmerz und Vernichtung absorbieren konnte, vielleicht erklärt das, warum ihre enorme Absorbtionsfähigkeit einst das Prinzip Tragödie, die heilsame Katharsis und die Sublimation freisetzen konnte. Aus diesem Grund kann ich nicht einfach akzeptieren, dass uns die Musik verloren gegangen sein soll! Die Gesetzmäßigkeiten der Musik, die jenen Bezug auf den Tod, aufs Zerbrechen, auf die Auslöschung aufbewahren und zugleich überwinden, halten die Negation in Schach; der richtige Rhythmus und die den Kontext zum Klingen bringende Harmonie sind in der Lage, die Nichtung durchzustreichen! Damit spiegelt sich in meiner Geschichte noch einmal ein uralter Wirkungsmechanismus, der auf den Namen Orpheus hörte: Dass der Trieb durch den Tod hindurch gehen muss, um zu klingen und zu rühren. Nicht umsonst hat mancher es für wahrscheinlich gehalten, dass hier ein Geheimnis der Gattung Mensch verborgen ist. Vielleicht nicht in der konkreten Musik, vielleicht nicht einmal im Bezug auf den Namen, so sehr er im Symbolischen zur Objektivierung des Selbst dienen kann, vielleicht aber in den heiligen Schwingungen, die dafür sorgen, dass es so etwas wie die Musik überhaupt gibt.

In den entscheidenden Zeiten ergriff mich die Musik, transportierte mich in die entlegensten Ecken des Empfindens und Denkens, aber ich war nicht die Musik. Ich verlor sie sogar, während ich mich geduldig leidend, unter Krämpfen und Schweißausbrüchen, den literarischen Exerzitien der Weisheitssuche näherte. Wer hätte gedacht, dass ich unter LSD und während der Lektüre von Huxley oder Castaneda viel näher an das brennende Zentrum der Wahrheit herangekommen war, als unter den Führungsansprüchen von Bildungsbeamten, für die das Wissen nur ein Anlass für Profilierungsmöglichkeiten sein durfte. Subalterne Deppen, die in Intrigen verstrickt waren und vor lauter Machtspielen längst vergessen hatten, dass ihr Verhalten für sie Konsequenzen haben musste

– und die diese Gesetzmäßigkeit verdrängen durften, weil sie immer genügend Delegierte zur Verfügung hatten, um die damit verbundene Negation nach unten weiter zu reichen. Ich hatte auf Droge und in der Sexualität an einem Geschehen teilgehabt, das mich mit einem fiebernden Staunen auf die Suche schickte – entzaubern durften dann die Instanzenwege und die vielen Subalternisierungsversuche, während des Überlebenskampfes, nachdem ich nicht bereit war, als Schüler zu dienen, dann sogar die notwendige Selbstdisziplin, bis nichts mehr vom ursprünglichen Antrieb übrig bleiben sollte. Auf Dauer fand ich mich nicht damit ab: Es tat so gut, wieder das Brausen in den einzelnen Zellen spüren, den Blitz zu bewohnen und mit den Tieren sprechen, den Zufall erneut für uns arbeiten zu lassen und ein Wissen aus der Zukunft zu verwenden.
Nachdem das Verhältnis zwischen Vergangenheit und Zukunft derart verändert worden ist, dass die unmittelbare Zukunft schon als schwarze Wand des Unerwartbaren und Unvorstellbaren erscheint, wie Lübbe dies gezeigt hat, müsste das Prinzip Hoffnung einen ganz anderen Stellenwert gewinnen: Als Glück des Unvorhergesehenen! Damit sollte mein Ansatz leicht nachzuvollziehen sein, wie die Wirkungsgesetze eines Blankpolierten Spiegels zu implementieren sind. Mit Kittlers Portrait des Philosophenherrschers Krotons sind diese Regeln schon am Anfang der Philosophie zu lokalisieren: Archytas, der von Pythagoras inspiriert, den musikalischen Harmonien die Gesetzmäßigkeiten einer Denkkunst ablauscht, um daraus technische Verfahren und überraschende Erfindungen abzuleiten – also wirklich einmal ein Philosoph an der Macht und keiner in der Verbannung oder an den Simulationen im Imaginären der Schrift. Dieser Archytas entwickelt aus der Reziprozität, aus dem, was unter dem Terminus des symbolischen Tauschs zusammengefasst werden kann, die Gesetzmäßigkeiten der menschlichen Gemeinschaft. Die Aufmerksamkeit auf die Gerechtigkeit der Harmonie betrifft selbst den Aufbau des Staats und die Regelung des Gemeinwesens – also nicht weniger die Institutionen: Dies sind Gesetzmäßigkeiten, die der Musik abgelauscht und errechnet werden! Rechnen war hier Zählen, die Relationen wurden durch Zählsteine veranschaulicht und in Takte überführt, die als konkrete Zeiteinheiten den Körper ergreifen: Die Wahrheiten werden gesungen und getanzt, bis die kosmischen Gesetzmäßigkeiten in den Mikrokosmos der Körper übersetzt worden sind. Ein Modell dafür lieferte bereits René Hockes ‚Der tanzende Gott', der Heideggers

Griff zu den Vorsokratikern überbot durch die Auskunftsquellen vormetaphysischer Welterschließung und als Parabel zugleich vorführte, wie die freigesetzten Kräfte durch solche Wahngebilde wie den Nationalsozialismus pervertiert werden konnten.
Die Musik kann den Hörraum zur Verfügung stellen, in dem die Koordination des Hier und Jetzt möglich ist – so wundert es nicht, dass ich mit dem dort vorliegenden Repertoire eine Psychotisierung umspielt und ausgehebelt habe. In diesem Hörraum vermittelt der Gleichgewichtssinn der Präsenz die Nähe, so fern sie sein mag, mit einer Ferne, die uns so nahe kommen kann, dass die Körper zu klingen beginnen – und das ist der Ursprung aller Geistesgegenwart! Kamper verdanke ich einige feinsinnige Differenzierungen, die nachvollziehbar machen, wie unendlich dicht vernetzt eine Wirklichkeit ist, die geistesgegenwärtig erfahren wird. Wir sind Wellenreiter in einem Meer von Wissensweisen und Sinneseindrücken, und wenn es gut ist, verwandeln wir uns in die Welle selbst. Die starre Scheidung zwischen Subjekt und Objekt zeigt sich als das Folterinstrument der Wissenschaftsgeschichte, mit dem die Natur ihre Geheimnisse abgepresst bekam; die Trennung zwischen dem Ich und dem Anderen ist tatsächlich etwas sehr relatives, wenn wir die zarten Benetzungen und die abrupten Anverwandlungen, die biomagnetischen Übertragungen und den harmonischen Gleichklang bedenken. Das spricht gegen Agambens Argumentation und für Steiners Reminiszenz an die ‚Mythologica' Lévi-Strauss', wo hinter den Gesetzmäßigkeiten musikalischer Harmonien das Geheimnis des Menschlichen vermutet wurde! In diesem Zusammenhang erinnere ich an einen Vortrag Theweleits über den Dritten Körper: Der Bezug zwischen Körpergedächtnis und Motorik führt wie nebenbei auf die Forschungen zum Nachahmungsneuron. Und wenn Sloterdijk hervorhebt, wo wir uns befinden, wenn wir Musik hören, also in der Musik sind, bietet sich mittlerweile der Bezug auf die Bewusstseinsforschung an: Der psychische Bereich, den die Musik besetzt, ist jener Bereich des Dazwischen, dieses ursprüngliche Feld der Nachahmungsneuronen, an dem der Quellpunkt einer erfolgsorientierten Semiose anzusetzen ist. Natürlich werden gefühlsblinde Mütter und wissenschaftliche Autisten von diesem Zwischenbereich nichts wissen wollen – es geschieht ihnen recht, wenn sie sich zur Strafe für ihre Verleugnung in einer Hölle der Dumpfheit einrichten müssen. Ihnen habe ich die Erfahrung zu verdanken, dass es zeitlose Augenblicke gibt, in denen nur noch das Gattungswissen des Körpers weiterhilft,

der gespeicherte Überlebenswille eines evolutionären Geschehens – die Erkenntnis, dass in der Dialektik die Eschatologie steckt. Es gibt momentane Ewigkeiten, in denen die Gesänge in den einzelnen Zellen, das Rauschen und Vibrieren ihrer zeitlichen Ausfaltung, zu einer Woge des überbordenden Lebenswillens anschwellen und über alle Ufer der institutionalisierten Stillstellung treten. Der König der Schwermut wird von der Musik geheilt, die in ihr freigesetzte Bewegung ist noch unterhalb der Sphäre der Bedeutungen eine Bejahung des Fließens und der Wandlungen der Lebendigkeiten. Du fällst nicht mehr in eine schwarze Unendlichkeit, die aus dem Tabu auf der Frage nach dem Sinn deines Lebens entstanden ist. Die Musik ist die zweite Offenbarung – und nicht nur ein Schattenspiel auf der gegenüberliegenden Wand des Höhlenausgangs. Die Musik ist ein relationales Abbild der Proportionen und Harmonien des kosmischen Geschehens. Die erste Offenbarung hatte ich glücklicherweise nie aus den Säften verloren – schon deswegen war versucht worden, anhand meiner Vernichtung weiterhin auf ihrer Nichtexistenz zu bestehen.

Nachdem jene Menschheitserfahrungen, die einmal über Generationen einen Halt vermittelten, heute nichts mehr taugen oder, wenn hin und wieder die Kraft der Neuerwerbung aufzubringen ist, keine zehn Jahre halten, also sofort der Inflation unterstehen, bietet sich der Ansatz an, durch den Rückgriff auf die Körpererfahrung und die strukturierenden Rhythmen an den Ursprüngen des Lernverhaltens anzusetzen – aus Douglas' ‚Ritual, Tabu und Körpersymbolik' sind konkrete Tricks abzuleiten. Was die tradierte Erfahrung einmal vermitteln konnte, Sicherheit und Orientierung, muss sich immer wieder neu am Koordinationszentrum des Mythos entzünden. Damit greifen wir auf eine geheime Wahrheit zurück, die in den Gesetzmäßigkeiten der Musik zu finden ist – die also prinzipiell jedem zugänglich sein könnte, der in der Lage ist, sich von einem Rhythmus ergreifen und von einer Melodie transportieren zu lassen. Die Muster dieser Gesetzmäßigkeiten prägen noch das Begründungsverhältnis im sozialen Tod und stehen vor allem quer zu jeder institutionalisierten Macht. Ein Sokrates träumte in seiner letzten Nacht, dass Apollo ihn mehrfach aufforderte: Treibe Musik!

Musik hören heißt, in der Musik sein! Deshalb betont Thomas Mann das Dämonische der Musik – deshalb legt der Weg, den Sloterdijk von seinen Untersuchungen zur Weltfremdheit bis zur Sphären-Trilogie gegangen ist, nahe, dass wir mit einem anderen Wahrheitskonzept in die Lage kommen können, an einer umgreifenden Form von Wahrheit zu partizipieren. Der Traum der griechischen Philosophie, über das in der Wahrnehmung des Schönen zu erfahrende Identische an Einheiten des ideellen Einen heranzukommen und damit am Göttlichen teilzuhaben, lässt sich auf einer relationalen Ebene weitgehend einlösen – aus diesem Grunde ist an genau jener Schaltstelle der kulturellen Entwicklungen anzuknüpfen. Und so, wie die geometrischen Verhältnisse in Zahlen auszudrücken sind, haben sich die musikalischen Harmonien einmal in Zahlen ausdrücken lassen – nur deshalb wurde die Mathematik zur Grundlagenwissenschaft. Ich habe also einen direkten Bezug zwischen einer transklassischen Wahrheitstheorie und den Gesetzmäßigkeiten der Musik herzustellen: Prolegomena zu einer Grundlagenwissenschaft der Gesetzmäßigkeiten des Paares. So wie es aussieht, ist die ursprüngliche Einheit die Zwei und zwar als Triade – wie Max Bense mir beigebracht hat, müssen wir immer wieder bis drei zählen können! Es muss eine Vermittlung zwischen den Geschlechtern stattfinden, die Funktion des Eros ist es, wie Fellmann für eine philosophische Anthropologie zeigen konnte, ein Verhältnis der Geschlechter herzustellen. Die Wirklichkeit der erotischen Liebe ist reicher als alle Sinngebungen und sie entzieht sich dem zweckrationalen Handeln: Sie braucht kein fremdes Ziel, weil sie ihr eigener Beweis ist. Die Lust ist die einzige Sprache, die beide Geschlechter unmittelbar verstehen, weil sie die Erfahrung vermittelt, dass jeder Subjekt und Objekt zugleich ist. Der Eros erscheint als der einzige Weg, die narzisstische Einkapselung des Menschen zu überwinden. Dazu braucht es den Schutzschild eines Dritten gegen die gierigen Besitzansprüche der Mutter, die dafür sorgen möchte, dass keiner späteren Konkurrentin der Zugriff auf ihren Ableger gelingt. Schon in Nachgeburt und Doppelgänger ist dieser Dritte präfiguriert, wie Sloterdijks umfangreiche Abschweifungen in den ‚Sphären' erweisen konnten. Gegen ein klassisches Identitätskonzept ist mit Harmonien zu operieren, also mit dreiklängigen Relationssystemen, die jenseits des Einen und der Eins sind. Erst durch eine/n Partner/in werden wir in die Lage versetzt, wirklich ins Leben zu treten: Die Essenz der Tragödie taucht in der Erfahrung der Liebe als Duell wieder auf! Es ist die Mutterschaft, der wir das Prinzip verdanken: Ich schenke dir, was du gar nicht haben wolltest, weil ich damit meine haltlose Position auszuhalten weiß. Und dann erwarte ich, dass du ehrfürchtig genug bist, nichts mit dem Geschenk anzufangen! – Dank der Beziehungsarbeit können wir diese tödlich Gabe der Pandora zurückweisen: Es ist immer wieder die erste Frau, die dafür zu sorgen hat, dass die Menschen nicht bis zum Leben vorgelassen werden.

In den verschiedenen Zusammenhängen, von der Kosmologie über die Systemtheorie zur theoretischen Physik, von der Psychoanalyse über die Hermeneutik bis zur Zeichentheorie, ist den Gesetzmäßigkeiten des evolutionären Geschehens, der Erfahrung der Zeit, den Techniken der Selbstvergegenwärtigung des Ichs, jenseits der gespiegelten Illusionen, am adäquatesten entgegen zu kommen, wenn wir uns an den Wirkungsweisen der Musik orientieren – die Ahnung für kosmische Harmonien, für Gesetzmäßigkeiten des Rhythmus, denen Zahlenmagie und hermetische Esoterik, auf der Spur war, lieferte seit den Pythagoreern einen Traditionsraum für brauchbare Einsichten. Die Kräftepfeile der Initiation nehmen ihren Ausgang vom Mund, um getanzt, gesungen und in Szene gesetzt, den ganzen Körper zu ergreifen und in den Labyrinthen des Ohrs zu münden – sie sind also am wenigsten auf das Auge bezogen und werden die bannende Kraft des ersten Gestaltbilds zu brechen versuchen. In Kittlers ‚Musik und Mathematik' wird auf den Nenner gebracht, dass die Musik dazu einlädt, in der Liebe Götter nachzuahmen: Mit dem nötigen Quantum Lebenslust und unsublimierter Schöpferkraft kann es gelingen, außerhalb der Asyle der Kunst und der Wissenschaft an der Schöpfung teilzuhaben.

Wenn für das Interesse an den Rhythmen sogar an Platon zu erinnern ist, so deshalb, weil die Musik der Bildung jenes seelischen Bereichs dient, in dem die Triebe und Affekte zu Hause sind. So wie heute nach und nach wieder deutlich wird, dass die Triebe vorpersonell sind, dass die Affekte von außen ins Innere aufgenommen werden, dass es ein frommer Wunsch gewesen ist, von einem Privatbesitz der Innerlichkeit auszugehen, war für Platon direkt nachvollziehbar, dass der Mensch in der Triebsphäre kein Individuum, sondern eine Relation in einer anonymen Masse ist, ein Glied in einem Kollektiv, das mehr oder weniger gelebt wird. Gehen wir noch ein wenig weiter zurück, vor die Sublimationsanstrengung der platonischen Philosophie, so haben wir den geschichtlichen Ursprung seiner Lehre von den Trieben in den dämonischen Mächten der alten Religion, vor denen der Mensch sich zu schützen versucht und denen er immer wieder ausgeliefert ist. So bekommt die Musik eine universelle Bedeutung, die wir bei allen magischen Kulturen finden. Sie hat die dämonischen Gewalten, aus denen nach und nach Götter der Hochreligion gebildet werden, zu beschwören und zu bannen, zu berufen und abzuwehren. Bei Picht, der in diesen Zusammenhängen fruchtbarer ist, als die selbstgefälligen Invektiven Kittlers gegen Platon, sind die kennzeichnenden Eigenschaften der Musik genannt: Der Mensch verdanke ihrer heilenden Macht die Sicherung eines humanen Bereichs, der ihn vor der Übermacht der anonymen Gewalten bewahrt. So kann man zum einen sagen, die Griechen haben in einem enormen Prozess der Vergeistigung dafür gesorgt, die Urgewalten ihres dämonischen Wesens zu entkleiden, um daraus Seelenvermögen zu machen. Jener Bereich, den wir in der Tradition der Mystik als Innerlichkeit zu erleben gewohnt sind, aus dem die Selbstversicherung des bürgerlichen Ichs hervorgegangen ist, ist nichts anderes als das gebannte Pandämonium der alten magischen Religionen. Wenn das aber erst einmal erkannt ist – und das Freudsche Unternehmen hat wesentlich dazu beigetragen –, wird klar, dass es keinen großen Unterschied macht, ob der Mensch die Gefahren, die ihn bedrohen, als innere oder als äußere Gewalten erfährt: Es ist die gleiche Erfahrung der Bedrohung und Überwältigung. Die andere Seite der Medaille lautet: Mit dem Zerfall der über die Jahrtausende gewachsenen Traditionsräume tauchen die ursprünglichen Fragestellungen in jedem Leben an den bedeutsamen Schaltstellen wieder auf. Die Musik ist damit nicht nur eine Offenbarung des Unsichtbaren, sondern in einer Lebenswelt, die mehr und mehr der Psychotisierung untersteht, erscheint der ursprüngliche magische Wert mittlerweile in den pragmatischen Gebrauchsanweisungen, die sie vermittelt. Mit Hanna Stegbauer beruht die Faszination der Musik auf der Grunderfahrung, dass sie einen Text, eine Tatsache, eine Begegnung verwandeln kann. Musik ist gestaltete Zeit, die prinzipiell durch das Zählen determiniert ist, also keine amorphe Dauer, sondern unmittelbare Gegenwart: Zählsteine des Jetzt, in denen Benjamins paradiesische Sprache als benennender Akt des Schöpferischen wieder auftaucht und damit der personellen Macht zur Anwesenheit verhilft. Die Unmittelbarkeit dieser Erfahrung von Jetztzeit verdankt sich der Analogie zum Koordinationszentrum Ich-Hier-Jetzt der Deixis. Die Gehirnforschung hat erwiesen, dass die Zeit, die wir als Gegenwart erleben, eine Zeitspanne von etwa drei Sekunden ausmacht. Mit einer gewissen Unschärfe beginnen an den Rändern eines derart kleinen Zeitfensters schon die Vergangenheit und die Zukunft. Die Musik ist in der Lage, dieses Fenster zu weiten, indem sie die Grenzen zum unmittelbar Vergangenen und zum Erwarteten verfließen lässt und damit den Augenblick mit Ewigkeit imprägniert und eine Gestaltwahrnehmung möglich macht. Dieser Erfahrung verdanken wir das Gefühl, an einer zeitlosen Präsenz teilzuhaben!

Mit dem Hinweis auf die fließenden Übergänge von Mystik und Erotik wäre an Saner anzuknüpfen, der sich über eine Religion des Staunens und der umfassenden Präsenz Gedanken machte, für die es keinen jenseitigen Gott mehr braucht, sondern nur noch die Unmittelbarkeit der Ekstase. Über die Jahrhunderte hinweg finden sich dazu Ansätze in den verschiedensten Zusammenhängen. Für Eckhard ist nach Simmel das Erste die absolute Eingeschlossenheit aller Dinge in Gott. Sie sind alle ein Wesen und das Einzelne ist als Teil nichts Individuelles. Gott fließt in alle Kreaturen aus und darum ist alles Geschaffene Gott; sie bleiben in ihrer Substanz in einem unmittelbaren Bezug zum göttlichen Wesen. Diese Konstruktion ist die Voraussetzung des göttlichen Fünkchens – wenn das Eine und Einfältige, das unteilbar ist und nicht weiter reduziert werden kann, die Schnittmenge, die Ich und Göttliches teilen, erfahren wird, ist die Antriebshemmung gefallen. Das Fünkchen als eine reine Relation, unter Absehung der Relate, als Beziehung ‚an-sich'. Es wundert also nicht, dass Simmel die Konkretisierungen der Relation an Brücke und Tür genauer untersucht hat. Dieses Fünkchen ist bezogen auf die Zukunft ein absoluter Index der Zeit – wenn sich Picht Gedanken über die Musik macht, kommen ganz ähnliche Ergebnisse zustande. Dieses Göttliche ist eins und einfältig in sich selber; die Einheit der Welt ist in diesem einen Punkt konzentriert – und genau diese Konzeption mache es für Eckhard möglich, sie in die Seele zu überführen. Das Fünkchen als eine Engführung ist der Geist der Seele, durch den Gott unmittelbar spricht und damit ist es nicht mehr von Gott geschieden; in diesem Punkt erkennen wir alle Dinge in ihrem wahren Wesen, weil wir ihre Einheit in Gott sind. Für Simmel ist an dieser Stelle der intimste Zusammenhang von Philosophie und Mystik gekennzeichnet. An der Vorstellung Gottes ergibt sich für den, der da glaubt, das Ganze der Welt – selbst wenn die Einzelheiten nicht zur Prüfung taugen oder fehlen. Das Wesen der Seele ist für die Mystik in den verschiedensten Ausprägungen in einem letzten Lebenspunkt gesammelt, der von jener ursprünglichen Einheit des göttlichen Wesens nicht mehr unterschieden werden kann! Jede philosophische Form der Weltorientierung, die ein Verhältnis des Geistes zum Ganzen der Welt bedeutet und angesichts der Möglichkeiten des individuellen Wissens und der Unmöglichkeit einer Ganzheit des Weltverständnisses als Wahnwitz erscheinen müsste, erhält in einem solchen Rahmen eine metaphysische Rechtfertigung: Seit Menschengedenken wird davon ausgegangen, dass wir in den Grund der Welt gelangen, wenn wir uns in den Grund der eigenen Seele versenken! Das erklärt sogar, warum die Mimesis eine semimaterielle Fundierung der Erfahrung und des Wissens liefert und wir nicht mit den eigenen Setzungen und Konstruktionen stillzustellen sind. In diesen Zusammenhängen werden die Bedingungen der Möglichkeit eines Geistesblitzes fundiert und damit die Voraussetzungen für den Sprung auf ein anderes Niveau des Signifikantennetzes.

‚Unter den Brücken der Metaphysik' weist Groethuysen darauf hin, wie alt gewisse Denkfiguren sind, die erst in der Neuzeit zum Tragen kommen konnten, wie sehr der hier ausgearbeitete oder auch nur erahnte Gottesbegriff das trifft, was heute unser ganzes Wirklichkeitsverständnis kennzeichnet. Die Fragen nach der Materie, nach der Zeit oder dem Raum, nach Anfang und Ende des Geschehens, münden in genau den gleichen Unvorstellbarkeiten, wie jenes Verhältnis von personeller Macht und Selbstlosigkeit. Und nicht anders scheint die Erfahrung des Selbst in der Katastrophe genau auf jenen Quellpunkt der Macht zu beziehen zu sein, in dem sich die Konstitution eines Ich mit der eines Gottes begegnet: Gott ist ein Peptid.

Jede Kreatur ist gleich weit von Gott entfernt, aber alle zusammen sind Gott; so wird es verständlich, dass jede/r in gewissen Augenblicken den göttlichen Funken vergegenwärtigen kann. Eine Errungenschaft des deutschen Idealismus, der wesentliche Ahnungen der Mystik kommunizierbar gemacht hat: Du kannst Gott nicht begegnen, du kannst nur in gewissen Augenblicken zu Gott werden. Nichts anderes ist damals denkbar geworden: dass Gott sich in seinen Geschöpfen zu realisieren beginnt, dass er in der Reflexionsfigur des Selbstbewusstseins eine erneute Inkarnation erreicht. Der für mich noch am ehesten zu akzeptierende Gottesbegriff der westlichen Welt wendet sich an eine Entität, die für uns nicht zu begreifen und nicht zu lokalisieren ist, die überall und nirgends ist, im Kleinsten und in Allem zusammen, die unerkennbar und unnennbar ist: „Aber was kann dann von Gott ausgesagt werden? Gott ist wie eine Kugel, deren Mittelpunkt überall und deren Peripherie nirgendwo wäre."

Es ist dieses Rund in das wir nach Sloterdijk ein Leben lang kommen wollen und einer der sichersten und zugleich gefährlichsten Wege ist die Liebe! „Gott ist der Anfang von allem, was da ist, aber er ist nichts von allem, was da ist. Gott ist vor allem Sein, aber was er ist, kann niemand sagen." Diese Argumentationsfigur einer negativen Theologie ist zugleich die interessanteste Form der Selbstvergegenwärtigung, die mir begegnet ist. Wenn wir uns kein Bild machen sollen, aber nach diesem Schema geschaffen worden sind, findet sich in den verschiedenen Offenbarungen des Selbst genau jenes kreative Nichts, jener energetische Wirbel, dem die unwahrscheinlichsten Entwicklungen entspringen. Tatsächlich können wir in gewissen Augenblicken unseres Lebens immer wieder einmal zaubern – wir haben nur keine Macht darüber. Die Institutionen versuchen, in Bildern und Riten ein Geschehen, das den Menschen übersteigt, das eine umgreifende aber nicht zu fassende Macht offenbart, für Dressurakte auf einen Nenner zu bringen – und dabei lautet unsere Aufgabe, es gewähren zu lassen!

Die Faszination der Musik – damit hat sie mindestens so viel mit den referierten Gottesbezügen wie mit der Pornographie gemein, das haben nur die Leute nicht bemerkt, die am Bilderverbot kleben und nicht wissen wollen, dass in der sublimierten Form der Trieberfüllung noch immer das gleiche göttliche Gesetz herrscht: Gehorche den heiligen Schwingungen! – beruht wohl darauf, dass sie die höchste Form des Schweigens ist: Eine unüberschreitbare Grenze trennt die Sprache als das Medium einer gewollten und bestimmten Mitteilung von der Musik als dem Ausdruck des Schwebenden, Fließenden, das nie genau zu umschreiben ist. Dennoch kann sie unseren Sinn für Ganzheiten präzise ansprechen, weil sie das Geheimnis des Lebens auf der Ebene der Formen nachspielt, ohne es sofort auf einen Nenner zu bringen und damit dem Geheimnis im Schweigen huldigt, ohne der Verführung nachzugeben, es durch einen eindeutigen Begriff platt zu machen. Etwas bewegt uns, bedroht uns, hebelt die mühsam erworbenen Gewohnheitsmuster aus, die der Ersparung von Erfahrungen dienen sollen – schließt uns kurz mit einem kosmischen Geschehen, das unsere Fassungskraft übersteigt und dem wir nur gerecht werden können, wenn wir uns sprachlos behutsam dem Geheimnis öffnen. Tatsächlich ist dem Genuss immer die Bedrohung der personalen Autonomie beigemengt und vielleicht begründet das unsere Freude an der Musik: Dass wir uns der Verführung der Selbstauslöschung hingeben können, weil sie in einem Rahmen stattfindet, der wiederum eine stabile Sicherung gegen das Nichts garantiert. Die Harmonien korrespondieren mit den persönlichen Bildwelten, der Rhythmus empfindet eine semiotische Ebene der Körperwahrnehmung nach, während die harmonischen oder disharmonischen Schlussfolgerungen wie biographische Themengeber fungieren. Was uns fasziniert, bannt uns, weil wir Angst davor haben – bis wir über die Techniken verfügen, das Faszinosum zu reproduzieren: Und dann, das ist fast eine Form von Rache, nudeln wir es so lange ab, bis es uns nicht mehr beeindruckt, bis wir Mühe haben, ein Gähnen zu unterdrücken. Es steht zu vermuten, dass wir weiterkämen, wenn wir mehr Achtung vor dem ursprünglichen Tremendum hätten. Wir sollten es pflegen und davor in die Knie gehen, statt es nur endlos zu reproduzieren. Der kultische Kern der Tragödie hat immer einen Bezug auf das Wechselverhältnis von Tod und Wiedergeburt; er zitiert in irgendeiner Form jene Initiationsregeln, die eine Einführung ins Register der Sexualität darstellten. Das biomagnetische Gewitter ist unsere erste und einzige Erfahrung des Göttlichen, alles andere sind Surrogate, mögen sie noch so aufgebauscht sein, nur der Körper mit seinen hormonellen Leidenschaften vermag der Sprache einen semantischen Gehalt zu geben und wenn wir die Götter suchen, finden wir sie genau dort, wo die Großinstitutionen ihre Tabus gesetzt haben.

Wie es in jeder Konventionalisierung der Erfahrungen der Offenbarung den perversen Wunsch gibt, weitere Offenbarungen unmöglich zu machen, taucht dieses Gesetz auf der untersten Ebene der Ekstase noch einmal auf. Als müssten im kleinen Alltag ständig Gegenmaßnahmen ergriffen werden, um die Resignationsformeln zu erzwingen: Der Lattenzaun der Kultur ist nur so durchlässig, damit ständig hinter den Zaun gespickt und zugleich ein Beweis auf den anderen getürmt wird, dass es auf der Rückseite gar nicht so interessant, außerdem sehr unkomfortabel und auf die Dauer sogar tödlich sei. Für viele ist der Kater nach dem Rausch wichtiger als der Rausch selbst. Das kehrt in der Wirksamkeit der Musik wieder: Vielleicht müssen deshalb so viele Schnulzen produziert, vielleicht muss diese Wirkungsmacht derart profaniert und in Ohrwürmer verwandelt werden. Die Strafe eines wirklich gelungenen Musikstücks besteht darin, dass wir es so häufig zu hören bekommen, bis wir künstlich abgestumpft worden sind und es nicht mehr hören können. Vielleicht teilt die Musik noch diese Form der Komplexitätsreduktion mit der Schönheit und der Pornographie. Das würde aber nahelegen, dass das Geheimnis des Lebens nicht nur auf der Ebene der Formen nachgespielt wird: In den vergangenen Jahren haben in der Massenunterhaltung Vampire und Mutanten eine solche Bedeutung gewonnen, weil sie für einen Wahrheitsgehalt stehen. In diese Nischen der Sehnsucht und der Zerstreuung ist die menschheitsgeschichtliche Gewissheit ausgewandert, dass wir mehr sind, als festgestellte und normierte Herdentiere, dass wir auf der Suche nach Lebendigkeiten sind, dass wir unsere Grenzen sprengen können...

Ich reserviere ein umfassendes Ja für diese Dialektik des Auskitzelns und der Abstumpfung, weil sie – mehr als jede andächtige Pflege in irgendwelchen subventionierten Nischen – mit den Ursprungsgewalten in Verbindung bringt. Der wichtigste Zugang zum Heiligen und der Motor aller Verwandlung ist die Sexualität. Genau deshalb wird sie von den kulturschwulen Vereinigungen pervertiert, bis prospektive Kinderschänder ihren verbogenen Trieb dabei ausagieren, wenn sie sich an der politisch korrekten Verurteilung von Päderasten therapieren. Sie ist ein gewaltiger Akkumulator, der anscheinend die sekundären Machttriebe von Bildungsbeamten am meisten in Frage stellte – sie liefert die Öffnungen jenseits der Bedingtheiten unserer individuellen Grenzen. Die in extensiven Augenblicken erreichte Einheit ist ein Geschehen, das sich der sprachlichen Erfassung nicht zwingend entzieht, auch wenn es oft so aussehen soll. Es braucht eben die notwendige Übung und Geduld, damit ein volles Sprechen auszuarbeiten ist. In der Beziehungsarbeit entsteht jene Frustrationstoleranz analog zu den musikalischen Gesetzmäßigkeiten, dank denen Verzicht und Ersatzleistung mit der Zeit zu ihrer eigenen Aufhebung beitragen. Tatsächlich kann immer wieder ein Status der kraftvollen, unwiderstehlichen Harmonien erreicht werden, die die Echtheit auf einen Nenner bringen.

Im ‚Schamanen im Bücherregal' habe ich meinen Traum vom „Buch der Welt" der Vergessenheit entrissen. Wenn bei Agamben, der einigen tiefsinnigen Formulierungen Benjamins nahe gekommen ist, die Idee des Unvordenklichen thematisiert wird, heißt es: „Wenn wir aufwachen, glauben wir manchmal im Traum die Wahrheit mit solch greifbarer Klarheit gesehen zu haben, dass wir von ihr gänzlich erfüllt sind. Einmal wurde uns eine Schrift gezeigt, die mit einem Schlag das Geheimnis unseres Daseins entsiegelte; ein andermal erleuchtete ein einziges Wort, von einer gebieterischen Geste begleitet oder als Kinderreim sich

wiederholend, wie ein Blitzstrahl eine Schattenlandschaft und erstattete all ihren Zügen die wiedergefundene, endgültige Form zurück."
In der Wachwelt haben jene Schrift und jenes Wort, jene noch so deutliche Erinnerung an die Bilder, ihre wahrheitsstiftende Kraft verloren. Sie werden durch die alltägliche Prosa entzaubert, bis wir mit den Exerzitien der Funktionalität unfähig sind, das Wunderbare zu verstehen. Wir haben den Traum, aber unerklärlicherweise fehlt uns seine Essenz... weil uns die Zwänge des Vergleichs und der Wettkampf des Kausalitätsdenkens auf jene linearen Vektoren reduzieren, die uns den ständig präsenten Vorbildern ähnlich machen sollen: Das Wunderbare heißt nun Geld und Erfolg! Glücklicherweise sah das bei mir ein wenig anders aus. Zu den Zeiten, als die Ehe meiner Eltern zerbrach und ich mir mit den zeitbedingt zur Verfügung stehenden Halluzinogenen den notwendigen Ausgang aus einer vernagelten Welt schaffen musste, begegnete ich mit der richtigen Dosierung jenem heilsamen Schrecken, der mich auf den Weg schickte, selbst einen Sinn zu stiften. Wo nichts zu gewinnen war, konnte schon ein Absprung genug vom Prinzip Hoffnung zurückbringen: Mich schickten ein paar Halluzinationen und Träume mit dem Auftrag in die Welt, ihre Essenz zu verwirklichen – heute ist dieses Zitat also nur gegen den Strich zu lesen, auf dem ich einmal balanciert habe. Ich begann kein Studium der Philosophie, um mich auf die Entzauberung einer Welt einzulassen, die allen Zauber verloren hatte. Aber ich konnte beobachten, wie alle gesellschaftlichen Instanzen, die auf Anpassung und Rationalität setzten, diesen Auftrag einlösen sollten. Ich war bereit für das ewig neue Experiment der Harmonien – Voraussetzung war nur die Offenheit der Erwartung, eine Freundin, die sich auf jemanden so Abseitigen einlassen konnte und die zur rechten Zeit sich einstellenden Stimmigkeiten. Die Philosophie eröffnete mir einen Raum, in dem am Wahren, an den echten Werten, an der wirklichen Erfüllung gearbeitet werden konnte; es gab eine Beziehung zwischen Wissen und Genießen: Es musste ein Wissen sein, das mich nährte, das sich ficken ließ und das mich neu gebären konnte – ein Wissen, das den Gesetzmäßigkeiten der Musik entsprach. Jenseits von Manipulation und Verdummung, am anderen Ende jener Bedürfnisstruktur, die in den Massenmedien die heiligen Erwartungen und die großen Hoffnungen in Kitsch umformatierte. Es gab eine uralte Verbindung zwischen Philosophie und Musik, von Pythagoras begründet und, wenn ich Kittler folge, bereits von Platon pervertiert, die über die Betrachtung der Harmonie-

lehre in einem umfassenden Wahrheitsbegriff mündet: Die Musik als Darstellung und Gestaltung der Zeit. Picht referiert, dass der Kosmos als harmonische Ordnung selbst in der Zeit war und damit wurde die Zeit zu seiner Struktur. Die Musik erschien damit als Universalität des Universums alter Fassung. „Die Einheit der Zeit ist aber die Einheit des Universums in seiner Universalität, und die Einheit des Universums ist das Sein. Erscheinung der Einheit der Zeit ist Erscheinung des Seins, und die Erscheinung des Seins nennen wir Wahrheit. Deshalb können wir nun sagen: die Wahrheit ist die Erscheinung der Einheit der Zeit. Wenn die Musik, wie wir behauptet haben, Darstellung der Zeit ist, so muss sie die Einheit der Zeit zur Erscheinung bringen; sie ist dann unmittelbare Darstellung der Wahrheit." Ein konservativer Taschenspielertrick Pichts – und wenn es das Sein nicht mehr gibt und Wahrheit zu einer Funktion von Sätzen degeneriert ist, gibt es noch immer den Antrieb des Wissen-Wollens, das Bedürfnis, sich in einer Welt jenseits der Lüge und Verleugnung, jenseits der Manipulation zu bewegen. Es gab für mich einmal, zu einem biographisch bedeutsamen Datum, den Traum vom Ganzen der Welt, die Hoffnung auf das große Geheimnis, auf das umfassende Wissen. Unter dem Einfluss jener Intriganten, die mich vereinnahmen und ausbremsen wollten, hatte ich zu kapieren, dass es als Ganzes nicht zu haben war, aber in manchem Fall in der perspektivischen Verkürzung: Wenn ein Geistesblitz die notwendige Einsicht zutrug, wenn eine richtige körperliche Reaktion einen kleinen Vorsprung vor anderen gewährte, wenn die Lust für einen Augenblick die Gegenwart zur Unendlichkeit werden ließ. Ich wollte wissen, wollte im biblischen Sinne erkennen. Weil ich fremd war, hatte ich oft das Gefühl gehabt, dass der Körper nur ein schlecht sitzender Anzug war, dass die Selbstdefinition nicht überzeugte, dass die Reden und Handlungen nur nachgemacht schienen. Aber unter dem Einfluss der magischen Verfolgerkausalität geschah etwas mit mir: Ich wurde nach draußen katapultiert, ich sah auf meine Hände und sie begannen durchsichtig zu werden, ich sah an mir runter und durch mich hindurch, ich sah in eine Welt aus Glas, in der unerbittliche Maschinen vor sich hin arbeiteten – und auf einmal wusste ich, dass die ganzen Fraglichkeiten des Selbstverständnisses und der Körperlichkeit einem Tabu zu verdanken waren. Nicht ich war zu schlecht auf diese Welt vorbereitet worden, sondern die war mit all denen, die schon da waren, so unvollkommen und zurückgeblieben, dass es kein Wunder war, wenn nichts wirklich stimmte – primär sollte ich mich gar nicht zurecht finden. Damit gibt es einen wesentlichen Unterschied zum kosmischen Verständnis der Gnostiker: Sie definierten sich als Fremde und bewiesen sich durch die Entfremdung vom eigenen Körper die Verbundenheit mit dem Göttlichen, während ich mich in der Entfremdung von den Folgen des Körpertabus entfernte und bei der Entdeckerfreude und der Lernfähigkeit des Ganzen Körpers anlangte: Ein aktiver Teil der Schöpfung selbst zu sein! Die Seele zeigt sich in den Fingerspitzen und auf der Haut, die subliminalen Wahrnehmungen speisen das Sinnenbewusstsein, der Ich ist nur ein Ausguck in einem Meer vielfältiger Wissensweisen. Ich konnte mit der Nase schlussfolgern und die Gefahr riechen, der Urin produzierte exakte Ahnungen, und im Herz der Gegenwart wurde die unmittelbare Zukunft sichtbar...

Ein paar Krüppelzüchter hatten versucht, uns unsere Grenzen zu zeigen, um sie dann enger und enger zu ziehen – in jener Nacht, die zum Tode des Vorstands führte, hatte ich das Gefühl verloren, unsterblich zu sein. Allerdings wich meine Unschuld dem Wissen, dass es Geistesblitze gab, die einem das Leben retteten, selbst wenn sie Lebensjahre kosteten – bei diesem Todeslauf wurde erwiesen, dass wir keinen imaginären Grenzen gehorchen müssen. Parmenides als Heiler und Schamane reiste noch in einem Zwischenbereich der Trance, den Heraklit durch jenen gemeinsamen Traum kennzeichnete, den alle Schlafenden teilen. Die Blicke in diesem Raum des Schweigens wispern, das Rauschen uralter Archive und das Knistern biomagnetischer Felder trägt uns die Weisheit eines morphogenetisch strukturierten Kosmos zu: Wir haben am Nabel des Traums teil an einer Sphäre der Macht, in der Gedanken Wirkungen zeitigen, an einem über das Geschick des Einzelnen hinausgehenden Geschehen, an einem Wissen, das quer durch die Zeiten reicht. Dann – ab dann – tragen wir die Verantwortung, mit einem brisanten Wissen so umzugehen, dass es nicht für die Institutionen der Lebensersparnis pervertiert werden kann.

Eine inspirierte Philosophie sollte uns, wenn ich Agamben folge, wieder mit unserer Rätselhaftigkeit konfrontieren und neue Expeditionen ins Ungewordene und Unerkannte ermöglichen: Das Glück des Unvorhergesehenen bringt die Chance mit sich, mehr und anderes zu finden oder zu erfahren, als unsere Erwartungsmuster und die dahinter arbeitende Komplexitätsreduktion erlauben. Ansonsten ergäbe sich als einzige Intention, der Möglichkeit der Täuschung zu entgehen, der Bezug auf die gänzliche Abwesenheit aller Intention – damit wären wir bei Benjamins Ideenlehre für Texte und dem Verzicht auf das Geheimnis der Lebendigkeit. Das kann kein Weg des Paars sein, selbst wenn es kein solipsistisches Unternehmen ist, denn jede Zeit hat das Bedürfnis, die eigne Wahrheit auf einen Nenner zu bringen. Gegen den Wust der Verleugnung und der beschränkten Idealisierungen sind die Gesetzmäßigkeiten auszufalten, damit aber deren Macht zum Verschwinden zu bringen! Die großen mythischen Figuren gingen im Fortgang der Zeit an der Stumpfheit und Empfindungsunfähigkeit zugrunde, was aber nicht heißt, dass sie damit einfach verschwanden. Denn auf einmal tauchen sie in den Gesetzmäßigkeiten einer Partitur, den Spielereien des Bastlers, den Zwängen einer Neurose wieder auf: Es sieht so aus, als zeichnen theoretische Physik und Psychoanalyse die ähnlichen Muster nach, als seien es weit verzweigte Verweisungszusammenhänge und auf engstem Raum divergierende Wechselbezüge, die in extremen Konstellationen Wertigkeiten umreißen, die wir nur näherungsweise erreichen. Die ursprünglichen Einsichten der ersten Naturphilosophie wurden mittlerweile wieder in ihr Recht versetzt. Selbst der warme Wind als Verbalerotik, die pervertierte Alternative und das politisch-korrekte Denken haben noch Teil an jenen agonalen Mechanismen, die einmal von der Tragödie aufgeschlossen worden sind. Abschließend wäre wohl zu klären, warum der Gesang jener archaischen Muse, in eben dem Augenblick, da er seine Wahrheit offenbart, erstirbt? – Nicht nur, weil wir jede Wahrheit zerreden können, weil eine Erkenntnis jeden Wert für die Praxis verliert, wenn sie erst in Geschwätz und Selbstdarstellung überführt worden ist! Die Muse der Philosophie mag die Sphinx sein, deren Geheimnis seit Generationen auf den Namen Mensch hört: Sie zerplatzt in Fragmente, wenn der Mensch seine Unfertigkeit und Ungewordenheit nur auf den Nenner zu bringen weiß. Es geht für ihn nämlich nicht um richtig und falsch, sondern um Gerechtigkeit und Sinn! Die Muse hat ein überindividuelles Geschehen zu gewährleisten, mit dem eine Wahrheit jenseits der subjektiven Standpunkte zur Sprache kommt. Benjamin hat in einer Zeit, als er keine überzeitliche Wahrheit mehr heranziehen konnte und die moralischen Werte des Menschen am Ende schienen, im Nachzeichnen dieser in alle Richtungen zersprungenen Stücke der metaphysischen Wahrheit versucht, die ursprüngliche Frage zu rekonstruieren. Das Fehlen jeglicher Intention wird im Bild der Muse mitgedacht, die dem antiken Dichter die Worte eingibt und der er die Stimme leiht – mit dem also nachvollzogen werden kann, dass wir ein Schauplatz der Sprache sind. Eine erschöpfende Erklärung dieser unabsichtlichen Frage finde ich in der Genealogie, die die Sphinx im gleichen inzestuösen Register wie Ödipus eingeschrieben hatte! Die Antwort auf ihr Rätsel müsste die Selbstbedienungsmentalität der Familie beenden und die inszenierten Abhängigkeiten der kulturschwulen Vereinigungen aushebeln! Schauen wir uns das Rätsel also noch einmal genauer an. Hätte die Antwort nicht viel eher lauten müssen: ‚Die Lebenszeit des Menschen'... also nicht: ‚der Mensch'! Vielleicht ist die Sphinx aus Wut vor so viel narzisstischer Beschränktheit explodiert, vielleicht hat sie sich aus Verzweiflung über einen Weltzustand, der die medialen Wirksamkeiten durch das tragbare Gefängnis des Ich unmöglich machen würde, in ein feines, unendlich dicht vernetztes Medium zerlegt! Die Muse einer inspirierten Philosophie müsste die Geschlechterspannung sein. Die Lösung dieses Rätsels liefert die Kochrezepte für eine gemeinsame Lebenszeit! Gegen die inzestuösen Abhängigkeiten ins Runde einer Harmonie zu kommen – und die ist die Organisationsform kleinster Gemeinsamkeiten und größter Gegensätze... mit der so etwas wie Authentizität zustande kommen kann!

Die Galerie der Geistesblitze

Erster Teil: Der Schamane im Bücherregal

Zweiter Teil: Die Schule der Liebe und der Schrecklichen Künste

Dritter Teil: Die Chronik eines sozialen Todes

www.ingramcontent.com/pod-product-compliance
Lightning Source LLC
Chambersburg PA
CBHW060821170526
45158CB00001B/49